EUROPA-FACHBUCHREIHE
für Holz verarbeitende Berufe

Methodische Lösungswege zu
Holztechnik – Mathematik

D1655133

Gültig ab der 10. Auflage

VERLAG EUROPA-LEHRMITTEL · Nourney, Vollmer GmbH & Co. KG
Düsselberger Straße 23 · 42781 Haan-Gruiten

Europa-Nr.: 40311

Autoren von „Holztechnik – Mathematik“

Wolfgang Nutsch	Dipl.-Ing., Studiendirektor	Stuttgart
Bernd Spellenberg	Dipl.-Ing., Studiendirektor	Stuttgart

Leitung des Arbeitskreises und Lektorat:
Wolfgang Nutsch, Stuttgart

10. Auflage 2015

Druck 5 4 3

Alle Drucke derselben Auflage sind parallel einsetzbar, da sie bis auf die Behebung von Druckfehlern untereinander unverändert sind.

ISBN 978-3-8085-4064-0

Internet http://www.europa-lehrmittel.de
Satz: Punkt für Punkt GmbH · Mediendesign, 40549 Düsseldorf
Druck: Totem, 88–100 Inowroclaw, Polen

Vorwort zur 10. Auflage des Lösungsbuches

Im Lösungsbuch zur *Holztechnik – Mathematik* werden die Lösungswege der gestellten Aufgaben ganz bewusst sehr ausführlich dargestellt. Dadurch ist nicht nur eine Kontrolle des Ergebnisses, sondern auch des Lösungsweges möglich. Dies und der große Aufgabenbestand verbessern das Stellen und Kontrollieren von Übungsaufgaben in Hausarbeiten und Klassenarbeiten und lässt außerdem ein erfolgreiches selbstständiges Arbeiten zu.

Die Autoren sind sich allerdings bewusst, dass die Darstellung der Rechenschritte bei den Lösungen lediglich nur eine von mehreren Möglichkeiten ist. Je nach Schülerniveau könnte auch ein kürzerer oder in der Rechenauffassung anderer Lösungsweg beschritten werden. In der Exaktheit der Lösungsdarstellung liegt aber ein wesentlicher erzieherischer Wert, besonders für technisch orientierte Berufe.

Bei der Entwicklung der Lösungsansätze sind zunächst die Werte für *Gegeben* und die Begriffe für *Gesucht* aus der Aufgabenstellung bzw. dem Aufgabentext heraus zu erarbeiten.

Die Darstellung der Lösungen sollte von den Schülern dann in übersichtlicher Gliederung erfolgen. Die *Methodischen Lösungswege zur Holztechnik – Mathematik* geben hier Möglichkeiten vor.

Herbst 2015

Wolfgang Nutsch

Gliederung der Lösungswege:

1\. Zeile: Formel als Gleichung mit Formelzeichen
$V = l \cdot b \cdot h$

2\. Zeile: Umstellung der Formel nach gesuchter Größe (falls erforderlich)
$h = \frac{V}{l \cdot b}$

3\. Zeile: Einsetzen der Zahlenwerte mit den dazugehörenden Einheitenzeichen
$h = \frac{0{,}026\ \text{m}^3}{1{,}25\ \text{m} \cdot 0{,}35\ \text{m}}$

Rechenvorgang:
- Dimensionsprobe im Kopf
- Überschlagsrechnen mit aufgerundeten oder abgerundeten Zahlen, um das Ergebnis abzuschätzen und die Kommastelle festzulegen
- Rechenvorgang vollziehen
- evtl. Rechenhilfen wie Taschenrechner einsetzen
- Nebenrechnungen nicht in die Lösungsdarstellung eintragen

4\. Zeile: Ergebnis mit Formelkurzzeichen und Einheit – Ergebnis doppelt unterstreichen
$h =$ **0,06 m**

Anmerkung:

Den Lösungen sind die geschätzten Zeiten in Minuten angefügt, die für das Berechnen der Aufgaben erforderlich wären. Sie stellen eine Orientierungshilfe für die zeitliche Planung im Unterricht oder für Klassenarbeiten dar.

Sommer 2015 Die Autoren

Inhaltsverzeichnis

1.2 Genauigkeit der Rechenergebnisse

9.1 Lösung

Messwert	signifikante Stellen	Nachkomma-stellen
20,0 kg	3	1
2310 mm	4	0
16,345 m	5	3
1500 g	4	0
134,0 cm	4	1
0,750 m	3	3
0,5 m	1	1
0,050 kg	2	3

9.2 Lösung

Rechnung	kleinste Zahl signifik. Stellen	kleinste Zahl Nachkom-mastellen	Ergebnis
3,54 + 15,357		2	(18,897) **18,90**
0,85 − 0,043		2	(0,807) **0,81**
1,507 + 0,5		1	(2,007) **2,0**
3,33 · 3,3	2		(10,989) **11**
14 · 1,80	2		(25,2) **25**
π · 4,13	3		(12,974..) **13,0**
0,1 · 0,012	1		(0,0012) **0,001**

9.3 Lösung

a) 1,9 m (eine Nachkommastelle)

b) Nein, da es sich um Additionen handelt, und der Wert mit der kleinsten Anzahl an Nachkommastellen die Anzahl der Nachkommastellen des Ergebnisses bestimmt.

c) Es wäre sinnvoll alle Messwerte in mm anzugeben:

4 Seiten	á 20 mm
2 Fachböden	á 500 mm
1 Fachboden mit	800 mm
	1880 mm

9.4 Lösung

a) $V = l \cdot b \cdot d$

$m = V \cdot \rho = l \cdot b \cdot d \cdot \rho$

$= 25\ \text{dm} \cdot 12{,}8\ \text{dm} \cdot 0{,}12\ \text{dm} \cdot 2{,}6\ \text{kg/m}^3$

$= (99,84\ \text{kg}) = 100\ \text{kg}$

b) 2

1 Mathematische Grundlagen

1.3 Grundrechenarten

1.3.1 Addition und Subtraktion

12.1 Rechenvorgänge durch Vertauschen vereinfachen (10′)

a) **787** b) **986** c) **784**
d) **7 708** e) **201** f) **412**
g) **7 500** h) **1 380**

12.2 Addition von Dezimalzahlen (10′)

a) **12 825,683** b) **42 774,651**
c) **51 367,067** d) **3 330,955**
e) **312 303,4951** f) **3 511 590,915**
g) **3,8786** h) **26,2734**

12.3 Subtraktion von Dezimalzahlen (10′)

a) **3 970,01** b) **467,497**
c) **3 987,07** d) **0,0158**
e) **888,99** f) **9 880,96**
g) **2 591 636,96** h) **1 113 888,98**

12.4 Addition und Subtraktion (10′)

a) **13 715,8083** b) **2 818,507**
c) **80 111,153** d) **11 807,816**
e) **305 911,828** f) **5 053 887,32**
g) **5,4144** h) **264,9877**

12.5 Ergebnis auf zwei Stellen nach dem Komma runden (10′)

a) **25,94 m²** b) **1 807,49 m²** c) **20,00 m²**
d) **1,13 m²** e) **61,58 m** f) **6 244,34 m**
g) **51,55 m** h) **0,25 m**

12.6 Ergebnis auf drei Stellen nach dem Komma runden (10′)

a) **647,455 N** b) **511,739 m³** c) **100,001 m³**
d) **130,000 m³** e) **762,354 N** f) **199,894 m³**
g) **70,906 kg** h) **9,889 kg**

12.7 Algebraische Summen (15′)

a) $2a + b + b + c + 2c = \mathbf{2a + 2b + 3c}$

b) $28a - 12b - 13a + 24b = \mathbf{15a + 12b}$

c) $14a + 15b - 14a + 12 = \mathbf{15b + 12}$

d) $27a + 69b - 18a + b = \mathbf{9a + 70b}$

e) $5a + 3b + 6a + 2b + 0{,}5 = \mathbf{11a + 5b + 0{,}5}$

f) $58a + 587b - 124a + 12b = \mathbf{-66a + 599b}$

g) $29a + 17b - 13a + 256b = \mathbf{16a + 273b}$

h) $2759a + 13b + b - 327a = \mathbf{2432a + 14b}$

i) $12a + b + b + c + 2c - 4b + 5a$
$+ 3b + 6a + 2b + 4$
$= \mathbf{23a + 3b + 3c + 4}$

j) $528a - 127b - 123a + 124b$
$+ 56a + 587b - 124a + a$
$= \mathbf{338a + 584b}$

k) $124a + 215b - 46a + 12 - 29a$
$+ 37b - 13a + 256b$
$= \mathbf{36a + 508b + 12}$

l) $267a + 165b - 118a + 4b$
$+ 2756c + 83b + b - 317c$
$= \mathbf{149a + 253b + 2439c}$

Alternativaufgabe für $a = 2$; $b = 3$; $c = 4$ (20′)

a) $2 \cdot 2 + 3 + 3 + 4 + 2 \cdot 4 = \mathbf{22}$

b) $28 \cdot 2 - 12 \cdot 3 - 13 \cdot 2 + 24 \cdot 3 = \mathbf{66}$

c) $14 \cdot 2 + 15 \cdot 3 - 14 \cdot 2 + 12 = \mathbf{57}$

d) $27 \cdot 2 + 69 \cdot 3 - 18 \cdot 2 + 3 = \mathbf{228}$

e) $5 \cdot 2 + 3 \cdot 3 + 6 \cdot 2 + 2 \cdot 3 + 0{,}5 = \mathbf{37{,}5}$

f) $58 \cdot 2 + 587 \cdot 3 - 124 \cdot 2 + 12 \cdot 3 = \mathbf{1665}$

g) $29 \cdot 2 + 17 \cdot 3 - 13 \cdot 2 + 256 \cdot 3 = \mathbf{851}$

h) $2759 \cdot 2 + 13 \cdot 3 + 3 - 327 \cdot 2 = \mathbf{4906}$

i) $12 \cdot 2 + 3 + 3 + 4 + 2 \cdot 4 - 4 \cdot 3 + 5 \cdot 2$
$+ 3 \cdot 3 + 6 \cdot 2 + 2 \cdot 3 + 4$
$= 24 + 10 + 8 - 12 + 10 + 9 + 12 + 6 + 4$
$= \mathbf{71}$

j) $528 \cdot 2 - 127 \cdot 3 - 123 \cdot 2 + 124 \cdot 3 + 56 \cdot 2$
$+ 587 \cdot 3 - 124 \cdot 2 + 2 = 1056 - 381 - 246$
$+ 372 + 112 + 1761 - 248 + 2 = \mathbf{2428}$

k) $124 \cdot 2 + 215 \cdot 3 - 46 \cdot 2 + 12 - 29 \cdot 2$
$+ 37 \cdot 3 - 13 \cdot 2 + 256 \cdot 3 = \mathbf{1608}$

l) $267 \cdot 2 + 165 \cdot 3 - 118 \cdot 2 + 4 \cdot 3 + 2756 \cdot 4$
$+ 83 \cdot 3 + 3 - 317 \cdot 4 = \mathbf{10813}$

12.8 Klammerausdrücke auflösen (30′)

a) $345 + (125 - 68) = \mathbf{402}$

b) $246 - (128 + 1\,287) = \mathbf{-1\,169}$

c) $18x + (22x - 24y) - y = \mathbf{40x - 25y}$

d) $6a - (4a - 5b + 9c)$
$= 6a - 4a + 5b - 9c$
$= \mathbf{2a + 5b - 9c}$

e) $25a - (25b + 12a) + 325b$
$= 25a - 25b - 12a + 325b$
$= \mathbf{13a + 300b}$

f) $(14a - 32b) - (3a - 52b)$
$= 14a - 32b - 3a + 52b$
$= \mathbf{11a + 20b}$

g) $24u - (14v - 18u + 13w)$
$= 24u - 14v + 18u - 13w$
$= \mathbf{42u - 14v - 13w}$

h) $(9{,}7x - 0{,}5z) - (8x - 0{,}9z)$
$= 9{,}7x - 0{,}5z - 8x + 0{,}9z$
$= \mathbf{1{,}7x + 0{,}4z}$

i) $36a + (4a - 6b + 3c) + 45a$
$- (38a - 14b + 4c) - 7a$
$= 36a + 4a - 6b + 3c + 45a$
$- 38a + 14b - 4c - 7a$
$= \mathbf{40a + 8b - c}$

j) $286x - (46x - 54y + 23z) + 44x$
$- (53x - 67y + 32z)$
$= 286x - 46x + 54y - 23z$
$+ 44x - 53x + 67y - 33z$
$= \mathbf{231x + 121y - 56z}$

k) $(34a + 58b - 87c + 56d)$
$- (12a + 12b - 125c + 36d)$
$= 34a + 58b - 87c + 56d$
$- 12a - 12b + 125c - 36d$
$= \mathbf{22a + 46b + 38c + 20d}$

l) $59x - (13x - 34y) - (23x + 14x$
$- 35y + 36z) + 18y$
$= 59x - 13x + 34y - 23x$
$- 14x + 35y - 36z + 18y$
$= \mathbf{9x + 87y - 36z}$

m) Aufgaben i bis l für $a = 3$; $b = 5$; $c = 4$; $d = 6$; $x = 2$; $y = 6$; $z = 7$ (16′)

i) $36 \cdot 3 + 4 \cdot 3 - 6 \cdot 5 + 3 \cdot 4 + 45 \cdot 3 - 38 \cdot 3$
$+ 14 \cdot 5 - 4 \cdot 4 - 7 \cdot 3 = \mathbf{156}$

Kontrolle:
$40 \cdot 3 + 8 \cdot 5 - 4 = 120 + 40 - 4 = 156$

j) $286 \cdot 2 - 46 \cdot 2 + 54 \cdot 6 - 23 \cdot 7 + 44 \cdot 2$
$- 53 \cdot 2 + 67 \cdot 6 - 33 \cdot 7 = \mathbf{796}$

Kontrolle:
$231 \cdot 2 + 121 \cdot 6 - 56 \cdot 7 = 796$

k) $34 \cdot 3 + 58 \cdot 5 - 87 \cdot 4 + 56 \cdot 6 - 12 \cdot 3$
$- 12 \cdot 5 + 125 \cdot 4 - 36 \cdot 6 = \mathbf{568}$

Kontrolle:
$22 \cdot 3 + 46 \cdot 5 + 38 \cdot 4 + 20 \cdot 6 = 568$

l) $59 \cdot 2 - 13 \cdot 2 + 34 \cdot 6 - 23 \cdot 2 - 14 \cdot 2$
$+ 35 \cdot 6 - 36 \cdot 7 + 18 \cdot 6 = \mathbf{288}$

Kontrolle:
$9 \cdot 2 + 87 \cdot 6 - 36 \cdot 7 = 288$

n) $1\,245a - (987a + 356b - 459c)$ (20′)
$- (368a - 422b + 419c)$
$= 1\,245a - 987a - 356b$
$+ 459c - 368a + 422b - 419c$
$= \mathbf{-110a + 66b + 40c}$

o) $0{,}786a + (0{,}32a - 9{,}15b)$
$- (0{,}125a - 0{,}038b - 0{,}15c)$
$= 0{,}768a + 0{,}32a - 9{,}15b - 0{,}125a$
$+ 0{,}038b + 0{,}15c$
$= \mathbf{0{,}963a - 9{,}112b + 0{,}15c}$

p) $645a - (457a - 365b + 43c - 0{,}94) + 935b - 12c$
$= 645a - 457a + 365b - 43c + 0{,}94 + 935b - 12c$
$= \mathbf{188a + 1300b - 55c + 0{,}94}$

q) $0{,}32a + 0{,}45b - (0{,}23a$
$+ 0{,}012b + 0{,}125c) + 123{,}9c$
$= 0{,}32a + 0{,}45b - 0{,}23a$
$- 0{,}012b - 0{,}125c + 123{,}9c$
$= \mathbf{0{,}09a + 0{,}438b + 123{,}775c}$

r) Aufgaben *n* bis q für $a = 0{,}5$; $b = 5$; $c = 4$ (20′)

n) $1245 \cdot 0{,}5 - 987 \cdot 0{,}5 - 356 \cdot 5 + 459 \cdot 4$
$- 368 \cdot 0{,}5 + 422 \cdot 5 - 419 \cdot 4 = \mathbf{435}$

Kontrolle:
$-110 \cdot 0{,}5 + 66 \cdot 5 + 40 \cdot 4 = 435$

o) $0{,}768 \cdot 0{,}5 + 0{,}32 \cdot 0{,}5 - 9{,}15 \cdot 5 - 0{,}125 \cdot 0{,}5$
$+ 0{,}038 \cdot 5 + 0{,}15 \cdot 4 = \mathbf{-44{,}4785}$

Kontrolle:
$0{,}963 \cdot 0{,}5 - 9{,}112 \cdot 5 + 0{,}15 \cdot 4 = -44{,}4785$

p) $645 \cdot 0{,}5 - 457 \cdot 0{,}5 + 365 \cdot 5 - 43 \cdot 4 + 0{,}94$
$+ 935 \cdot 5 - 12 \cdot 4 = \mathbf{6\,374{,}94}$

Kontrolle:
$188 \cdot 0{,}5 + 1\,300 \cdot 5 - 55 \cdot 4 + 0{,}94 = 6\,374{,}94$

q) $0{,}32 \cdot 0{,}5 + 0{,}45 \cdot 5 - 0{,}23 \cdot 0{,}5 - 0{,}012 \cdot 5$
$- 0{,}125 \cdot 4 + 123{,}9 \cdot 4 = \mathbf{497{,}335}$

Kontrolle:
$0{,}09 \cdot 0{,}5 + 0{,}438 \cdot 5 + 123{,}775 \cdot 4 = 497{,}335$

1 Mathematische Grundlagen

1.3 Grundrechenarten – 1.4 Rechnen mit positiven und negativen Zahlen

12.9 Klammerausdrücke bilden (15′)

a) $555 + (1252 - 168)$
$= 555 + 1252 - 168$
$= \mathbf{1639}$

b) $2476 - 2128 + 1287$
$= 2476 - (2128 - 1287)$
$= \mathbf{1635}$

c) $18x + (292y - 1024z)$
$= \mathbf{18x + 292y - 1024z}$

d) $16a - 34d - 5b + 9c$
$= \mathbf{16a - 34d - (5b - 9c)}$

e) $135a - 225b - 32c + 35d$
$= \mathbf{135a - 225b - (32c - 35d)}$

f) $314a - 312b - 13c - 82d$
$= \mathbf{314a - 312b - (13c + 82d)}$

g) $24u - 214v - 61 + 13w$
$= \mathbf{24u - 214v - (61 - 13w)}$

h) $9{,}7x - 0{,}5y - 8z - 0{,}9$
$= \mathbf{9{,}7x - 0{,}5y - (8z + 0{,}9)}$

i) $2a + 4b - 7c + 3d$
$= \mathbf{2a + (4b - 7c + 3d)}$

j) $7x - 473y + 235z - 473$
$= \mathbf{7x - (473y - 235z + 473)}$

k) $5u - 5v - 4w + 126$
$= \mathbf{5u - (5v + 4w - 126)}$

l) $80 - 897p + 312q - 317r$
$= \mathbf{80 - (897p - 312q + 317r)}$

1.3.2 Multiplikation und Division

14.1 Dezimalzahlen multiplizieren (6′)

a) $8{,}98 \cdot 2{,}45 = \mathbf{22{,}001}$

b) $97{,}03 \cdot 0{,}054 = \mathbf{5{,}23962}$

c) $2{,}75 \cdot 7{,}34 \cdot 0{,}5 = \mathbf{10{,}0925}$

d) $0{,}87 \cdot 0{,}35 \cdot 0{,}7 = \mathbf{0{,}21315}$

14.2 Dezimalzahlen dividieren (6′)

a) $7456{,}7 : 0{,}5 = \mathbf{14913{,}4}$

b) $0{,}7686 : 0{,}252 = \mathbf{3{,}05}$

c) $87{,}97 : 0{,}876 = \mathbf{100{,}4223744}$

d) $0{,}564 : 0{,}125 = \mathbf{4{,}512}$

14.3 Punkt- und Strichrechnung (6′)

a) $23 - 3 \cdot 4 + 5 = \mathbf{16}$

b) $250 - 6 + 25 \cdot 4 - 2 = \mathbf{342}$

c) $75 : 3 + 2 \cdot 5 - 5 = \mathbf{30}$

d) $0{,}48 \cdot 4 + 8 - 12 : 3 = \mathbf{5{,}92}$

14.4 Klammeraufgaben (18′)

a) $(23 + 12) \cdot 7 = \mathbf{245}$

b) $21 \cdot (125 - 85) - 12 = \mathbf{828}$

c) $56 - 0{,}25 \cdot (34{,}7 + 5{,}3) = \mathbf{46}$

d) $77{,}9 + 13 \cdot (4{,}5 - 2{,}5) - 5 = \mathbf{98{,}9}$

e) $(35 - 17) \cdot (94 - 6) = \mathbf{1584}$

f) $(12{,}5 + 125{,}5)(7 + 2) = \mathbf{1242}$

g) $(245 - 113) : 17 = \mathbf{7{,}764705882}$

h) $(23 - 15) \cdot (17 + 12) + 89 = \mathbf{321}$

i) $1258 + (243 + 156)(7 - 4) = \mathbf{1505826}$

j) $(1276 - 126) : (344 - 12) = \mathbf{3{,}463855422}$

14.5 Algebraische Summen (25′)

a) $25(4a + 3b) = \mathbf{100a + 75b}$

b) $5a(3b - 5c + 6d) = \mathbf{15ab - 25ac + 30ad}$

c) $4{,}5(25a - 36b) = \mathbf{112{,}5a - 162b}$

d) $3a(5x + 3y - 8z) = \mathbf{15ax + 9ay - 24az}$

e) $7 + 5(a + 3b - 2c) = \mathbf{7 + 5a + 15b - 10c}$

f) $(2a + 3b)(4c + 5d)$
$= \mathbf{8ac + 10ad + 12bc + 15bd}$

g) $354 - 64(2{,}5 + a - 4b + 3c)$
$= 354 - 160 - 64a + 256b - 192c$
$= \mathbf{194 - 64a + 256b - 192c}$

h) $(x + 3z)(48y - 34)$
$= \mathbf{48xy - 34x + 144yz - 102z}$

1.4 Rechnen mit positiven und negativen Zahlen

16.1 Addition und Subtraktion positiver und negativer Zahlen (10′)

a) $275 + (+235) + 322 - 45$
$= 275 + 235 + 322 - 45 = \mathbf{787}$

b) $4 - (-2) - (-7) - 5 = 4 + 2 + 7 - 5 = \mathbf{8}$

c) $365 + (-187) - (269)$
$= 365 - 187 + 269 = \mathbf{447}$

d) $1{,}5a + (+2{,}1a) + (-a) = 1{,}5a + 2{,}1a - a = \mathbf{2{,}6a}$

e) $6{,}3v - (-2{,}8v) - 2{,}5u$
$= 6{,}3v + 2{,}8v - 2{,}5u$
$= \mathbf{9{,}1v - 2{,}5u}$

f) $-1{,}5x - (+1{,}2x) = -1{,}5x - 1{,}2x = \mathbf{-2{,}7x}$

g) $1{,}7c - (-4{,}8c) + 3{,}6c$
$= 1{,}7c + 4{,}8c + 3{,}6c$
$= \mathbf{10{,}1c}$

h) $63{,}36 - (-12{,}64) - 75$
$= 63{,}36 + 12{,}64 - 75$
$= \mathbf{1}$

i) $4{,}75x + (-32{,}9y) - (+68{,}65z)$ (18′)
$+ (+53{,}7x) - (-38{,}35z)$
$= \mathbf{58{,}45x - 32{,}9y - 30{,}30z}$

j) $978u + (+34{,}6v) - (-296u)$
$+ (-45{,}2v) - (-1472u)$
$= \mathbf{2746u - 10{,}6v}$

k) $x + (-y) - (+2z) - (-42) + (-86x)$
$+ 87 - (-34x)$
$= \mathbf{-51x - y - 2z + 129}$

l) $0{,}765a - (-0{,}043b) + (-0{,}34a)$
$- (+0{,}456b) + 342{,}87$
$= \mathbf{0{,}425a - 0{,}413b + 342{,}87}$

m) $0{,}67 - (-75{,}25a) + (-89{,}33)$
$+ (-0{,}045b) + 0{,}055$
$= \mathbf{75{,}25a - 0{,}045b - 89{,}945}$

n) $456 - (-254a) + (+546a)$
$-(-654b) - (+645) + 655$
$= \mathbf{800a + 654b + 466}$

16.2 Verschiedene Klammern auflösen (12′)

a) $27 - (18 - 19) + 13 = 27 - 18 + 19 + 13 = \mathbf{41}$

b) $23x + (23y - 46x) - 7y = \mathbf{-23x + 16y}$

c) $7c - [(8b + 9c) - 5c] = 7c - 8b - 9c + 5c$
$= \mathbf{3c - 8b}$

d) $6a - (23b - 8a + 4b) = 6a - 23b + 8a - 4b$
$= \mathbf{14a - 27b}$

e) $4a - [34a - (a + 6a)] = 4a - 34a + 7a = \mathbf{-23a}$

f) $3x - [(13y + 12x) + y] = 3x - 13y - 12x - y$
$= \mathbf{-9x - 14y}$

g) $121a - \{[14 - (2a + b)] - [25 + (a - 5b + 126)]\}$
$= 121a - \{14 - 2a - b - 25 - a + 5b - 126\}$
$= 121a - 14 + 2a + b + 25 + a - 5b + 126$
$= \mathbf{124a - 4b + 137}$

h) $37x - \{32x - [3x - (35x + 42y)$ (5′)
$- (23x - 12y)]\} = 37x - \{32x - [3x - 35x$
$- 42y - 23x + 12y]\} = 37x - \{32x - 3x$
$+ 35x + 42y + 23x - 12y\} = 37x - 32x + 3x$
$- 35x - 42y - 23x + 12y = \mathbf{-50x - 30y}$

i) $7u - 9v + \{12u - [(3u - 7v)$ (4′)
$- (21u - 12v)] - 2u\}$
$= 7u - 9v + 12u - [3u - 7v - 21u + 12v] - 2u$
$= 7u - 9v + 12u - 3u + 7v + 21u - 12v - 2u$
$= \mathbf{35u - 14v}$

j) $\{-3x + [(2x - 5y) - (12x - 15y)$ (3′)
$+ 31] - 136\}$
$= -3x + [2x - 5y - 12x + 15y + 31] - 136$
$= -3x + 2x - 5y - 12x + 15y + 31 - 136$
$= \mathbf{-13x + 10y - 105}$

k) $[12a - (13a + 12b - 7c)]$ (4′)
$- [13a + 17b - (a + b)]$
$= [12a - 13a - 12b + 7c] - [13a + 17b - a - b]$
$= 12a - 13a - 12b + 7c - 13a - 17b + a + b$
$= \mathbf{-13a - 28b + 7c}$

l) $9x - [6x - (12x + 8y - 19z) - (12x$ (3′)
$+ 23y - 18z)] = 9x - [6x - 12x - 8y + 19z$
$- 12x - 23y + 18z] = 9x - 6x + 12x + 8y$
$- 19z + 12x + 23y - 18z$
$= \mathbf{27x + 31y - 37z}$

m) $7a - \{5b - [71a - 18b - (21a - 31b$ (5′)
$+ 55)] - 14a\} = 7a - \{5b - [71a - 18b$
$- 21a + 31b - 55] - 14a\} = 7a - \{5b - 71a$
$+ 18b + 21a - 31b + 55 - 14a\} = 7a - 5b$
$+ 71a - 18b - 21a + 31b - 55 + 14a$
$= \mathbf{71a + 8b - 55}$

n) $5x - \{[(32x - 44y + 55z) - 13x - (12x$ (4′)
$+ 4z) + y]\} = 5x - \{32x - 44y + 55z - 13x$
$- 12x - 4z + y\} = 5x - 32x + 44y - 55z$
$+ 13x + 12x + 4z - y = \mathbf{-2x + 43y - 51z}$

16.3 Multiplikation positiver und negativer Zahlen (12′)

a) $24 \cdot (-12 + 4 - 5) = -288 + 96 - 120 = \mathbf{-312}$

b) $-14 \cdot (-14a - 12b + 13) = \mathbf{196a + 168b - 182}$

c) $(75 - 25a + 16b) \cdot (-5) = \mathbf{-375 + 125a - 80b}$

d) $-2a \cdot (12 - 51b + 3c) = \mathbf{-24a + 102ab - 6ac}$

e) $-1{,}8 \cdot (120a - 1000b) = \mathbf{-216a + 1800b}$

f) $(0{,}5a - 0{,}25b) \cdot (-0{,}1) = \mathbf{-0{,}05a + 0{,}025b}$

g) $[12a - (14b - 7a + 3)$ (5′)
$-(121 + 24a - 4b)] \cdot (-3)$
$= [12a - 14b + 7a - 3 - 121 - 24a + 4b] \cdot (-3)$
$= -36a + 42b - 21a + 9 + 363 + 72a - 12b$
$= \mathbf{15a + 30b + 372}$

h) $17a - [4a - 2b - (3a + 4b)] \cdot (-2) + 123a - 6b$ (5′)
$= 17a - [4a - 2b - 3a - 4b] \cdot (-2) + 123a - 6b$
$= 17a - [-8a + 4b + 6a + 8b] + 123a - 6b$
$= 17a + 8a - 4b - 6a - 8b + 123a - 6b$
$= \mathbf{142a - 18b}$

i) $-0{,}5 \cdot [12a - (16a + 14b - 121) - (144 + 17a - 4b)]$ (4′)
$= -0{,}5 \cdot [12a - 16a - 14b + 121 - 144 - 17a + 4b]$
$= -6a + 8a + 7b - 60{,}5 + 72 + 8{,}5a - 2b$
$= \mathbf{10{,}5a + 5b + 11{,}5}$

j) $(2a - 3b) \cdot (3 + 4c)$ (12′)
$= \mathbf{6a + 8ac - 9b - 12bc}$

k) $(7x - 9y) \cdot (-9 + 8z)$
$= \mathbf{-63x + 56xz + 81y - 72yz}$

l) $(9x - 7y + 8) \cdot (-2 + z)$
$= \mathbf{-18x + 14y - 16 + 9xz - 7yz + 8z}$

m) $(3a - 4b - 7) \cdot (4 - c)$
$= \mathbf{12a - 3ac - 16b + 4bc - 28 + 7c}$

n) $(6x - 9 + 3y) \cdot (-5z) = \mathbf{-30xz + 45z - 15yz}$

o) $(-17a - 81b) \cdot (-0{,}5) = \mathbf{8{,}5a + 40{,}5b}$

16.4 Division positiver und negativer Zahlen

a) $(+125) : (-25) = \mathbf{-5}$ (18′)

b) $(-1254) : (-0{,}5) = \mathbf{2508}$

c) $(+0{,}5) : (+0{,}025) = \mathbf{20}$

d) $(-14a) : (+0{,}7) = \mathbf{-20a}$

e) $(+144a) : (-12a) = \mathbf{-12}$

f) $(-1467b) : (-b) = \mathbf{1467}$

g) $(+365\,288{,}98) : (-0{,}1) = \mathbf{-3\,652\,889{,}8}$

h) $(-24ab) : (+12a) = \mathbf{-2b}$

i) $(24a - 36b) : 12 = 2a - \mathbf{3b}$

j) $(-29a + 54b) : (-0{,}5b) = \mathbf{58\,\frac{a}{b} - 108}$

k) $(575x - 725y) : (-25xy) = \mathbf{-\frac{23}{y} + \frac{29}{x}}$

l) $(+264ab - 344b) : (-4a) = \mathbf{-66b + 86\,\frac{b}{a}}$

m) $(-75xyz - 25x) : (-25x) = \mathbf{3yz + 1}$

n) $(+68ab - 42abc) : (4ab) = \mathbf{17 - 10{,}5c}$

16.5 Gemischte Aufgaben

a) $[(-4a + 4b) - 5b] \cdot 5c - (75c - 25bc) : 5c + 125$ (4′)
$= -20ac + 20bc - 25bc - 15 + 5b + 125$
$= \mathbf{-20ac - 5bc + 5b + 110}$

b) $[35x - (30x + 20xy)] : (-5x) + (254x - 987y) - 375$ (4′)
$= [35x - 30x - 20xy] : (-5x) + 254x - 987y - 375$
$= -7 + 6 + 4y + 254x - 987y - 375$
$= \mathbf{254x - 983y - 376}$

c) $-45a - (45b - 75c) + 873 - (24a + 97b) - 543c + 27 = -45a - 45b + 75c + 873 - 24a - 97b - 543c + 27$ (4′)
$= \mathbf{-69a - 142b - 468c + 900}$

d) $[35a - 45b - (35a + 15b)] : (-5a) - (-254 + 56b) = (35a - 45b - 35a - 15b) : (-5a) + 254 - 56b$ (4′)
$= -7 + \frac{9b}{a} + 7 + \frac{3b}{a} + 254 - 56b$
$= \mathbf{\frac{12b}{a} - 56b + 254}$

e) $(0{,}048x - 0{,}012y) : (-0{,}04y) + (0{,}34x - 8{,}5) + 12x$ (4′)
$= -\frac{1{,}2x}{y} + 0{,}3 + 0{,}34x - 8{,}5 + 12x$
$= \mathbf{-\frac{1{,}2x}{y} + 12{,}34x - 8{,}2}$

1.5.2 Erweitern und Kürzen von Brüchen

18.1 Erweitern mit der Zahl 3 (5) (6′)

$\frac{8}{9} = \mathbf{\frac{24}{27}} = \mathbf{\frac{40}{45}}$

$\frac{3}{3} = \mathbf{\frac{9}{9}} = \mathbf{\frac{15}{15}}$

$\frac{14}{27} = \mathbf{\frac{42}{81}} = \mathbf{\frac{70}{135}}$

$\frac{18}{23} = \mathbf{\frac{54}{69}} = \mathbf{\frac{90}{115}}$

$\frac{125}{250} = \mathbf{\frac{375}{750}} = \mathbf{\frac{625}{1250}}$

$\frac{a}{b} = \mathbf{\frac{3a}{3b}} = \mathbf{\frac{5a}{5b}}$

$\frac{3xy}{5z} = \mathbf{\frac{9xy}{15z}} = \mathbf{\frac{15xy}{25z}}$

1 Mathematische Grundlagen

1.5 Bruchrechnen

18.2 Erweitern mit dem Term 2x (3y) (8′)

$$\frac{13ab}{cd} = \mathbf{\frac{26abx}{2cdx}} = \mathbf{\frac{39aby}{3cdy}}$$

$$\frac{89z}{141} = \mathbf{\frac{178zx}{282x}} = \mathbf{\frac{267zy}{423y}}$$

$$\frac{64u}{87v} = \mathbf{\frac{128ux}{174vx}} = \mathbf{\frac{192uy}{261vy}}$$

$$\frac{0{,}67a}{0{,}87b} = \mathbf{\frac{1{,}34ax}{1{,}74bx}} = \mathbf{\frac{2{,}01ay}{2{,}61by}}$$

18.3 Wandeln Sie gemischte Zahlen in unechte Brüche um (5′)

$$2\frac{1}{2} = \mathbf{\frac{5}{2}}$$

$$4\frac{3}{4} = \mathbf{\frac{19}{4}}$$

$$2\frac{8}{16} = \frac{40}{16} = \mathbf{\frac{5}{2}}$$

$$8\frac{1}{9} = \mathbf{\frac{73}{9}}$$

$$7\frac{25}{36} = \mathbf{\frac{277}{36}}$$

$$4\frac{3}{8} = \mathbf{\frac{35}{8}}$$

18.4 Kürzen Sie die Brüche (5′)

$$\frac{15}{75} = \mathbf{\frac{1}{5}}$$

$$\frac{27a}{99} = \mathbf{\frac{3a}{11}}$$

$$\frac{33ab}{121a} = \mathbf{\frac{33b}{121}} = \mathbf{\frac{3b}{11}}$$

$$\frac{84x}{336xy} = \mathbf{\frac{7}{28y}} = \mathbf{\frac{1}{4y}}$$

$$\frac{72a}{88b} = \mathbf{\frac{9a}{11b}}$$

18.5 Verwandeln Sie algebraische Summen zum Kürzen in Produkte (8′)

a) $\frac{12x + 4y}{4z - 8y} = \frac{4 \cdot (3x + y)}{4 \cdot (z - 2y)} = \mathbf{\frac{3x + y}{z - 2y}}$

b) $\frac{7a + 21b}{14z - 7b} = \frac{7 \cdot (a + 3b)}{7 \cdot (2z - b)} = \mathbf{\frac{a + 3b}{2z - b}}$

c) $\frac{18a - 6b}{54a + 12b} = \frac{6 \cdot (3a - b)}{6 \cdot (9a + 2b)} = \mathbf{\frac{3a - b}{9a + 2b}}$

d) $\frac{121x + 99z}{22y} = \frac{11(11x + 9z)}{11 \cdot 2y} = \mathbf{\frac{11x + 9z}{2y}}$

1.5.3 Addieren und Subtrahieren von Brüchen

18.6 Gleichnamige Brüche addieren oder subtrahieren (6′)

a) $\frac{15}{7} + \frac{2}{7} - \frac{5}{7} = \mathbf{\frac{12}{7}}$

b) $\frac{4a}{b} - \frac{6a}{b} + \frac{8a}{b} = \mathbf{\frac{6a}{b}}$

c) $\frac{15}{ab} - \frac{5}{ab} + \frac{20}{ab} = \mathbf{\frac{30}{ab}}$

18.7 Ungleichnamige Brüche addieren oder subtrahieren (10′)

a) $\frac{1}{2} + \frac{2}{3} - \frac{3}{4} = \frac{6}{12} + \frac{8}{12} - \frac{9}{12} = \mathbf{\frac{5}{12}}$

b) $\frac{2}{3} + \frac{5}{8} + \frac{4}{5} = \frac{80}{120} + \frac{75}{120} + \frac{96}{120} = \frac{251}{120} = \mathbf{2\frac{11}{120}}$

c) $5 - \frac{5}{6} - \frac{1}{15} = \frac{150}{30} - \frac{25}{30} - \frac{2}{30} = \frac{123}{30} = \frac{41}{10} = \mathbf{4\frac{1}{10}}$

d) $\frac{8a}{b} + \frac{2c}{d} - \frac{1}{4} = \frac{4d \cdot 8a + 4b2c - 1bd}{4bd}$ (2′)

$= \mathbf{\frac{32ad + 8bc - 1bd}{4bd}}$

e) Hauptnenner: (6′)

15	12	9	5	3	: 2
15	6	9	5	3	: 2
15	3	9	5	3	: 3
5	1	3	5	1	: 3
5	1	1	5	1	: 5

HN = 180

$$10 + \frac{7}{12} - 2\frac{4}{15} - \frac{7}{9} + \frac{1}{5} + \frac{2}{3}$$

$$= \frac{1800 + 105 - 408 - 140 + 36 + 120}{180}$$

$$= \frac{1513}{180} = \mathbf{8\frac{73}{180}}$$

1.5.4 Multiplizieren und Dividieren von Brüchen

20.1 Bruch mit ganzer Zahl multiplizieren

a) (10′)

$4 \cdot \frac{2}{5} = \mathbf{\frac{8}{5}}$

$8 \cdot \frac{62}{87} = \frac{496}{87} = \mathbf{5\frac{61}{87}}$

$9 \cdot \frac{79}{81} = \frac{711}{81} = \mathbf{8\frac{63}{81}} = \mathbf{8\frac{7}{9}}$

$76 \cdot \frac{17}{18} = \frac{1292}{18} = \mathbf{71\frac{14}{18}} = \mathbf{71\frac{7}{9}}$

$823 \cdot \frac{13}{15} = \frac{10\,699}{15} = \mathbf{713\frac{4}{15}}$

b) (4′)

$\frac{17}{c} \cdot ab = \mathbf{\frac{17ab}{c}}$

$\frac{137}{xy} \cdot x = \mathbf{\frac{137}{y}}$

$\frac{4a}{36b} \cdot 6b = \mathbf{\frac{2}{3}a}$

$\frac{78x}{125y} \cdot 5y = \mathbf{\frac{78x}{25}}$

20.2 Bruch mit Bruch multiplizieren

a) (5′)

$\frac{3}{5} \cdot \frac{5}{18} = \mathbf{\frac{1}{6}}$

$\frac{13}{28} \cdot \frac{14}{39} = \mathbf{\frac{1}{6}}$

$\frac{12}{57} \cdot \frac{19}{144} = \mathbf{\frac{1}{36}}$

$\frac{16}{99} \cdot \frac{9}{32} = \mathbf{\frac{1}{22}}$

$\frac{185}{240} \cdot \frac{12}{15} = \mathbf{\frac{37}{60}}$

b) (4′)

$\frac{a}{b} \cdot \frac{c}{d} = \mathbf{\frac{ac}{bd}}$

$\frac{xy}{24} \cdot \frac{12}{x} = \mathbf{\frac{y}{2}}$

$\frac{ab}{c} \cdot \frac{3c}{ab} = \mathbf{3}$

$\frac{17a}{b} \cdot \frac{b}{34a} = \mathbf{\frac{1}{2}}$

c) (5′)

$\frac{21 \cdot 45 \cdot 16}{15 \cdot 35 \cdot 20} = \frac{36}{25} = \mathbf{1\frac{11}{25}}$

$\frac{100 \cdot 72 \cdot 75}{45 \cdot 25 \cdot 30} = \mathbf{16}$

$\frac{350 \cdot 88 \cdot 18}{16 \cdot 70 \cdot 90} = \frac{11}{2} = \mathbf{5\frac{1}{2}}$

d) (5′)

$\frac{5 \cdot 25 \cdot 12a}{6 \cdot 145 \cdot 5} = \mathbf{\frac{10}{29}a}$

$\frac{3a \cdot 7b \cdot 125}{7 \cdot 5a \cdot 6b} = \mathbf{\frac{25}{2}} = \mathbf{12\frac{1}{2}}$

$\frac{28x \cdot 7y \cdot 5}{91y \cdot 15y \cdot 3} = \mathbf{\frac{28x}{117y}}$

e) (5′)

$\frac{(a+3) \cdot (5+b)}{(9+a) \cdot (b-8)} = \mathbf{\frac{5a + ab + 15 + 3b}{9b - 72 + ab - 8a}}$

$\frac{(2a-3b) \cdot (5+c)}{(3a-2b) \cdot (24c+4)}$

$= \mathbf{\frac{10a + 2ac - 15b - 3bc}{72ac + 12a + 48ab - 8b}}$

f) (8′)

$\frac{a-b}{5} \cdot 20 \cdot \frac{10}{a-b} = \mathbf{40}$

$\left(\frac{m+n}{a-b}\right) \cdot \left(\frac{a-b}{m-x}\right) = \mathbf{\frac{m+n}{m-x}}$

$\frac{a+b}{4x+4y} \cdot \frac{5x+5y}{a-b}$

$= \frac{(a+b) \cdot 5 \cdot (x+y)}{4(x+y) \cdot (a-b)}$

$= \mathbf{\frac{5a+5b}{4a-4b}} = \mathbf{\frac{5(a+b)}{4(a-b)}}$

$\frac{(x-y) \cdot (-45)}{(y+z) \cdot 12} = \frac{-45x + 45y}{12y + 12z}$

$= \frac{3(-15x + 15y)}{3(4y + 4z)} = \mathbf{\frac{15y - 15x}{4y + 4z}} = \mathbf{\frac{15(y-x)}{4(y+z)}}$

20.3 Bruch durch eine ganze Zahl dividieren

a) (8′)

$\frac{54}{76} : 27 = \frac{54}{76 \cdot 27} = \mathbf{\frac{1}{38}}$

$\frac{125}{512} : 25 = \frac{125}{512 \cdot 25} = \mathbf{\frac{5}{512}}$

$\frac{63}{87} : 9 = \frac{63}{87 \cdot 9} = \mathbf{\frac{7}{87}}$

$\frac{89}{121} : (-2) = \frac{89}{121 \cdot (-2)} = \mathbf{\frac{89}{-242}}$

$\frac{71}{90} : 3a = \frac{71}{90 \cdot 3a} = \mathbf{\frac{71}{270a}}$

b) (8′)

$\frac{25a}{12b} : 5a = \frac{25a}{12b \cdot 5a} = \mathbf{\frac{5}{12b}}$

$\frac{37b}{13} : 37b = \frac{37b}{13 \cdot 37b} = \mathbf{\frac{1}{13}}$

$\frac{9ac}{11b} : (-9c) = \frac{9ac}{11b \cdot (-9c)} = \mathbf{-\frac{a}{11b}}$

$\frac{144bc}{156d} : 12b = \frac{144bc}{156d \cdot 12b} = \mathbf{\frac{c}{13d}}$

$\frac{12xy}{55z} : 6x = \frac{12xy}{55z \cdot 6x} = \mathbf{\frac{2y}{55z}}$

$\frac{29z}{31} : 2z = \frac{29z}{31 \cdot 2z} = \mathbf{\frac{29}{62}}$

c) $\frac{-32}{5bc} : (-16) = \frac{-32}{5bc \cdot (-16)} = \mathbf{\frac{2}{5bc}}$ (8′)

$\frac{7ab}{-8c} : (-7a) = \frac{7ab}{(-8c) \cdot (-7a)} = \mathbf{\frac{b}{8c}}$

$\frac{-76c}{+17a} : (-38) = \frac{-76c}{17a \cdot (-38)} = \mathbf{\frac{2c}{17a}}$

$\frac{3ax}{-7by} : (-3a) = \frac{3ax}{(-7by) \cdot (-3a)} = \mathbf{\frac{x}{7by}}$

$\frac{-18x}{144bc} : 9x = \frac{-18x}{144bc \cdot 9x} = -\mathbf{\frac{1}{72bc}}$

$\frac{2b}{-7c} : 4b = \frac{2b}{-7c \cdot 4b} = -\mathbf{\frac{1}{14c}}$

d) $\frac{12a - 48b}{37b} : (-12) = \frac{12(a-4b)}{37b \cdot (-12)}$ (5′)

$= \mathbf{\frac{(a-4b)}{-37b}}$

$\frac{121x + 88y}{23x} : 11y = \frac{11 \cdot (11x + 8y)}{23x \cdot 11y}$

$= \mathbf{\frac{11x + 8y}{23xy}}$

20.4 Bruch durch einen anderen Bruch dividieren

a) $\frac{14}{32} : \frac{7}{8} = \frac{14 \cdot 8}{32 \cdot 7} = \mathbf{\frac{1}{2}}$ (5′)

$\frac{76}{26} : \frac{4}{13} = \frac{76 \cdot 13}{26 \cdot 4} = \frac{19}{2} = \mathbf{9\frac{1}{2}}$

$\frac{81}{94} : \frac{9}{47} = \frac{81 \cdot 47}{94 \cdot 9} = \frac{9}{2} = \mathbf{4\frac{1}{2}}$

$\frac{12}{37} : \frac{4}{37} = \frac{12 \cdot 37}{37 \cdot 4} = \mathbf{3}$

$\frac{72}{121} : \frac{36}{77} = \frac{72 \cdot 77}{121 \cdot 36} = \frac{14}{11} = \mathbf{1\frac{3}{11}}$

b) $\frac{ab}{c} : \frac{b}{d} = \frac{ab \cdot d}{c \cdot b} = \mathbf{\frac{ad}{c}}$ (6′)

$\frac{xy}{24} : \frac{x}{4} = \frac{xy \cdot 4}{24 \cdot x} = \mathbf{\frac{y}{6}}$

$\frac{5x}{136} : \frac{x}{13} = \frac{5x \cdot 13}{136 \cdot x} = \mathbf{\frac{65}{136}}$

$\frac{14z}{45x} : \frac{7z}{9} = \frac{14z \cdot 9}{45x \cdot 7z} = \mathbf{\frac{2}{5x}}$

c) $\frac{136x + 81y}{12x - 12y} : \frac{3}{5} = \frac{(136x + 81y) \cdot 5}{(12x - 12y) \cdot 3}$ (8′)

$= \mathbf{\frac{680x + 405y}{36x - 36y}}$

$\frac{72a - 81b}{9a - 9b} : \frac{4c}{3} = \frac{(72a - 81b) \cdot 3}{(9a - 9b) \cdot 4c}$

$= \frac{9 \cdot 3(8a - 9b)}{4 \cdot 9(a - b) \cdot c} = \mathbf{\frac{24a - 27b}{4ac - 4bc}} = \mathbf{\frac{3(8a - 9b)}{4c(a - b)}}$

d) $\frac{6x + 3y}{4a - 4b} : \frac{12ax + 6ay}{7ax - 7bx}$ (9′)

$= \frac{3 \cdot (2x + y)}{4 \cdot (a - b)} \cdot \frac{7x \cdot (a - b)}{6a\,(2x + y)}$

$= \frac{3 \cdot 7x}{4 \cdot 6a} = \mathbf{\frac{7x}{8a}}$

$\frac{8x + 8y}{3a - 3b} : \frac{4x + 4y}{9a - 9b} = \frac{8 \cdot (x + y) \cdot 9(a - b)}{3 \cdot (a - b) \cdot 4(x + y)} = \mathbf{6}$

20.5 Gemischte Zahlen dividieren

a) $4\frac{3}{4} : 2\frac{2}{5} = \frac{35 \cdot 5}{8 \cdot 12} = \mathbf{\frac{175}{96} = 1\frac{79}{96}}$ (9′)

$5\frac{6}{4} : 7\frac{2}{3} = \frac{26 \cdot 3}{4 \cdot 23} = \mathbf{\frac{39}{46}}$

$1\frac{5}{8} : -\frac{3}{4} = \frac{13 \cdot (-4)}{8 \cdot 3} = -\mathbf{\frac{13}{6}}$

$2\frac{3}{7} : 4\frac{5}{6} = \frac{17 \cdot 6}{7 \cdot 29} = \mathbf{\frac{102}{203}}$

b) $5\frac{a}{b} : 7\frac{c}{d} = \mathbf{\frac{5a \cdot d}{7b \cdot c}} = \mathbf{\frac{5ad}{7bc}}$ (5′)

$4\frac{x}{y} : -5\frac{3}{4} = \frac{4x \cdot (-4)}{y \cdot 23} = -\mathbf{\frac{16x}{23y}}$

$8\frac{4}{13x} : \frac{2y}{5x} = \frac{108 \cdot 5x}{13x \cdot 2y} = \mathbf{\frac{270}{13y}}$

20.6 Ganze Zahl durch Bruch dividieren

a) $121 : \frac{11}{40} = \frac{121 \cdot 40}{11} = \mathbf{440}$ (5′)

$13 : \frac{26}{19} = \frac{13 \cdot 19}{26} = \frac{19}{2} = \mathbf{9\frac{1}{2}}$

$25 : \frac{5}{7} = \frac{25 \cdot 7}{5} = \mathbf{35}$

$14 : \frac{7}{9} = \frac{14 \cdot 9}{7} = \mathbf{18}$

$3 : \frac{5}{7} = \frac{3 \cdot 7}{5} = \frac{21}{5} = \mathbf{4\frac{1}{5}}$

b) $25 : \frac{a}{b} = \mathbf{\frac{25b}{a}}$ (5′)

$27 : \frac{9a}{b} = \frac{27 \cdot b}{9a} = \mathbf{\frac{3b}{a}}$

$3ab : \frac{6a}{c} = \frac{3ab \cdot c}{6a} = \mathbf{\frac{bc}{2}}$

$5xy : \frac{15x}{7} = \frac{5xy \cdot 7}{15x} = \mathbf{\frac{7y}{3}}$

20.7 Gemischte Aufgaben – Multiplizieren von Brüchen

a) $\left(\frac{4}{a} + \frac{3}{b-c}\right) \cdot 5a = \frac{20a}{a} + \frac{15a}{b-c}$ (5′)

$\mathbf{20 + \frac{15a}{b-c}}$

$\left(\frac{3}{5} + \frac{4}{5} - \frac{2}{9} - \frac{8}{9}\right) \cdot 7a = \left(\frac{7}{5} - \frac{10}{9}\right) \cdot 7a$

$= \frac{49a}{5} - \frac{70a}{9} = \frac{91}{45}a = \mathbf{2\frac{1}{45}a}$

b) $= \frac{2a - 6b + 8c - 12d}{14a} \cdot 7$ (8′)

$= \frac{2(a - 3b + 4c - 6d)}{2a} = \mathbf{\frac{a - 3b + 4c - 6d}{a}}$

$\frac{25 + 35a - 40b}{5b} \cdot 15 = \mathbf{\frac{75 + 105a - 120b}{b}}$

c) $\frac{[(32a - 40b + 72) - 24]}{8a} \cdot 48c$ (5′)

$= \frac{192ac - 240bc + 432c - 144c}{a}$

$= \mathbf{\frac{c\,(192a - 240b + 288)}{a} = 48c\frac{4a - 5b + 6}{a}}$

$= \frac{7a - 5b}{4c} \cdot 12c = \mathbf{21a - 15b = 3(7a - 5b)}$

d) $\frac{[66 - (56 - 72a) - 40a]}{16a + 32} \cdot 8c$ (6′)

$= \frac{(66 - 56 + 72a - 40a)}{8 \cdot (2a + 4)} \cdot 8c$

$= \frac{66c - 56c + 72ac - 40ac}{2a + 4} = \frac{10c + 32ac}{2a + 4}$

$= \mathbf{\frac{5c + 16ac}{a + 2}}$

$= \frac{8x + 4y}{14a} \cdot -7a = \frac{2 \cdot (4x + 2y)}{2} \cdot (-1)$

$= \mathbf{-4x - 2y}$

e) $\frac{3a}{17} \cdot \frac{17b}{33a} = \mathbf{\frac{b}{11}}$ (5′)

$\frac{5x}{45} \cdot \frac{90}{25xy} = \mathbf{\frac{2}{5y}}$

$\frac{12ab}{15c} \cdot \frac{5a}{24a} = \mathbf{\frac{ab}{6c}}$

f) $\frac{25a}{20c} \cdot \frac{4c}{5a} = \mathbf{1}$ (5′)

$\frac{121x}{81x} \cdot \frac{9z}{11x} = \frac{11z}{9x} = \mathbf{1\frac{2z}{9x}}$

$\frac{143a}{56b} \cdot \frac{6b}{13a} = \frac{33}{28} = \mathbf{1\frac{5}{28}}$

g) $\frac{abc}{4xy} \cdot \frac{xy}{2ab} = \mathbf{\frac{c}{8}}$ (4′)

$\frac{45ab}{60c} \cdot \frac{2c}{9b} = \mathbf{\frac{a}{6}}$

$\frac{11xy}{50ab} \cdot \frac{5a}{55} = \mathbf{\frac{xy}{50b}}$

h) $\frac{a + b}{4x + 4y} \cdot \frac{5x + 5y}{a - b}$ (5′)

$= \frac{(a + b) \cdot 5\,(x + y)}{(a - b) \cdot 4\,(x + y)}$

$= \mathbf{\frac{5a + 5b}{4a - 4b}}$

$\frac{3a + 3b}{5x - 5y} \cdot \frac{10x - 10y}{9a + 9b}$

$= \frac{3 \cdot (a + b) \cdot 10(x - y)}{5 \cdot (x - y) \cdot 9(a + b)} = \mathbf{\frac{2}{3}}$

i) $\frac{3a - 5b}{2a - 7b} \cdot \frac{2c + 4d}{6c + 4d}$ (8′)

$= \frac{3a - 5b}{2a - 7b} \cdot \frac{2(c + 2d)}{2(3c + 2d)}$

$= \mathbf{\frac{3ac + 6ad - 5bc - 10bd}{6ac + 4ad - 21bc - 14bd}}$

$\frac{24x + 24y}{12x - 28y} \cdot \frac{13z}{9z}$

$= \frac{24\,(x + y) \cdot 13}{4(3x - 7y) \cdot 9}$

$= \mathbf{\frac{26x + 26y}{9x - 21y}}$

20.8 Gemischte Aufgaben – Dividieren von Brüchen

a) $\frac{56}{59} : 8 = \mathbf{\frac{7}{59}}$ (4′)

$\frac{48a}{63b} : 6a = \mathbf{\frac{8}{63b}}$

$\frac{16x}{81y} : 8x = \mathbf{\frac{2}{81y}}$

$\frac{72ab}{125} : 8a = \mathbf{\frac{9b}{125}}$

b) $\frac{5a}{6b} : 12a = \mathbf{\frac{5}{72b}}$ (4′)

$\frac{9xy}{13y} : -2x = \mathbf{-\frac{9}{26}}$

$\frac{13ab}{15} : 13a = \mathbf{\frac{b}{15}}$

$\frac{121}{13a} : 11b = \mathbf{\frac{11}{13ab}}$

c) $4\frac{1}{3} : 15 = \frac{13}{3 \cdot 15} = \mathbf{\frac{13}{45}}$ (8')

$7\frac{7}{9b} : 6b = \frac{70}{9b \cdot 6b} = \frac{70}{54b^2} = \mathbf{\frac{35}{27b^2}}$

$8\frac{5x}{7y} : \frac{4}{7x} = \frac{40x \cdot 7x}{7y \cdot 4} = \mathbf{\frac{10x^2}{y}}$

$5\frac{9a}{10} : \frac{3}{10} = \frac{45a \cdot 10}{10 \cdot 3} = \mathbf{15a}$

d) $\frac{3}{5} : \frac{4}{10} = \frac{3 \cdot 10}{5 \cdot 4} = \frac{3}{2} = \mathbf{1\frac{1}{2}}$

$\frac{5a}{8c} : \frac{3ab}{4c} = \frac{5a \cdot 4c}{8c \cdot 3ab} = \mathbf{\frac{5}{6b}}$

$\frac{7x}{8} : \frac{21x}{48y} = \frac{7x \cdot 48y}{8 \cdot 21x} = \mathbf{2y}$

$\frac{3a}{8b} : \frac{9}{16} = \frac{3a \cdot 16}{8b \cdot 9} = \mathbf{\frac{2a}{3b}}$

e) $\frac{ab}{12} : \frac{b}{4} = \frac{ab \cdot 4}{12 \cdot b} = \mathbf{\frac{a}{3}}$ (6')

$\frac{4xy}{13} : \frac{8yz}{39} = \frac{4xy \cdot 39}{13 \cdot 8yz} = \mathbf{\frac{3x}{2z}}$

$\frac{6a}{21} : \frac{48ab}{7c} = \frac{6a \cdot 7c}{21 \cdot 48ab} = \mathbf{\frac{c}{24b}}$

$\frac{3x}{14} : \frac{6xy}{21z} = \frac{3x \cdot 21z}{14 \cdot 6xy} = \mathbf{\frac{3z}{4y}}$

f) $\frac{a}{a+b} : \frac{x}{a+b} = \frac{a \cdot (a+b)}{(a+b) \cdot x} = \mathbf{\frac{a}{x}}$ (6')

$\frac{6x+6y}{4a-4b} : \frac{12}{ab} = \frac{(6x+6y) \cdot ab}{(4a-4b) \cdot 12}$

$= \frac{6(x+y) \cdot ab}{4(a-b) \cdot 12} = \mathbf{\frac{abx+aby}{8a-8b}}$

1.6.1 Allgemeine Regeln des Potenzierens

23.1 Berechnen der Potenzwerte

a) $2^3 = \mathbf{8}$ (4')
$2^4 = \mathbf{16}$
$4^2 = \mathbf{16}$
$12^2 = \mathbf{144}$
$8^4 = 8 \cdot 8 \cdot 8 \cdot 8 = \mathbf{4096}$
$9^5 = 9 \cdot 9 \cdot 9 \cdot 9 \cdot 9 = \mathbf{59049}$
$7^4 = \mathbf{2401}$
$25^2 = \mathbf{625}$

b) $10^2 = \mathbf{100}$ (3')
$10^3 = \mathbf{1000}$
$10^4 = \mathbf{10000}$
$10^6 = \mathbf{1000000}$
$0{,}5^2 = 0{,}5 \cdot 0{,}5 = \mathbf{0{,}25}$
$0{,}1^4 = \mathbf{0{,}0001}$
$0{,}04^2 = \mathbf{0{,}0016}$

23.2 Verwandeln der Zahlen in Zehnerpotenzen

a) $10000 = \mathbf{10^4}$ (2')
$1000000 = \mathbf{10^6}$
$0{,}001 = \mathbf{10^{-3}}$
$0{,}000001 = \mathbf{10^{-6}}$
$100 = \mathbf{10^2}$

b) $43265 = 4{,}3265 \cdot \mathbf{10^4}$ (4')
$1675975 = 1{,}675975 \cdot \mathbf{10^6}$
$0{,}033 = 3{,}3 \cdot \mathbf{10^{-2}}$
$0{,}000045 = 4{,}5 \cdot \mathbf{10^{-5}}$
$465 = \mathbf{4{,}65 \cdot 10^2}$

23.3 Positive und negative Potenzen (4')

a) $-25^2 = \mathbf{625}$
$-5^5 = \mathbf{-3125}$
$7^3 = \mathbf{343}$
$-9^3 = \mathbf{-729}$
$-13^5 = \mathbf{-371293}$
$5^3 = \mathbf{125}$
$-2^6 = \mathbf{64}$
$-4^4 = \mathbf{256}$

b) $13^{-2} = \frac{1}{13^2} = \mathbf{\frac{1}{169}}$ (5′)

$7^{-3} = \frac{1}{7^3} = \mathbf{\frac{1}{343}}$

$-12^{-3} = \frac{1}{12^3} = \mathbf{\frac{1}{-1728}}$

$(ab)^{-2} = \mathbf{\frac{1}{(ab)^2}}$

$x^{-4} = \mathbf{\frac{1}{x^4}}$

$80^{-2} = \frac{1}{80^2} = \frac{1}{6400}$

$-17^{-3} = \frac{1}{-17^3} = \mathbf{\frac{1}{-4913}}$

1.6.2 Addieren und Subtrahieren von Potenzen

23.4 Addieren und Subtrahieren von Potenzen (6′)

a) $b^5 + b^5 + b^5 + b^5 = 4(b)^5$

b) $4a^4 + 5a^4 + 2a^8 + 8a^8 = \mathbf{9a^4 + 10a^8}$

c) $14x^2 + 3a^2 + 2a^2 - 3a^2b = \mathbf{14x^2 + 5a^2 - 3a^2b}$

d) $11x^3 + 5x^3 - 10x^3 = \mathbf{6x^3}$

1.6.3 Multiplizieren und Dividieren von Potenzen

23.5 Multiplizieren von Potenzen

a) $4^2 \cdot 4^3 = 4^{2+3} = \mathbf{4^5 = 1024}$ (3′)
$5^3 \cdot 5^2 = 5^{3+2} = \mathbf{5^5 = 3125}$
$x^5 \cdot x^7 = x^{5+7} = \mathbf{x^{12}}$
$y^4 \cdot y^9 = y^{4+9} = \mathbf{y^{13}}$
$(ab)^6 \cdot (ab)^7 = (ab)^{6+7} = \mathbf{(ab)^{13}}$

b) $4x^3 \cdot 5x^2 \cdot 4x = 80x^{3+2+1} = \mathbf{80x^6}$ (4′)
$3a^3 \cdot 6a^2 \cdot 5x = 18a^{3+2} + 5x = \mathbf{18a^5 \cdot 5x}$
$b^{2a} \cdot b^{4a} = b^{2a+4a} = \mathbf{b^{6a}}$

23.6 Dividieren von Potenzen (6′)

a) $y^5 : y^2 = y^{5-2} = \mathbf{y^3}$
$x^8 : x^3 = x^{8-3} = \mathbf{x^5}$

b) $15x^5y^2b : 5x^4n^3b^2$
$= \frac{15x^5y^2b}{5x^4n^3b^2}$
$= \mathbf{\frac{3x \cdot y^2}{n^3 \cdot b}}$

23.7 Potenzieren von Potenzen (4′)

a) $(b^3)^2 = \mathbf{b^6}$
$(n^x)^2 = \mathbf{n^{2x}}$
$(b^x)^{-n} = \mathbf{b^{-nx}}$

b) $(a^{n-1})^3 = a(n^{-1})^{\cdot 3} = \mathbf{a^{3n-3}}$
$(x^{a+2})^4 = x(a^{+2})^{\cdot 4} = \mathbf{x^{4a+8}}$

23.8 Potenzieren von Summen (6′)

a) $(a + b)^2 = \mathbf{a^2 + 2ab + b^2}$
$(a - b)^2 = \mathbf{a^2 - 2ab + b^2}$

b) $(5x^2 - 2y)^2$
$= (5x^2)^2 - 2 \cdot 5x^2 \cdot 2y + (2y)^2$
$= \mathbf{25x^4 - 20x^2y + 4y^2}$
$4(a + b)^2$
$= 4 \cdot a^2 + 4 \cdot 2ab + 4b^2$
$= \mathbf{4a^2 + 8ab + 4b^2}$

1.7.2 Radizieren

25.1 Radizieren Sie folgende kleine Zahlen

a) $\sqrt{36} = \mathbf{6}$ (3′)
$\sqrt{121} = \mathbf{11}$
$\sqrt{144} = \mathbf{12}$
$\sqrt{625} = \mathbf{25}$
$\sqrt{576} = \mathbf{24}$
$\sqrt{225} = \mathbf{15}$
$\sqrt{6{,}25} = \mathbf{2{,}5}$
$\sqrt{16} = \mathbf{4}$

b) $\sqrt{0{,}36} = \mathbf{0{,}6}$ (4′)
$\sqrt{1{,}21} = \mathbf{1{,}1}$
$\sqrt{0{,}0576} = \mathbf{0{,}24}$
$\sqrt{0{,}0049} = \mathbf{0{,}07}$
$\sqrt{0{,}0225} = \mathbf{0{,}15}$

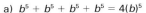

c) $\sqrt{64} = \mathbf{8}$ (4′)

$\sqrt[3]{27} = \mathbf{3}$

$\sqrt{729} = \mathbf{27}$

$\sqrt[3]{0{,}027} = \mathbf{0{,}3}$

$\sqrt[3]{125} = \mathbf{5}$

$\sqrt[3]{216} = \mathbf{6}$

$\sqrt{8000} = \mathbf{89{,}4427}$

25.2 Radizieren Sie mit dem Taschenrechner oder schriftlich folgende Zahlen (10′)

a) $\sqrt{64009} = \mathbf{253}$
4
240 : 4_5
225
1509 : 50_3
1509

$\sqrt{9801} = \mathbf{99}$
81
1701 : 18_9
1701

$\sqrt{1936} = \mathbf{44}$
16
336 : 8_4
336

$\sqrt{32{,}49} = \mathbf{5{,}7}$
25
749 : 10_7
749

$\sqrt{193{,}21} = \mathbf{13{,}9}$
1
93 : 2_3
69
2421 : 26_9
2421

b) $\sqrt{3158{,}44} = \mathbf{56{,}2}$ (8′)
25
658 : 10_6
636
2244 : 112_2
2244

$\sqrt{15376} = \mathbf{124}$
1
53 : 2_2
44
976 : 24_4
976

$\sqrt{18{,}0625} = \mathbf{4{,}25}$
16
206 : 8_2
164
4225 : 84_5
4225

$\sqrt{10{,}5625} = \mathbf{3{,}25}$
9
156 : 6_2
124
3225 : 64_5
3225

c) $\sqrt{4624} = \mathbf{68}$ (9′)
36
1024 : 12_8
1024

$\sqrt{67{,}24} = \mathbf{8{,}2}$
64
324 : 16_2
324

$\sqrt{7569} = \mathbf{87}$
64
1169 : 16_7
1169

$\sqrt{55{,}5025} = \mathbf{7{,}45}$
49
650 : 14_4
576
7425 : 148_5
7425

$\sqrt{1{,}96} = \mathbf{1{,}4}$
1
96 : 2_4
96

1.7.3 Rechnen mit Wurzeln

25.3 Addieren und Subtrahieren von Wurzeln (7′)

a) $3\sqrt{16} + 2\sqrt{16} + 0{,}5\sqrt{16} = \mathbf{5{,}5\sqrt{16}} = \mathbf{22}$
b) $3\sqrt{a} + 5\sqrt{a} - 4\sqrt{a} = \mathbf{4\sqrt{a}}$
c) $5\sqrt{ax} + 4\sqrt{ax} - \sqrt{ax} = \mathbf{8\sqrt{ax}}$
d) $1{,}8\sqrt{x} - 0{,}9\sqrt{x} + 3{,}6\sqrt{x} = \mathbf{4{,}5\sqrt{x}}$

e) $\frac{3}{4}\sqrt{9} - \frac{1}{2}\sqrt{9} + \frac{1}{5}\sqrt{9}$
$= \frac{15 - 10 + 4}{20} \cdot \sqrt{9} = \mathbf{\frac{9}{20}\sqrt{9}}$

f) $\frac{3}{4}\sqrt{xy} - \frac{1}{2}\sqrt{xy} + \frac{2}{5}\sqrt{xy}$
$= \frac{15 - 10 + 8}{20} \cdot \sqrt{xy} = \mathbf{\frac{13}{20}\sqrt{xy}}$

g) $0{,}9\sqrt{n} + 1{,}8\sqrt{n} - 0{,}7\sqrt{n} = \mathbf{2\sqrt{n}}$ (7′)

h) $\sqrt{an} - \sqrt{an} + \sqrt{an} = \mathbf{\sqrt{an}}$

i) $2{,}7\sqrt{y} - 3{,}6\sqrt{y} + 4{,}8\sqrt{y} - 2{,}3\sqrt{z}$
$+ 3{,}9\sqrt{z} + 7{,}5\sqrt{z}$
$= \mathbf{3{,}9\sqrt{y} + 9{,}1\sqrt{z}}$

j) $4{,}5\sqrt{a} + 57\sqrt{a} - 32\sqrt{ab} + 76\sqrt{ab}$
$- 23\sqrt{a} + 13{,}5\sqrt{b}$
$= \mathbf{38{,}5\sqrt{a} + 44\sqrt{ab} + 13{,}5\sqrt{b}}$

25.4 Radizieren von Produkten (15′)

a) $\sqrt{125 \cdot 625} = \sqrt{125} \cdot \sqrt{625}$
$= 11{,}18 \cdot 25 \approx \mathbf{279{,}50}$

b) $\sqrt[3]{27 \cdot 64} = \sqrt[3]{27} \cdot \sqrt[3]{64} = 3 \cdot 4 = \mathbf{12}$
alternativ: $\sqrt[3]{1728} = \mathbf{12}$

c) $\sqrt[3]{16 \cdot 4} = \sqrt[3]{64} = \mathbf{4}$

d) $\sqrt{144 \cdot 121} = 12 \cdot 11 = \mathbf{132}$

e) $\sqrt{81 \cdot 49} = 9 \cdot 7 = \mathbf{63}$

f) $3\sqrt{3} \cdot 2\sqrt{3} = 6\sqrt{3} \cdot \sqrt{3} = 6 \cdot 3 = \mathbf{18}$

g) $4\sqrt{36 \cdot 25} = 4\sqrt{36} \cdot \sqrt{25} = 4 \cdot 6 \cdot 5 = \mathbf{120}$
alternativ: $4\sqrt{900} = 4 \cdot 30 = \mathbf{120}$

h) $8\sqrt{121 \cdot 16} = 8 \cdot \sqrt{121} \cdot \sqrt{16} = 8 \cdot 11 \cdot 4 = \mathbf{352}$
alternativ: $8\sqrt{1936} = 8 + 44 = \mathbf{352}$

i) $5\sqrt{ab} \cdot 3a\sqrt{ab} = 15a\sqrt{(ab)^2}$
$= 15a \cdot a \cdot b = \mathbf{15a^2b}$

25.5 Radikanden in Faktoren zerlegen, dann radizieren (12′)

a) $\sqrt{72} = \sqrt{9 \cdot 8} = \sqrt{9} \cdot \sqrt{8} = 3 \cdot 2{,}83 = \mathbf{8{,}49}$
alternativ: $\sqrt{72} = \mathbf{8{,}49}$

b) $\sqrt{32} = \sqrt{4} \cdot \sqrt{8} = 2 \cdot 2{,}83 = \mathbf{5{,}66}$

c) $\sqrt{180} = \sqrt{9} \cdot \sqrt{4} \cdot \sqrt{5} = 3 \cdot 2 \cdot 2{,}24 = \mathbf{13{,}44}$

d) $\sqrt{75} = \sqrt{25} \cdot \sqrt{3} = \mathbf{5 \cdot \sqrt{3}} = \mathbf{8{,}66}$

e) $\sqrt{200} = \sqrt{25} \cdot \sqrt{8} = \mathbf{5 \cdot \sqrt{8}} = \mathbf{14{,}15}$

f) $\sqrt{99} = \sqrt{9} \cdot \sqrt{11} = \mathbf{3 \cdot \sqrt{11}} = \mathbf{9{,}95}$

g) $\sqrt{250} = \sqrt{25} \cdot \sqrt{10} = \mathbf{5 \cdot \sqrt{10}} = \mathbf{15{,}81}$

h) $4x \cdot \sqrt{75} = 4x \cdot \sqrt{25} \cdot \sqrt{3} = 4x \cdot 5 \cdot 1{,}73 = \mathbf{34{,}6x}$

25.6 Radizieren von Quotienten (8′)

a) $\sqrt{\frac{25}{64}} = \mathbf{\frac{5}{8}}$

b) $\sqrt{\frac{64}{121}} = \mathbf{\frac{8}{11}}$

c) $\sqrt{\frac{4x^2}{49x^2}} = \frac{2x}{7x} = \mathbf{\frac{2}{7}}$

d) $\sqrt{\frac{64}{625}} = \mathbf{\frac{8}{25}}$

e) $\sqrt{\frac{121}{484}} = \mathbf{\frac{11}{22}} = \mathbf{\frac{1}{2}}$

f) $\sqrt{\frac{625}{225}} = \frac{25}{15} = \mathbf{1\frac{2}{3}}$

g) $\sqrt{\frac{169}{196}} = \mathbf{\frac{13}{14}}$

h) $\sqrt{\frac{225}{81}} = \frac{15}{9} = \mathbf{1\frac{2}{3}}$

25.7 Durch Erweitern Wurzeln aus dem Nenner entfernen (15′)

a) $\frac{3}{\sqrt{7}} = \frac{3\sqrt{7}}{\sqrt{7} \cdot \sqrt{7}} = \frac{3\sqrt{7}}{\sqrt{7 \cdot 7}} = \mathbf{\frac{3}{7} \cdot \sqrt{7}}$

b) $\frac{5}{\sqrt{6}} = \mathbf{\frac{5}{6} \cdot \sqrt{6}}$

c) $\frac{4}{\sqrt{4}} = \frac{4}{4} \cdot \sqrt{4} = 1 \cdot 2 = \mathbf{2}$

d) $\frac{12}{\sqrt{144}} = \frac{12 \cdot \sqrt{144}}{144} = \frac{12}{12} = \mathbf{1}$

e) $\frac{13}{\sqrt{169}} = \frac{13 \cdot \sqrt{169}}{169} = \frac{13}{13} = \mathbf{1}$

f) $\frac{11}{\sqrt{121}} = \frac{11 \cdot \sqrt{121}}{121} = \frac{11}{11} = \mathbf{1}$

g) $\frac{15}{\sqrt{625}} = \frac{15 \cdot \sqrt{625}}{625} = \frac{15 \cdot 25}{625} = \frac{15}{25} = \mathbf{\frac{3}{5}}$

h) $\frac{25}{\sqrt{225}} = \frac{25 \cdot \sqrt{225}}{225} = \frac{25 \cdot 15}{225} = \frac{25}{15} = \mathbf{1\frac{2}{3}}$

i) $\frac{74}{\sqrt{ab}} = \mathbf{\frac{74 \cdot \sqrt{ab}}{ab}}$

j) $\frac{45}{\sqrt{15}} = \frac{45 \cdot \sqrt{15}}{15} = 3 \cdot \sqrt{15} = 3 \cdot 3{,}87 = \mathbf{11{,}62}$

k) $\frac{23}{\sqrt{23}} = \frac{23 \cdot \sqrt{23}}{23} = \mathbf{\sqrt{23}} = \mathbf{4{,}80}$

l) $\frac{21}{\sqrt{21}} = \frac{21 \cdot \sqrt{21}}{21} = \mathbf{\sqrt{21}} = \mathbf{4{,}58}$

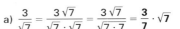

1.8 Gleichungen

1.8.1 Bestimmungsgleichungen

27.1 Bestimmungsgleichungen

a) (3′)
$$x - 9 = 1$$
$$x - 9 + 9 = 1 + 9$$
$$\boldsymbol{x = 10}$$
Kontrolle: $10 - 9 = 1$ ✓

b)
$$x - 17 = 15$$
$$x = 15 + 17$$
$$\boldsymbol{x = 32}$$
Kontrolle: $32 - 17 = 15$ ✓

c)
$$x + 36 = 40$$
$$x = 40 - 36$$
$$\boldsymbol{x = 4}$$
Kontrolle: $4 + 36 = 40$ ✓

d) (6′)
$$3x - 5 = 10$$
$$3x = 10 + 5$$
$$x = \frac{15}{3}$$
$$\boldsymbol{x = 5}$$
Kontrolle: $3 \cdot 5 - 5 = 10$ ✓

e)
$$3x + 2x - x = 24$$
$$4x = 24$$
$$x = \frac{24}{4}$$
$$\boldsymbol{x = 6}$$
Kontrolle: $4 \cdot 6 = 24$ ✓

f)
$$x + 45 = -4x + 60$$
$$x + 4x = 60 - 45$$
$$5x = 15$$
$$x = \frac{15}{5}$$
$$\boldsymbol{x = 3}$$
Kontrolle: $3 + 45 = -4 \cdot 3 + 60$ ✓

g) (3′)
$$6x + 7{,}5 = 3x + 12{,}5$$
$$6x - 3x = 12{,}5 - 7{,}5$$
$$3x = 5$$
$$x = \frac{5}{3}$$
$$\boldsymbol{x = 1\frac{2}{3}}$$
Kontrolle: $6 \cdot \frac{5}{3} + 7{,}5 = 3\frac{5}{3} + 12{,}5$ ✓

h) (3′)
$$4x + 5x - 2 = 43$$
$$9x = 43 + 2$$
$$x = \frac{45}{9}$$
$$\boldsymbol{x = 5}$$
Kontrolle: $4 \cdot 5 + 5 \cdot 5 - 2 = 43$ ✓

i) (2′)
$$7x - 4x + 1 = 16$$
$$3x = 16 - 1$$
$$x = \frac{15}{3}$$
$$\boldsymbol{x = 5}$$
Kontrolle: $7 \cdot 5 - 4 \cdot 5 + 1 = 16$ ✓

j) (2′)
$$11 + 7x = 60$$
$$7x = 60 - 11$$
$$x = \frac{49}{7}$$
$$\boldsymbol{x = 7}$$
Kontrolle: $11 + 7 \cdot 7 = 60$ ✓

k) (2′)
$$57 = 4x + 13 - 8$$
$$4x = 57 - 13 + 8$$
$$x = \frac{52}{4}$$
$$\boldsymbol{x = 13}$$
Kontrolle: $57 = 4 \cdot 13 + 13 - 8$ ✓

l) (2′)
$$8x + 10 = 3x + 30$$
$$8x - 3x = 30 - 10$$
$$5x = 20$$
$$x = \frac{20}{5}$$
$$\boldsymbol{x = 4}$$
Kontrolle: $8 \cdot 4 + 10 = 3 \cdot 4 + 30$ ✓

m) (2′)
$$5x - 12 = 28 - 3x$$
$$5x + 3x = 28 + 12$$
$$8x = 40$$
$$x = \frac{40}{8}$$
$$\boldsymbol{x = 5}$$
Kontrolle: $5 \cdot 5 - 12 = 28 - 3 \cdot 5$ ✓

n) (2′)
$$11 - 4x + 7x = 8x - 4$$
$$8x - 7x + 4x = 11 + 4$$
$$5x = 15$$
$$x = \frac{15}{5}$$
$$\boldsymbol{x = 3}$$
Kontrolle: $11 - 4 \cdot 3 + 7 \cdot 3 = 8 \cdot 3 - 4$ ✓

o) (2′)
$$2x + 5 = 9 - 4x + 20$$
$$2x + 4x = 9 - 5 + 20$$
$$6x = 24$$
$$x = \frac{24}{6}$$
$$\boldsymbol{x = 4}$$
Kontrolle: $2 \cdot 4 + 5 = 9 - 4 \cdot 4 + 20$ ✓

1.8 Gleichungen

p) $3(4x-7) = 15 + 6x$ (3′)

$12x - 21 = 15 + 6x$

$12x - 6x = 15 + 21$

$6x = 36$

$x = \frac{36}{6}$

$\boldsymbol{x = 6}$

Kontrolle: $12 \cdot 6 - 21 = 15 + 6 \cdot 6$ ✓

q) $\frac{4}{5} = 8x$ (2′)

$x = \frac{4}{5 \cdot 8}$

$\boldsymbol{x = \frac{1}{10}}$

Kontrolle: $\frac{4}{5} = 8 \cdot \frac{1}{10}$ ✓

r) $\frac{13}{x} = 3\frac{1}{2}$ (2′)

$\frac{13 \cdot 2}{7} = x$

$x = \frac{26}{7}$

$\boldsymbol{x = 3\frac{5}{7}}$

Kontrolle: $\frac{13 \cdot 7}{26} = 3\frac{1}{2}$ ✓

s) $\frac{5{,}4}{x} = 1\frac{4}{5}$ (2′)

$\frac{5{,}4 \cdot 5}{9} = x$

$\boldsymbol{x = 3}$

Kontrolle: $\frac{5{,}4}{3} = 1\frac{4}{5}$ ✓

t) $\frac{20}{x} = 3\frac{1}{2}$ (3′)

$\frac{20}{x} = \frac{7}{2}$

$20 = \frac{7x}{2}$

$7x = 40$

$\boldsymbol{x = \frac{40}{7} = 5\frac{5}{7}}$

u) $\frac{15}{x} - 3\frac{1}{2} = 1\frac{1}{2}$ (3′)

$\frac{15}{x} = 1\frac{1}{2} + 3\frac{1}{2}$

$\frac{15}{x} = 5$

$\frac{15}{5} = x$

$\boldsymbol{x = 3}$

Kontrolle: $\frac{15}{3} - 3\frac{1}{2} = 1\frac{1}{2}$ ✓

v) $3\frac{3}{4} = 2\frac{1}{2}x$ (2′)

$\frac{15 \cdot 2}{4 \cdot 5} = x$

$\boldsymbol{x = \frac{3}{2} = 1\frac{1}{2}}$

Kontrolle: $3\frac{3}{4} = 2\frac{1}{2} \cdot \frac{3}{2}$ ✓

w) $\frac{x}{4} + 2\frac{1}{2} = 4\frac{1}{4}$ (3′)

$\frac{x}{4} = \frac{17}{4} - \frac{10}{4}$

$x = \frac{7}{4} \cdot 4$

$\boldsymbol{x = 7}$

Kontrolle: $\frac{7}{4} + 2\frac{1}{2} = 4\frac{1}{4}$ ✓

x) $\frac{6}{x} = \frac{72}{4}$ (3′)

$\frac{6 \cdot 4}{72} = x$

$\boldsymbol{x = \frac{1}{3}}$

Kontrolle: $\frac{6}{\frac{1}{3}} = \frac{72}{4}$ ✓

y) $\frac{x}{0{,}5} + 5 = 20$ (3′)

$\frac{x}{0{,}5} = 20 - 5$

$x = 15 \cdot 0{,}5$

$\boldsymbol{x = 7{,}5}$

Kontrolle: $\frac{7{,}5}{0{,}5} + 5 = 20$ ✓

z) $\frac{3}{4}x + 4 = 25$ (3′)

$\frac{3}{4}x = 25 - 4$

$\frac{3}{4}x = \frac{21 \cdot 4}{3}$

$\boldsymbol{x = 28}$

Kontrolle: $\frac{3}{4} \cdot 28 + 4 = 25$ ✓

27.2 Bestimmungsgleichungen mit Klammern lösen und das Ergebnis kontrollieren

a) (12′)

$$25x - (19x - 48) = 18x - (36 - 13) - (66 - 5x)$$
$$25x - 19x + 48 = 18x - 23 - 66 + 5x$$
$$66 + 23 + 48 = 18x + 5x + 19x - 25x$$
$$137 = 17x$$
$$x = \frac{137}{17}$$
$$\mathbf{x = 8\frac{1}{17}}$$

Kontrolle:

$$25 \cdot 8\frac{1}{17} - 19 \cdot 8\frac{1}{17} + 48 = 18 \cdot 8\frac{1}{17} - 23 - 66 + 5 \cdot 8\frac{1}{17}$$
$$\frac{3425}{17} - \frac{2603}{17} + 48 = \frac{2466}{17} - 23 - 66 + \frac{685}{17}$$
$$66 + 23 + 48 = \frac{2466 + 685 + 2603 - 3425}{17}$$
$$66 + 23 + 48 = \frac{2329}{17}$$
$$137 = 137 \quad ✓$$

b) (10′)

$$5x - [(3x + 2) + 20] = 37 - [(4x - 19) - (32 - 5x)]$$
$$5x - 3x - 2 - 20 = 37 - [4x - 19 - 32 + 5x]$$
$$5x - 3x - 2 - 20 = 37 - 4x + 19 + 32 - 5x$$
$$5x - 3x + 4x + 5x = 37 + 19 + 32 + 20 + 2$$
$$11x = 110$$
$$x = \frac{110}{11}$$
$$\mathbf{x = 10}$$

Kontrolle:

$$5 \cdot 10 - [(3 \cdot 10 + 2) + 20] = 37 - [(4 \cdot 10 - 19) - (32 - 5 \cdot 10)]$$
$$50 - 30 - 2 - 20 = 37 - 40 + 19 + 32 - 50$$
$$-2 = -2 \quad ✓$$

c) (7′)

$$7x + 15 = 15x - [5 - (12x + 18) + 13x] - 12$$
$$7x + 15 = 15x - [5 - 12x - 18 + 13x] - 12$$
$$7x + 15 = 15x - 5 + 12x + 18 - 13x - 12$$
$$15 + 12 - 18 + 5 = 15x + 12x - 13x - 7x$$
$$14 = 7x$$
$$x = \frac{14}{7}$$
$$\mathbf{x = 2}$$

Kontrolle:

$$7 \cdot 2 + 15 = 15 \cdot 2 - [5 - (12 \cdot 2 + 18) + 13 \cdot 2] - 12$$
$$14 + 15 = 30 - 5 + 24 + 18 - 26 - 12$$
$$29 = 29 \quad ✓$$

d) (9′)

$$5(8x - 4) + 2(5 - 4x) = 20 + 3(2 - 6x)$$
$$40x - 20 + 10 - 8x = 20 + 6 - 18x$$
$$40x + 18x - 8x = 20 + 6 + 20 - 10$$
$$50x = 36$$
$$\mathbf{x = \frac{36}{50} = \frac{18}{25}}$$

Kontrolle:

$$\frac{40 \cdot 18}{25} - 20 + 10 - \frac{8 \cdot 18}{25} = 20 + 6 - \frac{18 \cdot 18}{25}$$
$$\frac{576}{25} - 10 = 26 - \frac{324}{25}$$
$$\frac{576}{25} - \frac{250}{25} = \frac{650}{25} - \frac{324}{25}$$
$$\frac{326}{25} = \frac{326}{25} \quad ✓$$

1.8 Gleichungen

e) $(x-1)(x-2) = (x-3)(x+1)$
$x^2 - 2x - x + 2 = x^2 + x - 3x - 3$
$2 + 3 = x^2 - x^2 + x - 3x + x + 2x$
$5 = x$
$\mathbf{x = 5}$

Kontrolle:
$(5-1)(5-2) = (5-3)(5+1)$
$4 \cdot 3 = 2 \cdot 6$
$12 = 12$ ✓

(5')

f) $100 + 2x - (9x - 15) = 10 - (7x + 5 + 11x)$
$100 + 2x - 9x + 15 = 10 - 7x - 5 - 11x$
$11x + 7x + 2x - 9x = 10 - 5 - 15 - 100$
$11x = -110$
$\mathbf{x = \frac{-110}{11}}$
$\mathbf{x = -10}$

(10')

Kontrolle:

$100 + (2 \cdot -10) - [(9 \cdot -10) - 15] = 10 - [(7 \cdot -10) + 5 + (11 \cdot -10)]$
$100 - 20 - (-90 - 15) = 10 - (-70 + 5 - 110)$
$100 - 20 + 90 + 15 = 10 + 70 - 5 + 110$
$185 = 185$ ✓

g) $2[100 - (11x + 42)] = 2 \cdot [9x + (22 - 2x)]$
$100 - 11x - 42 = 9x + 22 - 2x$
$36 = 18x$
$x = \frac{36}{18}$
$\mathbf{x = 2}$

Kontrolle:
$100 - 11 \cdot 2 - 42 = 9 \cdot 2 + 22 - 2 \cdot 2$
$100 - 22 - 42 = 18 + 22 - 4$
$36 = 36$ ✓

(4')

h) $3(2x - 2) + 8(32 - 6x) - 40 = 42$
$6x - 6 + 256 - 48x - 40 = 42$
$256 - 6 - 42 - 40 = 48x - 6x$
$168 = 42x$
$x = \frac{168}{42}$
$\mathbf{x = 4}$

Kontrolle:
$3(2 \cdot 4 - 2) + 8(32 - 6 \cdot 4) - 40 = 42$
$18 + 64 - 40 = 42$
$42 = 42$ ✓

(5')

i) $5x + 6(x + 7) - 36 = 8(x + 3) + 7(x + 2)$
$5x + 6x + 42 - 36 = 8x + 24 + 7x + 14$
$5x + 6x - 8x - 7x = 24 + 14 + 36 - 42$
$11x - 15x = 74 - 42$
$-4x = 32$
$\mathbf{x = -8}$

Kontrolle:
$-5 \cdot 8 + 6(-8 + 7) - 36 = 8(-8 + 3) + 7(-8 + 2)$
$-40 + 6(-1) - 36 = 8(-5) + 7(-6)$
$-40 - 6 - 36 = -40 - 42$
$-82 = -82$ ✓

(7')

j) $4[3x + 2(3x - 2)] = 8(4x - 1)$
$4[3x + 6x - 4] = 32x - 8$
$12x + 24x - 16 = 32x - 8$
$36x - 32x = 16 - 8$
$4x = 8$
$x = \frac{8}{4}$
$\mathbf{x = 2}$

Kontrolle:
$4[3 \cdot 2 + 2(3 \cdot 2 - 2)] = 8(4 \cdot 2 - 1)$
$\frac{4}{4}[6 + 2 \cdot 4] = \frac{8}{4} \cdot 7 \qquad | :4$
$6 + 8 = 14$
$14 = 14$ ✓

(7')

k) $2\{9(5x - 24) - [4(42 - x) - 9(256 - 10x)]\} = 14x$ (14′)

$2\{45x - 216 - [168 - 4x - 2304 + 90x]\} = 14x$

$\frac{2}{2}\{45x - 216 - 168 + 4x + 2304 - 90x\} = \frac{14x}{2}$ | : 2

$2304 - 216 - 168 = 7x + 90x - 4x - 45x$

$1920 = 48x$

$x = \frac{1920}{48}$

$\boldsymbol{x = 40}$

Kontrolle:

$2\{9(5 \cdot 40 - 24) - [4(42 - 40) - 9(256 - 10 \cdot 40)]\} = 14 \cdot 40$ | : 2

$9 \cdot 176 - [8 - 9(144)] = 7 \cdot 40$

$1584 - 8 - 1296 = 280$

$280 = 280$ ✓

l) $2(x + 9) - x = 7x - 4(x + 0{,}5)$ (4′)

$2x + 18 - x = 7x - 4x - 2$

$18 + 2 = 7x - 4x + x - 2x$

$20 = 2x$

$\boldsymbol{x = 10}$

Kontrolle:

$2(10 + 9) - 10 = 7 \cdot 10 - 4(10 + 0{,}5)$

$38 - 10 = 70 - 40 - 2$

$28 = 28$ ✓

m) $\frac{3x + 1}{84x - 7} + \frac{2x}{7} = \frac{14x + 2}{49}$ (15′)

$\frac{3x + 1}{7 \cdot (12x - 1)} + \frac{2x}{7} = \frac{(14x + 2)}{49}$ | · 7

$\frac{(3x + 1) \cdot 7}{7 \cdot (12x - 1)} + \frac{2x \cdot 7}{7} = \frac{(14x + 2) \cdot 7}{49}$

$\frac{3x + 1}{12x - 1} + 2x = \frac{14x + 2}{7}$ | · (12x − 1)

$3x + 1 + 2x(12x - 1) = \frac{(14x + 2) \cdot (12x - 1)}{7}$

$3x + 1 + 24x^2 - 2x = \frac{168x^2 - 14x + 24x - 2}{7}$ | · 7

$21x + 7 + 168x^2 - 14x = 168x^2 - 14x + 24x - 2$

$21x - 24x = -7 - 2$

$-3x = -9$

$\boldsymbol{x = 3}$

Kontrolle:

$\frac{3 \cdot 3 + 1}{84 \cdot 3 - 7} + \frac{2 \cdot 3}{7} = \frac{14 \cdot 3 + 2}{49}$

$\frac{10}{252 - 7} + \frac{6}{7} = \frac{42 + 2}{49}$

$\frac{10}{245} + \frac{6}{7} = \frac{44}{49}$

$\frac{2}{49} + \frac{42}{49} = \frac{44}{49}$

$\frac{44}{49} = \frac{44}{49}$ ✓

n) $\frac{11x + 7}{20} - \frac{9x - 7}{5} = -2 \quad | \cdot 20$

$$\begin{aligned}
11x + 7 - 4(9x - 7) &= -40 \\
11x + 7 - 36x + 28 &= -40 \\
11x - 36x &= -40 - 7 - 28 \\
-25x &= -75 \\
\boldsymbol{x} &= \mathbf{3}
\end{aligned}$$

Kontrolle:

$$\begin{aligned}
\frac{11 \cdot 3 + 7}{20} - \frac{9 \cdot 3 - 7}{5} &= -2 \\
\frac{40}{20} - \frac{20}{5} &= -2 \\
-2 &= -2 \quad \checkmark
\end{aligned}$$

o)

$$\begin{aligned}
14x + 3(x - 8) &= 2(x + 3) + 3(2x + 2) + 7x \\
14x + 3x - 24 &= 2x + 6 + 6x + 6 + 7x \\
14x + 3x - 2x - 6x - 7x &= 24 + 6 + 6 \\
2x &= 36 \\
x &= \frac{36}{2} \\
x &= \mathbf{18}
\end{aligned}$$

Kontrolle:

$$\begin{aligned}
14 \cdot 18 + 3(18 - 8) &= 2(18 + 3) + 3(2 \cdot 18 + 2) + 7 \cdot 18 \\
252 + 30 &= 42 + 114 + 126 \\
282 &= 282 \quad \checkmark
\end{aligned}$$

27.3 Aufgaben mit Potenzen und Wurzeln lösen und das Ergebnis kontrollieren

a) (8′)

$7 + 4\sqrt{x+7} = 23$
$4\sqrt{x+7} = 23 - 7$
$\sqrt{x+7} = \frac{16}{4} \quad |\ ()^2$
$x + 7 = 4^2$
$x = 16 - 7$
$\boldsymbol{x = 9}$

Kontrolle:
$7 + 4\sqrt{9+7} = 23$
$7 + 4\sqrt{16} = 23$
$7 + 16 = 23$
$23 = 23$ ✓

b) (3′)

$\sqrt{15 - x} = \sqrt{3 + x} \quad |\ ()^2$
$15 - x = 3 + x$
$15 - 3 = 2x$
$x = \frac{12}{2}$
$\boldsymbol{x = 6}$

Kontrolle:
$\sqrt{15 - 6} = \sqrt{3 + 6}$
$\sqrt{9} = \sqrt{9}$ ✓

c) (3′)

$9x^2 + 23 = 2x^2 + 72$
$9x^2 - 2x^2 = 72 - 23$
$7x^2 = 49$
$x^2 = \frac{49}{7}$
$x^2 = 7 \quad |\ \sqrt{\ }$
$\boldsymbol{x_1 = \sqrt{7}}$
$\boldsymbol{x_2 = -\sqrt{7}}$

Kontrolle:
$9(\sqrt{7})^2 + 23 = 2(\sqrt{7})^2 + 72$
$9 \cdot 7 + 23 = 2 \cdot 7 + 72$
$63 + 23 = 14 + 72$
$86 = 86$ ✓

d) (2′)

$x^3 - 120 = 5$
$x^3 = 120 + 5$
$x = \sqrt[3]{125}$
$\boldsymbol{x = 5}$

Kontrolle:
$5^3 - 120 = 5$
$125 - 120 = 5$
$5 = 5$ ✓

e) (1′)

$9x^2 = 81$
$x^2 = \frac{81}{9}$
$x = \sqrt{9}$
$\boldsymbol{x_1 = 3}$
$\boldsymbol{x_2 = -3}$

Kontrolle:
$9 \cdot 3^2 = 81$
$9 \cdot 9 = 81$
$81 = 81$ ✓

f) (4′)

$\sqrt{x^2 - 5x + 2} = x - 3 \quad |\ ()^2$
$x^2 - 5x + 2 = (x - 3)(x - 3)$
$x^2 - 5x + 2 = x^2 - 2 \cdot 3x + 3^2$
$-5x + 2 = -6x + 9$
$6x - 5x = 9 - 2$
$\boldsymbol{x = 7}$

Kontrolle:
$\sqrt{7^2 - 5 \cdot 7 + 2} = 7 - 3$
$\sqrt{49 - 35 + 2} = 4$
$\sqrt{16} = 4$
$4 = 4$ ✓

27.4 Textaufgaben

a) (1′)

$x + 14 = 32$
$x = 32 - 14$
$x = \mathbf{18}$

b) (1′)

$x - 8 = 16$
$x = 16 + 8$
$x = \mathbf{24}$

c) (2′)

$4{,}75 : 5 = x + 0{,}03\ \text{m}$
$0{,}95\ \text{m} = x + 0{,}03\ \text{m}$
$x = 0{,}95\ \text{m} - 0{,}03\ \text{m}$
$x = \mathbf{0{,}92\ m}$

d) (11′) 3 Arbeiter (A, B, C) verdienen 540,– €

$A + B + C = 540{,}00$ €
$B = 2 \cdot A$
$C = B - 60{,}00$ €

$A + 2A + (2A - 60$ €$) = 540{,}00$ €
$5A - 60{,}00$ € $= 540{,}00$ €

$A = 600{,}00$ € $: 5 = 120{,}00$ €
$B = 2 \cdot A = 240{,}00$ €
$C = 240{,}00$ € $- 60{,}00$ € $= 180{,}00$ €

A verdient: **120,– €**
B verdient: **240,– €**
C verdient: **180,– €**

Kontrolle:
$A + B + C = 120{,}00$ € $+ 240{,}00$ € $+ 180{,}00$ €
Gesamtverdienst = **540,00 €** ✓

e) $2x - 13 = 5x - 55$ (2′)
$55 - 13 = 5x - 2x$
$3x = 42$
$3x = \frac{42}{3}$
$\mathbf{x = 14}$

f) $x + x + 3 + x - 8 = 40$ (2′)
$3x = 40 + 8 - 3$
$x = \frac{45}{3}$
$\mathbf{x = 15}$

g) *Gegeben:* (12′)
Nägel: 25 kg
Schrauben: 3 kg
Preis/kg Schrauben = 3,5 · Preis/kg Nägel
Gesamtpreis: 88,75 €

Gesucht:
Preis/kg jeder Sorte

Lösung:
Preis Nägel: x €/kg
25 kg · x €/kg + 3kg · 3,5 · x €/kg = 88,75 €
$x \cdot (25 + 10{,}5) = 88{,}75$
$x = \frac{88{,}75}{35{,}5}$
$= 2{,}50$

Preis Nägel: **2,50 $\frac{€}{kg}$**

Preis Schrauben: 3,5 · 2,50 $\frac{€}{kg}$ = **8,75 $\frac{€}{kg}$**

Kontrolle:
25 kg · 2,50 €/kg = 62,50 €
3 kg · 8,75 €/kg = 26,25 €
Gesamt: 88,75 € ✓

h) *Gegeben:* (5′)
Arbeiter A, *B* und C erhalten 1 150 €
Zuschlag; B und C erhalten je $\frac{1}{2}$ von *A*

Gesucht:
jeweiliger Zuschlag in €

Lösung:
$A + \frac{1}{2}A + \frac{1}{2}A = 1\,150{,}00$ €
$2A = 1\,150{,}00$ €
$A = \frac{1\,150{,}00 \text{ €}}{2}$
$A = 575{,}00$ €
$B = C = \frac{575{,}00 \text{ €}}{2} = 287{,}50$ €

A erhält: **575,– €**
B und C erhalten je: **287,50 €**

i) gesuchte Zahl: x (4′)
$\frac{x}{2} + 5 \cdot (x - 3) = 5 \cdot x - 10$
$\frac{x}{2} + 5x - 15 = 5x - 10$
$10 - 15 = 5x - 5x - \frac{x}{2}$
$\frac{x}{2} = +5$
$x = +5 \cdot 2$
$\mathbf{x = 10}$

Kontrolle:
$\frac{10}{2} + 5 \cdot (10 - 3) = 5 \cdot 10 - 10$
$5 + 5 \cdot 7 = 50 - 10$
$40 = 40$ ✓

j) *Gegeben:* im Rechteck: $l = 1{,}5 \cdot b$ (5′)
$U = 4{,}50$ m

Gesucht: l und b in m

Lösung:
$4{,}50 \text{ m} = 2 \cdot b + 2 \cdot l$
$2b + 2b \cdot 1{,}5 = 4{,}50$ m
$2b + 3b = 4{,}50$ m
$5b = 4{,}50$ m
$b = \frac{4{,}50 \text{ m}}{5}$
$= \mathbf{0{,}90\ m}$
$l = 1{,}5 \cdot 0{,}90$ m
$= \mathbf{1{,}35\ m}$

Kontrolle: $U = 2 \cdot 0{,}90 \text{ m} + 2 \cdot 1{,}35$ m
$= 1{,}80 \text{ m} + 2{,}70$ m
$= 4{,}50$ m ✓

k) *Gegeben:* (12′)
Geldbesitz eines Gesellen: x €
Preis für 60 m Kantholz: x € − 70,00 €
Preis für 35 m Kantholz: x € + 11,25 €

Gesucht: Geldbesitz (x)

Lösung: Preis für 1 m Kantholz (y)
$60 \cdot y - 70{,}00$ € $= 35 \cdot y + 11{,}25$ €
$60y - 35y = 11{,}25$ € $+ 70{,}00$ €
$25y = 81{,}25$ €
$y = \frac{81{,}25 \text{ €}}{25}$
$\mathbf{y = 3{,}25}$ **€**

$x + 70{,}00$ € $= 60 \cdot 3{,}25$ €
$x = 195{,}00$ € $- 70{,}00$ €
$\mathbf{x = 125{,}00}$ **€**

Kontrolle:
$35 \cdot 3{,}25$ € $= 125{,}00$ € $- 11{,}25$ €
$113{,}75$ € $= 113{,}75$ € ✓

l) *Gegeben:* (5′)
Erlös Kreissäge: 6750,– €
Verdienst Händler: $\frac{1}{10}$ Verkaufspreis
Gesucht:
Aufschlag auf erwünschten Erlös

Lösung:
Verkaufspreis: x

$x = 6750{,}00\ € + \frac{x}{10}$

$10x = 67500{,}00\ € + x$

$9x = 67500{,}00\ €$

$x = \frac{67500{,}00\ €}{9}$

$= \mathbf{7500{,}00\ €}$

$\frac{x}{10} = \mathbf{750{,}00\ €}$

Der Zwischenhändler bekommt 750,– €

1.8.2 Verhältnisgleichungen

29.1 Verwandeln der Verhältnisgleichung in eine Produktengleichung (18′)

a) $32 : 64 = 1 : 2$
$32 \cdot 2 = 64 \cdot 1$
$\mathbf{64 = 64}$

b) $5 : 8 = 555 : 888$
$5 \cdot 888 = 8 \cdot 555$
$\mathbf{4440 = 4440}$

c) $855 : 171 = 5 : 1$
$855 \cdot 1 = 171 \cdot 5$
$\mathbf{855 = 855}$

d) $25{,}25 : 5 = 20{,}2 : 4$
$25{,}25 \cdot 4 = 5 \cdot 20{,}2$
$\mathbf{101 = 101}$

e) $542 : 1897 = 2 : 7$
$542 \cdot 7 = 1897 \cdot 2$
$\mathbf{3794 = 3794}$

f) $4{,}5 : 2 = 29{,}25 : 13$
$4{,}5 \cdot 13 = 2 \cdot 29{,}25$
$\mathbf{58{,}5 = 58{,}5}$

g) $62{,}5 : 12{,}5 = 5 : 1$
$62{,}5 \cdot 1 = 12{,}5 \cdot 5$
$\mathbf{62{,}5 = 62{,}5}$

h) $0{,}366 : 3 = 0{,}61 : 5$
$0{,}366 \cdot 5 = 3 \cdot 0{,}61$
$\mathbf{1{,}83 = 1{,}83}$

29.2 Berechnen der Unbekannten (18′)

a) $340 : x = 1 : 2$
$x = 340 \cdot 2$
$\mathbf{x = 680}$

b) $420 : x = 3 : 4$
$3x = 420 \cdot 4$
$x = \frac{1680}{3}$
$\mathbf{x = 560}$

c) $x : 750 = 5 : 8$
$8x = 750 \cdot 5$
$x = \frac{3750}{8}$
$\mathbf{x = 468{,}75}$

d) $8{,}75 : 1{,}25 = x : 1$
$1{,}25x = 8{,}75$
$x = \frac{8{,}75}{1{,}25}$
$\mathbf{x = 7}$

e) $645 : 1290 = x : 2$
$1290 = 645 \cdot 2$
$x = \frac{1290}{1290}$
$\mathbf{x = 1}$

f) $x : 1286 = 3 : 5$
$5x = 1286 \cdot 3$
$x = \frac{3858}{5}$
$\mathbf{x = 771{,}6}$

29.3 Drei Verhältniszahlen (10′)

a) $125 : 250 : x = 1 : 2 : 4$
$x = 250 \cdot 2 = 125 \cdot 4$
$x = 500 = 500$
$\mathbf{x = 500}$

b) $4 : x : 8 = 480 : 600 : 960$
$600 \cdot 4 = x \cdot 480$
$x = \frac{600 \cdot 4}{480}$
$\mathbf{x = 5}$

c) $2 : 3 : 6 = 25 : x : 75$
$2 \cdot x = 3 \cdot 25$
$x = \frac{75}{2}$
$\mathbf{x = 37{,}5}$

d) $x : 3 : 2 = 42 : 21 : 14$
$x : 3 = 42 : 21$ und $3 : 2 = 21 : 14$
$21 \cdot x = 126$
$\mathbf{x = 6}$

e) $4 : 7 : x = 0{,}8 : 1{,}4 : 3{,}2$
$4 : 7 = 0{,}8 : 1{,}4$
$7 : x = 1{,}4 : 3{,}2$
$3{,}2 \cdot 7 = x \cdot 1{,}4$
$22{,}4 = 1{,}4x$
$\mathbf{x = 16}$

f) $3 : 2 : 4 = 9 : 6 : x$
$3 : 2 = 9 : 6$
$2 : 4 = 6 : x$
$2 \cdot x = 6 \cdot 4$
$\mathbf{x = 12}$

g) $120 : 60 : 180 = 2 : 1 : x$
$60 : 180 = 1 : x$
$60x = 180$
$\mathbf{x = 3}$

h) $10 : 2 : 14 = 5 : 1 : x$
$2 : 14 = 1 : x$
$2x = 14$
$\mathbf{x = 7}$

i) $7 : x : 21 = 2 : 1 : 6$
$7 : x = 2 : 1$
$7 = 2x$
$\mathbf{x = 3{,}5}$

29.4 Textaufgaben

a) (3′)
$2{,}36\text{ m} : x = 5 : 8$
$5x = 8 \cdot 2{,}36\text{ m}$
$x = \frac{18{,}88\text{ m}}{5}$
$\mathbf{x = 3{,}78\text{ m}}$

b) (4′)
$420\text{ mm} : x = 3 : 5$
$3x = 420\text{ mm} \cdot 5$
$x = \frac{2100\text{ mm}}{3}$
$\mathbf{x = 700\text{ mm}}$

Variante:
$650\text{ mm} : x = 3 : 5$
$3x = 650\text{ mm} \cdot 5$
$x = \frac{650\text{ mm} \cdot 5}{3}$
$\mathbf{x} = 1083\text{ mm}$

c) (6′)
$1 : \sqrt{2} = x : 210\text{ mm}$
$\sqrt{2} \cdot x = 210\text{ mm}$
$\mathbf{x} = \frac{210\text{ mm}}{\sqrt{2}}$
$x_1 = \mathbf{148\text{ mm}}$
$x_2 = \frac{297\text{ mm}}{\sqrt{2}} = \mathbf{210\text{ mm}}$
$x_3 = \frac{420\text{ mm}}{\sqrt{2}} = \mathbf{297\text{ mm}}$
$x_4 = \frac{594\text{ mm}}{\sqrt{2}} = \mathbf{420\text{ mm}}$

d) (3′)
1 Teil: x
$231 : x = 3 : 1$
$3x = 231$
$x = 77$

1 Teil: **77 mm**
4 Teile: 77 mm · 4 = **308 mm**
5 Teile: 77 mm · 5 = **385 mm**

e) (4′)
$x : 25{,}36\text{ m} = 1 : 500$
$500x = 25{,}36$
$\mathbf{x = 0{,}05\text{ m}}$

$x : 56{,}89\text{ m} = 1 : 500$
$500x = 56{,}89$
$x = \frac{56{,}89}{500}$
$\mathbf{x = 0{,}11\text{ m}}$

1.8.3 Formeln umstellen

29.5 Formeln für jedes Formelzeichen umstellen (30′)

a) $U = d \cdot \pi;\ d = \frac{U}{\pi};\ \pi = \frac{U}{d}$

b) $A = l \cdot b;\ l = \frac{A}{b};\ b = \frac{A}{l}$

c) $A_M = d \cdot \pi \cdot h;\ d = \frac{A_M}{\pi \cdot h};\ h = \frac{A_M}{d \cdot \pi};\ \pi = \frac{A_M}{d \cdot h}$

d) $V = \frac{A \cdot h}{3};\ A = \frac{V \cdot 3}{h};\ h = \frac{V \cdot 3}{A}$

e) $A = \frac{l_1 + l_2}{2} \cdot b;\ l_1 = \frac{2A}{b} - l_2;\ b = \frac{2A}{l_1 + l_2}$

f) $n_1 \cdot d_1 = n_2 \cdot d_2;\ n_1 = \frac{n_2 \cdot d_2}{d_1};$
$d_1 = \frac{n_2 \cdot d_2}{n_1};\ n_2 = \frac{n_1 \cdot d_1}{d_2};\ d_2 = \frac{n_1 \cdot d_1}{n_2}$

g) $z = \frac{K \cdot p\% \cdot t}{100};\ K = \frac{100 \cdot z}{p\% \cdot t};\ p\% = \frac{100 \cdot z}{K \cdot t};$
$t = \frac{100 \cdot z}{K \cdot p\%}$

h) $A_M = \frac{d \cdot \pi \cdot s}{2};\ d = \frac{2A_M}{\pi \cdot s};\ s = \frac{2A_M}{d \cdot \pi}$

i) $U = 2l + 2b;\ l = \frac{U - 2b}{2};\ b = \frac{U - 2l}{2}$

j) $A = \frac{G + g}{2} \cdot h;\ G = \frac{2A}{h} - g;\ g = \frac{2A}{h} - G$

k) $U = a + b + c;\ a = U - b - c;\ b = U - a - c;$
$c = U - a - b$

l) $V = \frac{A_1 + A_2}{2} \cdot h;\ A_1 = \frac{2 \cdot V}{h} - A_2;$
$h = \frac{2 \cdot V}{A_1 + A_2}$

m) $a : b = b : c$; $a = \frac{b^2}{c}$; $b = \sqrt{a \cdot c}$; $c = \frac{b^2}{a}$

n) $A = \frac{l \cdot b}{2}$; $l = \frac{2 \cdot A}{b}$; $b = \frac{2 \cdot A}{l}$

o) $A = d^2 \cdot \frac{\pi}{4}$; $d = \sqrt{\frac{4A}{\pi}}$

p) $A = d^2 \cdot \frac{\pi}{4} \cdot h$; $d = \sqrt{\frac{4A}{\pi \cdot h}}$; $h = \frac{4A}{d^2 \cdot \pi}$

q) $A_M = 2(l + b) \cdot h$; $l = \frac{A_M}{2h} - b$; $b = \frac{A_M}{2 \cdot h} - l$;
$h = \frac{A_M}{2(l \cdot b)}$

1.9.1 Dreisatz mit geradem und umgekehrtem Verhältnis

31.1 (6′)

Aussagesatz:
4,25 m³ Holz kosten 2 125,– €

Einheitssatz:
1 m³ Holz kostet $\frac{2\,125{,}00\ €}{4{,}25\ m^3}$

Lösungssatz:
5 m³ Holz kosten $\frac{2\,125{,}00\ € \cdot 5\ m^3}{4{,}25\ m^3}$

Holzpreis: **2500,– €**

7,500 m³ Holz kosten 500,00 €/m³ · 7,5 m³
Holzpreis: **3750,– €**

12,000 m³ Holz kosten 500,00 €/m³ · 12 m³
Holzpreis: **6000,– €**

31.2 (4′)

Aussagesatz:
8 Gesellen erhalten für 12 Std. 1 056,– €

a) Lohn für 1 Std.: **88,– €**
Einheitssatz:
8 Gesellen erhalten für 1 Std. $\frac{1\,056{,}00\ €}{12}$

b) Lösungssatz:
Lohn für 200 Std.: 88,00 €/ Std. · 200 Std.
Verdienst: **17600,– €**

31.3 (3′)

Aussagesatz:
25 m² Wandverkleidung kosten 600,– €

Einheitssatz:
1 m² Wandverkleidung kostet $\frac{600{,}00\ €}{25}$

Lösungssatz:
54 m² Wandverkleidung kosten $\frac{600{,}00\ € \cdot 54}{25}$

Preis Wandverkleidung: **1296,– €**

31.4 (5′)

Aussagesatz:
2,400 m³ Holz wiegen 1440 kg

Einheitssatz:
1,000 m³ Holz wiegt $\frac{1\,440\ kg}{2{,}4}$

Lösungssatz:
3,000 m³ Holz wiegen $\frac{1\,440\ kg \cdot 3}{2{,}4}$

Holzgewicht: **1800 kg**

7,000 m³ Holz wiegen $\frac{1\,440\ kg \cdot 7}{2{,}4}$

Holzgewicht: **4200 kg**

31.5 (4′)

Aussagesatz:
3,50 m Balken wiegen 34,86 kg

Einheitssatz:
1,00 m Balken wiegt $\frac{134{,}86\ kg}{3{,}5}$

Lösungssatz:
4,85 m Balken wiegen $\frac{134{,}86\ kg \cdot 4{,}85}{3{,}5}$

Balkengewicht: **186,88 kg**

31.6 (3′)

Aussagesatz:
für 18 km benötigt man 20 min

Einheitssatz:
für 1 km benötigt man $\frac{20\ min}{18}$

Lösungssatz:
für 18 km + 7 km benötigt man $\frac{20\ min \cdot 25}{18}$
gebrauchte Zeit: **27,8 min**

1.9 Dreisatzrechnen

31.7
(3′)

Aussagesatz:
12 000 l werden gefüllt in 45 min

Einheitssatz:
1 000 l werden gefüllt in $\frac{45\ \text{min}}{12}$

Lösungssatz:
8 000 l werden gefüllt in $\frac{45\ \text{min} \cdot 8}{12}$

Füllzeit: **30 min**

31.8
(3′)

Aussagesatz:
Bei 120 mm breiten Dielen benötigt man 67 Stück.

Einheitssatz:
Bei 1 mm breiten Dielen benötigt man
120 · 67 Stück

Lösungssatz:
Bei 90 mm breiten Dielen benötigt man
$\frac{120 \cdot 67}{90}$ Stück.

Anzahl der Dielen: **90 Stück**

31.9
(2′)

Aussagesatz:
bei 15 Stufen beträgt die Steigungshöhe 18,5 cm

Einheitssatz:
bei 1 Stufe beträgt die Steigungshöhe
18,5 cm · 15

Lösungssatz:
bei 16 Stufen beträgt die Steigungshöhe
$\frac{18{,}5\ \text{cm} \cdot 15}{16}$

Steigungshöhe bei 16 Stufen: **17,3 cm**

31.10
(3′)

Aussagesatz:
24 Pfosten ≙ 23 Abstände
2,40 m ≙ 23 Abstände

Einheitssatz:
1 m ≙ 23 · 2,40 Abstände

Lösungssatz:
2,80 m ≙ $\frac{23 \cdot 2{,}40}{2{,}80}$ Abstände = 20 Abstände

20 Abstände ≙ 21 Pfosten

31.11
(3′)

Aussagesatz:
5 Gesellen benötigen 21 Std.

Einheitssatz:
1 Geselle benötigt 21 Std. · 5

Lösungssatz:
15 Gesellen benötigen $\frac{21\ \text{Std.} \cdot 5}{15} = 7$ Std.

Arbeitszeit: 7 Std.

4 Gesellen benötigen $\frac{21\ \text{Std.} \cdot 5}{4} = 26{,}25$ Std.

Arbeitszeit: 26,25 Std.

31.12
(3′)

Aussagesatz:
8 Facharbeiter benötigen 12 Std.

Einheitssatz:
1 Facharbeiter benötigt 12 Std. · 8

Lösungssatz:
5 Facharbeiter benötigen $\frac{12\ \text{Std.} \cdot 8}{5}$

Arbeitszeit: 19,2 Std.

1.9.2 Zusammengesetzter Dreisatz

Anmerkung:
Die einzelnen Rahmen sollten pro Spalte verschiedenfarbig angelegt werden. Sie dienen dem Schüler als Rechenhilfe.

31.13 (7′)

Aussagesatz:
3 Arbeiter bei 8 Std./Tag = 5 Tage

Lösungssatz:
4 Arbeiter bei 10 Std./Tag = n Tage

1. *Aussagesatz:*
3 Arbeiter bei 8 Std./Tag = 5 Tage

1. *Einheitssatz:*
1 Arbeiter bei 8 Std./Tag = 5 Tage · 3

1. *Lösungssatz* + 2. *Aussagesatz:*
4 Arbeiter bei 8 Std./Tag $= 5 \text{ Tage} \cdot \frac{3}{4}$

2. *Einheitssatz:*
4 Arbeiter bei 1 Std./Tag $= 5 \text{ Tage} \cdot \frac{3 \cdot 8}{4}$

2. *Lösungssatz:*
4 Arbeiter bei 10 Std./Tag $= 5 \text{ Tage} \cdot \frac{3 \cdot 8}{4 \cdot 10}$

Arbeitszeit: **3 Tage**

31.14 (8′)

bei 6 m/min in 2,5 Std. = 525 m
bei 4 m/min in 1,5 Std. = ? m

bei 6 m/min in 2,5 Std. = 525 m
bei 6 m/min in 1 Std. $= \frac{525 \text{ m}}{2{,}5}$
bei 6 m/min in 1,5 Std. $= 525 \text{ m} \cdot \frac{1{,}5}{2{,}5}$
bei 1 m/min in 1,5 Std. $= 525 \text{ m} \cdot \frac{1{,}5}{2{,}5 \cdot 6}$
bei 4 m/min in 1,5 Std. $= 525 \text{ m} \cdot \frac{1{,}5 \cdot 4}{2{,}5 \cdot 6}$

Profile gefräst: **210 m**
mit zwei Fräsen: **420 m**

31.15 (6′)

in 2 Arbeitstagen 100 m Umleimer = 1 Arbeiter
in 3 Arbeitstagen 600 m Umleimer = ? Arbeiter

---

in 2 Arbeitstagen 100 m Umleimer = 1 Arbeiter
in 1 Arbeitstag 100 m Umleimer = $1 \text{ Arbeiter} \cdot 2$
in 3 Arbeitstagen 100 m Umleimer = $1 \text{ Arbeiter} \cdot \frac{2}{3}$
in 3 Arbeitstagen 1 m Umleimer = $1 \text{ Arbeiter} \cdot \frac{2}{3 \cdot 100}$
in 3 Arbeitstagen 600 m Umleimer = $1 \text{ Arbeiter} \cdot \frac{2 \cdot 600}{3 \cdot 100}$

Arbeitskräfte: **4 Arbeiter**

31.16 (10′)

bei 8 Std./Tag setzen 3 Tischler 120 Türen in 5 Tagen
bei 7,5 Std./Tag setzen 3 Tischler 150 Türen in ? Tagen

---

bei 8 Std./Tag setzen 3 Tischler 120 Türen in 5 Tagen
bei 1 Std./Tag setzen 3 Tischler 120 Türen in $5 \cdot 8$ Tagen
bei 7,5 Std./Tag setzen 3 Tischler 120 Türen in $\frac{5 \cdot 8}{7{,}5}$ Tagen
bei 7,5 Std./Tag setzen 1 Tischler 120 Türen in $\frac{5 \cdot 8 \cdot 3}{7{,}5}$ Tagen
bei 7,5 Std./Tag setzen 5 Tischler 120 Türen in $\frac{5 \cdot 8 \cdot 3}{7{,}5 \cdot 5}$ Tagen
bei 7,5 Std./Tag setzen 5 Tischler 1 Tür in $\frac{5 \cdot 8 \cdot 3}{7{,}5 \cdot 5 \cdot 120}$ Tagen
bei 7,5 Std./Tag setzen 5 Tischler 150 Türen in $\frac{5 \cdot 8 \cdot 3 \cdot 150}{7{,}5 \cdot 5 \cdot 120}$ Tagen

Arbeitszeit: **4 Tage**

31.17 (7′)

560 m³ Bauholz 2 Lkw in 8 Stunden
945 m³ Bauholz 3 Lkw in ? Stunden

---

560 m³ Bauholz 2 Lkw in 8 Stunden
1 m³ Bauholz 2 Lkw in $\frac{8}{560}$ Stunden
945 m³ Bauholz 2 Lkw in $\frac{8 \cdot 945}{560}$ Stunden
945 m³ Bauholz 1 Lkw in $\frac{8 \cdot 945 \cdot 2}{560}$ Stunden
945 m³ Bauholz 3 Lkw in $\frac{8 \cdot 945 \cdot 2}{560 \cdot 3}$ Stunden

Fahrzeit: **9 Stunden**

31.18

(10′)

Wandhöhe 2,42 m bei 0,12 m Brettbreite $\Rightarrow$ 297 m Bretter

Wandhöhe 2,75 m bei 0,10 m Brettbreite $\Rightarrow$?m Bretter

---

Wandhöhe 2,42 m bei 0,12 m Brettbreite $\Rightarrow$ 297 m

Wandhöhe 1,00 m bei 0,12 m Brettbreite $\Rightarrow \frac{297}{2{,}42}$ m

Wandhöhe 2,75 m bei 0,12 m Brettbreite $\Rightarrow \frac{297 \cdot 2{,}75}{2{,}42}$ m

Wandhöhe 2,75 m bei 0,10 m Brettbreite $\Rightarrow \frac{297 \cdot 2{,}75 \cdot 12}{2{,}42}$ m

Wandhöhe 2,75 m bei 0,10 m Brettbreite $\Rightarrow \frac{297 \cdot 2{,}75 \cdot 12}{2{,}42 \cdot 10}$ m

Bretterbedarf: **405 m**

31.19

(6′)

$\frac{2}{3}$ Arbeit in 6 Stunden: 4 Gesellen

$\frac{1}{3}$ Arbeit in 6 Stunden: $\frac{4}{2}$ Gesellen

$\frac{1}{3}$ Arbeit in 1 Stunde: $\frac{4 \cdot 6}{3}$ Gesellen

$\frac{1}{3}$ Arbeit in 2 Stunden: $\frac{4 \cdot 6}{2 \cdot 2}$ Gesellen

$\frac{1}{3}$ Arbeit in 2 Stunden: **6 Gesellen**

Da 4 Gesellen schon an der Arbeit sind, müssen noch 2 zusätzlich mitarbeiten.

31.20

(6′)

in 9 Stunden verlegen 5 Arbeiter 180 m²

in 10 Stunden verlegen 4 Arbeiter ? m²

---

in 9 Stunden verlegen 5 Arbeiter 180 m²

in 1 Stunde verlegen 5 Arbeiter $\frac{180}{9}$ m²

in 10 Stunden verlegen 5 Arbeiter $\frac{180 \cdot 10}{9}$ m²

in 10 Stunden verlegt 1 Arbeiter $\frac{180 \cdot 10}{9 \cdot 5}$ m²

in 10 Stunden verlegen 4 Arbeiter $\frac{180 \cdot 10 \cdot 4}{9 \cdot 5}$ m²

Parkettfläche: **160 m²**

31.21 (10)

7 Arbeiter	verdienen in	5 Tagen	bei	8 Std./Tag	= 2420,– €
5 Arbeiter	verdienen in	6 Tagen	bei	7 Std./Tag	= ?,– €

7 Arbeiter	verdienen in	5 Tagen	bei	8 Std./Tag	= 2 420,00 €
1 Arbeiter	verdient in	5 Tagen	bei	8 Std./Tag	$= \frac{2\,420{,}00\ €}{7}$
5 Arbeiter	verdienen in	5 Tagen	bei	8 Std./Tag	$= \frac{2\,420{,}00\ € \cdot 5}{7}$
5 Arbeiter	verdienen an	1 Tag	bei	8 Std./Tag	$= \frac{2\,420{,}00\ € \cdot 5}{7 \cdot 5}$
5 Arbeiter	verdienen in	6 Tagen	bei	8 Std./Tag	$= \frac{2\,420{,}00\ € \cdot 5 \cdot 6}{7 \cdot 5}$
5 Arbeiter	verdienen in	6 Tagen	bei	1 Std./Tag	$= \frac{2\,420{,}00\ € \cdot 5 \cdot 6}{7 \cdot 5 \cdot 8}$
5 Arbeiter	verdienen in	6 Tagen	bei	7 Std./Tag	$= \frac{2\,420{,}00\ € \cdot 5 \cdot 6 \cdot 7}{7 \cdot 5 \cdot 8}$

Lohn: **1 815,– €**

1.10 Prozentrechnen

33.1
(3′)

Gegeben: Grundwert $G_W = 725{,}00$ €
Prozentsatz $P_S\,\% = 3\,\%$

Gesucht: Nettobetrag P_W

Lösung:
$$P_W = \frac{G_W \cdot P_S\,\%}{100\,\%} = \frac{725{,}00\,€ \cdot 3\,\%}{100\,\%} = \mathbf{21{,}75\,€}$$

Nettobetrag
= Grundwert − Prozentwert
$= G_W - P_W$
$= 725{,}00\,€ - 21{,}75\,€$
$= \mathbf{703{,}25\,€}$

33.2
(3′)

Gegeben: Auftragssumme $G_W = 72\,875$ €
Mehrwertsteuer $P_S\,\% = 19\,\%$

Gesucht: Bruttobetrag $G_{W\,\text{vermehrt}}$

Lösung:
$$P_W = \frac{G_W \cdot P_S\,\%}{100\,\%} = \frac{72\,875\,€ \cdot 19\,\%}{100\,\%} = \mathbf{13\,846{,}25\,€}$$

Bruttobetrag:
$G_W + P_W = 72\,875\,€ + 13\,846{,}25\,€ = \mathbf{86\,721{,}25\,€}$

33.3
(24′)

a) $$P_W = \frac{G_W \cdot P_S\,\%}{100\,\%} = \frac{6\,280{,}00\,€ \cdot 15\,\%}{100\,\%} = \mathbf{942{,}00\,€}$$

b) $$P_W = \frac{G_W \cdot P_S\,\%}{100\,\%} = \frac{438\,500{,}00\,€ \cdot 25\,\%}{100\,\%} = \mathbf{109\,625{,}00\,€}$$

c) $$P_S\,\% = \frac{100\,\% \cdot P_W}{G_W} = \frac{100\,\% \cdot 254\,953{,}12\,€}{728\,437{,}50\,€} = 35\,\%$$

d) $$G_W = \frac{P_W \cdot 100\,\%}{P_S\,\%} = \frac{175\,492{,}50\,€ \cdot 100\,\%}{75\,\%} = \mathbf{233\,990{,}00\,€}$$

e) $$G_W = \frac{P_W \cdot 100\,\%}{P_S\,\%} = \frac{1\,289{,}00\,€ \cdot 100\,\%}{33\,\%} = \mathbf{3\,906{,}06\,€}$$

f) $$P_S\,\% = \frac{100\,\% \cdot P_W}{G_W} = \frac{100\,\% \cdot 2\,922{,}50\,€}{43\,837{,}50\,€} = \mathbf{6{,}7\,\%}$$

33.4
(3′)

Gegeben: Stundenlohn $G_W = 10{,}75$ €
Lohnerhöhung $P_S\,\% = 4{,}5\,\%$

Gesucht: neuer Stundenlohn in €

Lösung:
$$P_W = \frac{G_W \cdot P_S\,\%}{100\,\%} = \frac{10{,}75\,€ \cdot 4{,}5\,\%}{100\,\%} = \mathbf{0{,}48\,€}$$

neuer Stundenlohn:
$G_W + P_W = 10{,}75\,€ + 0{,}48\,€ = \mathbf{11{,}23\,€}$

33.5
(4′)

Gegeben: Brettbreite $G_W = 475$ mm
geschwundene Brettbreite
$G_{W\,\text{vermindert}} = 440$ mm

Gesucht: Prozentsatz P_S

Lösung:
$$P_S\,\% = \frac{(G_W - G_{W\,\text{vermindert}}) \cdot 100\,\%}{G_W} = \frac{(475\,\text{mm} - 440\,\text{mm}) \cdot 100\,\%}{475\,\text{mm}} = \mathbf{7{,}4\,\%}$$

33.6
(3′)

Gegeben: neuer Lohn $G_{W\,\text{vermehrt}} = 11{,}18$ €
Lohnerhöhung $P_S\,\% = 5{,}25\,\%$

Gesucht: bisheriger Lohn G_W in €

Lösung:
$$G_W = \frac{G_{W\,\text{vermehrt}} \cdot 100\,\%}{100\,\% + P_S\,\%} = \frac{11{,}18\,€ \cdot 100\,\%}{100\,\% + 5{,}25\,\%} = \mathbf{10{,}62\,€}$$

33.7 (3′)

Gegeben: neue Pacht
$G_{W\,vermehrt} = 1425{,}00$ €
Erhöhung $P_S\,\% = 15\,\%$

Gesucht: bisherige Pacht G_W in €

Lösung:
$$G_W = \frac{G_{W\,vermehrt} \cdot 100\,\%}{100\,\% + P_S\,\%} = \frac{1425{,}00\text{ €} \cdot 100\,\%}{100\,\% + 15\,\%} = \mathbf{1239{,}13\text{ €}}$$

33.8 (5′)

Gegeben: reduzierter Überweisungsbetrag
$G_{W\,vermindert} = 6125{,}00$ €
Einbehalt $P_S\% = 15\,\%$

Gesucht: a) Rechnungsbetrag G_W in €
b) einbehaltener Betrag P_W in €

Lösung:
a) $$G_W = \frac{G_{W\,vermindert} \cdot 100\,\%}{100\,\% - P_S\,\%} = \frac{6125{,}00\text{ €} \cdot 100\,\%}{100\,\% - 15\,\%} = \mathbf{7\,205{,}88\text{ €}}$$

b) $$P_W = G_W - G_{W\,vermindert} = 7205{,}88\text{ €} - 6125{,}00\text{ €} = \mathbf{1080{,}88\text{ €}}$$

33.9 (6′)

Gegeben: verminderte Preise ($G_{W\,vermindert}$)
a) 1 770,00 €
b) 2 394,00 €
c) 139,38 €
Rabatt 35 %

Gesucht: bisherige Preise G_W in €

Lösung:
$$G_W = \frac{G_{W\,vermindert} \cdot 100\,\%}{100\,\% - P_S\,\%}$$

a) $$G_W = \frac{1770{,}00\text{ €} \cdot 100\,\%}{100\,\% - 35\,\%} = \mathbf{2\,723{,}08\text{ €}}$$

b) $$G_W = \frac{2394{,}00\text{ €} \cdot 100\,\%}{65\,\%} = \mathbf{3\,683{,}08\text{ €}}$$

c) $$G_W = \frac{139{,}38\text{ €} \cdot 100\,\%}{65\,\%} = \mathbf{214{,}43\text{ €}}$$

33.10 (3′)

Gegeben: Abschlag $P_S\% = 30\,\%$
Abschlagszahlung $P_W = 3825{,}00$ €

Gesucht: Angebotspreis G_W in €

Lösung:
$$G_W = \frac{P_W \cdot 100\,\%}{P_S\,\%} = \frac{3825{,}00\text{ €} \cdot 100\,\%}{30\,\%} = \mathbf{12\,750{,}00\text{ €}}$$

1.11 Zinsrechnen

34.1 (3′)

Gegeben: Kreditsumme: 14 000,– €
Rückzahlung: 16 200,– €
Zinsen in 2 Jahren: 2 200,– €

Gesucht: Zinssatz $p\%$

Lösung:
$$p\% = \frac{Z \cdot 100\,\%}{K \cdot t} = \frac{2200{,}00\text{ €} \cdot 100\,\%}{14000{,}00\text{ €} \cdot 2} = \mathbf{7{,}86\,\%}$$

34.2 3′l

Gegeben: Hypothek: 62 500,– €
Zinssatz: 7,5 %
Laufzeit: 5 Jahre

Gesucht: Zinsen Z in €

Lösung:
$$Z = \frac{K \cdot p\% \cdot t}{100\,\%} = \frac{62500{,}00\text{ €} \cdot 7{,}5\,\% \cdot 5}{100\,\%} = \mathbf{23\,437{,}50\text{ €}}$$

34.3 (3′)

Gegeben: Guthaben: 1 825,– €
Guthaben nach 1 Jahr: 1 888,88 €

Gesucht: Zinssatz $p\%$

Lösung: Zinsen:
$$Z = 1888{,}88\text{ €} - 1825{,}00\text{ €} = 63{,}88\text{ €}$$
$$p\% = \frac{Z \cdot 100\,\%}{K \cdot t} = \frac{63{,}88\text{ €} \cdot 100\,\%}{1825{,}00\text{ €} \cdot 1} = \mathbf{3{,}5\,\%}$$

1.12 Winkel – Steigung, Neigung, Gefälle

34.4 (3′)

Gegeben: Zinssatz: 6,5 %
Kapital: 22 500,– €
Zeit: 3 Jahre

Gesucht: Zinsen Z in €

Lösung:
$$Z = \frac{K \cdot p\% \cdot t}{100\ \%} = \frac{22\,500{,}00\ € \cdot 6{,}5\ \% \cdot 3}{100\ \%} = \mathbf{4\,387{,}50\ €}$$

34.5 (3′)

Gegeben: monatliche Miete: 625,– €
jährliche Miete: 7 500,– €
Hauswert: 325 000,– €

Gesucht: Zinssatz $p\%$

Lösung:
$$p\% = \frac{Z \cdot 100\ \%}{K \cdot t} = \frac{625{,}00\ € \cdot 12 \cdot 100\ \%}{325\,000{,}00\ € \cdot 1} = \mathbf{2{,}3\ \%}$$

34.6 (4′)

Gegeben: Kredit: 13 000,– €
Zinssatz: 12,5 %
Laufzeit: 1,5 Jahre

Gesucht: Zinsen Z und Rückzahlungsbetrag in €

Lösung:
$$Z = \frac{K \cdot p\% \cdot t}{100\ \%} = \frac{13\,000{,}00\ € \cdot 12{,}5 \cdot 1{,}5}{100\ \%} = \mathbf{2\,437{,}50\ €}$$

Rückzahlung
= Kredit + Zinsen
= 13 000,00 € + 2 437,50 €
= **15 437,50 €**

34.7 (5′)

Gegeben: Kapital: 250 000,– €
Zinssatz A: 6,5 %
Zinssatz B: 7,75 %
Laufzeit: 4,5 Jahre

Gesucht: a) Zinsen Z_A in €
b) Zinsen Z_B in €

Lösung:
a) $$Z_A = \frac{K \cdot p\% \cdot t}{100\ \%} = \frac{250\,000{,}00\ € \cdot 6{,}5\ \% \cdot 4{,}5}{100\ \%} = \mathbf{73\,125{,}00\ €}$$

b) $$Z_B = \frac{K \cdot p\% \cdot t}{100\ \%} = \frac{250\,000{,}00\ € \cdot 7{,}75\ \% \cdot 4{,}5}{100\ \%} = \mathbf{87\,187{,}50\ €}$$

1.12.1 Winkelarten und Einheiten der Winkel

37.1 Umrechnen von Winkeln in Dezimalzahlen (15′)

a) $$15°25'12'' = 15° + \left(\frac{25'}{60'}\right)^{\circ} + \left(\frac{12''}{3\,600''}\right)^{\circ} = 15° + 0{,}41666° + 0{,}00333° = \mathbf{15{,}41999° \approx 15{,}42°}$$

b) $$75°45'45'' = 75° + \left(\frac{45'}{60'}\right)^{\circ} + \left(\frac{45''}{3\,600''}\right)^{\circ} = 75° + 0{,}75° + 0{,}0125° = \mathbf{75{,}7625°}$$

c) $$45°35'15'' = 45° + \left(\frac{35'}{60'}\right)^{\circ} + \left(\frac{15''}{3\,600''}\right)^{\circ} = 45° + 0{,}5833° + 0{,}004166° = \mathbf{45{,}587466° \approx 45{,}5875°}$$

d) $$20°20'20'' = 20° + \left(\frac{20'}{60'}\right)^{\circ} + \left(\frac{20''}{3\,600''}\right)^{\circ} = 20° + 0{,}33333° + 0{,}00555° = \mathbf{20{,}33888° \approx 20{,}3389°}$$

e) $$60°30'30'' = 60° + \left(\frac{30'}{60'}\right)^{\circ} + \left(\frac{30''}{3\,600''}\right)^{\circ} = 60° + 0{,}5° + 0{,}00833° = \mathbf{60{,}5083° \approx 60{,}5083°}$$

f) 80°15′15″ $= 80° + \left(\frac{15'}{60'}\right)^{\circ} + \left(\frac{15''}{3600''}\right)^{\circ}$
$= 80° + 0{,}25° + 0{,}00416°$
$= \mathbf{80{,}25416° \approx 80{,}2542°}$

g) 70°28′14″ $= + \left(\frac{28'}{60'}\right)^{\circ} + \left(\frac{14''}{3600''}\right)^{\circ}$
$= 70° + 0{,}466666° + 0{,}00388°$
$= \mathbf{70{,}47055° \approx 70{,}4706°}$

h) 60°30′20″ $= + \left(\frac{30'}{60'}\right)^{\circ} + \left(\frac{20''}{3600''}\right)^{\circ}$
$= 60° + 0{,}5° + 0{,}005\,55°$
$= \mathbf{60{,}50555° \approx 60{,}5056°}$

i) 125°18′8″ $= + \left(\frac{18'}{60'}\right)^{\circ} + \left(\frac{8''}{3600''}\right)^{\circ}$
$= 125° + 0{,}3° + 0{,}0022°$
$= \mathbf{125{,}3022°}$

37.2 Umrechnen in Grad, Minuten und Sekunden (18′)

a) 20,506° = 20° + 0,506 · 60′
= 20° + 30,36′
= 20° + 30′ + 0,36 · 60″
= **20°30′22″**

b) 79,667° = 79° + 0,667 · 60′
= 79° + 40,02′
= 79° + 40′ + 0,02 · 60″
= **79°40′1″**

c) 25,333° = 25° + 0,333 · 60′
= 25° + 19,98′
= 25° + 19′ + 0,98 · 60″
= **25°19′59″**

d) 36,50° = 36° + 0,5 · 60′
= 36° + 30′
= **36°30′**

e) 80,45° = 80° + 0,45 · 60′
= 80° + 27′
= **80°27′**

f) 83,667° = 83° + 0,667 · 60′
= 83° + 40,02′
= 83° + 40′ + 0,02 · 60″
= **83°40′1″**

g) 125,125° = 125° + 0,125 · 60′
= 125° + 7,5′
= 125° + 7′ + 0,5 · 60″
= **125°7′30″**

h) 34,25° = 34° + 0,25 · 60′
= 34° + 15′
= **34°15′**

i) 88,750° = 88° + 0,75 · 60′
= 88° + 45′
= **88°45′**

37.3 Winkel addieren und subtrahieren (16′)

a) 69°40′25″
+ 13°25′55″
82°65′80″ = **83°6′20″**

b) 78°12′35″
+ 22°48′35″
100°60′70″ = **101°1′10″**

c) 45°12′35″
+ 35°45′45″
80°57′80″ = **80°58′20″**

d) 15°20′16″ = 14°79′76″
− 12°25′17″
2°54′59″

e) 23°09′22″ = 22°68′82″
− 18°25′23″
4°43′59″

f) 76,65°
− 56,987°
19,663°

g) Umrechnen in Dezimalzahlen: (8′)

45°12′33″ $= 45° + \left(\frac{12'}{60'}\right)^{\circ} + \left(\frac{33''}{3600''}\right)^{\circ}$
$= 45° + 0{,}2° + 0{,}010°$
$= \mathbf{45{,}210°}$

56°45′45″ $= 56° + \left(\frac{45'}{60'}\right)^{\circ} + \left(\frac{45''}{3600''}\right)^{\circ}$
$= 56° + 0{,}75° + 0{,}0125°$
$= \mathbf{56{,}763°}$

45,21° + 44,75° − 56,763° + 78,125° − 12,667°
= **98,655°**

h) Umrechnen in Dezimalzahlen: (8′)

36°56′59″ $= 36° + \left(\frac{56'}{60'}\right)^{\circ} + \left(\frac{59''}{3600''}\right)^{\circ}$
$= 36° + 0{,}93° + 0{,}02°$
$= \mathbf{36{,}950°}$

75°43′21″ $= 75° + \left(\frac{43'}{60'}\right)^{\circ} + \left(\frac{21''}{3600''}\right)^{\circ}$
$= 75° + 0{,}71666° + 0{,}00583°$
$= \mathbf{75{,}722°}$

36,95° + 12,75° − 75,722° + 66,667° − 71,25°
= **−30,606°**

1.12.2 Steigung, Neigung, Gefälle

37.4 (4′)

Gegeben: Winkelverhältnis 1 : 6 (1 : 7)

Gesucht: Skizze Zinkenschmiege

Lösung:

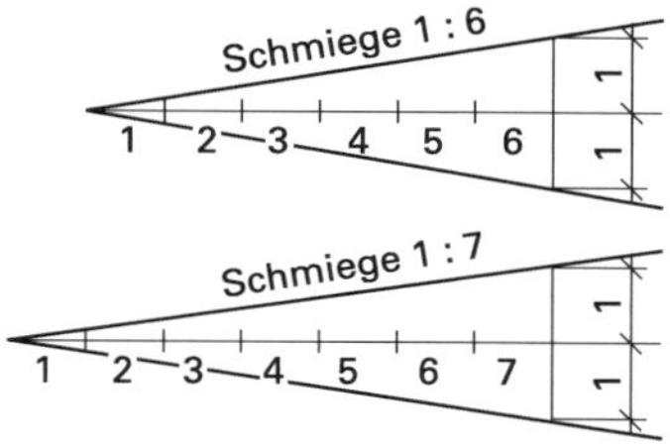

37.5 (3′)

$\alpha = 45°$
$\beta = 45°$
$\gamma = 90°$

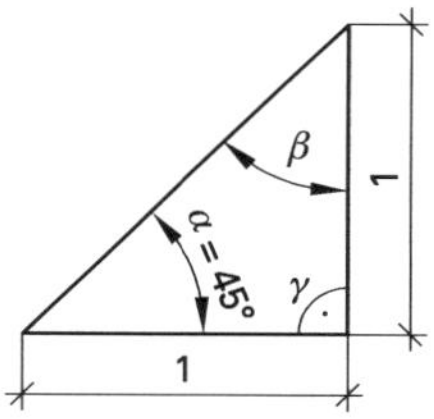

37.6 (6′)

Gegeben: Rampe:
$l = 10{,}00$ m
$h = 1{,}50$ m

Gesucht: a) Steigungsverhältnis s_v
b) Steigung s_p in %

Lösung: a) $s_v = \frac{h}{l} = \frac{1{,}50\ \text{m}}{10{,}00\ \text{m}} = \frac{1{,}50\ \text{m} : 1{,}50\ \text{m}}{10{,}00\ \text{m} : 1{,}50\ \text{m}} = \mathbf{\frac{1}{6{,}667}} = \mathbf{1 : 6{,}667}$

b) $s_p = \frac{h \cdot 100\ \%}{l} = \frac{1{,}50\ \text{m} \cdot 100\ \%}{10{,}00\ \text{m}} = \mathbf{15\ \%}$

37.7 (3′)

Gegeben: Fußbodengefälle:
$l = 3{,}00$ m
$h = 0{,}06$ m

Gesucht: Gefälle s_p in %

Lösung: $s_p = \frac{h \cdot 100\ \%}{l} = \frac{0{,}06\ \text{m}\ \ 100\ \%}{3{,}00\ \text{m}} = \mathbf{2\ \%}$

37.8 (4′)

Gegeben: Straßenlänge $l = 50$ m
Gefälle $h = 6{,}50$ m

Gesucht: Gefälle s_p in %

Lösung: $s_p = \frac{h \cdot 100\ \%}{l} = \frac{6{,}50\ \text{m}\ \ 100\ \%}{50\ \text{m}} = \mathbf{13\ \%}$

37.9 (6′)

Gegeben: Dachneigung 2,5 : 3;
$h = 5{,}00$ m

Gesucht: Breite des Daches in Traufhöhe

Lösung: $\frac{l}{2} = \frac{h}{s_v} = \frac{1}{s_v} \cdot h = \frac{3}{2{,}5} \cdot h = \frac{3 \cdot 5{,}00\ \text{m}}{2{,}5} = \mathbf{6{,}00\ m}$

Dachbreite:
$l = 2 \cdot 6{,}00\ \text{m} = \mathbf{12{,}00\ m}$

37.10 (4′)

Gegeben: Steigung $s_p = 12\ \%$;
$h = 1{,}35$ m

Gesucht: Grundlänge l in m

Lösung: $s_p = \frac{h \cdot 100\ \%}{l}$

$l = \frac{h \cdot 100\ \%}{s_p} = \frac{1{,}35\ \text{m} \cdot 100\ \%}{12\ \%} = \mathbf{11{,}25\ m}$

37.11 (4′)

Gegeben: Steigungsverhältnis 1 : 4; Bohlendicke $h = 50$ mm

Gesucht: Keillänge l

Lösung: $s_v = \frac{h}{l}$

$l = \frac{h}{s_v}$

$= \frac{50 \text{ mm} \cdot 4}{1}$

$= \mathbf{200 \text{ mm}}$

1.13 Diagramme (Schaubilder)

41.1 (14′)

100 % ≙ 360° ⇒ 1 % ≙ 3,6°

Bodennutzung:

Wald	36,5 % ≙ 3,6° · 36,5 =	131,4°
Ackerland	25,0 % ≙ 3,6° · 25,0 =	90,0°
Wiesen	16,0 % ≙ 3,6° · 16,0 =	57,6°
sonst. lw. Nutzung	10,2 % ≙ 3,6° · 10,2 =	36,7°
Bebauung	6,5 % ≙ 3,6° · 6,5 =	23,4°
Verkehrswege	4,9 % ≙ 3,6° · 4,9 =	17,6°
Gewässer	0,9 % ≙ 3,6° · 0,9 =	3,2°
	100 % ≙ 3,6° · 100 ≈	359,9°

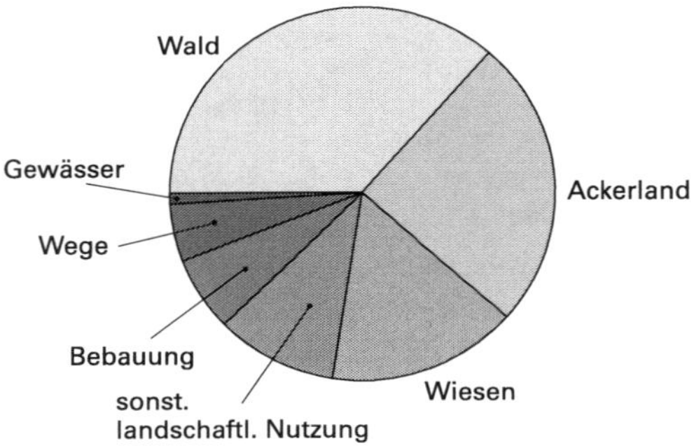

41.2 (8′)

Rohdichten in kg/m³

Zeichenmaßstab:	1000 kg/m³ ≙	2,00 cm
Stahl	7800 ≙	15,60 cm
Glas	2500 ≙	5,00 cm
Beton	2400 ≙	4,80 cm
Rotbuche	750 ≙	1,50 cm
Eichenholz	700 ≙	1,40 cm
Fichtenholz	460 ≙	0,92 cm

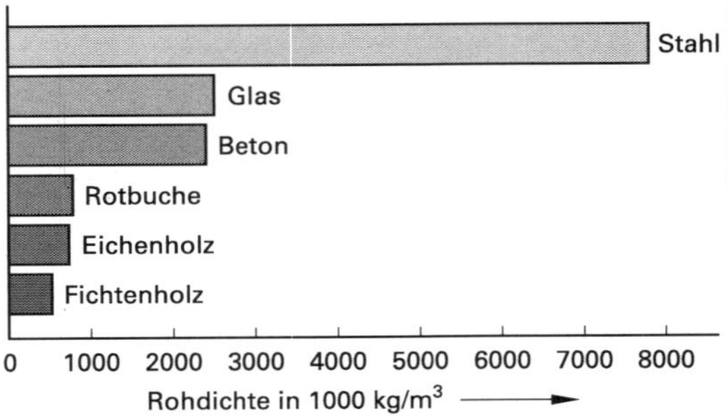

41.3 (14′)

Umsatzzahlen von 3 Programmen:

Jahr	1997	1998	1999	2000	2001
Programm A	2800	1800	2200	1600	800
Programm B	3500	2200	3000	3300	3800
Programm C	3000	2600	3200	2800	3400

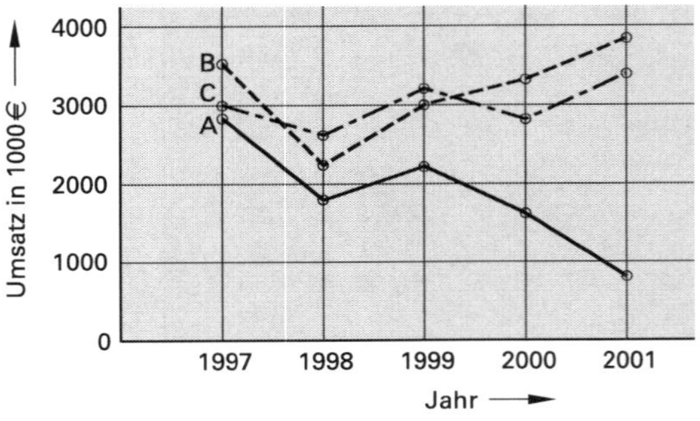

Beurteilung der Umsatzzahlen:

1998 allgemeiner Umsatzrückgang bei allen drei Programmen

2001 Programme *B* und C steigend, Programm *A* fallend

41.4 (9′)

Koordinaten:

	P_1	P_2	P_3	P_4
x	10	18	54	62
y	5	55	55	5

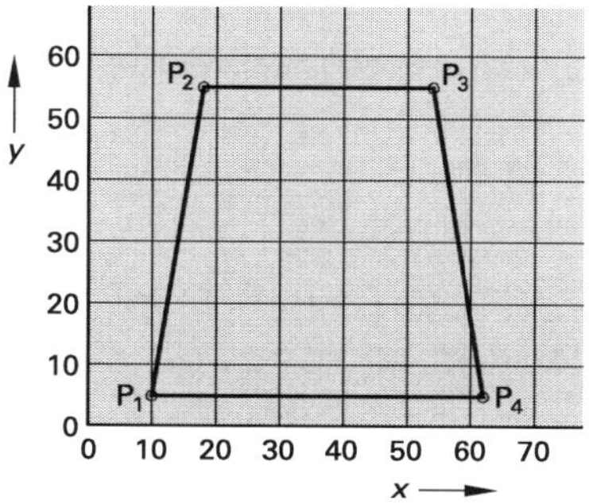

Die Fläche hat eine Trapezform.

41.5 (13′)

Werkstückkosten: 7,50 €

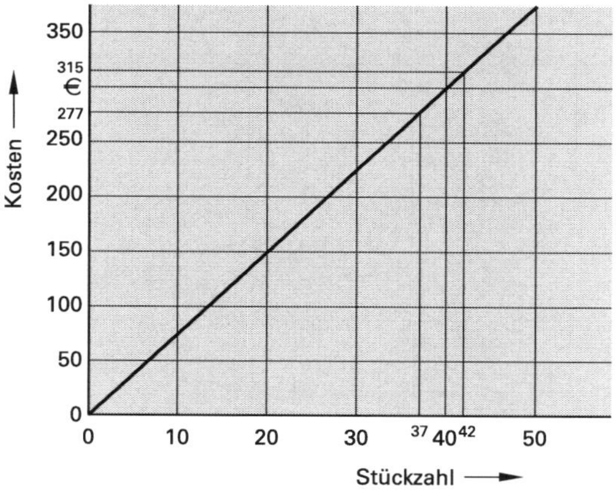

41.6 (13′)

Gegeben: Stückkosten: 5,60 €/Stück bei Fertigung von Hand
Vorrichtung: 2 400,– €
Fertigungskosten: 2,80 €/Stück bei Fertigung mit der Vorrichtung

Gesucht: wirtschaftliche Grenzstückzahl

Lösung: Grenzstückzahl x

$$x \cdot 5{,}60\,€ = 2400{,}00\,€ \cdot x \cdot 2{,}80\,€$$
$$x \cdot 5{,}60\,€ - x \cdot 2{,}80\,€ = 2400{,}00\,€$$
$$x \cdot (5{,}60\,€ - 2{,}80\,€) = 2400{,}00\,€$$
$$x \cdot 2{,}80\,€ = 2400{,}00\,€$$
$$x = \frac{2400{,}00\,€}{2{,}80\,€} = 857{,}14$$

Grenzstückzahl: **857 Stück**

Kontrolle:

A: $857 \cdot 5{,}60\,€ = 4799{,}20\,€$

B: $2400\,€ + 857 \cdot 2{,}80\,€ = 4799{,}60\,€$ ✓

Bei der Grenzstückzahl von 857 Stück sind beide Kosten annähernd gleich.

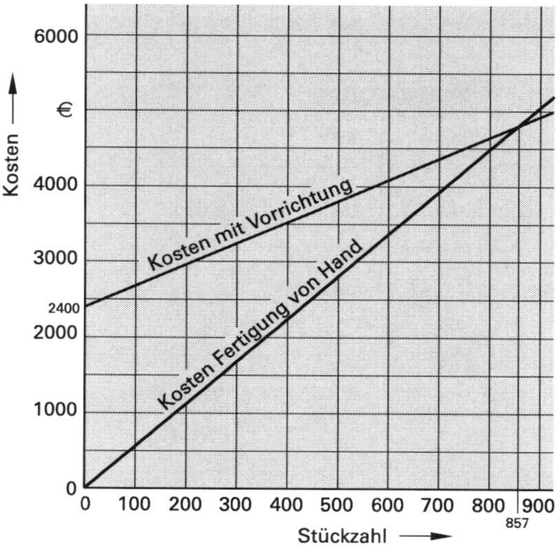

2.2 Rechnen mit dem elektronischen Taschenrechner

45.1 Addition und Subtraktion (26′)

a) 35,4 + 45,7 = **81,1**

b) 5464,25 + 456,07 = **5920,32**

c) 0,0345 + 0,875 4 = **0,9099**

d) 9762,97 + 64512,87 = **74275,84**

e) 456,56 − 45,09 = **411,47**

f) 987,56 − 897,07 = **90,49**

g) 0,3527 − 0,098 5 = **0,2542**

h) 87356,97 − 321,19 = **87035,78**

i) 8675,35 + 8765,35 − 453,97 + 27864,89 = **44851,62**

j) 45,35 + 34,98 + 32,13 + 768,34 − 756,80 + 0,76 = **124,76**

k) 456,989 + 0,453 − 12,381 + 123,982 − 197,998 = **371,045**

l) 123,456 + 8765,9 − 98,87 + 987,789 − 723,9 + 3 = **9057,375**

45.2 Multiplikation (24′)

a) 23,56 · 34,75 = **818,71**

b) 976,56 · 12,54 = **12246,0624**

c) 0,345 7 · 0,032 19 = **0,011128083**

d) 0,78 · 0,342 5 = **0,26715**

e) 576,89 · 21,90 = **12633,891**

f) 1975,34 · 13,89 = **27437,4726**

g) 123,87 · 65,989 = **8174,05743**

h) 0,01276 · 0,001 2 = **0,000015312**

i) 12,34 · 7,25 · 36,7 = **3283,3655**

j) 4,89 · 45,8 · 21,90 = **4904,7678**

k) 5,7 · 0,89 · 0,97 = **4,92081**

l) 7896,9 · 125,7 · 7,6 = **7544066,508**

m) 56,4 · 78,9 · 23,8 = **105909,048**

n) 43,98 · 56,8 · 7,98 = **19934,55072**

o) 0,45 · 12,9 · 0,89 = **5,16645**

p) 98743,9 · 7,8 · 0,75 = **577651,815**

45.3 Division (13′)

a) 788,89 : 12,34 = **63,9294975688**

b) 0,865 : 0,345 = **2,50724637681**

c) 9865,16 : 465,90 = **21,1744151105**

d) 896,367 : 2976,91 = **0,30110651648**

e) 4508,78 : 213,09 = **21,1590407808**

f) 0,126 : 0,065 9 = **1,91198786039**

g) 40978,37 : 9239,89 = **4,43494132505**

h) 926,18 : 9128,65 = **0,10145859464**

45.4 Multiplikation und Division (30′)

a) $\frac{215{,}89 \cdot 125{,}4}{185{,}78} = \mathbf{145{,}7240}$

b) $\frac{3465{,}87 \cdot 31{,}89}{2154{,}98} = \mathbf{51{,}2889}$

c) $\frac{125{,}56 \cdot 0{,}756}{24{,}56} = \mathbf{3{,}8650}$

d) $\frac{0{,}2876 \cdot 34{,}98}{0{,}872} = \mathbf{11{,}5370}$

e) $\frac{298{,}67 \cdot 21{,}98}{175{,}63} = \mathbf{37{,}3784}$

f) $\frac{64531{,}56 \cdot 0{,}76}{15{,}89} = \mathbf{3086{,}4686}$

g) $\frac{4587{,}29 \cdot 0{,}167}{456{,}89} = \mathbf{1{,}6767}$

h) $\frac{0{,}8913 \cdot 0{,}9812}{3{,}45} = \mathbf{0{,}2535}$

i) $\frac{125{,}67 \cdot 8{,}9 \cdot 15{,}8}{34{,}8} = \mathbf{507{,}8079}$

j) $\frac{123{,}98 \cdot 4{,}65 \cdot 23{,}89}{23{,}98 \cdot 7{,}6} = \mathbf{75{,}5715}$

k) $\frac{198{,}65 \cdot 25{,}98 \cdot 8{,}7}{12{,}56 \cdot 45{,}2} = \mathbf{79{,}0895}$

l) $\frac{398{,}05 \cdot 67{,}98 \cdot 12{,}9}{23{,}98 \cdot 0{,}156} = \mathbf{93311{,}4035}$

m) $\frac{456{,}87 \cdot 2{,}89 \cdot 2{,}76}{253{,}90} = \mathbf{14{,}3528}$

n) $\frac{456{,}31 \cdot 87{,}90 \cdot 6{,}87}{5{,}78 \cdot 34{,}56} = \mathbf{1379{,}4438}$

o) $\frac{2345{,}87 \cdot 0{,}567 \cdot 0{,}87}{2198{,}09 \cdot 0{,}0897} = \mathbf{5{,}8691}$

p) $\frac{45{,}34 \cdot 98{,}56 \cdot 0{,}231}{239{,}87 \cdot 0{,}045} = \mathbf{95{,}6326}$

2.2 Rechnen mit dem elektronischen Taschenrechner

45.5 Rechnen mit Klammern (20′)

a) $25{,}4 \cdot (23{,}9 + 89{,}7) = \mathbf{2\,885{,}44}$

b) $67{,}98 \cdot (3{,}4 + 0{,}879) = \mathbf{290{,}89}$

c) $(34{,}5 - 12{,}6) \cdot 12{,}89 = \mathbf{282{,}29}$

d) $7{,}65 \cdot (34{,}9 - 12{,}98) = \mathbf{167{,}69}$

e) $35{,}98 \cdot (23{,}45 + 12{,}8) = \mathbf{1\,304{,}28}$

f) $7{,}97 \cdot (124{,}98 + 254{,}98) = \mathbf{3\,028{,}28}$

g) $(87{,}54 - 74{,}9) \cdot 3{,}67 = \mathbf{46{,}39}$

h) $7{,}89 \cdot (12{,}65 - 54{,}87) = \mathbf{-\,333{,}12}$

i) $(23{,}45 + 3{,}45 + 34{,}09 - 45{,}89 + 4{,}78) \cdot 3{,}5 = \mathbf{69{,}58}$

j) $(4{,}56 + 12{,}67 - 45{,}9) \cdot (-\,45{,}98) = \mathbf{1\,318{,}25}$

k) $(0{,}024 - 0{,}459 + 34{,}56 - 23{,}87 + 32{,}9) \cdot 1{,}25 = \mathbf{53{,}94}$

l) $3{,}25 \cdot (34{,}56 + 23{,}45 + 12{,}8 + 45{,}78 - 12{,}6 - 56{,}9) = \mathbf{153{,}04}$

45.6 Quadratzahlen und Quadratwurzeln (30′)

a) $34{,}67^2 \cdot \pi \cdot 4{,}57 = \mathbf{17\,257{,}3361}$

b) $(23{,}45 + 45{,}12)^2 = \mathbf{4\,701{,}8449}$

c) $\dfrac{45{,}76^2 \cdot \pi \cdot 5{,}64}{4{,}56} = \mathbf{8\,136{,}4726}$

d) $\dfrac{456{,}78 - 412{,}89}{354{,}8} \cdot 5{,}6^2 = \mathbf{3{,}8793}$

e) $45{,}75^2 \cdot \pi \cdot 6{,}75 = \mathbf{44\,384{,}9610}$

f) $(23{,}89 - 12{,}78)^2 = \mathbf{123{,}4321}$

g) $\dfrac{45{,}98^2 \cdot \pi \cdot 6{,}54}{7{,}98} = \mathbf{5\,443{,}3049}$

h) $\dfrac{3{,}45 + 34{,}9}{3{,}56} \cdot 2{,}5^2 = \mathbf{67{,}3279}$

i) $\sqrt{45{,}67} + 34{,}8 + 3{,}5^2 = \mathbf{53{,}8080}$

j) $\sqrt{234{,}56} - 23{,}8 = \mathbf{-\,8{,}4846}$

k) $135{,}89 + \sqrt{154{,}87} = \mathbf{148{,}3347}$

l) $\sqrt{215{,}87} - \sqrt{154{,}87} = \mathbf{2{,}2478}$

m) $\sqrt{65{,}78} + 87{,}9 - 7{,}5^2 = \mathbf{39{,}7605}$

n) $\sqrt{8\,776{,}98} - 124{,}97 = \mathbf{-\,31{,}2845}$

o) $\sqrt{54{,}21} - \sqrt{12{,}45} = \mathbf{3{,}8343}$

p) $1\,254{,}98 + \sqrt{5\,686{,}78} = \mathbf{1\,330{,}3907}$

45.7 Winkelfunktionen (15′)

Die Winkelfunktionswerte sind zu bestimmen

a) $\sin 30° = \mathbf{0{,}5}$

b) $\tan 65° = \mathbf{2{,}1445}$

c) $\cos 35° = \mathbf{0{,}8192}$

d) $\tan 76{,}56° = \mathbf{4{,}1846}$

e) $\tan 45° = \mathbf{1}$

f) $\sin 75° = \mathbf{0{,}9659}$

g) $\cos 60° = \mathbf{0{,}5}$

h) $\sin 45{,}35° = \mathbf{0{,}7114}$

Die Winkel aus den Funktionswerten bestimmen

i) $\sin \alpha = 0{,}4525$ $\quad \boldsymbol{\alpha} = \mathbf{26{,}90°}$

j) $\tan \gamma = 2{,}5467$ $\quad \boldsymbol{\gamma} = \mathbf{68{,}56°}$

k) $\cos \beta = 0{,}6789$ $\quad \boldsymbol{\beta} = \mathbf{47{,}24°}$

l) $\sin \beta = 0{,}9875$ $\quad \boldsymbol{\beta} = \mathbf{80{,}93°}$

m) $\sin \beta = 0{,}5000$ $\quad \boldsymbol{\beta} = \mathbf{30{,}00°}$

n) $\tan \beta = 10{,}7863$ $\quad \boldsymbol{\beta} = \mathbf{84{,}70°}$

o) $\cos \alpha = 0{,}8973$ $\quad \boldsymbol{\alpha} = \mathbf{26{,}19°}$

p) $\tan \delta = 11{,}6532$ $\quad \boldsymbol{\delta} = \mathbf{85{,}10°}$

45.8 Gemischte Aufgaben (18′)

a) $34^2 \cdot \pi \cdot 0{,}786 = \mathbf{2\,854{,}50}$

b) $\sqrt{354{,}87} + 34{,}78 \cdot 3{,}8 = \mathbf{151{,}00}$

c) $\sqrt{34{,}56} \cdot 45{,}2^2 + 456{,}78 = \mathbf{12\,467{,}35}$

d) $\dfrac{\pi \cdot (12{,}87^2 - 8{,}78^2)}{34{,}56} = \mathbf{8{,}05}$

e) $34{,}54^2 \cdot (23{,}54 - 78{,}65) = \mathbf{-65\,746{,}87}$

f) $\sqrt{465{,}3} - 12{,}45 \cdot 56{,}7 = \mathbf{-684{,}34}$

g) $\sqrt{65{,}76} \cdot 23{,}8 - 12{,}7 = \mathbf{180{,}30}$

h) $\dfrac{(34{,}3^2 - 12{,}45^2) \cdot \pi}{12{,}45} = \mathbf{257{,}76}$

i) $4{,}25 \cdot (4{,}13 + 8{,}25) - (4{,}85 - 2{,}65) \cdot 4{,}36 \cdot 2{,}5^2 = 4{,}25 \cdot 12{,}38 - 2{,}20 \cdot 4{,}36 \cdot 2{,}5^2 = \mathbf{-7{,}34}$

3 Längen

3.1 Längeneinheiten, Formelzeichen – 3.2 Maßstäbe

3.1 Längeneinheiten, Formelzeichen

46.1 Angegebene Längengrößen in die kleinere Einheit umrechnen (3′)

63,40 m = **634,0 dm**
108,47 m = **10 847 cm**
0,034 m = **34 mm**
0,34 dm = **3,4 cm**
23,36 cm = **233,6 mm**
0,23 cm = **2,3 mm**

46.2 Angegebene Längengrößen in die größere Einheit umrechnen (3′)

2,72 dm = **0,272 m**
0,983 dm = **0,0983 m**
3,04 cm = **0,304 dm**
0,452 cm = **0,0452 dm**
84,96 mm = **8,496 cm**
4,85 mm = **0,485 cm**

46.3 Summenbildung von Längen

a) Ergebnis in Meter: (4′)
0,927 m + 3,28 m + 5,43 m + 0,047 m + 4,48 m = **14,164 m**
6,83 m + 0,125 m − 0,885 m − 0,062 m + 0,375 m = **6,383 m**

b) Ergebnis in Zentimeter: (4′)
30,4 cm + 88,5 cm + 200,5 cm − 37,5 cm + 35 cm = **316,9 cm**
384 cm − 0,465 cm + 988 cm − 50,3 cm + 100,5 cm = **1 421,735 cm**

c) Ergebnis in Millimeter: (4′)
456 mm + 955 mm − 6 670 mm + 842 mm − 33 mm = **−4 450 mm**
345 mm − 7,5 mm + 99,5 mm + 1 510 mm + 625 mm = **2 572 mm**

3.2 Maßstäbe

47.1 Zeichnungslängen (14′)

Maßstab	2,26 m	88,5 cm	51 cm
M 1 : 10	0,226 m	8,85 cm	5,1 cm
M 1 : 20	0,113 m	4,425 cm	2,55 cm
M 1 : 50	0,0452 m	1,77 cm	1,02 cm
M 1 : 5	0,452 m	17,7 cm	10,2 cm
M 1 : 100	0,0226 m	0,885 cm	0,51 cm

Maßstab	0,76 m	665 cm	115 mm
M 1 : 10	0,076 m	66,5 cm	11,5 mm
M 1 : 20	0,038 m	33,25 cm	5,75 mm
M 1 : 50	0,0152 m	13,3 cm	2,3 mm
M 1 : 5	0,152 m	133 cm	23 mm
M 1 : 100	0,0076 m	6,65 cm	1,15 mm

47.2 wirkliche Längen (8′)

3,8 mm im Maßstab 1 : 5
$l_W = l_Z \cdot n = 3{,}8\ \text{mm} \cdot 5 = \mathbf{19\ mm}$

87,5 mm im Maßstab 1 : 10
$l_W = l_Z \cdot n = 87{,}5\ \text{mm} \cdot 10 = \mathbf{875\ mm}$

42 cm im Maßstab 1 : 20
$l_W = l_Z \cdot n = 42\ \text{cm} \cdot 20 = \mathbf{840\ cm}$

3 760 mm im Maßstab 1 : 20
$l_W = l_Z \cdot n = 3\,760\ \text{mm} \cdot 20 = \mathbf{75\,200\ mm}$

24,90 cm im Maßstab 1 : 50
$l_W = l_Z \cdot n = 24{,}90\ \text{cm} \cdot 50 = \mathbf{1\,245\ cm}$

47.3 Zeichnungslängen in mm (3′)

2 500 mm : $l_Z = \frac{l_W}{n} = \frac{2\,500\ \text{mm}}{20} = \mathbf{125\ mm}$

3 250 mm : $l_Z = \frac{l_W}{n} = \frac{3\,250\ \text{mm}}{20} = \mathbf{162{,}5\ mm}$

1 080 mm : $l_Z = \frac{l_W}{n} = \frac{1\,080\ \text{mm}}{20} = \mathbf{54\ mm}$

1 420 mm : $l_Z = \frac{l_W}{n} = \frac{1\,420\ \text{mm}}{20} = \mathbf{71\ mm}$

5 350 mm : $l_Z = \frac{l_W}{n} = \frac{5\,350\ \text{mm}}{20} = \mathbf{267{,}5\ mm}$

3.3 Streckenteilung

50.1

(10′)

Gegeben: $l = 270$ mm; $n_T = 5$

Gesucht: a) e in mm
b) a in mm

Lösung: a) $e = \frac{l}{n_T + 1} = \frac{270 \text{ mm}}{6}$ **= 45 mm**

b) $a = \frac{l - 3 \cdot e}{2} = \frac{270 \text{ mm} - 3 \cdot 45 \text{ mm}}{2}$ **= 67,5 mm**

50.2

(4′)

Gegeben: $l = 112$ cm; $e = 2a$; $n_T = 7$

Gesucht: e in mm, a in mm

Lösung: $e = \frac{l}{n_T} = \frac{112 \text{ cm}}{7}$ **= 16 cm = 160 mm**

$2a = e$

$a = \frac{e}{2} = \frac{16 \text{ cm}}{2}$ **= 8 cm = 80 mm**

50.3

(5′)

Gegeben: Zinkeneinteilung nach Zeichnung

Gesucht: e in mm

Lösung:

2 Schwalbenschwänze:	$2e$
1 innerer Zinken:	e
2 äußere Zinken:	$2e$
	$5e$

$e = \frac{l}{n} = \frac{l}{5} = \frac{82 \text{ mm}}{5}$ **= 16,4 mm**

50.4

(6′)

Gegeben: Kastenteilbreite $b = 130$ mm
Holzdicke $d = 14$ mm
Zinkenbreite: $\frac{d}{2} = \frac{14 \text{ mm}}{2} = 7$ mm
mittlere Schwalbenbreite
$d = 14$ mm

Gesucht: Anzahl der Abstände n_e
Anzahl der Schwalben

Lösung: Anzahl der Abstände
$= \frac{b}{d/2} = \frac{130 \text{ mm}}{7 \text{ mm}} = 18{,}6 \approx 19$
angenommene Anzahl n_e = **19**
Anzahl der Schwalben =
$= \frac{n_e - 1}{3} = \frac{19 - 1}{3} = 6$
Anzahl der Zinken
= Anzahl der Schwalben + 1
= 6 + 1 = **7 Zinken**
Anzahl der Abstände
$n_e = 2 \cdot 6 + 7 =$ **19**

50.5

(5′)

Gegeben: $l = 550$ mm; $e = 25$ mm

Gesucht: n_T; a

Lösung: Anzahl der Abstände:
$n_e = \frac{l}{e} = \frac{550 \text{ mm}}{25 \text{ mm}} = 22$
Anzahl der Bohrungen:
$n_T = n_e - 1$
$= 22 - 1$
= **21 Bohrungen**

Randabstände:
$2a = e$
$e = \frac{a}{2} = \frac{25 \text{ mm}}{2}$ **= 12,5 mm**

3 Längen

3.3 Streckenteilung

50.6 (10′)

Gegeben: Fachbodendicke $d = 18$ mm
angenommener Fachbodenabstand
$e' = 330$ mm
Endabstand $a = 60$ mm

Gesucht: a) Anzahl der Fachböden
b) Fachbodenabstände e in mm

Lösung: a) lichter Abstand der Böden:

$$h' = h - 2 \cdot a - 2 \cdot d$$
$$= 1950 \text{ mm} - 2 \cdot 60 \text{ mm}$$
$$= - 2 \cdot 22 \text{ mm}$$
$$= 1786 \text{ mm}$$

Anzahl der Fachböden:

$$n_T = \frac{h' - e'}{e' + d}$$
$$= \frac{1786 \text{ mm} - 330 \text{ mm}}{330 \text{ mm} + 18 \text{ mm}}$$
$$= 4{,}18 \approx \mathbf{4}$$

b) Fachbodenabstand:

$$e = \frac{h' - 4 \cdot d}{n_T + 1}$$
$$= \frac{1786 \text{ mm} - 4 \cdot 18 \text{ mm}}{5}$$
$$= \mathbf{342{,}8\ mm}$$

50.7 (4′)

Gegeben: Rahmenbreite $b = 168$ mm
Außenabstand $a = 28$ mm
Anzahl der Abstände
$n_e = 2e + 1{,}5e$

Gesucht: Bohrabstände e in mm

Lösung:

$$e = \frac{b - a}{n_e}$$
$$= \frac{168 \text{ mm} - 28 \text{ mm}}{3{,}5}$$
$$= \mathbf{40\ mm}$$

50.8 (5′)

Gegeben: Korpuslänge $l = 1460$ mm
Achsabstand der Bohrungen
$e = 32$ mm

Gesucht: a) Anzahl der Bohrungen n_T
b) Randabstände a in mm

Lösung: a)

$$n_T = \frac{l}{e}$$
$$= \frac{1460 \text{ mm}}{32 \text{ mm}}$$
$$= 45{,}625$$
$$= \mathbf{45}$$

b)

$$a = \frac{l - (n_T - 1) \cdot e}{2}$$
$$= \frac{1460 \text{ mm} - (45 - 1) \cdot 32 \text{ mm}}{2}$$
$$= \mathbf{26\ mm}$$

51.1 (6′)

Gegeben: Türhöhe $h = 960$ mm
Brett mit Sichtbreite $b_S = 100$ mm;
$n_1 = 6$
Federbreite $b_F = 7$ mm
Nutbreite $b_n = 4$ mm; $n_2 = 10$
Anzahl der schmalen Bretter
$n_e = 5$

Gesucht: a) Maß e in mm
b) Brettbreite der Bretter b_1 und b_2 in mm

Lösung:

a)
$$e = \frac{h - n_1 \cdot b_S - n_2 \cdot b_n}{n_e}$$
$$= \frac{960 \text{ mm} - 6 \cdot 100 \text{ mm} - 10 \cdot 4 \text{ mm}}{5}$$
$$= \mathbf{64\ mm}$$

b)
$$b_1 = b_S + b_F$$
$$= 100 \text{ mm} + 7 \text{ mm} + 4 \text{ mm}$$
$$= \mathbf{111\ mm}$$
$$b_2 = e + b_F$$
$$= 64 \text{ mm} + 7 \text{ mm} + 4 \text{ mm}$$
$$= \mathbf{75\ mm}$$

51.2 (5′)

Gegeben: Wandlänge $l_W = 6960$ mm
Plattenzahl $n = 11$
Plattenbreite $b_P = 600$ mm
Fugenbreite $b_F = 12$ mm

Gesucht: Randabstände a rechts und links in mm

Lösung: Plattenbreite und Fugen:

$$l_P = n \cdot b_P + n \cdot b_F$$
$$= 11 \cdot 600 \text{ mm} + 10 \cdot 12 \text{ mm}$$
$$= 6720 \text{ mm}$$

Randbreite:

$$a = \frac{l_W - l_P}{2}$$
$$= \frac{6960 \text{ mm} - 6720 \text{ mm}}{2}$$
$$= \mathbf{120\ mm}$$

3.3 Streckenteilung

51.3 (12')

Gegeben: Türaußenmaß
$h_T = 2{,}05$ m; $b_T = 1{,}00$ m
Rahmenbreiten $b_1 = 0{,}15$ m;
$b_2 = 0{,}22$ m; $b_3 = 0{,}17$ m
Sprossenbreite $b_S = 0{,}03$ m
Falztiefe $t_F = 0{,}006$ m
Anzahl der Scheiben
$n_{e1} = 4$; $n_{e2} = 3$

Gesucht: Maße für Glasausschnitt h und b in mm

Lösung:

$$h = \frac{h_T - b_2 - b_3 - n \cdot b_S}{n_{e1}} = \frac{2{,}05\text{ m} - 0{,}22\text{ m} - 0{,}17\text{ m} - 5 \cdot 0{,}03\text{ m}}{4} = 0{,}378\text{ m} = \mathbf{378\text{ mm}}$$

$$b = \frac{b_T - 2 \cdot b_1 - n \cdot b_S}{n_{e2}} = \frac{1{,}00\text{ m} - 2 \cdot 0{,}15\text{ m} - 4 \cdot 0{,}03\text{ m}}{3} = 0{,}193\text{ m} = \mathbf{193\text{ mm}}$$

51.4 (12')

Gegeben: Raumgröße $l = 6{,}18$ m; $b = 4{,}20$ m
Plattengröße $l_P = 0{,}75$ m; $b_P = 0{,}50$ m

Gesucht:
a) Maßabstand der Platten und Wandabstand in der Raumbreite a_1 in mm
b) Anzahl der Platten in Längsrichtung
c) Randabstand an der Längsseite a_2 in mm

Lösung:

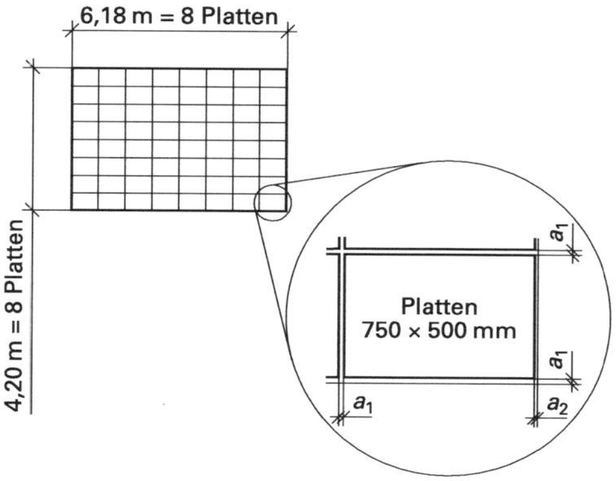

a) Anzahl der Platten in der Raumbreite:

$$n_b = \frac{b}{b_P} = \frac{4{,}20\text{ m}}{0{,}50\text{ m}} = 8{,}4 \approx 8\text{ Platten}$$

Abstand:

$$a_1 = \frac{b - n_b \cdot b_P}{n_b + 1} = \frac{4{,}20\text{ m} - 8 \cdot 0{,}50\text{ m}}{9} = 0{,}022\text{ m} = \mathbf{22\text{ mm}}$$

b) Anzahl der Platten in Längsrichtung:

$$n_l = \frac{l}{l_P} = \frac{6{,}18\text{ m}}{0{,}75\text{ m}} = 8{,}24 \approx \mathbf{8\text{ Platten}}$$

c) Randabstand:

$$a_2 = \frac{l - n_l \cdot l_P - (n_l - 1) \cdot a_1}{2} = \frac{6{,}18\text{ m} - 8 \cdot 0{,}75\text{ m} - 7 \cdot 0{,}022\text{ m}}{2} = 0{,}013\text{ m} = \mathbf{13\text{ mm}}$$

51.5 (6')

Gegeben: Ellipsenachsmaße $l = D = 570$ cm; $b = d = 370$ cm; $n_e = 12$

Gesucht: Abstand e in cm

Lösung:

$$U = \frac{D + d}{2} \cdot \pi = \frac{570\text{ cm} + 370\text{ cm}}{2} \cdot \pi = 1\,475{,}6\text{ cm}$$

$$e = \frac{U}{n_e} = \frac{1\,475{,}6\text{ cm}}{12} \approx \mathbf{123\text{ cm}}$$

51.6 (9′)

Gegeben: Trennwandlänge $l = 8{,}36$ m
Geschosshöhe $h = 3{,}30$ m
Fugen: $b_F = 8$ mm
Plattenbreite $b_P \approx 0{,}90$ m

Gesucht: a) Plattenanzahl n_e
b) Breitenmaß b_P in cm
c) Gesamtlänge l_F Federn in m

Lösung:

a) $n_e = \frac{l}{b_P} = \frac{8{,}36 \text{ m}}{0{,}90 \text{ m}} = 9{,}28 \approx$ **9 Platten**

b) $b_P = \frac{l - n_T \cdot b_F}{n_e} = \frac{836 \text{ cm} - 10 \cdot 0{,}08 \text{ cm}}{9} =$ **92 cm**

c) Anzahl der Federn:
$n_T = n_e + 1 = 9 + 1 = 10$
Federlänge:
$l_F = n_T \cdot h = 10 \cdot 3{,}30 \text{ m} =$ **33,00 m**

51.7 (8′)

Gegeben: Maße nach Zeichnung im Bild
Anzahl der Stäbe $n_T = 16$

Gesucht: Achsabstand $e = \widehat{e}$, l_1 und l_2 in mm

Lösung:

$e = \widehat{e} = \frac{U}{8} = \frac{d \cdot \pi}{8} = \frac{200 \text{ mm} \cdot \pi}{8} =$ **79 mm**

$l_1 = e + \frac{e}{2} + r + \frac{d}{2}$
$= 79 \text{ mm} + \frac{79 \text{ mm}}{2} + 100 \text{ mm} + \frac{60 \text{ mm}}{2}$
= **249 mm**

$l_2 = 8e + \frac{e}{2} + r + \frac{d}{2}$
$= 8 \cdot 79 \text{ mm} + \frac{79 \text{ mm}}{2} + 100 \text{ mm} + \frac{60 \text{ mm}}{2}$
= **802 mm**

52.1 (10′)

Gegeben: Stababstand $e' \leq 50$ mm
Stabdurchmesser $d = 14$ mm
Gesamtlänge $l = 1800$ mm
Rahmenbreite $b_R = 30$ mm
Stablänge $l_S = 660 \text{ mm} + 2 \cdot 10 \text{ mm} = 680 \text{ mm}$

Gesucht: a) Anzahl n der Stäbe
b) Abstand e in mm
c) Länge l_{Sges} der Rundstäbe

Lösung:

a) $n = \frac{l - 2b_R + d}{e' + d} - 1 = \frac{1800 \text{ mm} - 2 \cdot 30 \text{ mm} + 14 \text{ mm}}{50 \text{ mm} + 14 \text{ mm}} - 1 = 28 - 1 =$ **27 Stäbe**

b) $e = \frac{l - 2 \cdot b_R - 27 \cdot d}{n_T + 1} = \frac{1800 \text{ mm} - 2 \cdot 30 \text{ mm} - 27 \cdot 14 \text{ mm}}{28} =$ **48,64 mm**

c) $l_{Sges} = l_S \cdot n \cdot 2 = 0{,}68 \text{ m} \cdot 27 \cdot 2 =$ **36,72 m**

52.2 (14′)

Gegeben: Brüstungslänge $l = 2700$ mm
Rahmenbreite $b = 35$ mm
Stabdurchmesser $d = 24$ mm
Stababstand $a' \leq 90$ mm

Gesucht: a) Anzahl n der Stäbe
b) Achsabstand e in mm
c) Gesamtlänge l_{Sges} eines Brüstungselementes mit 40 Stäben

Lösung:

a) $n_T = \frac{l - 2 \cdot b + d}{a' + d} - 1$
$n_T = \frac{2700 \text{ mm} - 2 \cdot 35 \text{ mm} + 24 \text{ mm}}{90 \text{ mm} + 24 \text{ mm}} - 1$
$n_T = 23{,}28 - 1 \approx 22{,}28$
$n_T =$ **23**

b) $e = \frac{l - 2 \cdot b - n \cdot d}{n_T + 1} + d = \frac{2700 \text{ mm} - 2 \cdot 35 \text{ mm} - 23 \cdot 24 \text{ mm}}{23 + 1} + 24$
$= 86{,}58 \text{ mm} + 24 \text{ mm} =$ **110,6 mm**

c) $l = 2 \cdot b \cdot 41 \cdot e - d$
$= 2 \cdot 35 \text{ mm} + 41 \cdot 110{,}58 \text{ mm} - 24 \text{ mm}$
$= 70 \text{ mm} + 4533{,}78 - 24 \text{ mm}$
= **4579,8 mm**
= **4,58 m**

3.3 Streckenteilung

52.3

Gegeben: Ahornrahmen: $l = 650$ mm
Leistenbreite $b = 15$ mm
Abstand der Leisten:
100 mm $\leq a' \leq$ 12 mm

Gesucht: Anzahl n_T der Leisten
Leistenabstand e in mm

Lösung:

a) $n_T = \dfrac{l - 2b' - 2b'' - b}{b + a'} + 1$

$n_T \geq \dfrac{650 - 2 \cdot 20 - 2 \cdot 14 - 15}{15 + 12} + 1$

$= 21 + 1 = \mathbf{22}$

$n_T \leq \dfrac{650 - 2 \cdot 20 - 2 \cdot 14 - 15}{15 + 10} + 1$

$= 22{,}68 + 1 = 23{,}68$

Anzahl der Leisten $n_T = \mathbf{23}$

b) $e = \dfrac{l - 2b' - 2b'' - n_T \cdot b}{n_T - 1}$

$= \dfrac{650 \text{ mm} - 40 \text{ mm} - 28 \text{ mm} - 23 \cdot 15 \text{ mm}}{23 - 1}$

$= \mathbf{10{,}8\ mm}$

52.4

Gegeben: Rahmenlänge $l = 1400$ mm
Leistenbreite $b = 12$ mm
Rahmenbreite $b_R = 45$ mm
Abstand $e' \geq 2 \cdot 12$ mm $= 24$ mm

Gesucht: a) Anzahl der Abstände n_e
b) Größe der Abstände e in mm

Lösung:

a) Anzahl der Leisten:

$n_T = \dfrac{l - 2b_R - e'}{e' + b}$

$n_T \leq \dfrac{1400 \text{ mm} - 2 \cdot 45 \text{ mm} - 24 \text{ mm}}{24 \text{ mm} + 12 \text{ mm}}$

$= 35{,}72$

$\Rightarrow n_T = 35$

Anzahl der Abstände:

$n_e = n_T + 1 = 35 + 1 = \mathbf{36}$

b) $e = \dfrac{l - 2b_R - n_T \cdot b}{n_e}$

$= \dfrac{1400 \text{ mm} - 2 \cdot 45 \text{ mm} - 35 \cdot 12 \text{ mm}}{36}$

$= \mathbf{24{,}7\ mm}$

52.5

(12′)

Gegeben: Türbreite $b_T = 1000$ mm/2 $= 500$ mm
Federbreite $b_F = 8$ mm
Nutbreite $b_N = 2$ mm
Anzahl $n = 17$
Bretteranzahl $n_T = 18 = 9$ pro Tür

Gesucht: a) Sichtbreite b_S in mm
b) Querschnittsmaße der einzelnen Bretter (s. Skizze) in mm

Lösung: a) $b_S = \dfrac{b_T - n \cdot b_N}{n_T}$

$= \dfrac{500 \text{ mm} - 8 \cdot 2 \text{ mm}}{9}$

$= \mathbf{53{,}8\ mm}$

b) Brettbreite außen

$b_a = b_S + b_F$

$= 53{,}8$ mm $+ 8$ mm $+ 2$ mm

$= \mathbf{63{,}8\ mm}$

Brettbreite der Türen am Mittenanschlag:

$b_{ml} = \mathbf{53{,}8\ mm}$

52.6

(9′)

Gegeben: Wandlänge $l = 4200$ mm
Deckbreite $b_D = 96$ mm

Gesucht: a) Zahl der Profilbretter n
b) Breite b des letzten Brettes

Lösung: a) $n = \dfrac{l}{b_D} = \dfrac{4200 \text{ mm}}{96 \text{ mm}}$

$= 43{,}75 \mathrel{\hat{=}} \mathbf{43\ Bretter}$

b) $b = l - (n - 1) \cdot b_D$

$= 4200$ mm $- 43 \cdot 96$ mm

$= \mathbf{72\ mm}$

3 Längen

3.4 Maßordnung im Hochhaus – Fenster- und Türmaße

3.4.1 Maßordnung im Hochbau – Mauermaße

55.1

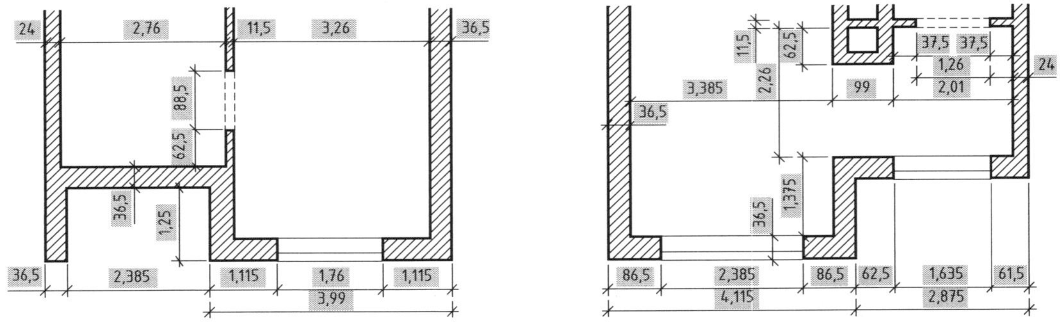

3.4.2 Maueröffnungen für Fenster

55.2

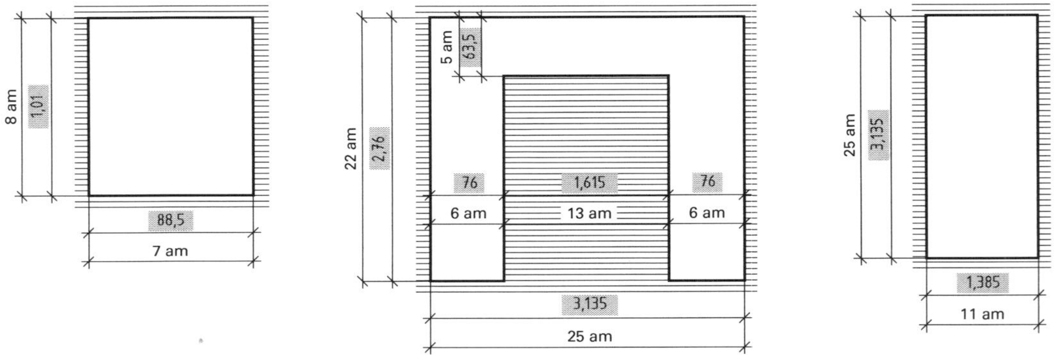

3.4.3 Maueröffnungen für Türen und Fenstertüren

55.3

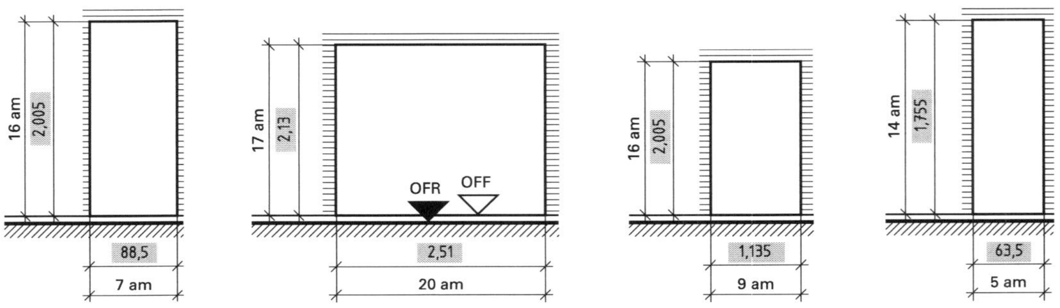

3.4.4 Türmaße

57.1

a)

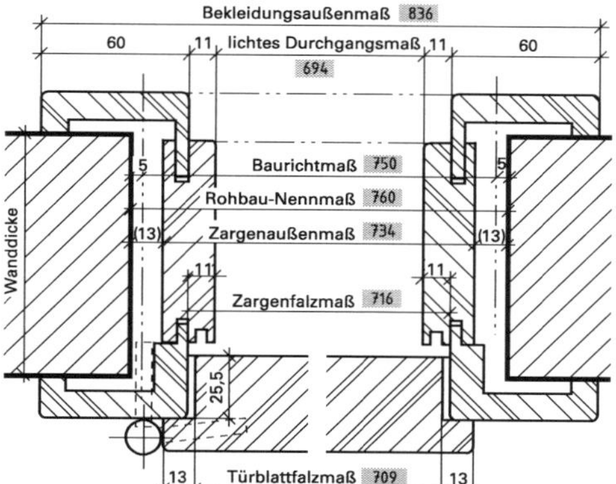

Horizontal-schnitt

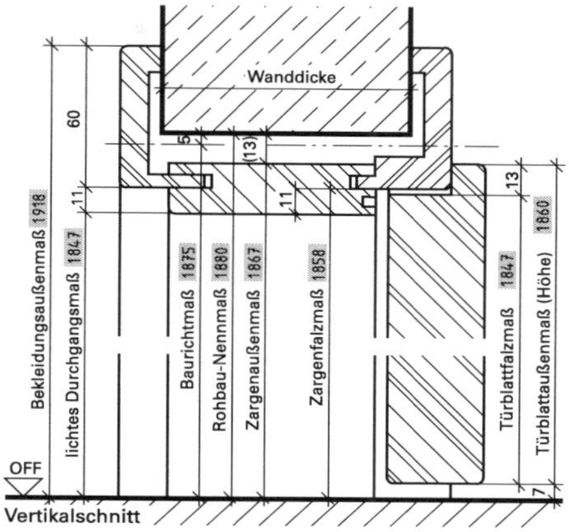

Vertikalschnitt

b)

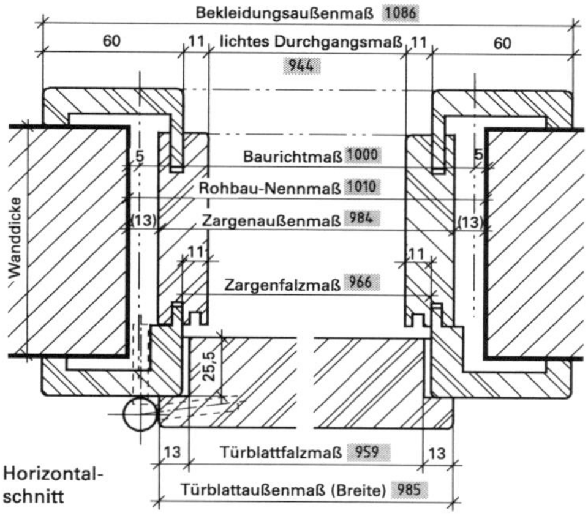

Horizontal-schnitt

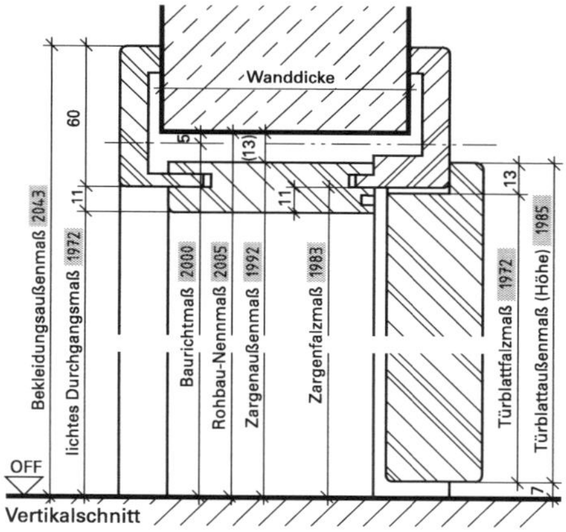

Vertikalschnitt

c)

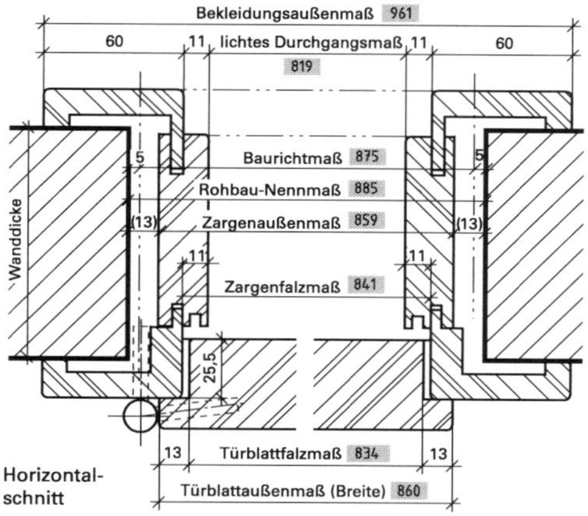

Horizontal-schnitt

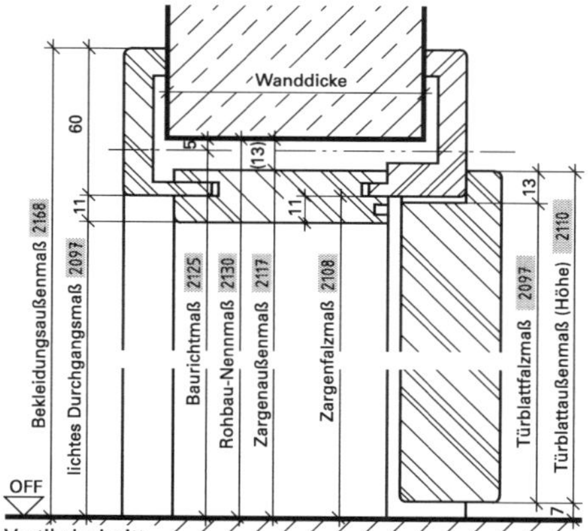

Vertikalschnitt

3.4 Maßordnung im Hochbau – Fenster- und Türmaße

57.2

a)

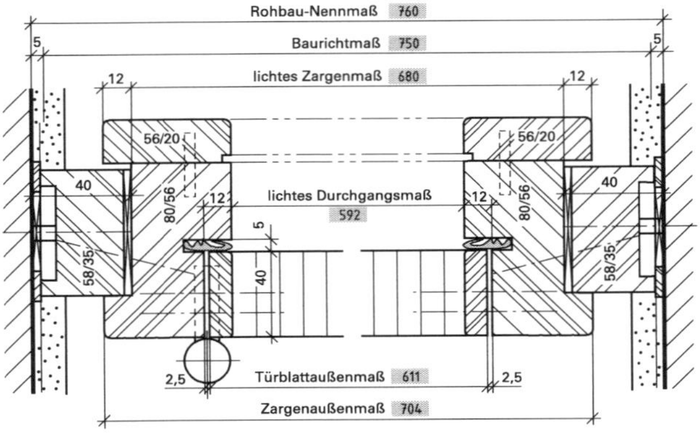

Horizontalschnitt

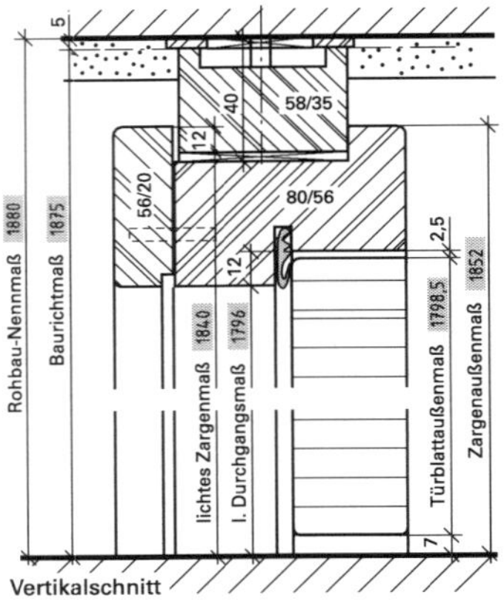

Vertikalschnitt

b)

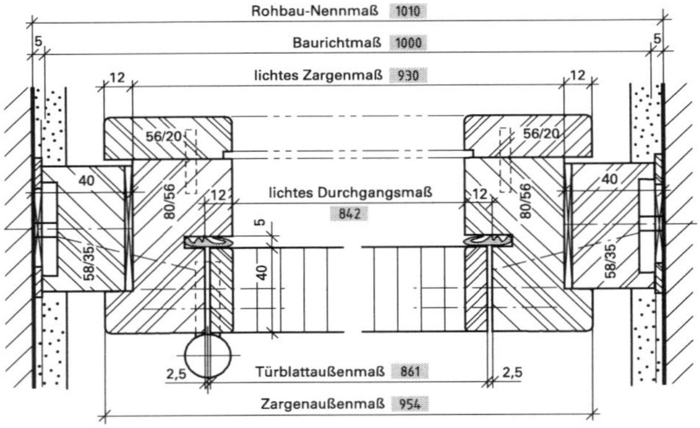

Horizontalschnitt

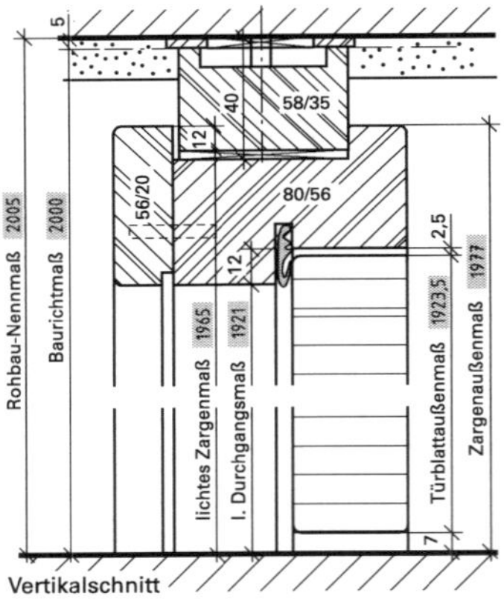

Vertikalschnitt

c)

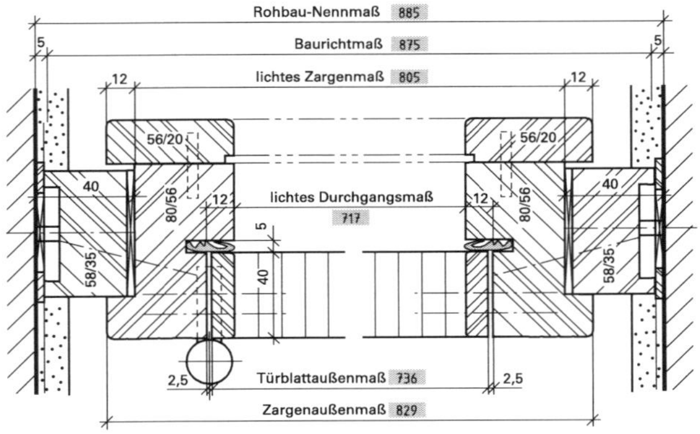

Horizontalschnitt

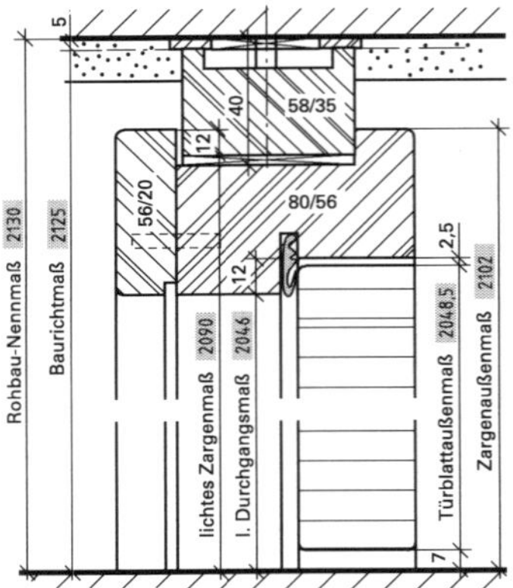

Vertikalschnitt

3.4.5 Fenstermaße

59.1

	Fenster		
	a) IV63 (78/63)	b) IV78 (92/78)	c) IV92 (92/92)
	Breite/Höhe (mm)		
RNM	885/1 260	1 010/1 510	1 135/1 510
RAM	865/1 235	990/1 485	1 115/1 485
RLM	709/1 079	806/1 301	931/1 301
FAM	785/1 128	882/1 350	1 007/1 350
FLM	629/972	698/1 166	823/1 166
GFM	665/1 008	734/1 202	859/1 202
GM	655/998	724/1 192	849/1 192

3.5.1 Lehrsatz des Pythagoras

61.1 (18′)

a) $c = \sqrt{a^2 + b^2}$
$= \sqrt{300^2 + 400^2}$
$= \sqrt{90\,000 + 160\,000}$
$= \sqrt{250\,000}$
$= \mathbf{500}$

b) $a = \sqrt{c^2 - b^2}$
$= \sqrt{2\,500^2 - 1\,750^2}$
$= \sqrt{6\,250\,000 - 3\,062\,500}$
$= \sqrt{3\,187\,500}$
$= \mathbf{1\,785{,}36}$

Kontrolle:
$b^2 + a^2 = c^2$
$3\,062\,500 - 3\,187\,510 = 6\,250\,010$ ✓

c) $b = \sqrt{c^2 - a^2}$
$= \sqrt{180^2 - 130^2}$
$= \sqrt{32\,400 - 16\,900}$
$= \sqrt{15\,500}$
$= \mathbf{124{,}5}$

d) $c = \sqrt{a^2 + b^2}$
$= \sqrt{1\,500^2 + 2\,000^2}$
$= \sqrt{2\,250\,000 + 4\,000\,000}$
$= \sqrt{6\,250\,000}$
$= \mathbf{2\,500}$

e) $a = \sqrt{c^2 - b^2}$
$= \sqrt{3\,450^2 - 1\,250^2}$
$= \sqrt{11\,902\,500 - 1\,562\,500}$
$= \sqrt{10\,340\,000}$
$= \mathbf{3\,215{,}587}$

f) $b = \sqrt{c^2 - a^2}$
$= \sqrt{310^2 - 240^2}$
$= \sqrt{96\,100 - 57\,600}$
$= \sqrt{38\,500}$
$= \mathbf{196{,}214}$

61.2 (4′)

Gegeben:

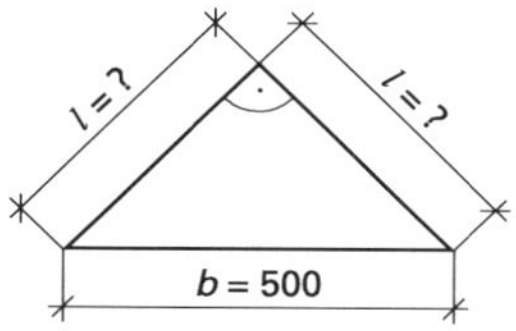

Gesucht: Seitenlänge l in mm

Lösung:
$b^2 = 2 \cdot l^2$
$2 \cdot l^2 = (500\,\text{mm})^2$
$l = \dfrac{250\,000\,\text{mm}^2}{2}$
$l = \sqrt{125\,000\,\text{mm}^2}$
$= \mathbf{353{,}6\,mm}$

61.3

(4′)

Gegeben: $l = 4{,}50 \text{ m}$
$a = 1{,}10 \text{ m}$

Gesucht: h

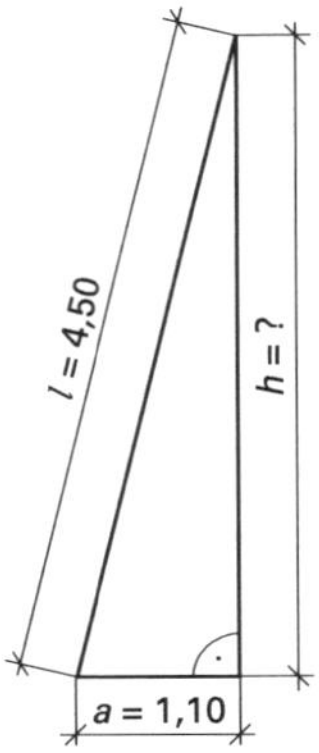

Lösung:

$$h^2 = l^2 - a^2$$
$$= (4{,}50 \text{ m})^2 - (1{,}10 \text{ m})^2$$
$$= 20{,}25 \text{ m}^2 - 1{,}21 \text{ m}^2$$
$$h = \sqrt{19{,}04 \text{ m}^2}$$
$$= \mathbf{4{,}36\ m}$$

61.4

(12′)

Gegeben: achteckige Tischplatte: $s = 1{,}50$ m

Gesucht: Seitenlänge l in m

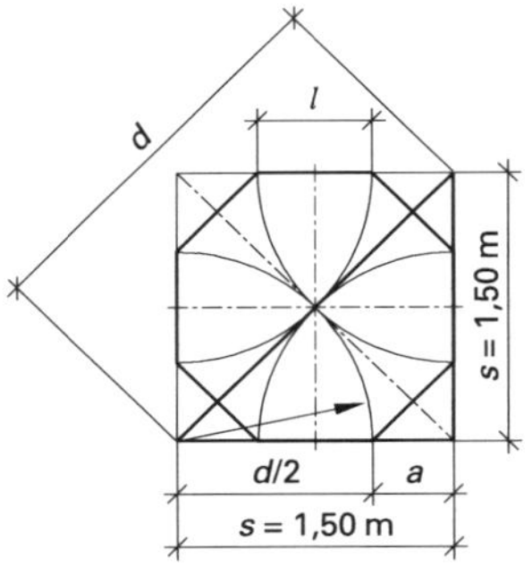

Lösung:

$$d^2 = s^2 + s^2$$
$$d = \sqrt{s^2 + s^2}$$
$$= \sqrt{1{,}50 \text{ m}^2 + 1{,}50 \text{ m}^2}$$
$$= \sqrt{4{,}50 \text{ m}^2}$$
$$= \mathbf{2{,}12\ m}$$
$$a = s - \frac{d}{2}$$
$$= 1{,}50 \text{ m} - \frac{2{,}12 \text{ m}}{2}$$
$$= \mathbf{0{,}44\ m}$$
$$l = s - 2a$$
$$= 1{,}50 \text{ m} - 2 \cdot 0{,}44 \text{ m}$$
$$= \mathbf{0{,}62\ m}$$

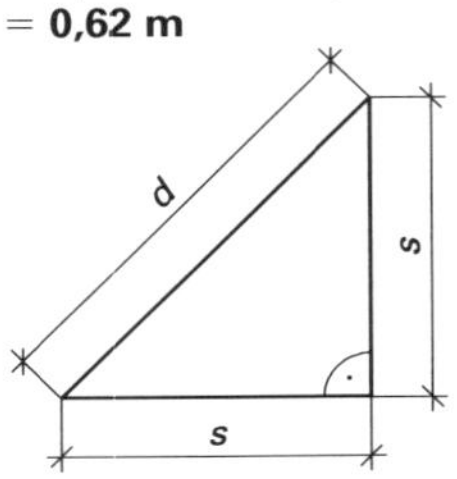

61.5

(8′)

Gegeben: $s = 850$ mm
$d = 1\,100$ mm

Gesucht: h in mm

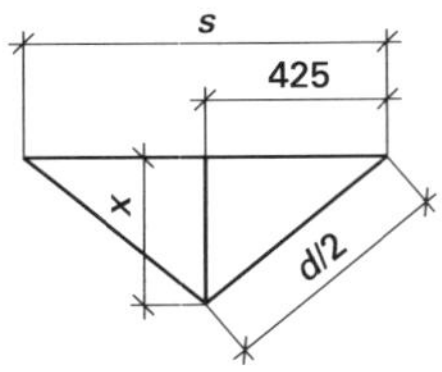

Lösung:

$$x^2 = \left(\frac{d}{2}\right)^2 - \left(\frac{s}{2}\right)^2$$
$$= \left(\frac{1\,100 \text{ mm}}{2}\right)^2 - \left(\frac{850 \text{ mm}}{2}\right)^2$$
$$= 302\,500 \text{ mm}^2 - 180\,625 \text{ mm}^2$$
$$x = \sqrt{121\,875 \text{ mm}^2}$$
$$= 349{,}1 \text{ mm}$$
$$h = \frac{d}{2} - x$$
$$= 550 \text{ mm} - 349{,}1 \text{ mm}$$
$$= \mathbf{201\ mm}$$

61.6

(5′)

Gegeben: $l = 660$ mm
$h = 600$ mm

Gesucht: d in mm

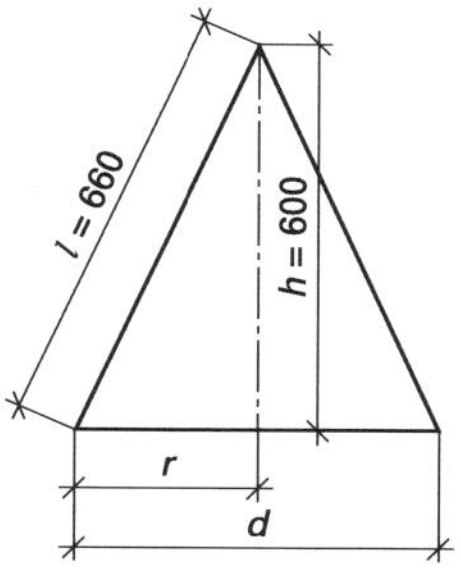

Lösung:

$r^2 = l^2 - h^2$
$= (660\ \text{mm})^2 - (600\ \text{mm})^2$
$= 435\,600\ \text{mm}^2 - 360\,000\ \text{mm}^2$
$r = \sqrt{75\,600\ \text{mm}^2}$
$= 275\ \text{mm}$
$d = 2 \cdot r$
$= 2 \cdot 275\ \text{mm}$
$=$ **550 mm**

61.7

(4′)

Gegeben: $l = 1{,}25$ m
$b = 0{,}75$ m

Gesucht: Diagonalmaß D in m

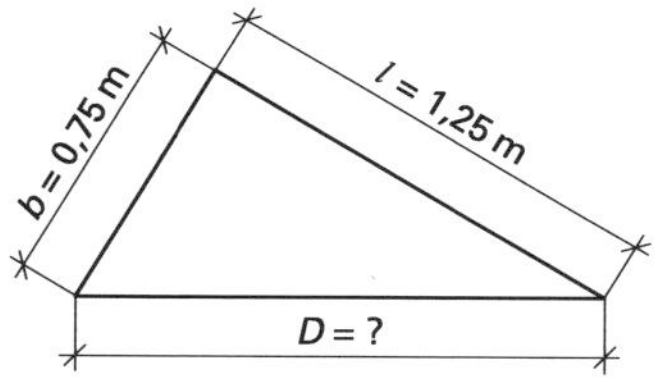

Lösung:

$D^2 = b^2 + l^2$
$= (0{,}75\ \text{m})^2 + (1{,}25\ \text{m})^2$
$= 0{,}562\,5\ \text{m}^2 + 1{,}562\,5\ \text{m}^2$
$= \sqrt{2{,}125\ \text{m}^2}$
$=$ **1,46 m**

61.8

(5′)

Gegeben: $b = r = 950$ mm

Gesucht: h in mm

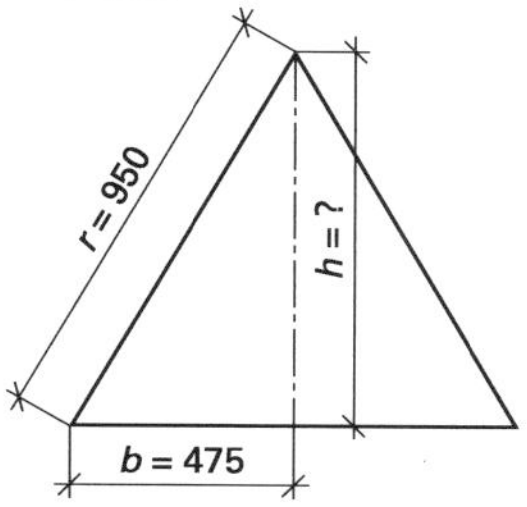

Lösung:

$h^2 = r^2 - \left(\frac{b}{2}\right)^2$
$= (950\ \text{mm})^2 - (475\ \text{mm})^2$
$= 902\,500\ \text{mm}^2 - 225\,625\ \text{mm}^2$
$h = \sqrt{676\,875\ \text{mm}^2}$
$=$ **823 mm**

61.9

(4′)

Gegeben: $d = 2\,500$ mm; $b = 800$ mm

Gesucht: l in mm

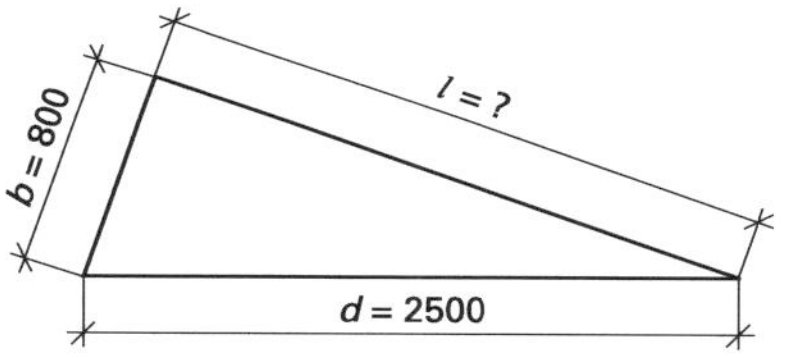

Lösung:

$l^2 = d^2 - b^2$
$= (2\,500\ \text{mm})^2 - (800\ \text{mm})^2$
$= 6\,250\,000\ \text{mm}^2 - 640\,000\ \text{mm}^2$
$l = \sqrt{5\,610\,000\ \text{mm}^2}$
$=$ **2 369 mm**

61.10

(6′)

Gegeben: $l_g = 3{,}180$ m
$h = 2{,}650$ m
$a = 0{,}200$ m

Gesucht: l in m

Lösung:

$l^2 = (l_g - a)^2 + (h - a)^2$
$= (3{,}18\ \text{m} - 0{,}20\ \text{m})^2$
$+ (2{,}650\ \text{m} - 0{,}20\ \text{m})^2$
$= 8{,}880\ \text{m}^2 + 6{,}002\ \text{m}^2$
$l = \sqrt{14{,}882\ \text{m}^2}$
$=$ **3,858 m**

3.6 Winkelfunktionen

65.1

(10′)

Grad	sin	cos	tan
15	0,2588	0,9659	0,2679
32,67*	0,5398	0,8418	0,6412
45,6	0,7145	0,6997	1,0212
72,3	0,9527	0,3040	3,1334
28,95	0,4840	0,8750	0,5532
83,25**	0,9931	0,1175	8,4490
62,5	0,8870	0,4617	1,9210

$$*32°40' = 32° + \left(\frac{40'}{60'}\right)^{\circ} = 32° + 0{,}67° = 32{,}67°$$

$$**83°15' = 83° + \left(\frac{15'}{60'}\right)^{\circ} = 83° + 0{,}25° = 83{,}25°$$

65.2

(6′)

	sin α	cos α	tan α
a	25°	42,50°	45°
b	56°	56°	85°
c	75,49°	82,20°	75,5°
d	12,80°	45,50°	10,5
e	50°	32,50°	7°

65.3

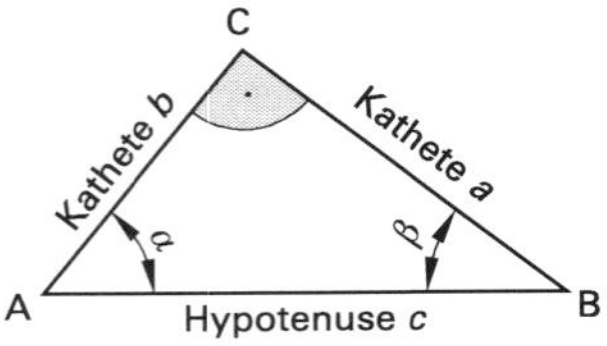

a) *Gegeben:* $a = 600$ mm; $\alpha = 36°$ (4′)
Gesucht: β; c; b
Lösung: $\beta = 90° - \alpha = 90° - 36° = \mathbf{54°}$

$$\sin \alpha = \frac{a}{c}$$

$$c = \frac{a}{\sin 36°} = \frac{600 \text{ mm}}{0{,}5878} = \mathbf{1021\ mm}$$

$$\tan \alpha = \frac{a}{b}$$

$$b = \frac{a}{\tan 36°} = \frac{600 \text{ mm}}{0{,}7265} = \mathbf{826\ mm}$$

b) *Gegeben:* $c = 1200$ mm; $b = 875$ mm (5′)
Gesucht: α; β; a
Lösung:

$$\cos \alpha = \frac{b}{c} = \frac{875 \text{ mm}}{1200 \text{ mm}}$$

$$\alpha = \mathbf{43{,}18°}$$

$$\tan \alpha = \frac{a}{b}$$

$$a = b \cdot \tan 43{,}18° = 875 \text{ mm} \cdot 0{,}933 = \mathbf{821\ mm}$$

$$\beta = 90° - \alpha = \mathbf{46{,}82°}$$

c) *Gegeben:* $a = 8{,}65$ m; $b = 7{,}54$ m (5′)
Gesucht: α; β; c
Lösung:

$$\tan \alpha = \frac{a}{b} = \frac{8{,}65 \text{ m}}{7{,}54 \text{ m}}$$

$$\alpha = 48{,}90°$$

$$\beta = 90° - \alpha = 90° - 48{,}90° = \mathbf{41{,}10°}$$

$$c = \frac{a}{\sin 49°} = \frac{8{,}65 \text{ m}}{0{,}7547} = \mathbf{11{,}47\ m}$$

d) *Gegeben:* $\beta = 54{,}50°$; $c = 8{,}35$ m (5′)

Gesucht: α; a; b

Lösung:

$a = c \cdot \cos\beta$
$= 8{,}35 \text{ m} \cdot \cos 54{,}50°$
$= 8{,}35 \text{ m} \cdot 0{,}581$
$= \mathbf{4{,}85\ m}$

$b = c \cdot \sin\beta$
$= 8{,}35 \text{ m} \cdot \sin 54{,}50°$
$= 8{,}35 \text{ m} \cdot 0{,}814$
$= \mathbf{6{,}80\ m}$

$\alpha = 90° - \beta$
$= 90° - 54{,}50°$
$= \mathbf{35{,}5°}$

65.4

(4′)

Gegeben: Keil: $l = 120$ mm; $h = 45$ mm

Gesucht: Neigungswinkel α

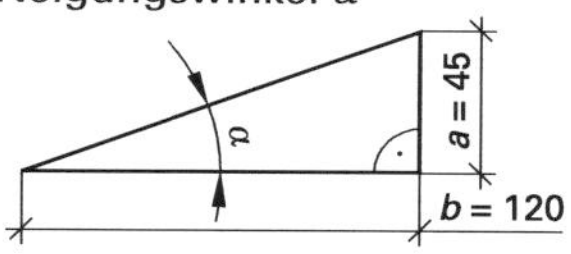

Lösung:

$\tan\alpha = \frac{\text{Gegenkathete}}{\text{Ankathete}} = \frac{a}{b}$
$= \frac{45 \text{ mm}}{120 \text{ mm}}$
$= 0{,}375$
$\alpha = \mathbf{20{,}56°}$

65.5

(4′)

Gegeben: Treppe:
Auftrittsbreite $b = 285$ mm
Steigungshöhe $a = h = 172$ mm

Gesucht: Steigungswinkel α in Grad

Lösung:

$\tan\alpha = \frac{\text{Gegenkathete}}{\text{Ankathete}} = \frac{h}{b}$
$= \frac{172 \text{ mm}}{285 \text{ mm}}$
$= 0{,}6035$
$\alpha = \mathbf{31{,}11°}$

65.6

(8′)

Gegeben: Satteldach:
Spannweite $s = 12{,}50$ m
Höhe $h = 4{,}25$ m

Gesucht: Dachneigung

Lösung: Länge l von First bis Traufe

$l^2 = \left(\frac{s}{2}\right)^2 + h^2$
$= \left(\frac{12{,}50 \text{ m}}{2}\right)^2 + (4{,}25 \text{ m})^2$
$= 39{,}06 \text{ m}^2 + 18{,}06 \text{ m}^2$
$l = \sqrt{57{,}12 \text{ m}^2}$
$= \mathbf{7{,}56\ m}$

Dachneigung:

$\tan\alpha = \frac{\text{Gegenkathete}}{\text{Ankathete}} = \frac{h}{s/2}$
$= \frac{4{,}25 \text{ m}}{12{,}50 \text{ m} : 2}$
$= 0{,}68$
$\alpha = \mathbf{34{,}22°}$

65.7

(8′)

Gegeben: Wohnhausbreite $b = 12{,}49$ m
Dachneigung $\alpha = 52°$
Sparrenüberstand: $2 \cdot 0{,}60$ m

Gesucht: a) Firsthöhe h
b) Sparrenlänge l

Lösung:

a) $\tan 52° = \frac{\text{Gegenkathete}}{\text{Ankathete}} = \frac{h}{b/2}$
$h = \tan 52° = \frac{b}{2}$
$= \tan 52° \frac{12{,}49 + (0{,}60 \cdot 2)}{2} \text{ m}$
$= 1{,}2799 \cdot 6{,}845 \text{ m}$
$= \mathbf{8{,}76\ m}$

b) $\cos\alpha = \frac{\text{Ankathete}}{\text{Hypotenuse}} = \frac{b/2}{l}$
$l = \frac{b}{2 \cos\alpha}$
$= \frac{12{,}49 \text{ m} + (0{,}60 \text{ m} \cdot 2)}{2 \cos 52°}$
$= \frac{13{,}69 \text{ m}}{2 \cdot 0{,}6157}$
$= \mathbf{11{,}12\ m}$

65.8

(6′)

Gegeben: $c = 900$ mm

Gesucht: l

Lösung: $\alpha = \frac{360°}{5 \cdot 2} = 36°$

Lösung: $\frac{l}{2} = a = c \cdot \sin \alpha$

$= 900 \text{ mm} \cdot \sin 36°$
$= 529$ mm

$l = 2 \cdot a$
$= 2 \cdot 529$ mm
$=$ **1058 mm**

65.9

(5′)

Gegeben: Leiterlänge $l = 3{,}75$ m
Anstellwinkel $\alpha = 75°$

Gesucht: Anlegehöhe h

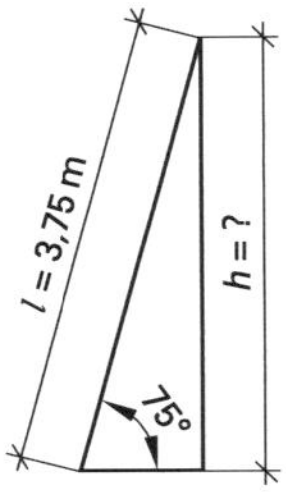

Lösung: $\sin \alpha = \frac{h}{l}$

$h = \sin \alpha \cdot l$
$= \sin 75° \cdot 3{,}75$ m
$= 0{,}9659 \cdot 3{,}75$ m
$=$ **3,62 m**

65.10

(15′)

Gegeben: Skizze Deckenfries

Gesucht:
a) Winkel am Punkt B und C
b) Gehrungswinkel in Punkt A, B, C und D
c) Länge Seite A–B

Lösung:

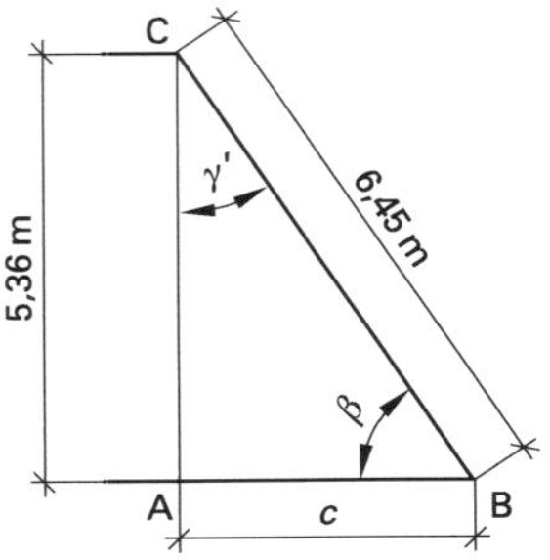

a) $\sin \beta = \frac{b}{c} = \frac{\text{Gegenkathete}}{\text{Hypotenuse}}$

$= \frac{5{,}36 \text{ m}}{6{,}45 \text{ m}}$
$= 0{,}8310$
$\beta = 56{,}20°$

$\gamma' = 180° - 90° - 56{,}20°$
$=$ **33,8°**

Winkel bei C:
$\gamma = \gamma' + 90°$
$= 33{,}8° + 90° =$ **123,8°**

b) Gehrungswinkel in B:
$\frac{\beta}{2} = \frac{56{,}20°}{2}$
$=$ **28,10°**

Gehrungswinkel in C:
$\frac{\gamma}{2} = \frac{123{,}8°}{2}$
$=$ **61,9°**

Gehrungswinkel in A und D:
$= \frac{\alpha}{2} = \frac{\delta}{2} = \frac{90°}{2} =$ **45°**

c) $\tan \gamma = \frac{\text{Gegenkathete}}{\text{Ankathete}} = \frac{c}{b}$

$c = \tan 33{,}8° \cdot b$
$= 0{,}6694 \cdot 5{,}36$ m
$=$ **3,59 m**

$l = 7{,}45 \text{ m} + 3{,}59$ m
$=$ **11,04 m**

65.11 (5′)

Gegeben: Rampe:
Steigungsverhältnis $s_v = 1{,}5 : 3{,}5$

Gesucht: Steigungswinkel

Lösung: Steigungsverhältnis $s_v = \frac{h}{l}$

$$\sin\alpha = \frac{\text{Gegenkathete}}{\text{Hypotenuse}} = \frac{h}{l}$$
$$= \frac{1{,}5}{3{,}5}$$
$$= 0{,}4286$$
$$\alpha = \mathbf{25{,}38°}$$

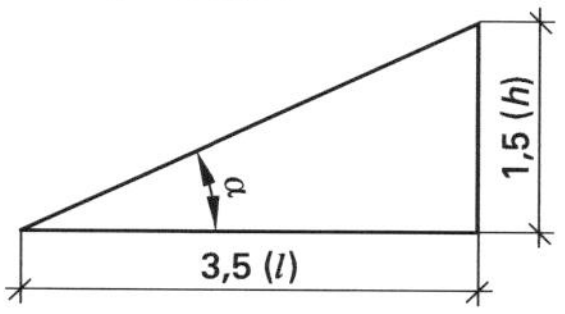

3.7 Treppen

69.1 (4′)

Gegeben: Steigungshöhe $h_S = 16{,}8$ cm

Gesucht: Auftrittsbreite b

Lösung: Schrittmaßregel

$$l_S = 2h_S + b = 63 \text{ cm}$$
$$b = l_S - 2h_S$$
$$= 63 \text{ cm} - 2 \cdot 16{,}8 \text{ cm}$$
$$= \mathbf{29{,}4\ cm}$$

69.2 (6′)

Gegeben: a) Auftrittsbreite $b = 28{,}8$ cm
b) Auftrittsbreite $b = 30{,}2$ cm
c) Auftrittsbreite $b = 27{,}4$ cm

Gesucht: Steigungshöhen h_S

Lösung: $l_S = 2h_S + b = 63$ cm

$$h_S = \frac{l_S - b}{2}$$

a) $h_S = \frac{63 \text{ cm} - 28{,}8 \text{ cm}}{2} = \mathbf{17{,}1\ cm}$

b) $h_S = \frac{63 \text{ cm} - 30{,}2 \text{ cm}}{2} = \mathbf{16{,}4\ cm}$

c) $h_S = \frac{63 \text{ cm} - 27{,}4 \text{ cm}}{2} = \mathbf{17{,}8\ cm}$

69.3 (14′)

Gegeben: Geschosshöhe $h_G = 2{,}75$ m
Lauflinie $l_G = 4{,}19$ m

Gesucht: a) Anzahl der Steigungen n_S
Steigungshöhe h_S
Auftrittsbreite b

b) Steigungsverhältnis s_v

Lösung: a) Anzahl der Auftritte:

$$n_A = (2 \cdot h_G + l_G) : 63 \text{ cm}$$
$$= (2 \cdot 2{,}75 \text{ m} + 4{,}19 \text{ m}) : 63 \text{ cm}$$
$$= 15$$
$$n_S = n_A + 1$$
$$= 15 + 1$$
$$= \mathbf{16}$$
$$h_S = \frac{h_G}{n_S}$$
$$= \frac{2{,}75 \text{ m}}{16}$$
$$= \mathbf{0{,}172\ m}$$
$$b = \frac{l_G}{n_A}$$
$$= \frac{4{,}19 \text{ m}}{15}$$
$$= \mathbf{0{,}279\ m}$$

b) Steigungsverhältnis

$$s_v = \frac{h_S}{b} = \mathbf{\frac{17}{28}}$$

69.4 (7′)

Gegeben: $n_S = 16$
$h_S = 17{,}7$ cm
$b = 27{,}4$ cm

Gesucht: Treppenlänge l_G in cm
Geschosshöhe h_G in cm

Lösung:
$h_G = h_S \cdot n_S$
$= 17{,}7 \text{ cm} \cdot 16$
$= \mathbf{283{,}2\ cm}$
$n_A = n_S - 1$
$= 16 - 1$
$= 15$
$l_G = b \cdot n_A$
$= 27{,}4 \text{ cm} \cdot 15$
$= \mathbf{411\ cm}$

69.5 (9′)

Gegeben: Geschosshöhe $h_G = 2{,}57$ m
Treppenlänge $l_G = 3{,}10$ m

Gesucht: n_S; h_S; b
Bequemlichkeit der Treppe

Lösung:
$n_A = (2 \cdot h_G + l_G) : 63$
$= (2 \cdot 2{,}57 \text{ m} + 3{,}10 \text{ m}) : 63$
$= 13$
$n_S = n_A + 1$
$= 13 + 1$
$= \mathbf{14}$
$h_S = \frac{h_G}{h_S}$
$= \frac{2{,}57 \text{ m}}{14}$
$= \mathbf{0{,}184\ m}$
$b = \frac{l_G}{n_A}$
$= \frac{3{,}10 \text{ m}}{13}$
$= \mathbf{0{,}238\ m}$
Bequemlichkeit:
$b - h_S = 12$ cm
$b - h_S = 23{,}8 \text{ cm} - 18 \text{ cm}$
$= 6$ cm
⇒ **nicht bequem**!

69.6 (14′)

Gegeben: $h_G = 2{,}40$ m
$h_S \leq 18$ cm

Gesucht: Steigungsverhältnis s_v; l_G

Lösung:
$n_S = \frac{h_G}{h_S}$
$= \frac{2{,}40 \text{ m}}{0{,}18 \text{ m}} = \mathbf{14}$ (gewählt)
$n_A = 14 - 1 = \mathbf{13}$
$h_S = \frac{h_G}{n_S}$
$= \frac{2{,}40 \text{ m}}{14} = 0{,}1714 \text{ m} = \mathbf{17{,}14\ cm}$
$l_S = 2h_S + b = 63$ cm
$b = 63 \text{ cm} - 2 \cdot 17{,}14 \text{ cm}$
$= 28{,}72 \text{ cm} = \mathbf{28\ cm}$ (gewählt)
$s_v = \frac{h_S}{b} = \frac{\mathbf{17{,}14}}{\mathbf{28}}$
$l_G = b \cdot n_A$
$= 28 \text{ cm} \cdot 13 = 364 \text{ cm} = \mathbf{3{,}64\ m}$

69.7 (5′)

Bequemlichkeitsregel:
Auftrittsbreite − Steigungshöhe = 12 cm
a) 28,6 cm − 18,7 cm = 9,9 cm
b) 25,6 cm − 18,8 cm = 6,8 cm
c) 28,7 cm − 17,3 cm = 11,4 cm
Die Begehbarkeit fällt ab in der Reihenfolge
$c \rightarrow a \rightarrow b$

69.8 (7′)

Gegeben: Steigungsverhältnis
$h_S = 19{,}7$ cm; $b = 25{,}6$ cm

Gesucht: Schrittmaßregel, Bequemlichkeitsregel und Sicherheitsregel anwenden

Lösung: Schrittmaßregel:
$l_S = 2h_S + b = 63$ cm
$= 2 \cdot 19{,}7 \text{ cm} + 25{,}6 \text{ cm}$
$= \mathbf{65\ cm}$
Schrittmaß (oberer Grenzwert)
Bequemlichkeitsregel:
$b - h_S = 12$ cm
25,6 cm − 19,7 cm = 5,9 cm
Bequemlichkeitsanspruch nicht erfüllt!
Sicherheitsregel:
$b + h_S = 46$ cm
25,6 cm + 19,7 cm = **45,3 cm**
Sicherheitsforderung nicht erfüllt!

69.9 (3′)

Gegeben: Steigungshöhe $h_S = 16{,}75$ cm

Gesucht: Auftrittsbreite b

Lösung:
$l_S = 2h_S + b = 63$ cm
$b = 63 \text{ cm} - 2 \cdot 16{,}75 \text{ cm}$
$= \mathbf{29{,}5\ cm}$

69.10 (20′)

Gegeben: Geschosshöhe $h_G = 2{,}85$ m
mögliche Treppenlänge
$l_G = 4{,}43$ m

Gesucht:
a) Anzahl der Steigungen n_S
Auftrittsbreite b
b) Schrittmaßregel, Bequemlichkeitsregel, Sicherheitsregel anwenden

Lösung:
a) $2 \cdot h_G + 1 \cdot l_G$
$= 2 \cdot 2{,}85 \text{ m} + 4{,}43 \text{ m}$
$= 10{,}13$ m

Anzahl der Auftritte:

$n_A = \frac{10{,}13 \text{ m}}{0{,}63 \text{ m}}$
$= 16$

$n_S = n_A + 1$
$= 16 + 1$
$= \mathbf{17}$

$h_S = \frac{h_G}{n_S}$
$= \frac{2{,}85 \text{ m}}{17}$
$= \mathbf{0{,}168\ m}$

$b = \frac{l_G}{n_A}$
$= \frac{4{,}43 \text{ m}}{16}$
$= \mathbf{0{,}277\ m}$

b) Schrittmaßregel:
$2 \cdot h_S + b = 63$ cm
$2 \cdot 16{,}8 \text{ cm} + 27{,}7 \text{ cm} = \mathbf{61{,}3\ cm}$

Bequemlichkeitsregel:
$b - h_S = 12$ cm
$27{,}7 \text{ cm} - 16{,}8 \text{ cm} = \mathbf{10{,}9\ cm}$

Sicherheitsregel:
$b + h_S = 46$ cm
$27{,}7 \text{ cm} + 16{,}8 \text{ cm} = \mathbf{44{,}5\ cm}$

69.11 (15′)

Gegeben:
$l_G = 1{,}25$ m
$h_G = 2{,}47$ m
Stufenbreite: 22 cm

Gesucht:
a) Steigungshöhe h_S in cm
b) Skizze

Lösung:
a) $n = \frac{2h_G + l_G}{0{,}63 \text{ m}}$
$= \frac{2 \cdot 2{,}47 \text{ m} + 1{,}25 \text{ m}}{0{,}63}$
$= \mathbf{9{,}8}$

gewählt: **10 Steigungen**

$h_S = \frac{h_G}{h} = \frac{2{,}47 \text{ m}}{10} = 0{,}247$ m
$= \mathbf{24{,}7\ cm}$

b) $b = l_G : (n - 1)$
$= 1{,}25 \text{ m} : (10 - 1)$
$= 1{,}25 \text{ m} : 9$
$= 0{,}139$ m
$= \mathbf{13{,}9\ cm}$

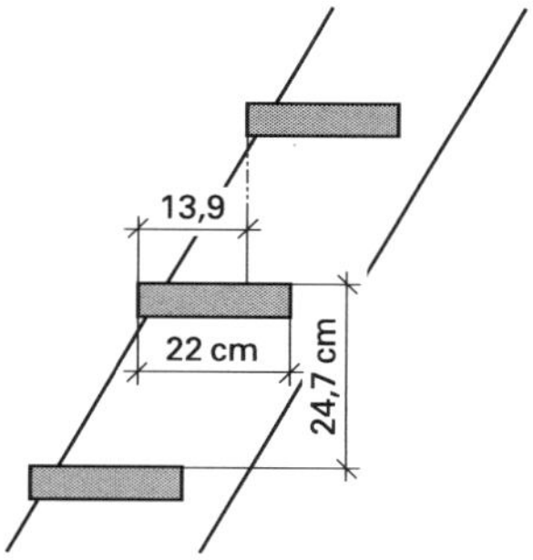

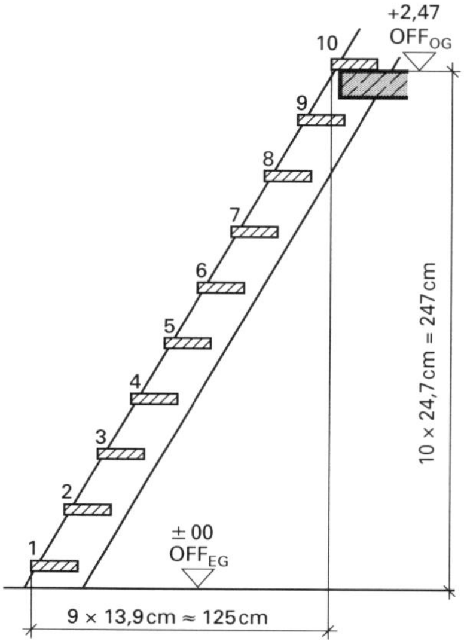

3 Längen

3.7 Treppen

69.12

(15′)

Gegeben: Geschosshöhe $h_G = 3{,}75$ m (mit Zwischenpodest)
$h_S = 17$ cm

Gesucht:
a) Stufenzahl n_A
b) Steigungsverhältnis $s_v = \dfrac{h_S}{b}$
c) Podestlänge $l_P \geq 1{,}00$ m
d) Treppenlänge l_G

Lösung:
a) Annahme:
Steigungshöhe $h_S = 17$ cm
Zahl der Steigungen:

$$n_S = \frac{h_G}{h_S} = \frac{3{,}75\text{ m}}{0{,}17\text{ m}} = 22$$

Stufenzahl:

$$n_A = 22 - 1 = \mathbf{21}$$

Auftrittsbreite:

$$b = 63\text{ cm} - 2 \cdot h_S = 63\text{ cm} - 2 \cdot 17\text{ cm} = \mathbf{29\ cm}$$

b) Annahme:
Steigungsverhältnis

$$s_v = \frac{h_S}{b} = 17 : 29$$

c) Lauflinienlänge ohne Podest:

$$l'_G = n_A \cdot b = 21 \cdot 29\text{ cm} = \mathbf{609\ cm}$$

Mindestpodestlänge:

$$l_P = 3 \cdot b = 3 \cdot 29\text{ cm} = 87\text{ cm}$$

oder

$$l_P = 63 + b = 63\text{ cm} + 29\text{ cm} = 92\text{ cm}$$

Soll: $l_P \geq 1{,}00$ m

$$\Rightarrow l_P = 2 \cdot 63\text{ cm} + b = 2 \cdot 63\text{ cm} + 29\text{ cm} = 155\text{ cm}$$

d)

$$l_G = l'_G + l_P = 609\text{ cm} + 155\text{ cm} = \mathbf{764\ cm}$$

69.13

(12′)

Gegeben: Treppenlänge $l = 3{,}45$ m
$h_G = 3{,}05$
angenommene Steigungshöhe h'_S

Gesucht:
a) Anzahl der Auftritte n_S
n_A je Treppenlauf
b) Steigungshöhe h_S
Auftrittsbreite b
c) Podestbreite

Lösung:
a)

$$n_S = \frac{h_G}{h'_S} = \frac{305\text{ cm}}{17\text{ cm}} = 17{,}9$$

$\Rightarrow$ **18 Steigungen**

Auftritte pro Lauf:

$$n_A = \frac{18}{2} - 1 = 9 - 1 = \mathbf{8}$$

b)

$$h_S = \frac{h_G}{n'_S} = \frac{305\text{ cm}}{18} = 16{,}94\text{ cm}$$

$$b = 63\text{ cm} - 2h_S = 63\text{ cm} - 2 \cdot 16{,}94\text{ cm} = 29{,}1\text{ cm} = \mathbf{29\ cm}$$

c) Lauflinienlänge pro Treppenlauf:

$$l_G = 8 \cdot b = 8 \cdot 0{,}29\text{ m} = 2{,}32\text{ m}$$

Podestbreite
= Treppenlänge − Lauflinienlänge

$$= l - l_G = 3{,}45\text{ m} - 2{,}32\text{ m} = \mathbf{1{,}13\ m}$$

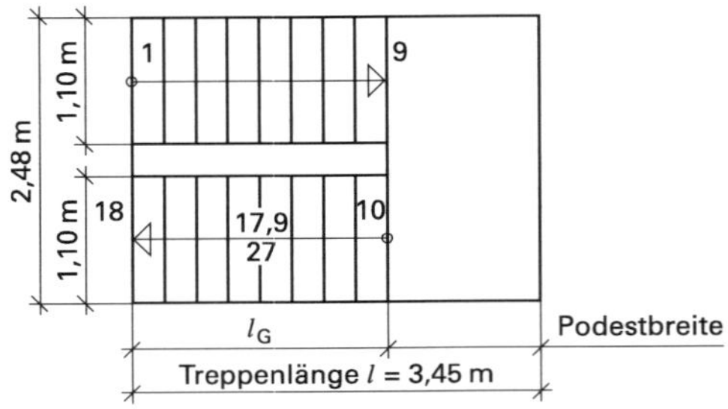

4 Verschnittberechnungen

4.1 Holzmengenberechnungen – Rohmenge, Fertigmenge, Verschnitt

4.1.2 Verschnittabschlag

72.1 (6′)

Gegeben: Eichenstamm $V_R = 1{,}813\ m^3$
Fertigvolumen $V_F = 1{,}305\ m^3$

Gesucht: a) Verschnitt V_V in m^3
b) Verschnittabschlag V_{VA} in %

Lösung: a) $V_V = V_R - V_F$
$= 1{,}813\ m^3 - 1{,}305\ m^3$
$= \mathbf{0{,}508\ m^3}$

b) $V_{VA} = \dfrac{V_V \cdot 100\ \%}{V_R}$
$= \dfrac{0{,}508\ m^3 \cdot 100\ \%}{1{,}813\ m^3}$
$= \mathbf{28\ \%}$

72.2 (5′)

Gegeben: Rohmenge Fichtenholz
$V_R = 5{,}370\ m^3$
Verschnittabschlag $V_{VA} = 32\ \%$

Gesucht: Fertigmenge V_F in m^3

Lösung: $V_F = \dfrac{V_R \cdot (100\ \% - V_{VA})}{100\ \%}$
$= \dfrac{5{,}370\ m^3 \cdot (100\ \% - 32\ \%)}{100\ \%}$
$= \mathbf{3{,}652\ m^3}$

72.3 (4′)

Gegeben: Fertigmenge an Kieferbrettern
$V_F = 3{,}370\ m^3$
Verschnittabschlag $V_{VA} = 28\ \%$

Gesucht: Rohmenge V_R in m^3

Lösung: $V_R = \dfrac{V_F \cdot 100\ \%}{100\ \% - V_{VA}}$
$= \dfrac{3{,}370\ m^3 \cdot 100\ \%}{72\ \%}$
$= \mathbf{4{,}681\ m^3}$

72.4 (4′)

Gegeben: Schnittholz: $V_F = 1{,}345\ m^3$
Schnittverlust $V_{VA} = 42\ \%$

Gesucht: Rohmenge V_R in m^3

Lösung: $V_R = \dfrac{V_F \cdot 100\ \%}{100\ \% - V_{VA}}$
$= \dfrac{1{,}345\ m^3 \cdot 100\ \%}{58\ \%}$
$= \mathbf{2{,}319\ m^3}$

4.1.3 Verschnittzuschlag

72.5 (5′)

Gegeben: Liefermenge Sockel $l_R = 63{,}00\ m$
Einbaumenge $l_F = 53{,}55\ m$

Gesucht: a) Verschnitt l_V in m
b) Verschnittzuschlag l_{VZ} in %

Lösung: a) $l_V = l_R - l_F$
$= 63{,}00\ m - 53{,}55\ m$
$= \mathbf{9{,}45\ m}$

b) $l_{VZ} = \dfrac{100\ \% \cdot l_V}{l_F}$
$= \dfrac{100\ \% \cdot 9{,}45\ m}{53{,}55\ m}$
$= \mathbf{17{,}65\ \%}$

72.6 (6′)

Gegeben: Flügel:
Anzahl $n = 16$
Glashalteleisten:
Fertigmenge/Flügel $l_{FI} = 3{,}56\ m$
Rohmenge $l_R = 67{,}50\ m$

Gesucht: Verschnittzuschlag l_{VZ} in %

Lösung: Fertigmenge:
$l_F = l_{FI} \cdot n$
$= 3{,}56\ m \cdot 16$
$= 56{,}96\ m$

Verschnitt:
$l_V = l_R - l_F$
$= 67{,}50\ m - 56{,}96\ m$
$= 10{,}54\ m$

Verschnittzuschlag:
$l_{VZ} = \dfrac{100\ \% \cdot l_V}{l_F}$
$= \dfrac{100\ \% \cdot 10{,}54\ m}{56{,}96\ m}$
$= \mathbf{18{,}5\ \%}$

72.7 (6′)

Gegeben: Profilleisten: $l = 2{,}50\ m$; $n = 250$
Längenverschnitt $l_{VZ} = 15\ \%$

Gesucht: Fertigmenge l_F in m

Lösung: Rohmenge:
$l_R = l \cdot n$
$= 2{,}50\ m \cdot 250$
$= 625{,}00\ m$

Fertigmenge:
$l_F = l_R \cdot 100\ \%/(100\ \% \cdot l_{VZ})$
$= 625{,}00\ m \cdot 100\ \%/(100\ \% \cdot 15\ \%)$
$= \mathbf{543{,}48\ m}$

4 Verschnittberechnungen

4.1 Holzmengenberechnungen – Rohmenge, Fertigmenge, Verschnitt

72.8 (2′)

Gegeben: Rohmenge an ST: $A_R = 4{,}37\ m^2$
Fertigmenge an ST: $A_F = 3{,}85\ m^2$

Gesucht: Verschnitt A_V in m^2

Lösung:
$$A_V = A_R - A_F = 4{,}37\ m^2 - 3{,}85\ m^2 = \mathbf{0{,}52\ m^2}$$

72.9 (5′)

Gegeben: Rohmenge P2: $A_R = 15{,}82\ m^2$
Verschnitt $A_V = 1{,}25\ m^2$

Gesucht: Verschnittzuschlag A_{VZ} in %

Lösung: Fertigmenge:
$$A_F = A_R - A_V = 15{,}82\ m^2 - 1{,}25\ m^2 = 14{,}57\ m^2$$

Verschnittzuschlag:
$$A_{VZ} = \frac{100\ \% \cdot A_V}{A_F} = \frac{100\ \% \cdot 1{,}25\ m^2}{14{,}57\ m^2} = \mathbf{8{,}6\ \%}$$

72.10 (8′)

Gegeben: Fertigmenge je Einbauteil aus MDF-Platte $A_F = 3750\ cm^2$
Gesamtmenge $A_{ges} = 65{,}25\ m^2$
Verschnittzuschlag $A_{VZ} = 16\ \%$

Gesucht: Anzahl n der Einbauteile

Lösung: Rohmenge:
$$A_R = A_F \cdot (100\ \% + A_{VZ}) = 0{,}375\ m^2 \cdot (100\ \% + 16\ \%) = 0{,}435\ m^2$$

Anzahl der Einbauteile:
$$n = \frac{A_{ges}}{A_R} = \frac{65{,}25\ m^2}{0{,}435\ m^2} = \mathbf{150\ Teile}$$

72.11 (5′)

Gegeben: Rohmenge P2: $A_R = 56{,}20\ m^2$
Verschnitt $A_V = 6{,}60\ m^2$

Gesucht: Verschnittzuschlag A_{VZ} in %

Lösung: Fertigmenge:
$$A_F = A_R - A_V = 56{,}20\ m^2 - 6{,}60\ m^2 = 49{,}60\ m^2$$

Verschnittzuschlag:
$$A_{VZ} = \frac{100\ \% \cdot A_V}{A_F} = \frac{100\ \% \cdot 6{,}60\ m^2}{49{,}60\ m^2} = \mathbf{13{,}3\ \%}$$

72.12 (12′)

Gegeben: Profilbretter:
Rohmenge $A_R = 124{,}00\ m^2$
Einkaufspreis: 12,65 €/m^2
Verschnittzuschlag $A_{VZ} = 35\ \%$

Gesucht:
a) Netto-Einkaufspreis in €
b) Preis der Fertigmenge in €/m^2

Lösung:
a) Einkaufspreis
$$= A_R \cdot \text{Preis} = 124{,}00\ m^2 \cdot 12{,}65\ €/m^2 = \mathbf{1568{,}60\ €}$$

b) Fertigmenge:
$$A_F = A_R \cdot (100\ \% - A_{VZ}) = 124{,}00\ m^2 : \frac{(100\ \% + 35\ \%)}{100\ \%} = \frac{124\ m^2 + 100\ \%}{100\ \% + 35\ \%} = \frac{124\ m^2 \cdot 100\ \%}{135\ \%} = \frac{124\ m^2}{1{,}35} = \mathbf{91{,}85\ m^2}$$

$$\text{Preis} = \frac{\text{Einkaufspreis}}{A_F} = \frac{1568{,}60\ €}{91{,}85\ m^2} = \mathbf{17{,}08\ €/m^2}$$

72.13 (4′)

Gegeben: Trägermaterial: $A_F = 4{,}45\ m^2$
Verschnittzuschlag Furnier $A_{VZ} = 58\ \%$
beidseitig furniert: $n = 2$

Gesucht: Rohmenge A_R an Furnier in m^2

Lösung:
$$A_R = \frac{A_F \cdot (100\ \% + A_{VZ}) \cdot n}{100\ \%} = 4{,}45\ m^2 \cdot 158\ \% \cdot 2 = \mathbf{14{,}06\ m^2}$$

4 Verschnittberechnungen

4.1 Holzmengenberechnungen – Rohmenge, Fertigmenge, Verschnitt

72.14 (8′)

Gegeben: Lärchenbohle: $V_R = 0{,}011\ m^3$
6 Rahmenteile: $V_F = 0{,}0087\ m^3$

Gesucht: a) Verschnitt V_V in m^3
b) Verschnittzuschlag V_{VZ} je Rahmenteil in %

Lösung: a) $V_V = V_R - V_F$
$= 0{,}011\ m^3 - 0{,}0087\ m^3$
$= \mathbf{0{,}0023\ m^3}$

b) $V_{VZ} = \dfrac{100\ \% \cdot V_V}{V_F}$
$= \dfrac{100\ \% \cdot 0{,}0023\ m^3}{0{,}0087\ m^3}$
$= \mathbf{26{,}4\ \%}$

Anmerkung: Gilt für Gesamtmenge und für jedes Rahmenteil.

72.15 (7′)

Gegeben: Buchenbohle: $V_R = 0{,}272\ m^3$
Treppenstufen
$l = 1{,}25\ m$; $b = 0{,}28\ m$
$d = 0{,}04\ m$
Verschnittzuschlag $V_{VZ} = 42\ \%$

Gesucht: Anzahl n der Treppenstufen

Lösung: Volumen/Stufe:
$V_S = l \cdot b \cdot d$
$= 1{,}25\ m \cdot 0{,}28\ m \cdot 0{,}04\ m$
$= 0{,}014\ m^3$

Fertigmenge:
$V_R = 0{,}272\ m^3 \triangleq 142\ \%$
$V_F = 100\ \% = \dfrac{0{,}272 \cdot 100\ \%}{142\ \%}$
$V_F = 0{,}1916\ m^3$

Anzahl der Stufen:
$n = \dfrac{V_F}{V_S}$
$n = \dfrac{0{,}1916\ m^3}{0{,}014\ m^3} = 13{,}68$
$\boldsymbol{n}$ = **13 Treppenstufen**

72.16 (10′)

Gegeben: Deckenverkleidung:
$A_F = 325{,}50\ m^2$
Profilbretter: $A_R = 397{,}00\ m^2$
Preis der Verkleidung: 42,75 €/m²

Gesucht: Verschnittzuschlag A_{VZ} in €/m²

Lösung: Verschnitt:
$A_V = A_R - A_F$
$= 397{,}00\ m^2 - 325{,}50\ m^2$
$= 71{,}50\ m^2$

Verschnittzuschlag:
$A_{VZ} = \dfrac{100\ \% \cdot A_V}{A_F}$
$= \dfrac{100\ \% \cdot 71{,}50\ m^2}{325{,}50\ m^2}$
$= 22\ \%$

Preiszuschlag:
$\text{Preis}\,V_Z = \dfrac{\text{Preis} \cdot A_{VZ}}{100\ \% + A_{VZ}}$
$= \dfrac{42{,}75\ €/m^2 \cdot 22\ \%}{122\ \%}$
$= \mathbf{7{,}71\ €/m^2}$

4.1.4 Rohmengenberechnung

73.1 (6′)

Gegeben: Fertigmenge VP6: $A_F = 23{,}45\ m^2$
Rohmenge $A_R = 30{,}50\ m^2$

Gesucht: a) Verschnitt A_V in m^2
b) Verschnittzuschlag A_{VZ} in %
c) Zuschlagfaktor f_V

Lösung: a) $A_V = A_R - A_F$
$= 30{,}50\ m^2 - 23{,}45\ m^2$
$= \mathbf{7{,}05\ m^2}$

b) $A_{VZ} = \dfrac{100\ \% \cdot A_V}{A_F}$
$= \dfrac{100\ \% \cdot 7{,}05\ m^2}{23{,}45\ m^2}$
$= \mathbf{30\ \%}$

c) $f_V = \mathbf{1{,}3}$

4 Verschnittberechnungen

4.1 Holzmengenberechnungen – Rohmenge, Fertigmenge, Verschnitt

73.2 (3′)

Gegeben: Fertigmenge an Stabplatten
$A_F = 6{,}85\ m^2$
Verschnittzuschlag $A_{VZ} = 15\ \%$
$\Rightarrow$ Zuschlagfaktor $f_V = 1{,}15$

Gesucht: Rohmenge A_R in m^2

Lösung: $A_R = A_F \cdot f_V$
$= 6{,}85\ m^2 \cdot 1{,}15$
$= \mathbf{7{,}88\ m^2}$

73.3 (4′)

Gegeben: Fensterholz: $A_F = 12{,}45\ m^2$
Verschnittzuschlag $A_{VZ} = 35\ \%$
$\Rightarrow$ Zuschlagfaktor $f_V = 1{,}35$

Gesucht: Rohmenge A_R in m^2

Lösung: $A_R = A_F \cdot f_V$
$= 12{,}45\ m^2 \cdot 1{,}35$
$= \mathbf{16{,}81\ m^2}$

73.4 (3′)

Gegeben: Trägermaterial: $A_F = 27{,}85\ m^2$
beidseitiges Furnieren: $n = 2$
Verschnittzuschlag $A_{VZ} = 40\ \%$
$\Rightarrow$ Zuschlagfaktor $f_V = 1{,}40$

Gesucht: Rohmenge A_R an Furnier in m^2

Lösung: $A_R = A_F \cdot n \cdot f_V$
$= 27{,}85\ m^2 \cdot 2 \cdot 1{,}40$
$= \mathbf{77{,}98\ m^2}$

73.5 (4′)

Gegeben: Kassettenzahl $n = 84$
Seitenlänge $c = 0{,}86$ m
Verschnittzuschlag $l_{VZ} = 12\ \%$
$\Rightarrow$ Zuschlagfaktor $f_V = 1{,}12$

Gesucht: Rohmenge l_R an Füllungsstäben in m

Lösung: $l_R = l \cdot 4 \cdot n \cdot f_V$
$= 0{,}86\ m \cdot 4 \cdot 84 \cdot 1{,}12$
$= \mathbf{323{,}64\ m}$

73.6 (4′)

Gegeben: Türenanzahl $n_1 = 28$
Türfläche $A_F = 1{,}92\ m^2$
beidseitiges Furnieren: $n_2 = 2$
Verschnittzuschlag $A_{VZ} = 48\ \%$
$\Rightarrow$ Zuschlagfaktor $f_V = 1{,}48$

Gesucht: Rohmenge A_R an Furnier in m^2

Lösung: $A_R = A_F \cdot n_1 \cdot n_2 \cdot f_V$
$= 1{,}92\ m \cdot 28 \cdot 2 \cdot 1{,}48$
$= \mathbf{159{,}13\ m^2}$

73.7 (6′)

Gegeben: Fertigmenge P2: $A_F = 1\,250\ m^2$
Verschnittzuschlag $A_{VZ} = 12\ \%$
$\Rightarrow$ Zuschlagfaktor $f_V = 1{,}12$
Preis: 9,15 €/m^2

Gesucht: Materialgesamtpreis in €

Lösung: Rohmenge:
$A_R = A_F \cdot f_V$
$= 1\,250\ m^2 \cdot 1{,}12$
$= 1\,400\ m^2$
Materialgesamtpreis:
$= A_R \cdot$ Preis
$= 1\,400\ m^2 \cdot 9{,}15$ €/m^2
$=$ **12 810,00 €**

73.8 (3′)

Gegeben: Fertigmenge an Arbeitsplatten:
$A_F = 425\ m^2$
Verschnittzuschlag $A_{VZ} = 27\ \%$
$\Rightarrow$ Zuschlagfaktor $f_V = 1{,}27$

Gesucht: Rohmenge A_R in m^2

Lösung: $A_R = A_F \cdot f_V$
$= 425\ m^2 \cdot 1{,}27$
$= \mathbf{539{,}75\ m^2}$

73.9 (4′)

Gegeben: Fertigmenge je Glasscheibe:
$A_F = 0{,}75\ m^2$
Anzahl $n = 24$
Verschnittzuschlag $A_{VZ} = 25\ \%$
$\Rightarrow$ Zuschlagfaktor $f_V = 1{,}25$

Gesucht: Rohmenge A_R an Drahtglas in m^2

Lösung: $A_R = A_F \cdot n \cdot f_V$
$= 0{,}75\ m^2 \cdot 24 \cdot 1{,}25$
$= \mathbf{22{,}50\ m^2}$

4 Verschnittberechnungen

4.1 Holzmengenberechnungen – Rohmenge, Fertigmenge, Verschnitt

73.10 (3′)

Gegeben: Fertigmenge Paneele:
$A_F = 48{,}65\ m^2$
Verschnittzuschlag $A_{VZ} = 25\ \%$
$\Rightarrow$ Zuschlagfaktor $f_V = 1{,}25$

Gesucht: Rohmenge A_R in m^2

Lösung:
$A_R = A_F \cdot f_V$
$= 48{,}65\ m^2 \cdot 1{,}25$
$= \mathbf{60{,}81\ m^2}$

73.11 (3′)

Gegeben: Fertigmenge HPL-Platten:
$A_F = 128\ m^2$
Verschnittzuschlag $A_{VZ} = 22\ \%$
$\Rightarrow$ Zuschlagfaktor $f_V = 1{,}22$

Gesucht: Rohmenge A_R in m^2

Lösung:
$A_R = A_F \cdot f_V$
$= 128\ m^2 \cdot 1{,}22$
$= \mathbf{156{,}16\ m^2}$

73.12 (8′)

Gegeben: Rohmenge Eichenfurnier:
$A_R = 136\ m^2$
Materialkosten: 850,– €
Verschnittsatz: 48 %

Gesucht:
a) Preis Einkauf
b) Preis für die Kalkulation

Lösung:
a) $\text{Preis} = \dfrac{\text{Materialkosten}}{A_R}$
$= \dfrac{850{,}00\ €}{136\ m^2}$
$= \mathbf{6{,}25\ €/m^2}$

b) Fertigmenge:
$A_F = \dfrac{A_R \cdot 100\ \%}{100\ \% + 48\ \%}$
$= \dfrac{136\ m^2 \cdot 100\ \%}{148\ \%}$
$= \mathbf{91{,}9\ m^2}$

Preis für die Kalkulation:
$\dfrac{\text{Materialkosten}}{A_f}$
$= \dfrac{850{,}00\ €}{91{,}9}$
$= \mathbf{9{,}25\ €/m^2}$

oder
$= 6{,}25\ €/m^2 \cdot 1{,}48$
$= \mathbf{9{,}25\ €/m^2}$

73.13 (6′)

Gegeben: Bodenfläche $A_F = 82{,}35\ m^2$
Verschnittzuschlag $A_{VZ} = 25\ \%$
$\Rightarrow$ Zuschlagfaktor $f_V = 1{,}25$
Preis für die Fertigmenge:
33,90 €/m^2

Gesucht:
a) Rohmenge A_R an Verlegeplatten in m^2
b) Renovierungskosten in €

Lösung:
a) $A_R = A_F \cdot f_V$
$= 82{,}35\ m^2 \cdot 1{,}25$
$= \mathbf{102{,}94\ m^2}$

b) Renovierungskosten:
$= A_F \cdot \text{Preis}$
$= 82{,}35\ m^2 \cdot 33{,}90\ €/m^2$
$= \mathbf{2\,791{,}67\ €}$

73.14 (3′)

Gegeben: Rohmenge Fichtenholz
$V_R = 1{,}785\ m^3$
Verschnitt $V_{VA} = 35\ \%$

Gesucht: Fertigmenge V_F in m^3

Lösung:
Fertigmenge $\triangleq$ 100 % – 35 %
$V_F = V_R - V_{VA}$
$V_F = 1{,}785\ m^3 - 0{,}625\ m^3$
$V_F = \mathbf{1{,}160\ m^3}$

73.15 (3′)

Gegeben: Fertigmenge Eichenholz:
$V_F = 0{,}550\ m^3$
Verschnittzuschlag $V_{VZ} = 45\ \%$
$\Rightarrow$ Zuschlagfaktor $f_V = 1{,}45$

Gesucht: Rohmenge Eichenholz V_R in m^3

Lösung:
$V_R = V_F \cdot f_V$
$= 0{,}55\ m^3 \cdot 1{,}45$
$= \mathbf{0{,}798\ m^3}$

5.1 Flächeneinheiten, Formelzeichen

74.1
(4′)

$35{,}6\ m^2 = \mathbf{3560\ dm^2}$
$0{,}456\ m^2 = \mathbf{4560\ cm^2}$
$0{,}0293\ m^2 = \mathbf{29300\ mm^2}$
$93{,}5\ dm^2 = \mathbf{9350\ cm^2}$
$0{,}36\ cm^2 = \mathbf{36\ mm^2}$
$5{,}7\ cm^2 = \mathbf{570\ mm^2}$

74.2
(4′)

$76{,}23\ dm^2 = \mathbf{0{,}7623\ m^2}$
$19\,280\ cm^2 = \mathbf{1{,}928\ m^2}$
$25\,603\ mm^2 = \mathbf{256{,}03\ cm^2}$
$0{,}986\ cm^2 = \mathbf{0{,}00986\ dm^2}$
$64\,240\ mm^2 = \mathbf{6{,}4240\ dm^2}$
$65{,}25\ mm^2 = \mathbf{0{,}6525\ cm^2}$

74.3
(2′)

$18\ a = 18 \cdot 100\ m^2 = 1800\ m^2$
$18\ a\ 37\ m^2 = \mathbf{1837\ m^2}$

74.4
(5′)

$$\begin{aligned} A &= n \cdot l^2 \\ &= 128 \cdot 3906{,}25\ cm^2 \\ &= 500\,000\ cm^2 \cdot \frac{1\ m^2}{10\,000\ cm^2} \\ &= \mathbf{50\ m^2} \end{aligned}$$

5.2.1 Rechteck

76.1
(3′)

Gegeben: Stückzahl $n = 6$
$l = 1{,}12\ m$
$b = 0{,}45\ m$

Gesucht: Fläche A in m^2

Lösung:
$$\begin{aligned} A &= l \cdot b \cdot n \\ &= 1{,}12\ m \cdot 0{,}45\ m \cdot 6 \\ &= \mathbf{3{,}02\ m^2} \end{aligned}$$

76.2
(6′)

Gegeben: Maße nach Zeichnung

Gesucht: Wandfläche A in m^2

Lösung:
$$\begin{aligned} A &= A_{ges} - A_T \\ &= l \cdot h - h_T \cdot b_T \\ &= 4{,}80\ m \cdot 2{,}50\ m \\ &\quad - 2{,}00\ m \cdot 0{,}815\ m \\ &= 12{,}00\ m^2 - 1{,}63\ m^2 \\ &= \mathbf{10{,}37\ m^2} \end{aligned}$$

76.3
(11′)

Gegeben: Maße nach Zeichnung
Sichtbreite Profilbretter $b_S = 85$ mm
Preis Verkleidung: 42,80 €/m^2

Gesucht:
a) Gesamtfläche A in m^2
b) Anzahl der Profilbretter n
c) Materialkosten der Profilbretter in €

Lösung:

a) $$\begin{aligned} A &= (h + h_S) \cdot l \\ &= (1{,}06\ m + 2{,}14\ m) \cdot 3{,}35\ m \\ &= \mathbf{10{,}72\ m^2} \end{aligned}$$

b) $$\begin{aligned} n &= (h_S + h) : b_S \\ &= (2{,}14\ m + 1{,}06\ m) : 0{,}085\ m \\ &\approx \mathbf{38\ Stück} \end{aligned}$$

c) $$\begin{aligned} \text{Kosten} &= A \cdot \text{Preis} \\ &= 10{,}72\ m^2 \cdot 42{,}80\ €/m^2 \\ &= \mathbf{458{,}82\ €} \end{aligned}$$

76.4
(6′)

Gegeben: Boden: $l = 6{,}25$ m; $b = 4{,}50$ m
Parkettplatte:
$l_P = 0{,}50$ m; $b_P = 0{,}25$ m

Gesucht:
a) Bodenfläche A in m^2
b) Anzahl n der Parkettplatten

Lösung:

a) $$\begin{aligned} A &= l \cdot b \\ &= 6{,}25\ m \cdot 4{,}50\ m \\ &= \mathbf{28{,}13\ m^2} \end{aligned}$$

b) $$\begin{aligned} n &= \frac{A}{A_{Platte}} = \frac{A}{l_P \cdot b_P} \\ &= \frac{28{,}13\ m^2}{0{,}50\ m \cdot 0{,}25\ m} \\ &= \mathbf{225\ Stück} \end{aligned}$$

76.5 (12′)

Gegeben: Türenzahl $n = 25$
Maße nach Zeichnung

Gesucht: Fläche A_{ges} in m² abzüglich Lichtausschnitt

Lösung: Furnierfläche:

$A = A_1 - A_2$
= Außenfläche − Glasausschnitt
$= h_1 \cdot b_1 - h_2 \cdot b_2$
$= 1{,}98\ m \cdot 0{,}92 - 1{,}73 \cdot 0{,}72\ m$
$= 0{,}58\ m^2$

$A_{ges} = A \cdot n \cdot 2$ (beidseitig)
$= 0{,}58\ m^2 \cdot 25 \cdot 2$
$= \mathbf{28{,}80\ m^2}$

76.6 (10′)

Gegeben: Anzahl $n = 16$
Maße für Glasscheiben lt. Tabelle
Glaspreis: 55,75 €/m²

Gesucht: a) Gesamtglasfläche A_{ges} in m²
b) Gesamtpreis des Isolierglases in €

Lösung: a) $A = n \cdot b \cdot h$

$A_1 = 16 \cdot 0{,}85\ m \cdot 1{,}25\ m$
$= \mathbf{17\ m^2}$

$A_2 = 22 \cdot 0{,}43\ m \cdot 0{,}85\ m$
$= \mathbf{8{,}04\ m^2}$

$A_3 = 6 \cdot 0{,}85\ m \cdot 1{,}72\ m$
$= \mathbf{8{,}77\ m^2}$

$A_{ges} = A_1 + A_2 + A_3$
$= 17\ m^2 + 8{,}04\ m^2$
$+ 8{,}77\ m^2$
$= \mathbf{33{,}81\ m^2}$

b) Gesamtpreis:

$A_{ges} \cdot$ Preis
$= 33{,}81\ m^2 \cdot 55{,}75$ €/m²
= **1884,91 €**

76.7 (6′)

Gegeben: Bohlenmaße nach Zeichnung
Rahmenfriese
$l = 1{,}55\ m$; $b_f = 0{,}055$ mm
Sägeschnitt 5 mm; $b_S = 0{,}060$ m

Gesucht: a) Anzahl n der Rahmenfriese
b) Flächeninhalt A der Rahmenfriese in m²

Lösung: a) Anzahl der Längsfriese:

$n_l = b : b_S$
$= 0{,}44\ m : 0{,}060\ m$
$= 7$

Anzahl der Friese:
$n = 7 \cdot 2$ Stück
= **14 Stück**

b) $A = l \cdot b_f \cdot n$
$= 1{,}55\ m \cdot 0{,}055\ m \cdot 14$
$= \mathbf{1{,}19\ m^2}$

76.8 (5′)

Gegeben: zu furnierende Fläche:
$A = 11{,}80\ m^2$ bei 2,35 m Höhe
Furnier:
Menge $n = 32$
$b = 0{,}16\ m$; $l = 2{,}50\ m$
Verschnittzuschlag $A_{VZ} = 30\ \%$
⇒ Zuschlagfaktor $f_V = 1{,}30$

Gesucht: Reicht die angegebene Furniermenge?

Lösung: $A_F = n \cdot b \cdot l$
$= 32 \cdot 0{,}16\ m \cdot 2{,}50\ m$
$= 12{,}80\ m^2$

$A_R = A \cdot f_V$
$= 11{,}80\ m^2 \cdot 1{,}3$
$= \mathbf{15{,}34\ m^2}$

Furnier reicht nicht aus!

5.2 Geradlinig begrenzte Flächen

5.2.2 Quadrat

77.1 (5′)

Gegeben: Anzahl Tischplatten $n = 20$
Quadratseite $a = 0{,}70$ m
beidseitige Furnierung

Gesucht: a) Furnierfläche A in m²
b) Länge l der Vollholzumleimer

Lösung: a) $A = a^2 \cdot 2 \cdot n$
$= (0{,}70 \text{ m})^2 \cdot 2 \cdot 20$
$= \mathbf{19{,}60 \text{ m}^2}$

b) $l = 4 \cdot a \cdot n$
$= 4 \cdot 0{,}70 \text{ m} \cdot 20$
$= \mathbf{56 \text{ m}}$

77.2 (11′)

Gegeben: Deckengröße:
$l = 7{,}78$ m; $b = 4{,}35$ m
Akustikplatten: $b_P = 0{,}625$ m

Gesucht: a) Anzahl n der Deckenplatten
b) Breiten b_q und b_l der Randfriese in m

Lösung: a) Platten in Längsrichtung:

$$n_l = \frac{l}{b_P} = \frac{7{,}78 \text{ m}}{0{,}625 \text{ m}} = 12{,}45 \Rightarrow \mathbf{12}$$

Platten in der Breite:

$$n_b = \frac{b}{b_P} = \frac{4{,}35 \text{ m}}{0{,}625 \text{ m}} = 6{,}96 \Rightarrow \mathbf{6}$$

Anzahl der Deckenplatten:

$$n_{ges} = n_l \cdot n_b = 12 \cdot 6 = \mathbf{72}$$

b) Friesbreite quer:

$$b_q = \frac{l - (n_l \cdot b_P)}{2} = \frac{7{,}78 \text{ m} - (12 \cdot 0{,}625 \text{ m})}{2} = \mathbf{0{,}14 \text{ m}}$$

Friesbreite längs:

$$b_l = \frac{b - (n_b \cdot b_P)}{2} = \frac{4{,}35 \text{ m} - (6 \cdot 0{,}625 \text{ m})}{2} = \mathbf{0{,}30 \text{ m}}$$

77.3 (2′)

Gegeben: $A = 1{,}30$ m²

Gesucht: Kantenlänge l in m

Lösung: $l^2 = 1{,}30 \text{ m}^2$
$= \sqrt{1{,}30 \text{ m}^2}$
$l = \mathbf{1{,}14 \text{ m}}$

77.4 (15′)

Gegeben: Türgröße:
$h = 2000$ mm; $b = 1000$ mm
Rahmenbreite $b_R = 75$ mm
Sprossenbreite $b_S = 50$ mm
Falztiefe $t = 10$ mm

Gesucht: a) Seitenlänge l_S des quadratischen Ausschnitts in mm
b) Gesamtfläche A der Glasscheiben in m²
c) Gesamtlänge U der Glashalteleisten in m

Lösung:

a) $$l_S = \frac{b - 2 \cdot b_R - 3 \cdot b_S}{n} = \frac{1000 \text{ mm} - 2 \cdot 75 \text{ mm} - 3 \cdot 50 \text{ mm}}{4} = \mathbf{175 \text{ mm}}$$

b) $A = (l_S + 2 \cdot t)^2 \cdot n$
$= (175 \text{ mm} + 2 \cdot 10 \text{ mm})^2 \cdot 32$
$= \mathbf{1{,}22 \text{ m}^2}$

c) $U = 4 \cdot (l_S + 2 \cdot t) \cdot n$
$= 4 \cdot (0{,}175 \text{ m} + 2 \cdot 0{,}012 \text{ m}) \cdot 32$
$= \mathbf{25{,}47 \text{ m}}$

77.5 (6′)

Gegeben: Wandlänge $l = 4{,}23$ m
Türbreite $b = 0{,}95$ m,
Wanddicke 15 cm

Gesucht: a) Bodenfläche A in m²
b) Sockelleisten l_{ges} in m

Lösung: a) $A = l^2 \cdot 2$
$= (4{,}23 \text{ m})^2 \cdot 2 + 0{,}15 \text{ m} \cdot 0{,}95 \text{ m}$
$= 35{,}78 \text{ m}^2 + 0{,}14 \text{ m}^2 = \mathbf{35{,}92 \text{ m}^2}$

b) $l_{ges} = 8 \cdot l - 4 \cdot b$
$= 8 \cdot 4{,}23 \text{ m} - 4 \cdot 0{,}95 \text{ m}$
$= \mathbf{30{,}04 \text{ m}}$

77.6

(7′)

Gegeben: Scheibenanzahl pro Fenster $n = 12$
Fensteranzahl $n_F = 4$
Seitenlänge $l = 0{,}45$ m
Zuschlag für Versiegelung: 10 %
$\Rightarrow$ Zuschlagfaktor $f_V = 1{,}10$

Gesucht: a) Scheibenfläche A in m²
b) Dichtstoff l_{ges} innen und außen

Lösung: a) $A = l^2 \cdot n \cdot n_F$
$= (0{,}45\ \text{m})^2 \cdot 12 \cdot 4$
$= \mathbf{9{,}72\ m^2}$

b) $l_{ges} = l \cdot 4 \cdot 2 \cdot n \cdot n_F \cdot f_V$
$= 0{,}45\ \text{m} \cdot 4 \cdot 2 \cdot 12 \cdot 4 \cdot 1{,}10$
$= 172{,}80\ \text{m} \cdot 1{,}10$
$= \mathbf{190{,}08\ m}$

77.7

(6′)

Gegeben: Würfelanzahl $n = 12$
Seitenlänge $l = 0{,}52$ m
Preis: 7,75 €/m²

Gesucht: a) Bedarf an Spanplatten A in m²
b) Materialkosten in €

Lösung: a) $A = l^2 \cdot 6 \cdot n$
$= (0{,}52\ \text{m})^2 \cdot 6 \cdot 12$
$= \mathbf{19{,}47\ m^2}$

b) Materialkosten
$= A \cdot \text{Preis}$
$= 19{,}47\ \text{m}^2 \cdot 7{,}75\ €/\text{m}^2$
$= \mathbf{150{,}88\ €}$

77.8

(6′)

Gegeben: $b = 48$ mm

Gesucht: Querschnittsfläche A in cm²

Lösung: $l = \frac{b}{3}$
$= \frac{48\ \text{mm}}{3}$
$= 16\ \text{mm} = 1{,}6\ \text{cm}$

$A = b^2 - 4 \cdot l^2$
$= (4{,}8\ \text{cm})^2 - 4 \cdot (1{,}6\ \text{cm})^2$
$= 23{,}04\ \text{cm}^2 - 10{,}24\ \text{cm}^2$
$= \mathbf{12{,}80\ cm^2}$

77.9

(4′)

Gegeben: Quadratfläche $A = 3\,906{,}25\ \text{cm}^2$

Gesucht: Seitenlängen l und l_1

Lösung: $A = l^2$
$l^2 = 3\,906{,}25\ \text{cm}^2$
$l = \sqrt{3\,906{,}25\ \text{cm}^2}$
$= \mathbf{62{,}50\ cm}$

$l_1 = l \cdot \frac{3}{5}$
$= 62{,}50\ \text{cm} \cdot \frac{3}{5}$
$= \mathbf{37{,}50\ cm}$

5.2.3 Raute (Rhombus)

79.1

(6′)

Gegeben: Anzahl der Füllungen $n = 28$
Länge $l = 0{,}75$ m
Breite $b = 0{,}66$ m

Gesucht: a) Fläche A der Füllungen in m²
b) Gesamtlänge l_S der Profilleisten in m

Lösung: a) $A = l \cdot b \cdot n$
$= 0{,}75\ \text{m} \cdot 0{,}66\ \text{m} \cdot 28$
$= \mathbf{13{,}86\ m^2}$

b) $l' = l + 2 \cdot 3\ \text{mm}$
$= 0{,}75\ \text{m} + 2 \cdot 3\ \text{mm}$
$= 0{,}756\ \text{m}$

$l_{Sges} = l' \cdot 4 \cdot n$
$= 0{,}756\ \text{m} \cdot 4 \cdot 28$
$= \mathbf{84{,}672\ m}$

79.2

(4′)

Gegeben: Plattenform: Raute
$l = 0{,}85$ m; $b = 0{,}55$ m
Anzahl der Platten $n = 75$
Verschnittzuschlag 38 %
$\Rightarrow$ Zuschlagfaktor $f_V = 1{,}38$

Gesucht: Rohmenge A in m²

Lösung: $A = l \cdot b \cdot n \cdot f_V$
$= 0{,}85\ \text{m} \cdot 0{,}55\ \text{m} \cdot 75 \cdot 1{,}38$
$= \mathbf{48{,}39\ m^2}$

5 Flächen

5.2 Geradlinig begrenzte Flächen

79.3 (4′)

Gegeben: $A = 1{,}40\ \text{m}^2$
Seitenlänge $l = 1{,}28\ \text{m}$

Gesucht: a) Breite b in m
b) Umfang U in m

Lösung: a) $A = l \cdot b$

$b = \dfrac{A}{l} = \dfrac{1{,}40\ \text{m}^2}{1{,}28\ \text{m}} = \mathbf{1{,}09\ m}$

b) $U = 4 \cdot l = 4 \cdot 1{,}28\ \text{m} = \mathbf{5{,}12\ m}$

79.4 (8′)

Gegeben: Raute $l = 0{,}77\ \text{m}$; $b = 0{,}425\ \text{m}$
Anzahl der Fenster $n = 8$

Gesucht: a) Fensterfläche A in m²
b) Rahmenlänge l in m

Lösung: a) $A = b \cdot \dfrac{l}{2} \cdot n$

$= 0{,}425\ \text{m} \cdot \dfrac{0{,}77\ \text{mm}}{2} \cdot 8$

$= \mathbf{1{,}31\ m^2}$

b)

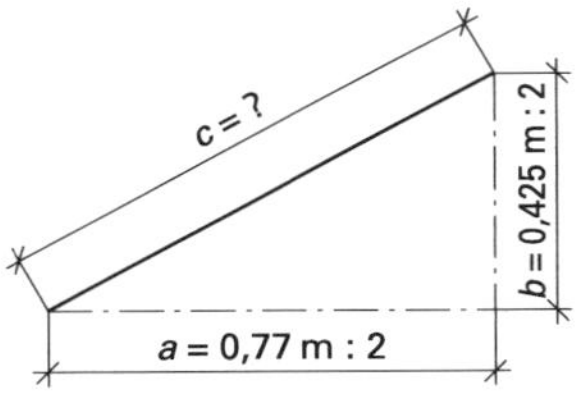

Seitenlänge:

$c^2 = a^2 + b^2$

$= \left(\dfrac{0{,}77\ \text{mm}}{2}\right)^2 + \left(\dfrac{0{,}425\ \text{mm}}{2}\right)^2$

$c = \sqrt{0{,}148\ \text{m}^2 + 0{,}045\ \text{m}^2}$

$= \sqrt{0{,}193\ \text{m}^2}$

$= \mathbf{0{,}439\ m}$

Rahmenlänge:

$l = c \cdot 4 \cdot n$

$= 0{,}439\ \text{m} \cdot 4 \cdot 8$

$= \mathbf{14{,}05\ m}$

5.2.4 Parallelogramm (Rhomboid)

79.5 (9′)

Gegeben: Glasscheibengröße:
$l = 1{,}16\ \text{m}$; $b = 1{,}00\ \text{m}$
$h = 0{,}65\ \text{m}$
Anzahl $n = 12$
Preis: 62,60 €/m²
Aufschlag: 40 %

Gesucht: a) Fläche A einer Scheibe in m²
b) Materialkosten in €
c) Kantenlänge l_{ges} in m

Lösung: a) $A = b \cdot h = 1{,}00\ \text{m} \cdot 0{,}65\ \text{m} = \mathbf{0{,}65\ m^2}$

b) Materialkosten
$= A \cdot \text{Aufschlagfaktor} \cdot \text{Preis} \cdot n$
$= 0{,}65\ \text{m}^2 \cdot 1{,}40 \cdot 62{,}60\ \text{€/m}^2 \cdot 12$
$= \mathbf{683{,}59\ €}$

c) $l_{ges} = (2 \cdot l + 2 \cdot h) \cdot n$
$= (2 \cdot 1{,}16\ \text{m} + 2 \cdot 0{,}65\ \text{m}) \cdot 12$
$= \mathbf{43{,}44\ m}$

79.6 (4′)

Gegeben: Vertäfelung:
$l_1 = 4{,}20\ \text{m}$; $h_1 = 0{,}90\ \text{m}$
Treppenwange:
$l_2 = 4{,}20\ \text{m}$; $h_2 = 0{,}35\ \text{m}$

Gesucht: a) Fläche A_W der Wandverkleidung in m²
b) Fläche A_T der Treppenwange in m²

Lösung: a) $A_W = l_1 \cdot h_1 = 4{,}20\ \text{m} \cdot 0{,}90\ \text{m} = \mathbf{3{,}78\ m^2}$

b) $A_T = l_2 \cdot h_2 = 4{,}20\ \text{m} \cdot 0{,}35\ \text{m} = \mathbf{1{,}47\ m^2}$

79.7 (2′)

Gegeben: Werbefläche mit
$l = 0{,}55\ \text{m}$; $b = 0{,}43\ \text{m}$
Anzahl der Platten $n = 18$

Gesucht: Gesamtfläche A in m²

Lösung: $A = l \cdot b \cdot n = 0{,}55\ \text{m} \cdot 0{,}43\ \text{m} \cdot 18 = \mathbf{4{,}26\ m^2}$

5.2.5 Trapez

80.1

(12′)

Gegeben: Anzahl der Tische $n = 12$
$l_1 = 1{,}436$ m; $l_2 = 0{,}80$ m
$l_3 = l_4 = 0{,}866$ m; $b = 0{,}80$ m
Verschnittzuschlag: 35 %
$\Rightarrow$ Zuschlagfaktor $f_V = 1{,}35$

Gesucht: a) Gesamtfläche A_F der Tischplatten in m²
b) Rohmenge A_R des Buchenfurniers
c) Kantenmaterial l_{ges} in m

Lösung:

a) $A_F = \dfrac{l_1 + l_2}{2} \cdot b \cdot n$
$= \dfrac{1{,}436\text{ m} + 0{,}80\text{ m}}{2} \cdot 0{,}80\text{ m} \cdot 12$
$= 1{,}118\text{ m} \cdot 0{,}80\text{ m} \cdot 12$
$= \mathbf{10{,}73\ m^2}$

b) $A_R = A_F \cdot 2 \cdot f_V$
$= 10{,}73\text{ m}^2 \cdot 2 \cdot 1{,}35$
$= \mathbf{28{,}97\ m^2}$

c) $l_{ges} = (l_1 + l_2 + 2 \cdot l_3) \cdot n$
$= (1{,}436\text{ m} + 0{,}80\text{ m} + 2 \cdot 0{,}866\text{ m}) \cdot 12$
$= \mathbf{47{,}62\ m}$

80.2

(18′)

Gegeben: Brettermaße:
$l_1 = 4{,}00$ m; $n_1 = 12$
$l_2 = 3{,}25$ m; $n_2 = 56$
$b = 0{,}095$ m

Giebelmaße:
$l_1 = 2{,}20$ m
$h_1 = 3{,}80$ m; $h_2 = 2{,}50$ m
$l_2 = 6{,}20\text{ m} - 2{,}20\text{ m} = 4{,}00$ m
$h_3 = 2{,}15$ m

Fenstermaße (A_3):
$l_3 = 2{,}50$ m; $h_4 = 1{,}25$ m
Preis: 9,30 €/m²

Gesucht: a) Verschnittzuschlag A_{VZ} in %
b) Materialkosten in €

Lösung:

a) Rohmenge:
$A_R = (l_1 \cdot n_1 + l_2 \cdot n_2) \cdot b$
$= (4{,}00\text{ m} \cdot 12 + 3{,}25\text{ m} \cdot 56) \cdot 0{,}095\text{ m}$
$= 21{,}85\text{ m}^2$

Fertigmenge:
$A_1 = \dfrac{h_1 + h_2}{2} \cdot l_1$
$= \dfrac{3{,}80\text{ m} + 2{,}50\text{ m}}{2} \cdot 2{,}20\text{ m}$
$= 6{,}93\text{ m}^2$

$A_2 = \dfrac{h_1 + h_3}{2} \cdot l_1$
$= \dfrac{3{,}80\text{ m} + 2{,}15\text{ m}}{2} \cdot 4{,}00\text{ m}$
$= 11{,}90\text{ m}^2$

$A_3 = l_3 \cdot h_4 = 2{,}50\text{ m} \cdot 1{,}25\text{ m}$
$= 3{,}13\text{ m}^2$

$A_F = A_1 + A_2 - A_3$
$= 6{,}93\text{ m}^2 + 11{,}90\text{ m}^2 - 3{,}13\text{ m}^2$
$= \mathbf{15{,}71\ m^2}$

Verschnittzuschlag:
$A_{VZ} = \dfrac{(A_R - A_F) \cdot 100\ \%}{A_F}$
$= \dfrac{(21{,}85\text{ m}^2 - 15{,}71\text{ m}^2) \cdot 100\ \%}{15{,}71\text{ m}^2}$
$= \mathbf{39\ \%}$

b) Materialkosten
$= A_R \cdot \text{Preis}$
$= 21{,}85\text{ m}^2 \cdot 9{,}30$ €/m²
$=$ **203,21 €**

80.3

(8′)

Gegeben: Zimmerdecke:

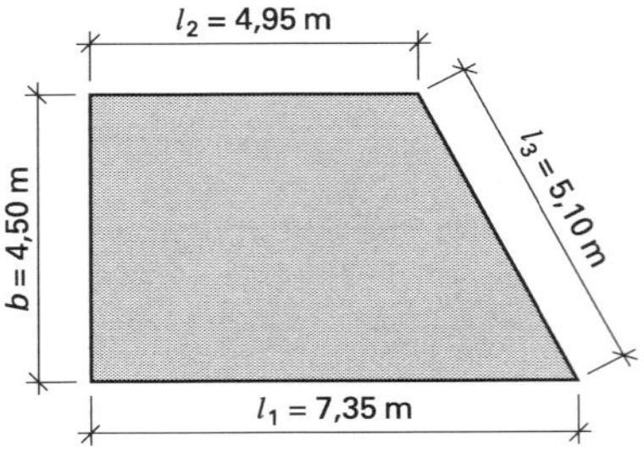

Gesucht: a) Fläche A in m²
b) Umfang U in m

Lösung: a) $A = \frac{l_1 + l_2}{2} \cdot b$

$= \frac{7{,}35\text{ m} + 4{,}95\text{ m}}{2} \cdot 4{,}50\text{ m}$

$= 6{,}15\text{ m} \cdot 4{,}50\text{ m}$

$= \mathbf{27{,}68\ m^2}$

b) $U = l_1 + l_2 + b + l_3$

$= 7{,}35\text{ m} + 4{,}95\text{ m} + 4{,}50\text{ m} + 5{,}10\text{ m}$

$= \mathbf{21{,}90\ m}$

80.4

(8′)

Gegeben: Treppenmaße:
$l_1 = 1{,}10$ m
$b_1 = 0{,}30$ m
$b_2 = 0{,}13$ m
$l_2 = 1{,}25$ m
$b_3 = 0{,}34$ m
$b_4 = 0{,}30$ m

Gesucht: a) Fläche A der Trittstufe in m²
b) Verschnittzuschlag A_{VZ} in %

Lösung: a) $A = \frac{b_1 + b_2}{2} \cdot l_1$

$= \frac{0{,}30\text{ m} + 0{,}13\text{ m}}{2} \cdot 1{,}10\text{ m}$

$= \mathbf{0{,}24\ m^2}$

b) Fertigmenge:
$A_F = A = 0{,}24\text{ m}^2$

Rohmenge:

$A_R = \frac{b_3 + b_4}{2} \cdot l_2$

$= \frac{0{,}34\text{ m} + 0{,}30\text{ m}}{2} \cdot 1{,}25\text{ m}$

$= 0{,}40\text{ m}^2$

Verschnittzuschlag:

$A_{VZ} = \frac{(A_R - A_F) \cdot 100\ \%}{A_F}$

$= \frac{(0{,}40\text{ m}^2 - 0{,}24\text{ m}^2) \cdot 100\ \%}{0{,}24\text{ m}^2}$

$= 66{,}6\ \% \approx \mathbf{67\ \%}$

80.5

(8′)

Gegeben: Glasfachböden: $n = 25$
$l_1 = 1{,}10$ m; $l_2 = 0{,}90$ m
$b = \frac{0{,}55}{2}\text{ m} = 0{,}275\text{ m}$
Aufschlag: 25 %
⇒ Aufschlagfaktor $f_A = 1{,}25$
Glaspreis: 23,90 €/m²

Gesucht: a) Fläche A
b) Materialkosten in €

Lösung: a) $A_F = \frac{l_1 + l_2}{2} \cdot b \cdot 2 \cdot n$

$= \frac{1{,}10\text{ m} + 0{,}90\text{ m}}{2} \cdot 0{,}275\text{ m} \cdot 2 \cdot 25$

$= \mathbf{13{,}75\ m^2}$

b) Rohmenge:
$A_R = A_F \cdot f_A$

$= 13{,}75\text{ m}^2 \cdot 1{,}25$

$= 17{,}19\text{ m}^2$

Materialkosten
$= A_R \cdot \text{Preis}$

$= 17{,}19\text{ m}^2 \cdot 23{,}90\ €/\text{m}^2$

$= \mathbf{410{,}84\ €}$

80.6 (13′)

Gegeben: Ladentheke:
Maße nach Skizze
Verschnittzuschlag: 28 %
⇒ Zuschlagfaktor $f_V = 1{,}28$

Gesucht: a) Rohmenge A_R in m²
b) Kantenlänge l_{ges} in m

Lösung:

a) Fertigmenge:
$A_F = A_1 + A_2 + A_3$
A_F = als Rechteck zusammengelegt:
$A_F = (1{,}244 \text{ m} + 0{,}650 \text{ m} + 0{,}969 \text{ m}) \cdot 0{,}650 \text{ m}$
$= 1{,}861 \text{ m}^2$

Rohmenge:
$A_R = A_F \cdot f_V$
$= 1{,}861 \text{ m}^2 \cdot 1{,}28$
$= \mathbf{2{,}382\ m^2}$

b) Kantenlänge:
$l_{ges} = l_1 + l_2 + l_3 + l_4 + l_5 + l_6 + 2 \cdot b$
$= 1{,}244 \text{ m} + 0{,}975 \text{ m} + 1{,}188 \text{ m} + 0{,}65 \text{ m} + 0{,}969 \text{ m} + 0{,}70 \text{ m} + 2 \cdot 0{,}65 \text{ m}$
$= \mathbf{7{,}03\ m}$

80.7 (12′)

Gegeben: Tischplatte:
Maße nach Zeichnung
Seriengröße $n = 150$
Rohmenge $A_R = 340 \text{ m}^2$
Verschnittzuschlag Furnier: 25 %
⇒ Zuschlagfaktor $f_V = 1{,}25$

Gesucht: a) Fertigmenge A_F der Tischplatte in m²
b) Verschnittzuschlag A_{VZ} der Platte in %
c) Furnierfläche A_R in m²

Lösung: a) $A_F = A_1 + A_2$

$$= \left[\left(\frac{l_1 + l_2}{2}\right) + \left(\frac{l_3 + l_4}{2}\right)\right] \cdot b$$

$$= \left[\left(\frac{0{,}814 \text{ m} + 0{,}600 \text{ m}}{2}\right) + \left(\frac{1{,}814 \text{ m} + 1{,}600 \text{ m}}{2}\right)\right] \cdot 0{,}800 \text{ m}$$

$$= \mathbf{1{,}931\ m^2}$$

b) $A_{Serie} = A_F \cdot n$
$= 1{,}931 \text{ m}^2 \cdot 150$
$= 289{,}65 \text{ m}^2$

$$A_{VZ} = \frac{(A_R - A_F) \cdot 100\ \%}{A_F}$$

$$= \frac{(340{,}00 \text{ m}^2 - 289{,}65 \text{ m}^2) \cdot 100\ \%}{289{,}65 \text{ m}^2}$$

$$= \mathbf{17{,}4\ \%}$$

c) $A_R = A_{Serie} \cdot 2 \cdot f_V$
$= 289{,}65 \text{ m}^2 \cdot 2 \cdot 1{,}25$
$= \mathbf{724{,}13\ m^2}$

5.2.6 Dreieck

82.1 (2′)

Gegeben: $l = 2{,}50$ m; $h = 1{,}40$ m; $n = 3 \cdot 2 = 6$

Gesucht: zu verkleidende Fläche A in m²

Lösung:

$$A = \frac{l \cdot h}{2} \cdot n$$

$$= \frac{2{,}50 \text{ m} \cdot 1{,}40 \text{ m}}{2} \cdot 6$$

$$= \mathbf{10{,}50\ m^2}$$

5 Flächen

5.2 Geradlinig begrenzte Flächen

82.2

(2′)

Gegeben: Dachneigung 45°
Schenkellänge $l = 5{,}35$ m

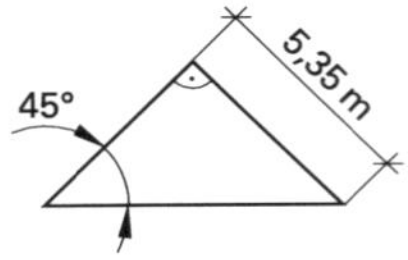

Gesucht: Fläche A in m²

Lösung:
$$A = \frac{l \cdot b}{2} = \frac{5{,}35\text{ m} \cdot 5{,}35\text{ m}}{2} = \mathbf{14{,}31\ m^2}$$

82.3

(3′)

Gegeben: Drachen (2 Dreiecke)
$l = 0{,}16$ m; $b = 0{,}11$ m
Anzahl $n = 50$
Verschnittzuschlag $A_{VZ} = 32$ %
⇒ Zuschlagfaktor $f_V = 1{,}32$

Gesucht: Rohmenge A_R in m²

Lösung:
$$A_R = \frac{l \cdot b}{2} \cdot 2 \cdot n \cdot f_V = \frac{0{,}16\text{ m} \cdot 0{,}055\text{ m}}{2} \cdot 2 \cdot 50 \cdot 1{,}32 = \mathbf{0{,}58\ m^2}$$

82.4

(6′)

Gegeben: Dreieckfläche mit
$l = 6{,}30$ m; $h = 4{,}65$ m
Preis: 42,90 €/m²
Verschnittzuschlag $A_{VZ} = 38$ %
(zuerst nicht beachtet)

Gesucht: richtiger Preis in €/m²
richtiger Endpreis in €

Lösung: richtiger Preis
= Preis · Zuschlagfaktor
= 42,90 €/m² · 1,38
= 59,20 €/m²

richtiger Endpreis
$= A_F \cdot$ richtiger Preis
$$= \frac{l \cdot h}{2} \cdot \text{richtiger Preis} = \frac{6{,}30\text{ m} \cdot 4{,}65\text{ m}}{2} \cdot 59{,}20\text{ €/m}^2 = \mathbf{867{,}13\ €}$$

82.5

(7′)

Gegeben: Glasplatte:
$l_1 = 0{,}800$ m; $b_1 = 0{,}400$ m
$l_3 = 0{,}560$ m; $b_2 = 0{,}120$ m
Anzahl der Böden $n = 6$

Gesucht: Gesamtfläche A in m²

Lösung:
$$A = (A_1 + A_2) \cdot n = \left[\left(\frac{l_1 \cdot b_2}{2}\right) + \left(\frac{l_1 + l_3}{2} \cdot b_2\right)\right] \cdot n$$
$$= \left[\left(\frac{0{,}800\text{ m} \cdot 0{,}400\text{ m}}{2}\right) + \left(\frac{0{,}800\text{ m} + 0{,}560\text{ m}}{2} \cdot 0{,}120\text{ m}\right)\right] \cdot 6$$
$$= (0{,}160\text{ m}^2 + 0{,}082\text{ m}^2) \cdot 6 = \mathbf{1{,}450\ m^2}$$

82.6

(6′)

Gegeben: Anzahl der Tische $n = 80$
$l = 0{,}52$ m
je 16 Tischplatten aus einer Platte
$l = 1{,}30$ m; $b = 2{,}50$ m
Längenverschnitt $l_{VZ} = 12$ %
⇒ Zuschlagfaktor $f_V = 1{,}12$

Gesucht: a) Fläche A_F aller Tischplatten in m²
b) Verschnittzuschlag A_{VZ} in %
c) Länge l_{ges} in m

Lösung: a)
$$A_F = \frac{l \cdot b}{2} \cdot n = \frac{0{,}52\text{ m} \cdot 0{,}52\text{ m}}{2} \cdot 80 = \mathbf{10{,}82\ m^2}$$

b) Rohmenge:
Anzahl der Platten:
$$n_{pl} = \frac{80}{16} = 5$$
$$A_R = l \cdot b \cdot n_{pl} = 1{,}30\text{ m} \cdot 2{,}50\text{ m} \cdot 5 = \mathbf{16{,}25\ m^2}$$

Verschnittzuschlag:
$$A_{VZ} = \frac{(A_R - A_F) \cdot 100\ \%}{A_F} = \frac{(16{,}25\text{ m}^2 - 10{,}82\text{ m}^2) \cdot 100\ \%}{10{,}82\text{ m}^2} = \mathbf{50{,}2\ \%}$$

c) 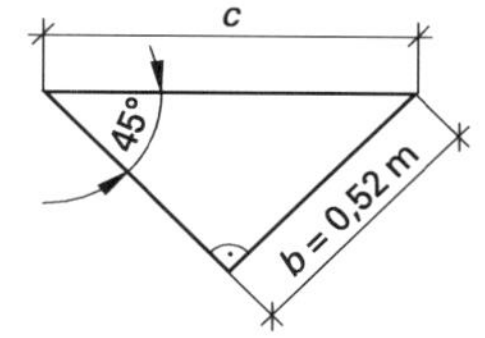

$c^2 = 2 \cdot b^2$
$c^2 = 2 \cdot (0{,}52\ \text{m})^2$
$c = \sqrt{2} \cdot 0{,}52\ \text{m}$
$= 0{,}735\ \text{m}$

$l_{ges} = (2 \cdot b + c) \cdot n \cdot f_V$
$= (2 \cdot 0{,}52\ \text{m} + 0{,}735\ \text{m}) \cdot 80 \cdot 1{,}12$
$= 159{,}08\ \text{m}$
$\approx$ **160 m**

82.7

(15′)

Gegeben: Anzahl der Scheiben $n = 6$
Aufschlag: 50 %
Glaspreis: 62,60 €/m²
Maße siehe Zeichnung

Gesucht: a) Fläche A in m²
b) Gesamtkosten in €
c) Länge l_{ges} der beidseitigen Versiegelung in m

Lösung: Maße:

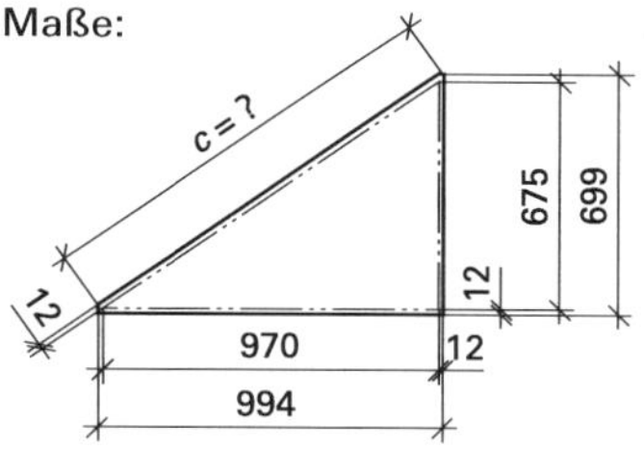

Vereinfachte Berechnung:

$b_2 = b_1 + 2 \cdot 12\ \text{mm}$
$= 0{,}970\ \text{m} + 2 \cdot 12\ \text{mm}$
$= 0{,}994\ \text{m}$

$h_1 = h_3 - h_4$
$= 2{,}675\ \text{m} - 2{,}000\ \text{m}$
$= 0{,}675\ \text{m}$

$h_2 = h_1 + 2 \cdot 12\ \text{mm}$
$= 0{,}699\ \text{m}$

$c^2 = (b_2)^2 + (h_2)^2$
$= (0{,}994\ \text{m})^2 + (0{,}699\ \text{m})^2$
$c = \sqrt{1{,}477\ \text{m}^2}$
$= 1{,}22\ \text{m}$

a) $A = \dfrac{l_1 \cdot b_1}{2} \cdot n$
$= \dfrac{0{,}994\ \text{m} \cdot 0{,}699\ \text{m}}{2} \cdot 6$
$=$ **2,08 m²**

b) Gesamtkosten
$= A \cdot$ Aufschlagfaktor $\cdot$ Preis
$= 2{,}08\ \text{m}^2 \cdot 1{,}50 \cdot 62{,}60\ €/\text{m}^2$
$=$ **195,31 €**

c) $l_{ges} = (b_2 + h_2 + c) \cdot 2 \cdot n$
$= (0{,}994\ \text{m} + 0{,}699\ \text{m} + 1{,}22\ \text{m}) \cdot 2 \cdot 6$
$=$ **34,96 m**

82.8

(12′)

Gegeben: Fachbodenseiten
$l_1 = 0{,}74$ m; $l_2 = 0{,}53$ m; $l_3 = 0{,}92$ m
Anzahl der Fachböden $n = 6$

Gesucht: a) Fläche A in m²
b) Bedarf an Furnierkanten in m

Lösung: a) Seitenlänge:

$s = \dfrac{l_1 + l_2 + l_3}{2}$
$= \dfrac{0{,}74\ \text{m} + 0{,}53\ \text{m} + 0{,}92\ \text{m}}{2}$
$= 1{,}095\ \text{m}$

Fläche:

$A = \sqrt{s(s - l_1) \cdot (s - l_2) \cdot (s - l_3)}$
$= \sqrt{1{,}095\ \text{m}\ (1{,}095\ \text{m} - 0{,}74\ \text{m})}$
$\cdot \sqrt{(1{,}095\ \text{m} \cdot 0{,}53\ \text{m})}$
$\cdot \sqrt{(1{,}095\ \text{m} \cdot 0{,}92\ \text{m})}$
$= \sqrt{1{,}095\ \text{m} \cdot 0{,}355\ \text{m}}$
$\cdot \sqrt{0{,}565\ \text{m} \cdot 0{,}175\ \text{m}}$
$= \sqrt{0{,}03844\ \text{m}^4}$
$=$ **0,196 m²**

$A_{ges} = A \cdot n$
$= 0{,}196\ \text{m}^2 \cdot 6$
$= 1{,}176\ \text{m}^2$

b) $U = (l_1 + l_2 + l_3) \cdot n$
$= (0{,}74\ \text{m} + 0{,}53\ \text{m} + 0{,}92\ \text{m}) \cdot 6$
$= 2{,}19\ \text{m} \cdot 6$
$=$ **13,14 m**

5.2.7 Regelmäßige Vielecke

84.1 (4')

Gegeben: gleichseitiges Dreieck $A = 0{,}85\ m^2$

Gesucht: Seitenlänge l_S

Lösung: nach Tabelle:

$$A = l_S^2 \cdot 0{,}433$$

$$l_S^2 = \frac{A}{0{,}433} = \frac{0{,}85\ m^2}{0{,}433}$$

$$l_S = \sqrt{1{,}963\ m^2} = \mathbf{1{,}40\ m}$$

84.2 (9')

Gegeben: 6-eckige Platte mit $l_S = 0{,}625$ m
Verschnittzuschlag: 32 %
$\Rightarrow$ Zuschlagfaktor $f_V = 1{,}32$

Gesucht: a) Umkreisradius r_u in m
b) Gesamtfläche A_F in m^2
c) Rohmenge A_R in m^2

Lösung: aus Tabelle:

a) $r_u = l_S \cdot 1{,}0 = 0{,}625\ m \cdot 1{,}0 = \mathbf{0{,}625\ m}$

b) $A_F = l_S^2 \cdot 2{,}598 = (0{,}625\ m)^2 \cdot 2{,}598 = \mathbf{1{,}015\ m^2}$

c) $A_R = A_F \cdot f_V = 1{,}015\ m^2 \cdot 1{,}32 = \mathbf{1{,}34\ m^2}$

84.3 (5')

Gegeben: kreisförmige Platte: $d = 1{,}25$ m
gleichseitiges Dreieck mit Umkreis
$d = 1{,}25\ m \Rightarrow r_u = 0{,}625$ m

Gesucht: Seitenlänge l_S des Dreiecks

Lösung: aus Tabelle:

$$l_S = r_u \cdot 1{,}7321 = 0{,}625\ m \cdot 1{,}7321 = \mathbf{1{,}08\ m}$$

84.4 (11')

Gegeben: 8-eckige Tischplatte mit
Umkreis $d = 1{,}80\ m \Rightarrow r_u = 0{,}90$ m
Spanplatte: $l = 2{,}00$ m
Verschnittzuschlag Furnier: 45 %
$\Rightarrow$ Zuschlagfaktor $f_V = 1{,}45$

Gesucht: a) Fläche A_F in m^2
b) Verschnittzuschlag Platte A_{VZ} in %
c) Rohmenge A_R Furnier in m^2

Lösung: a) aus Tabelle:

$$A_F = r_u^2 \cdot 2{,}8284 = (0{,}90\ m)^2 \cdot 2{,}8284 = \mathbf{2{,}29\ m^2}$$

b) Rohmenge:

$$A_R = l^2 = (2{,}00\ m)^2 = 4{,}00\ m^2$$

Verschnittzuschlag:

$$A_{VZ} = \frac{(A_R - A_F) \cdot 100\ \%}{A_F} = \frac{(4{,}00\ m^2 - 2{,}29\ m^2) \cdot 100\ \%}{2{,}29\ m^2} = \mathbf{75\ \%}$$

c) $A_R = A_F \cdot 2 \cdot f_V = 2{,}29\ m^2 \cdot 2 \cdot 1{,}45 = \mathbf{6{,}64\ m^2}$

84.5 (3')

Gegeben: 8-eckige Platte mit $l_S = 0{,}50$ m

Gesucht: Fläche A in m^2

Lösung: aus Tabelle:

$$A = l_S^2 \cdot 4{,}8284 = (0{,}50\ m)^2 \cdot 4{,}8284 = \mathbf{1{,}21\ m^2}$$

84.6 (11′)

Gegeben: 5-eckige Platten:
äußerer Umkreis mit
$d = 4{,}00\ m \Rightarrow r_u = 2{,}00\ m$
innerer Umkreis mit
$d = 2{,}40\ m \Rightarrow r_i = 1{,}20\ m$
$b = 0{,}70\ m$

Gesucht: a) äußere und innere Seitenlängen l_S in m

b) Gesamtfläche A (5 Trapeze) in m^2

Lösung: a) aus Tabelle:

$l_S = r_u \cdot 1{,}1756$

$l_{S\,außen} = r_{u\,außen} \cdot 1{,}1756 = 2{,}00\ m \cdot 1{,}1756 = \mathbf{2{,}35\ m}$

$l_{S\,innen} = r_{u\,innen} \cdot 1{,}1756 = 1{,}20\ m \cdot 1{,}1756 = \mathbf{1{,}41\ m}$

b) aus Tabelle:

$A = r^2_{u\,außen} \cdot 2{,}3776 - r^2_{u\,innen} \cdot 2{,}3776 = (2{,}00\ m)^2 \cdot 2{,}3776 - (1{,}20\ m)^2 \cdot 2{,}3776 = \mathbf{6{,}09\ m^2}$

84.7 (3′)

Gegeben: 10-Eck mit $l_S = 0{,}30\ m$

Gesucht: Umkreisdurchmesser d_u

Lösung: aus Tabelle:

$d_u = 2 \cdot r_u = 2 \cdot l_S \cdot 1{,}618 = 2 \cdot 0{,}30\ m \cdot 1{,}618 = \mathbf{0{,}97\ m}$

84.8 (3′)

Gegeben: 12-Eck mit $r_u = 1{,}15\ m$

Gesucht: Seitenlänge l_S in m

Lösung: aus Tabelle:

$l_S = r_u \cdot 0{,}5176 = 1{,}15\ m \cdot 0{,}5176 = \mathbf{0{,}60\ m}$

5.2.8 Unregelmäßige Vielecke

85.1 (8′)

Gegeben: Buchenbohle:
$l_1 = 1{,}45\ m$; $b = 0{,}50\ m$
Teilflächen einer Stufe:
$A_1 = 0{,}228\ m^2$
$A_2 = 0{,}300\ m^2$
$A_3 = 0{,}075\ m^2$

Gesucht: Verschnittzuschlag in %

Lösung: Fertigmenge:

$A_F = A_1 + A_2 + A_3 = 0{,}228\ m^2 + 0{,}300\ m^2 + 0{,}075\ m^2 = 0{,}333\ m^2$

Rohmenge:

$A_R = l \cdot b = 1{,}45\ m \cdot 0{,}50\ m = 0{,}725\ m^2$

Verschnittzuschlag:

$$A_{VZ} = \frac{(A_R - A_F) \cdot 100\ \%}{A_F} = \frac{(0{,}725\ m^2 - 0{,}333\ m^2) \cdot 100\ \%}{0{,}333\ m^2} = \mathbf{118\ \%}$$

85.2 (9′)

Gegeben: 6-Eck, unregelmäßig aus Teilen berechnen, Maße nach Zeichnung

Gesucht: a) Gesamtfläche A_{ges} in m^2

b) Fläche A_{ges} in a und ha

Lösung: a)

$$A_1 = \frac{l \cdot b}{2} = \frac{45{,}00\ m \cdot 15{,}00\ m}{2} = 337{,}50\ m^2$$

$$A_2 = \frac{l_1 + l_2}{2} \cdot b = \frac{45{,}00\ m + 59{,}00\ m}{2} \cdot 20{,}00\ m = 1040{,}00\ m^2$$

$$A_3 = \frac{l \cdot b}{2} = \frac{59\ m \cdot 9{,}5\ m}{2} = 280{,}25\ m^2$$

$A_{ges} = A_1 + A_2 + A_3 = 337{,}50\ m^2 + 1040{,}00\ m^2 + 280{,}25\ m^2 = \mathbf{1657{,}75\ m^2}$

b) $A_{ges} = 1657{,}75\ m^2 : 100\ \frac{m^2}{a}$
$= \mathbf{16{,}58\ a}$
$= 1657{,}75\ m^2 : 10000\ \frac{m^2}{ha}$
$= \mathbf{0{,}166\ ha}$

5.2.9 Zusammengesetzte Flächen

86.1 (6')

Gegeben: Wand mit Tür:
Maße nach Zeichnung

Gesucht: Wandfläche A in m^2

Lösung:
$A = A_1 + A_2 - A_3$
$= \frac{b_1 + b_2}{2} \cdot h_1$
$= \frac{5{,}00\ m + 2{,}00\ m}{2} \cdot 0{,}9\ m$
$+ 5{,}00\ m \cdot 1{,}60\ m$
$- 2{,}00\ m \cdot 0{,}90\ m$
$= 3{,}15\ m^2 + 8{,}00\ m^2 - 1{,}80\ m^2$
$= \mathbf{9{,}35\ m^2}$

86.2 (40')

Gegeben: Treppenwangen:
Maße nach Zeichnung
Anzahl $n = 2$

Gesucht: Fläche A

Lösung:
$A = (A_1 - A_2 - A_3) \cdot n$
$= \left[l_1 \cdot b_1 - 2 \cdot \frac{l_2 \cdot b_2}{2}\right] \cdot n$
$= \left[4{,}35\ m \cdot 0{,}32\ m - 2 \cdot \frac{0{,}30\ m \cdot 0{,}20\ m}{2}\right] \cdot 2$
$= (1{,}392\ m^2 - 0{,}06\ m^2) \cdot 2$
$= 1{,}332\ m^2 \cdot 2$
$= \mathbf{2{,}66\ m^2}$

86.3 (5')

Gegeben: Wandverkleidung:
Maße nach Skizze
Verschnittzuschlag $A_{VZ} = 25\ \%$
$\Rightarrow$ Zuschlagfaktor $f_V = 1{,}25$

Gesucht:
a) Fertigmenge A_F in m^2
b) Rohmenge A_R in m^2

Lösung:
a) $A_F = (l_1 + l_2 + l_3) \cdot h$
$= (0{,}80\ m + 2{,}60\ m + 1{,}20\ m) \cdot 0{,}90\ m$
$= \mathbf{4{,}14\ m^2}$

b) $A_R = A_F \cdot f_V$
$= 4{,}14\ m^2 \cdot 1{,}25$
$= \mathbf{5{,}18\ m^2}$

86.4 (18')

Gegeben: Arbeitsplatte:
Maße nach Zeichnung
Rohplatte lt. Tabelle 133/1
$l = 2{,}67\ m$; $b = 2{,}06\ m$

Gesucht:
a) Fläche A_F in m^2
b) Verschnittzuschlag in %
c) Vollholzumleimer U in m

Lösung:
a) $A_F = A_1 + A_2 + A_3$
$= l_1 \cdot b_1 \cdot l_2 \cdot b_1 \cdot \frac{l_3 \cdot b_2}{2}$
$= 1{,}80\ m \cdot 0{,}60\ m$
$+ 2{,}00\ m \cdot 0{,}60\ m$
$+ \frac{0{,}45\ m \cdot 0{,}45\ m}{2}$
$= 1{,}08\ m^2 + 1{,}20\ m^2 + 0{,}10\ m^2$
$= \mathbf{2{,}38\ m^2}$

b) Rohmenge:
$A_R = l \cdot b$
$= 2{,}67\ m \cdot 2{,}06\ m$
$= 5{,}50\ m^2$

Verschnittzuschlag:
$A_{VZ} = \frac{(A_R - A_F) \cdot 100\ \%}{A_F}$
$= \frac{(5{,}50\ m^2 - 2{,}38\ m^2) \cdot 100\ \%}{2{,}38\ m^2}$
$= \mathbf{131\ \%}$

c) $c^2 = 2 \cdot (0{,}45\ m)^2$
$c = \sqrt{0{,}40\ m^2}$
$= 0{,}63\ m$

$U = l_{ges}$
$= l_1 + l_2 + b + l_3 + c + l_4 + b$
$= 1{,}80\ m + 2{,}60\ m + 0{,}60\ m$
$+ 1{,}55\ m + 0{,}63\ m$
$+ 0{,}75\ m + 0{,}60\ m$
$= \mathbf{8{,}53\ m}$

86.5 (6′)

Gegeben: Regalseiten:
Maße nach Zeichnung
Anzahl $n = 8$
Verschnittzuschlag $A_{VZ} = 95\ \%$
$\Rightarrow$ Zuschlagfaktor $f_V = 1{,}95$

Gesucht: a) Gesamtfläche A_F in m^2
b) Rohmenge A_R in m^2

Lösung: a) $A_F = (A_1 \cdot A_2) \cdot n$

$$= \left[l_1 \cdot b_1 + \frac{l_2 + l_3}{2} \cdot b_2\right] \cdot n$$

$$= \left[1{,}50\ m \cdot 0{,}60\ m + \frac{0{,}4\ m + 0{,}56\ m}{2} \cdot 1{,}10\ m\right] \cdot 8$$

$$= (0{,}90\ m^2 + 0{,}53\ m^2) \cdot 8$$

$$= \mathbf{11{,}44\ m^2}$$

b) $A_R = A_F \cdot f_V$

$$= 11{,}44\ m^2 \cdot 1{,}95$$

$$= \mathbf{22{,}31\ m^2}$$

86.6 (4′)

Gegeben:

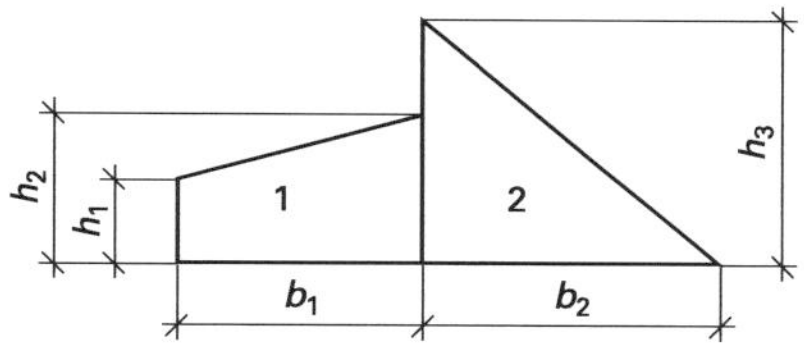

Fensterelement 1:
$b_1 = 3{,}50\ m$; $h_1 = 1{,}25\ m$
$h_2 = 2{,}20\ m$

Fensterelement 2:
$b_2 = 4{,}25\ m$; $h_3 = 3{,}62\ m$

Gesucht: Fensterfläche A in m^2

Lösung: $A = A_1 + A_2$

$$= \frac{h_1 + h_2}{2} \cdot b_1 + \frac{b_2 \cdot h_3}{2}$$

$$= \frac{2{,}20\ m + 1{,}25\ m}{2} \cdot 3{,}50\ m + \frac{4{,}25\ m}{2} \cdot 3{,}62\ m$$

$$= 6{,}04\ m^2 + 7{,}69\ m^2$$

$$= \mathbf{13{,}73\ m^2}$$

87.1 Tischplatten (8′)

Gegeben: Tischplatte:
Maße nach Zeichnung

Gesucht: Fläche A in m^2

Lösung: $A = A_1 - A_2 \cdot 4$

$$= l_1^2 - \frac{l_2 \cdot b}{2} \cdot 4$$

$$= (0{,}60\ m)^2 - \frac{0{,}10\ m \cdot 0{,}10\ m}{2} \cdot 4$$

$$= \mathbf{0{,}34\ m^2}$$

Gegeben: Schreibtischplatte:
Maße nach Zeichnung

Gesucht: Fläche A in m^2

Lösung: $A = A_{ges} - A_1 - A_\triangle$

$$A_{ges} = 1{,}5\ m \cdot 0{,}8\ m = \mathbf{1{,}2\ m^2}$$

$$A_1 = 1{,}1\ m \cdot 0{,}3\ m = 0{,}33\ m^2$$

$$A_\triangle = \frac{0{,}45\ m \cdot 0{,}3\ m}{2} = 0{,}068\ m^2$$

$$A = 1{,}2\ m^2 - 0{,}33\ m^2 - 0{,}068\ m^2 = \mathbf{0{,}802\ m^2}$$

87.2 Innentüren (8′)

Gegeben: Innentüren:
Maße nach Zeichnung

Gesucht: Flächen A in m^2

Lösung: links:

$$A = A_1 - A_2$$

$$= b_1 \cdot h_1 - \frac{b_2 + b_3}{2} \cdot h_2$$

$$= 0{,}90\ m \cdot 2{,}00\ m - \frac{0{,}40\ m + 0{,}20\ m}{2} \cdot 1{,}10\ m$$

$$= 1{,}80\ m^2 - 0{,}33\ m^2$$

$$= \mathbf{1{,}47\ m^2}$$

rechts:

$$A = A_1 - A_2$$

$$= b \cdot h - l_2$$

$$= 0{,}85\ m \cdot 2{,}00\ m - (0{,}38\ m)^2$$

$$= 1{,}70\ m^2 - 0{,}14\ m^2$$

$$= \mathbf{1{,}56\ m^2}$$

87.3 Theken
(10′)

Gegeben: Theken:
Maße nach Zeichnung

Gesucht: Flächen A in m²

Lösung: links:

$$A = A_1 + A_2 = l_1 \cdot b_1 + \frac{b_1 + b_2}{2} \cdot l_2$$
$$= 1{,}60\ \text{m} \cdot 0{,}50\ \text{m} + \frac{0{,}60\ \text{m} + 0{,}30\ \text{m}}{2} \cdot 2{,}30\ \text{m}$$
$$= 0{,}80\ \text{m}^2 + 1{,}04\ \text{m}^2$$
$$= \mathbf{1{,}84\ m^2}$$

rechts:

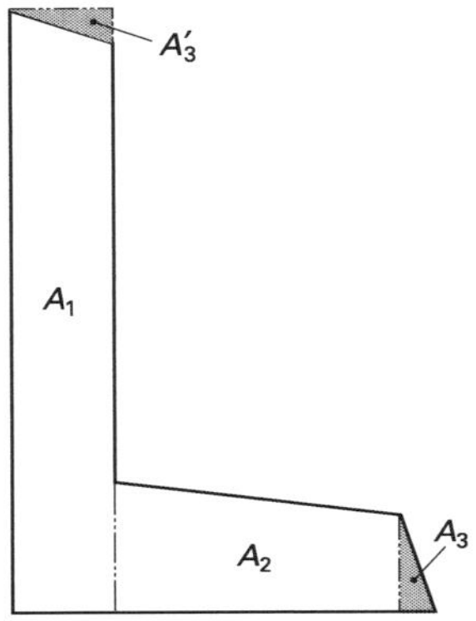

$A_3 = A'_3$, darum

$$A = A_1 + A_2 = l_1 \cdot b_1 + \frac{b_2 + b_3}{2} \cdot l_2$$
$$= 2{,}75\ \text{m} \cdot 0{,}45\ \text{m} + \frac{0{,}60\ \text{m} + 0{,}45\ \text{m}}{2} \cdot 1{,}25\ \text{m}$$
$$= 1{,}24\ \text{m}^2 + 0{,}66\ \text{m}^2$$
$$= \mathbf{1{,}90\ m^2}$$

87.4 Fensterfläche

Gegeben: Fensterfläche:
Maße nach Skizze

Gesucht: Fläche A in m²

Lösung:

$$A = A_1 \cdot A_2 = \frac{h_1 + h_2}{2} \cdot b_1 + \frac{h_2 + h_4}{2} \cdot b_2$$
$$= \frac{1{,}55\ \text{m} + 1{,}85\ \text{m}}{2} \cdot 0{,}80\ \text{m} + \frac{2{,}10\ \text{m} + 1{,}60\ \text{m}}{2} \cdot 1{,}30\ \text{m}$$
$$= 1{,}36\ \text{m}^2 + 2{,}41\ \text{m}^2$$
$$= \mathbf{3{,}77\ m^2}$$

87.5 Parkettfläche
(5′)

Gegeben: Parkettfläche:
Maße nach Zeichnung

Gesucht: Fläche A in m²

Lösung:

$$A = A_1 + A_2 + A_3 = l_1 \cdot b_1 + \frac{l_2 + l_3}{2} \cdot b_2 + \frac{l_4 \cdot b_3}{2}$$
$$= 6{,}00\ \text{m} \cdot 3{,}20\ \text{m} + \frac{2{,}50\ \text{m} + 2{,}00\ \text{m}}{2} \cdot 1{,}00\ \text{m} + \frac{4{,}20\ \text{m} \cdot 1{,}20\ \text{m}}{2}$$
$$= 19{,}20\ \text{m}^2 + 2{,}25\ \text{m}^2 + 2{,}52\ \text{m}^2$$
$$= \mathbf{23{,}97\ m^2}$$

87.6 Korpusseiten
(8′)

Gegeben: Korpusseiten:
Maße nach Zeichnung

Gesucht: Fläche A in m²

Lösung: Korpusseite:

$$A = A_1 - A_2 = b_1 \cdot h_1 - \frac{b_2 \cdot h_2}{2}$$
$$= 0{,}35\ \text{m} \cdot 0{,}70\ \text{m} - \frac{0{,}15\ \text{m} \cdot 0{,}45\ \text{m}}{2}$$
$$= 0{,}245\ \text{m}^2 - 0{,}034\ \text{m}^2$$
$$= \mathbf{0{,}21\ m^2}$$

Regalseite:

$$A = A_1 - A_2 = \frac{b_1 + b_2}{2} \cdot h_1 - \frac{b_3 + b_4}{2} \cdot h_2$$
$$= \frac{0{,}40\ \text{m} + 0{,}25\ \text{m}}{2} \cdot 0{,}65\ \text{m} + \frac{0{,}25\ \text{m} + 0{,}20\ \text{m}}{2} \cdot 0{,}10\ \text{m}$$
$$= 0{,}211\ \text{m}^2 - 0{,}023\ \text{m}^2$$
$$= \mathbf{0{,}188\ m^2}$$

87.7 Wandfläche
(5′)

Gegeben: Wandfläche:
Maße nach Zeichnung

Gesucht: Fläche A in m²

Lösung:

$$A = A_1 + A_2 + A_3 = b_1 \cdot h_1 + \frac{b_1 + b_2}{2} \cdot h_2 + \frac{b_2 \cdot h_3}{2}$$
$$= 12{,}60\ \text{m} \cdot 3{,}50\ \text{m} + \frac{12{,}60\ \text{m} + 7{,}50\ \text{m}}{2} \cdot 4{,}20\ \text{m} + \frac{7{,}50\ \text{m} \cdot 3{,}50\ \text{m}}{2}$$
$$= 44{,}10\ \text{m}^2 + 42{,}21\ \text{m}^2 + 13{,}13\ \text{m}^2$$
$$= \mathbf{99{,}44\ m^2}$$

5.3 Flächeninhalte von Brettern und Bohlen

5.3.1 Parallel besäumte Bretter und Bohlen mit gleicher Länge und gleicher Breite

90.1 (3′)

Gegeben: Brettbreite $b = 0{,}24$ m
Anzahl der Bretter $n = 15$
Brettlänge $l = 3{,}50$ m

Gesucht: Gesamtfläche A in m²

Lösung:
$A = l \cdot b \cdot n$
$= 3{,}50\ \text{m} \cdot 0{,}24\ \text{m} \cdot 15$
$= \mathbf{12{,}60\ m^2}$

90.2 (6′)

Gegeben:

Stück	Länge (m)	Breite (m)
4	3,50	0,12
6	5,00	0,24
2	4,50	0,18

Preis: 11,– €/m²

Gesucht: a) Gesamtfläche A in m²
b) Gesamtpreis in €

Lösung:

a) $A = l \cdot b \cdot n$
$A_1 = 3{,}50\ \text{m} \cdot 0{,}12\ \text{m} \cdot 4 = 1{,}68\ \text{m}^2$
$A_2 = 5{,}00\ \text{m} \cdot 0{,}24\ \text{m} \cdot 6 = 7{,}20\ \text{m}^2$
$A_3 = 4{,}50\ \text{m} \cdot 0{,}18\ \text{m} \cdot 2 = 1{,}62\ \text{m}^2$
$A = \mathbf{10{,}50\ m^2}$

b) Gesamtpreis $= A \cdot \text{Preis}$
$= 10{,}50\ \text{m}^2 \cdot 11{,}00\ €/\text{m}^2$
$= \mathbf{115{,}50\ €}$

90.3 (4′)

Gegeben: Bretter: $A = 66{,}50$ m²
Brettbreite $b = 0{,}095$ m
Brettlänge $l = 3{,}50$ m

Gesucht: Anzahl n der Bretter

Lösung:
$A = l \cdot b \cdot n$
$$n = \frac{A}{l \cdot b} = \frac{66{,}50\ \text{m}^2}{3{,}50\ \text{m} \cdot 0{,}095\ \text{m}} = \mathbf{200\ Stück}$$

90.4 (5′)

Gegeben: Anzahl der Bohlen $n = 6$
Länge $l = 3{,}00$ m
Breite $b = 0{,}35$ m
Gesamtpreis: 100,80 €

Gesucht: Preis in €/m²

Lösung: Gesamtpreis $= l \cdot b \cdot n \cdot \text{Preis}$
$$\text{Preis/m}^2 = \frac{\text{Gesamtpreis}}{l \cdot b \cdot n} = \frac{100{,}80\ €}{3{,}00\ \text{m} \cdot 0{,}35\ \text{m} \cdot 6} = \mathbf{16{,}00\ €/m^2}$$

5.3.2 Parallel besäumte Bretter und Bohlen mit gleicher Länge aber ungleichen Breiten

90.5 (4′)

Gegeben:

Stück	Länge (m)	Breite (m)
2	3,25	0,14
2	3,25	0,15
2	3,25	0,18
2	3,25	0,20

Gesucht: Gesamtfläche A in m²

Lösung:
$A = n \cdot l \cdot (b_1 + b_2 + b_3 + b_4)$
$= 2 \cdot 3{,}25\ \text{m} \cdot (0{,}14\ \text{m} + 0{,}15\ \text{m} + 0{,}18\ \text{m} + 0{,}20\ \text{m})$
$= 2 \cdot 3{,}25\ \text{m} \cdot 0{,}67\ \text{m}$
$= \mathbf{4{,}36\ m^2}$

90.6 (8′)

Gegeben: Länge $l = 4{,}50$ m
Breiten $b_1 = 0{,}36$ m; $b_2 = 0{,}38$ m
$b_3 = 0{,}40$ m; $b_4 = 0{,}42$ m
Gesamtpreis: 1 468,26 €

Gesucht: Preis in €/m²

Lösung:
Gesamtpreis
$= l \cdot (b_1 + b_2 + b_3 + b_4) \cdot \text{Preis}$
$$\text{Preis} = \frac{\text{Gesamtpreis}}{l \cdot (b_1 + b_2 + b_3 + b_4)} = \frac{1\,468{,}26\ €}{4{,}50\ \text{m} \cdot 1{,}56\ \text{m}} = \mathbf{209{,}15\ €/m^2}$$

5.3 Flächeninhalte von Brettern und Bohlen

90.7 (6′)

Gegeben: Rahmenbreite $A = 5{,}55\ m^2$
Länge $l_1 = 2{,}10\ m$
Rohholz:
Anzahl $n = 6$; Länge $l_2 = 2{,}50\ m$
Breiten: $b_1 = 0{,}32\ m$; $b_2 = 0{,}34\ m$; $b_3 = 0{,}38\ m$ (je 2 Stück)

Gesucht: Reichen die Bohlen für den Zuschnitt?

Lösung: Gesamtbreite:
$b = (b_1 + b_2 + b_3) \cdot 2$
$= (0{,}32\ m + 0{,}34\ m + 0{,}38\ m) \cdot 2$
$= 2{,}08\ m$

Fläche:
$A = l \cdot b$
$= 2{,}10\ m \cdot 2{,}08\ m$
$= \mathbf{4{,}37\ m^2}$

Die Bohlen reichen nicht!

5.3.3 Parallel besäumte Bretter und Bohlen mit gleicher Breite aber ungleicher Länge

90.8 (10′)

Gegeben:

	Stück	Länge (m)	Breite (m)
Bretter 28 mm	8 14	4,00 3,50	0,24 0,24
Bretter 30 mm	16 12	5,00 3,00	0,18 0,18
Bohlen 42 mm	8 6	4,50 3,75	0,32 0,32

Gesucht: Gesamtfläche A in m^2

Lösung: $A = n \cdot l \cdot b$

$A_1 = 8 \cdot 4{,}00\ m \cdot 0{,}24\ m = 7{,}68\ m^2$
$A_1 = 14 \cdot 3{,}50\ m \cdot 0{,}24\ m = 11{,}76\ m^2$

Bretter 28 mm = $19{,}44\ m^2$
$A_2 = 16 \cdot 5{,}00\ m \cdot 0{,}18\ m = 14{,}40\ m^2$
$A_2 = 12 \cdot 3{,}00\ m \cdot 0{,}18\ m = 6{,}48\ m^2$

Bretter 30 mm = $20{,}88\ m^2$
$A_3 = 8 \cdot 4{,}50\ m \cdot 0{,}32\ m = 11{,}52\ m^2$
$A_3 = 6 \cdot 3{,}75\ m \cdot 0{,}32\ m = 7{,}20\ m^2$

Bohlen 42 mm = $18{,}72\ m^2$
Gesamtfläche $A = \mathbf{59{,}04\ m^2}$

90.9 (6′)

Gegeben:

	Stück	Länge (m)	Breite (m)
Buchen-bretter 28 mm	16 8 12	5,00 4,00 3,50	0,22 0,18 0,26

Gesucht: Gesamtfläche A in m^2

Lösung: $A = n \cdot l \cdot b$

$A_1 = 16 \cdot 5{,}00\ m \cdot 0{,}22\ m = 17{,}60\ m^2$
$A_2 = 8 \cdot 4{,}00\ m \cdot 0{,}18\ m = 5{,}76\ m^2$
$A_3 = 12 \cdot 3{,}50\ m \cdot 0{,}26\ m = 10{,}92\ m^2$

Gesamtfläche $A = \mathbf{34{,}28\ m^2}$

5.3.4 Konisch besäumte Bretter und Bohlen

90.10 (2′)

Gegeben: 1 Brett:
Länge $l = 3{,}25\ m$
mittl. Breite $b_m = 0{,}28\ m$

Gesucht: Fläche A in m^2

Lösung: $A = l \cdot b_m$
$= 3{,}25\ m \cdot 0{,}28\ m$
$= \mathbf{0{,}91\ m^2}$

90.11 (6′)

Gegeben: $b_1 = 0{,}43\ m$; $b_2 = 0{,}35\ m$
$l = 4{,}50\ m$; $n = 1$
Preis: 14,– €/m^2

Gesucht: a) Fläche A in m^2
b) Preis der Bohle in €

Lösung: a) $A = \frac{b_1 + b_2}{2} \cdot l$
$= \frac{0{,}43\ m + 0{,}35\ m}{2} \cdot 4{,}50\ m$
$= \mathbf{1{,}755\ m^2}$

b) Preis der Bohle
$= A \cdot \text{Preis}$
$= 1{,}755\ m^2 \cdot 14{,}00\ €/m^2$
$= \mathbf{24{,}57\ €}$

90.12 (10′)

Gegeben: Eichenbohle:
$l_1 = 4{,}00$ m; $b_1 = 0{,}36$ m
$b_2 = 0{,}28$ m
Fertigmaße:
$l_2 = 1{,}20$ m; $b_3 = 0{,}06$ m

Gesucht: a) Flächeninhalt A_R (Rohmenge) der Bohle in m²
b) Verschnittzuschlag A_{VZ} in %

Lösung:

a) $A_R = \frac{b_1 + b_2}{2} \cdot l$
$= \frac{0{,}36 \text{ m} + 0{,}28 \text{ m}}{2} \cdot 4{,}00 \text{ m}$
$= \mathbf{1{,}28\ m^2}$

b)

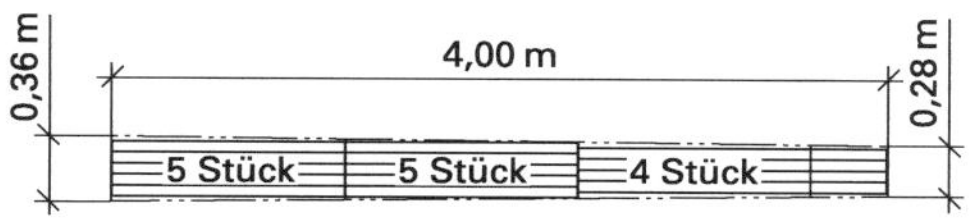

Fertigmenge:
$A_F = n \cdot l_2 \cdot b_3$
$= 14 \cdot 1{,}20 \text{ m} \cdot 0{,}06 \text{ m}$
$= 1{,}01 \text{ m}^2$

Verschnittzuschlag:
$A_{VZ} = \frac{(A_R - A_F) \cdot 100\ \%}{A_F}$
$= \frac{(1{,}28 \text{ m}^2 - 1{,}01 \text{ m}^2) \cdot 100\ \%}{1{,}01 \text{ m}^2}$
$= \mathbf{26{,}7\ \% \approx 27\ \%}$

5.3.5 Unbesäumte Bretter

91.1 (4′)

Gegeben: Lärchenbrett:
$l = 4{,}75$ m; $b_m = 0{,}345$ m
Materialpreis: 12,25 €/m²

Gesucht: Preis des Brettes in €

Lösung: Preis des Brettes
$= l \cdot b_m \cdot$ Materialpreis
$= 4{,}75 \text{ m} \cdot 0{,}345 \text{ m} \cdot 12{,}25\ €/\text{m}^2$
$= \mathbf{20{,}07\ €}$

91.2 (2′)

Gegeben: Brett: $l = 3{,}25$ m; $b_m = 0{,}24$ m

Gesucht: Fläche A in m²

Lösung: $A = l \cdot b_m$
$= 3{,}25 \text{ m} \cdot 0{,}24 \text{ m}$
$= \mathbf{0{,}78\ m^2}$

91.3 (3′)

Gegeben: Anzahl der Bretter $n = 10$
Länge $l = 4{,}50$ m
Breiten (je 2 Stück)
$b_{m1} = 24$ cm; $b_{m2} = 32$ cm;
$b_{m3} = 36$ cm; $b_{m4} = 39$ cm;
$b_{m5} = 40$ cm

Gesucht: Gesamtfläche A in m²

Lösung: $A = l \cdot (b_{m1} + b_{m2} + b_{m3} + b_{m4} + b_{m5}) \cdot n$
$= 4{,}50 \text{ m} \cdot (0{,}24 \text{ m} + 0{,}32 \text{ m} + 0{,}36 \text{ m} + 0{,}39 \text{ m} + 0{,}40 \text{ m}) \cdot 2$
$= \mathbf{15{,}39\ m^2}$

91.4 (6′)

Gegeben: unbesäumtes Brett:
$A = 1{,}60$ m²; $l = 5{,}00$ m

Gesucht: mittlere Breite b_m in cm

Lösung: $A = l \cdot b_m$
$b_m = \frac{A}{l}$
$= \frac{1{,}60 \text{ m}^2}{5{,}00 \text{ m}}$
$= \mathbf{0{,}32\ m = 32\ cm}$

5.3.6 Unbesäumte Bohlen

91.5 (4′)

Gegeben: Kiefernbohle:
$l = 5{,}20\ \text{m}$; $b_{m1} = 0{,}32\ \text{m}$;
$b_{m2} = 0{,}38\ \text{m}$

Gesucht: Fläche A in m^2

Lösung:

$$A = \frac{b_{m1} + b_{m2}}{2} \cdot l$$
$$= \frac{0{,}32\ \text{m} + 0{,}38\ \text{m}}{2} \cdot 5{,}20\ \text{m}$$
$$= \mathbf{1{,}82\ m^2}$$

91.6 (5′)

Gegeben: Kirschbaumbohle:
$l = 2{,}50\ \text{m}$; $b_{m1} = 0{,}28\ \text{m}$;
$b_{m2} = 0{,}32\ \text{m}$
Preis: 46,20 €/m²

Gesucht: Preis der Bohle in €

Lösung: Preis der Bohle

$$= A \cdot \text{Preis}$$
$$= \frac{b_{m1} + b_{m2}}{2} \cdot l \cdot \text{Preis}$$
$$= \frac{0{,}28\ \text{m} + 0{,}32\ \text{m}}{2} \cdot 2{,}50\ \text{m} \cdot 46{,}20\ \text{€/m}^2$$
$$= \mathbf{34{,}65\ €}$$

91.7 (6′)

Gegeben: Eschenstamm: $l = 4{,}50\ \text{m}$
6 Bohlen mit $d = 40\ \text{mm}$
$b_{m1} = 0{,}22\ \text{m}$; $b_{m2} = 0{,}30\ \text{m}$;
$b_{m3} = 0{,}34\ \text{m}$; $b_{m4} = 0{,}35\ \text{m}$;
$b_{m5} = 0{,}31\ \text{m}$; $b_{m6} = 0{,}23\ \text{m}$
Verschnittzuschlag: 18 %
⇒ Zuschlagfaktor $f_V = 1{,}18$
Preis: 41,– €/m²

Gesucht: Kosten Eschenstamm in €

Lösung: Gesamtfläche:

$$A = l \cdot b_m \cdot f_V$$
$$= 4{,}50\ \text{m} \cdot (0{,}22\ \text{m} + 0{,}30\ \text{m} + 0{,}34\ \text{m} + 0{,}35\ \text{m} + 0{,}31\ \text{m} + 0{,}23\ \text{m}) \cdot 1{,}18$$
$$= 4{,}50\ \text{m} \cdot 1{,}75\ \text{m} \cdot 1{,}18$$
$$= 9{,}29\ \text{m}^2$$

Kosten Eschenstamm:

$$= A \cdot \text{Preis}$$
$$= 9{,}29\ \text{m}^2 \cdot 41{,}00\ \text{€/m}^2$$
$$= \mathbf{380{,}89\ €}$$

91.8 (6′)

Gegeben: Preis Bohle: 54,– €
$l = 4{,}75\ \text{m}$
$b_{m1} = 0{,}34\ \text{m}$; $b_{m2} = 0{,}42\ \text{m}$

Gesucht: a) Fläche A in m²
b) Preis in €/m²

Lösung:

a)
$$A = \frac{b_{m1} + b_{m2}}{2} \cdot l$$
$$= \frac{0{,}34\ \text{m} + 0{,}42\ \text{m}}{2} \cdot 4{,}75\ \text{m}$$
$$= 0{,}38\ \text{m} \cdot 4{,}75\ \text{m}$$
$$= \mathbf{1{,}81\ m^2}$$

b)
$$\text{Preis} = \frac{\text{Preis Bohle}}{A}$$
$$= \frac{54{,}00\ €}{1{,}81\ \text{m}^2}$$
$$= \mathbf{29{,}83\ €/m^2}$$

5.3.7 Profilbretter (Halbfertigfabrikate)

91.9 (4′)

Gegeben: Wandfläche $A = 124{,}25\ \text{m}^2$
Wandhöhe $h = 3{,}10\ \text{m}$
Deckbreite $b_D = 0{,}089\ \text{m}$

Gesucht: Anzahl der Bretter n

Lösung:

$$A = h \cdot b_D \cdot n$$
$$n = \frac{A}{h \cdot b_D}$$
$$= \frac{124{,}25\ \text{m}^2}{3{,}10\ \text{m} \cdot 0{,}089\ \text{m}}$$
$$= 450{,}34$$
$$\approx \mathbf{451}$$

91.10 (3′)

Gegeben: Anzahl Profilbretter $n = 125$
Deckbreite $b_D = 106\ \text{mm}$

Gesucht: Verkleidungslänge l in m

Lösung:

$$l = b_D \cdot n$$
$$= 0{,}106\ \text{m} \cdot 125$$
$$= \mathbf{13{,}25\ m}$$

5.3 Flächeninhalte von Brettern und Bohlen

91.11

(5′)

Gegeben: Deckenverkleidung:
$A_F = 21{,}00\ m^2$; $b_D = 0{,}089\ m$
Bretter:
$n_1 = 60$; $l_1 = 4{,}50\ m$
$n_2 = 12$; $l_2 = 3{,}00\ m$

Gesucht: Verschnittzuschlag in %

Lösung: Rohmenge:

$$A_R = (l_1 \cdot n_1 + l_2 \cdot n_2) \cdot b_D = (4{,}50\ m \cdot 60 + 3{,}00\ m \cdot 12) \cdot 0{,}089\ m = \mathbf{27{,}23\ m^2}$$

Verschnittzuschlag:

$$A_{VZ} = \frac{(A_R - A_F) \cdot 100\ \%}{A_F} = \frac{(27{,}23\ m^2 - 21{,}00\ m^2) \cdot 100\ \%}{21{,}00\ m^2} = \mathbf{29{,}7\ \%} \approx \mathbf{30\ \%}$$

91.12

(6′)

Gegeben: Anzahl der Profilbretter $n = 75$
$l = 4{,}25\ m$
Deckbreite $b_D = 0{,}095\ m$
$b_F = 0{,}095\ m + 0{,}006\ m = 0{,}101\ m$

Gesucht: Fläche Deckmaß A_D in m^2
Federmaß A_F in m^2

Lösung:

$$A_D = l \cdot b_D \cdot n = 4{,}25\ m \cdot 0{,}095\ m \cdot 75 = \mathbf{30{,}28\ m^2}$$

$$A_F = l \cdot b_F \cdot n = 4{,}25\ m \cdot 0{,}101\ m \cdot 75 = \mathbf{32{,}19\ m^2}$$

91.13

(5′)

Gegeben: zu verkleidende Fläche $A_1 = 12\ m^2$
Bereitstellung an Profilbrettern:
$l = 3{,}25\ m$;
Deckbreite $b_D = 0{,}106\ m$
$n = 50$

Gesucht: A_2 (reicht Bereitstellung aus?)

Lösung:

$$A_2 = l \cdot b_D \cdot n = 3{,}25\ m \cdot 0{,}106\ m \cdot 50 = \mathbf{17{,}23\ m^2} > A_1$$

Antwort: Profilbretter reichen aus!

91.14

(7′)

Gegeben: Wandfläche $l = 5{,}75\ m$;
$h_1 = 1{,}60\ m$; $h_2 = 3{,}75\ m$
Deckbreite $b_D = 0{,}089\ m$
Profilbretter $A_R = 20{,}00\ m^2$

Gesucht: a) Anzahl der Bretter n
b) Verschnittzuschlag A_{VZ} in %

Lösung: a)

$$n = \frac{l}{b_D} = \frac{5{,}75\ m}{0{,}089\ m} = \mathbf{64{,}6 \Rightarrow 65}$$

b) Fertigmenge:

$$A_F = \frac{h_1 + h_2}{2} \cdot l = \frac{1{,}60\ m + 3{,}75\ m}{2} \cdot 5{,}75\ m = 15{,}38\ m^2$$

Verschnittzuschlag:

$$A_{VZ} = \frac{(A_R - A_F) \cdot 100\ \%}{A_F} = \frac{(20{,}00\ m^2 - 15{,}38\ m^2) \cdot 100\ \%}{15{,}38\ m^2} = \mathbf{30\ \%}$$

91.15

(4′)

Gegeben: Verkleidungshöhe $h = 2{,}50\ m$
Anzahl der Bretter $n = 28$
Nuteinstand der Feder $b_n = 6\ mm$

Gesucht: Federmaß der Bretter b_F

Lösung: Deckbreite:

$$b_D = \frac{l}{n} = \frac{2{,}50\ m}{28} = 0{,}0893\ m \approx 89\ mm$$

Federmaß:

$$b_F = b_D + b_n = 89\ mm + 6\ mm = \mathbf{95\ mm}$$

5.4 Bogenförmig begrenzte Flächen

5.4.1 Kreis

93.1 (7′)

Gegeben: MDF-Platte: $l = 1{,}26$ m; $b = 0{,}88$ m
Kreisflächen: $n = 6$; $d = 0{,}32$ m

Gesucht: A_F, A_{VZ} in %

Lösung: Rohmenge:
$A_R = l \cdot b$
$= 1{,}26\ \text{m} \cdot 0{,}88\ \text{m}$
$= 1{,}11\ \text{m}^2$

Fertigmenge:
$A_F = d^2 \cdot \frac{\pi}{4} \cdot n$
$= (0{,}32\ \text{m})^2 \cdot \frac{\pi}{4} \cdot 6$
$= \mathbf{0{,}48\ m^2}$

Verschnitt:
$A_V = A_R - A_F$
$= 1{,}11\ \text{m}^2 - 0{,}48\ \text{m}^2$
$= \mathbf{0{,}63\ m^2}$

Verschnittzuschlag:
$A_{VZ} = \frac{A_V \cdot 100\ \%}{A_F}$
$= \frac{0{,}63\ \text{m}^2 \cdot 100\ \%}{0{,}48\ \text{m}^2}$
$= \mathbf{131\ \%}$

93.2 (6′)

Gegeben: Platte, quadratisch: $l = 1{,}25$ m
Tischplatte: $d = 1{,}10$ m

Gesucht: a) A_F in m²
b) A_{VZ} in %

Lösung: a) $A_F = d^2 \cdot \frac{\pi}{4}$
$= (1{,}10\ \text{m})^2 \cdot \frac{\pi}{4}$
$= \mathbf{0{,}95\ m^2}$

b) Rohmenge:
$A_R = l^2 = (1{,}25\ \text{m})^2$
$= 1{,}56\ \text{m}^2$

Verschnittzuschlag:
$A_{VZ} = \frac{(A_R - A_F) \cdot 100\ \%}{A_F}$
$= \frac{(1{,}56\ \text{m}^2 - 0{,}95\ \text{m}^2) \cdot 100\ \%}{0{,}95\ \text{m}^2}$
$= \mathbf{64{,}2\ \% \approx 64\ \%}$

93.3 (7′)

Gegeben: $U_○ = 2\,669$ cm

Gesucht: a) Radius r in cm
b) Fläche A in m²

Lösung: a) $U = d \cdot \pi$
$d = \frac{U}{\pi}$
$= \frac{2\,669\ \text{cm}}{\pi}$
$= \mathbf{850\ cm}$
$r = \frac{d}{2}$
$= \frac{850\ \text{cm}}{2}$
$= \mathbf{424{,}8\ cm \approx 425\ cm}$

b) $A = d^2 \cdot \frac{\pi}{4}$
$= (8{,}50\ \text{m})^2 \cdot \frac{\pi}{4}$
$= \mathbf{56{,}75\ m^2}$

93.4 (12′)

Gegeben: Konferenztisch:
Maße nach Zeichnung
Verschnittzuschlag Furnier: 45 %
⇒ Zuschlagfaktor $f_V = 1{,}45$
Furnierpreis: 12,50 €/m²

Gesucht: a) Furnierbedarf in m²
b) Materialkosten für Furnier in €
c) Kantenfurnier U in m

Lösung: a) Fertigmenge:
$A_F = A_1 + A_2$
$= d^2 \cdot \frac{\pi}{4} + l \cdot b$
$= (1{,}60\ \text{m})^2 \cdot \frac{\pi}{4} + (2{,}10\ \text{m} \cdot 1{,}60\ \text{m})$
$= 2{,}01\ \text{m}^2 \cdot 3{,}36\ \text{m}^2$
$= 5{,}37\ \text{m}^2$

Rohmenge:
$A_R = A \cdot 2 \cdot f_V$
$= 5{,}37\ \text{m}^2 \cdot 2 \cdot 1{,}45$
$= \mathbf{15{,}57\ m^2}$

b) Materialkosten
$= A_R \cdot \text{Preis}$
$= 15{,}57\ \text{m}^2 \cdot 12{,}50\ €/\text{m}^2$
$= \mathbf{194{,}63\ €}$

c) $U = U_○ + 2l$
$= d \cdot \pi + 2l$
$= 1{,}60\ \text{m} \cdot \pi + 2 \cdot 2{,}10\ \text{m}$
$= 5{,}03\ \text{m} + 4{,}20\ \text{m}$
$= \mathbf{9{,}23\ m}$

93.5
(6′)

Gegeben: Tischumfang $U = 6 \cdot 0{,}65$ m
Verschnittzuschlag: 35 %
$\Rightarrow$ Zuschlagfaktor $f_V = 1{,}35$

Gesucht: a) Tischdurchmesser d in mm
b) Furnierbedarf A_R in m² (beidseitig)

Lösung: a) $U = d \cdot \pi$

$$d = \frac{U}{\pi} = \frac{6 \cdot 650\ \text{mm}}{\pi} = \mathbf{1241\ mm}$$

b) $$A_R = d^2 \cdot \frac{\pi}{4} \cdot f_V \cdot 2 = (1{,}24\ \text{m})^2 \cdot \frac{\pi}{4} \cdot 1{,}35 \cdot 2 = \mathbf{3{,}26\ m^2}$$

93.6
(7′)

Gegeben: kreisförmige Platte: $A = 0{,}98$ m²
32 % Verschnitt
$\Rightarrow$ Zuschlagfaktor $f_V = 1{,}32$

Gesucht: Radius r in mm

Lösung: $A_R = 0{,}98\ \text{m}^2 \triangleq 132\ \%$

Fertigmenge:

$$A_F = \frac{A_R}{f_V} = \frac{0{,}98\ \text{m}^2}{1{,}32} = 0{,}74\ \text{m}^2$$

Durchmesser:

$$A = d^2 \cdot \frac{\pi}{4}$$

$$d^2 = \frac{4A}{\pi}$$

$$d = \sqrt{\frac{4 \cdot 0{,}74\ \text{m}^2}{\pi}} = \sqrt{0{,}94\ \text{m}^2} = 0{,}97\ \text{m}$$

Radius:

$$r = \frac{d}{2} = \frac{0{,}97\ \text{m}}{2} \cdot \frac{1000\ \text{mm}}{1\ \text{m}} = \mathbf{485\ mm}$$

93.7
(6′)

Gegeben: Rundzarge: $d = 1{,}75$ m; $h = 0{,}44$ m

Gesucht: Fläche A in m²

Lösung:

$$A = A_M + A_D = U \cdot h + d^2 \cdot \frac{\pi}{4} = d \cdot \pi \cdot h + d^2 \cdot \frac{\pi}{4}$$

$$= 1{,}75\ \text{m} \cdot \pi \cdot 0{,}44\ \text{m} + (1{,}75\ \text{m})^2 \cdot \frac{\pi}{4}$$

$$= 2{,}42\ \text{m}^2 + 2{,}41\ \text{m}^2 = \mathbf{4{,}83\ m^2}$$

93.8
(4′)

Gegeben: Fensterflächen $n = 6$
$d = b = 1{,}25$ m; $h = 0{,}105$ m

Gesucht: Fensterfläche A in m²

Lösung:

$$A = \left(\frac{d^2 \cdot \frac{\pi}{4}}{2} + b \cdot h\right) \cdot n$$

$$= \left(\frac{(1{,}25\ \text{m})^2 \cdot \pi}{8} + 1{,}25\ \text{m} \cdot 0{,}105\ \text{m}\right) \cdot 6$$

$$= \mathbf{4{,}47\ m^2}$$

93.9
(8′)

Gegeben: Glasfachböden in Halbkreisform:
$n = 15$
$A = 7{,}07$ m²

Gesucht: a) Kreisdurchmesser d in mm
b) Gesamtumfang U in m

Lösung: a) $A = \frac{1}{2} d^2 \cdot \frac{\pi}{4} \cdot n$

$$d^2 = \frac{8A}{\pi \cdot n} = \frac{8 \cdot 7{,}07\ \text{m}^2}{\pi \cdot 15}$$

$$d = \sqrt{1{,}20\ \text{m}^2} = 1{,}10\ \text{m} \cdot \frac{1000\ \text{mm}}{1\ \text{m}} = \mathbf{1100\ mm}$$

b) $$U = \tfrac{1}{2}\, U_{\bigcirc} \cdot n + n \cdot d = \tfrac{1}{2}\, d \cdot \pi \cdot n + n \cdot d$$

$$= 1{,}10\ \text{m} \cdot \pi \cdot 7{,}5 + 15 \cdot 1{,}10\ \text{m} = 25{,}92\ \text{m} + 16{,}50\ \text{m} = \mathbf{42{,}42\ m}$$

93.10 (3′)

Gegeben: MDF-Platten in Kreisform:
Anzahl $n = 6$
$d = 0{,}85$ m

Gesucht: Fläche A

Lösung:

$$A = d^2 \cdot \frac{\pi}{4} \cdot n = (0{,}85\text{ m})^2 \cdot \frac{\pi}{4} \cdot n = \mathbf{3{,}40\ m^2}$$

5.4.2 Kreisausschnitt (Sektor)

95.1 (8′)

Gegeben: Kreisausschnitt:
$d = 1{,}85$ m; $\alpha = 110°$

Gesucht:
a) Flächeninhalt A in m²
b) Bogenlänge $\overset{\frown}{b}$ in mm
c) Umfang U in m

Lösung:

a) $$A = d^2 \cdot \frac{\pi}{4} \cdot \frac{\alpha}{360°} = (1{,}85\text{ m})^2 \cdot \frac{\pi}{4} \cdot \frac{110°}{360°} = \mathbf{0{,}821\ m^2}$$

b) $$\overset{\frown}{b} = d \cdot \pi \cdot \frac{\alpha}{360°} = 1850\text{ mm} \cdot \pi \cdot \frac{110°}{360°} = \mathbf{1\,776\ mm}$$

c) $$U = \overset{\frown}{b} + d = 1776\text{ mm} + 1850\text{ mm} = 3626\text{ mm} = \mathbf{3{,}626\ m}$$

95.2 (6′)

Gegeben: Glasfachböden: $n = 6$
$d = 0{,}90$ m; $\alpha = 90°$

Gesucht:
a) Fläche A in m²
b) Umfang U in m

Lösung:

a) $$A = d^2 \cdot \frac{\pi}{4} \cdot \frac{\alpha}{360°} \cdot n = (0{,}90\text{ m})^2 \cdot \frac{\pi}{4} \cdot \frac{90°}{360°} \cdot 6 = \mathbf{0{,}95\ m^2}$$

b) $$U = d \cdot \pi \cdot \frac{\alpha}{360°} \cdot n + 6 \cdot d = 0{,}90\text{ m} \cdot \pi \cdot \frac{90°}{360°} \cdot 6 + 6 \cdot 0{,}90\text{ m} = 4{,}24\text{ m} + 5{,}40\text{ m} = \mathbf{9{,}64\ m}$$

95.3 (12′)

Gegeben: Kreisausschnitt:
$d = 1{,}0$ m; $\alpha = 90°$
Anzahl $n = 5$
Rohplatte: $l = 2{,}40$ m; $b = 0{,}56$ m

Gesucht: Verschnittzuschlag A_{VZ} in %

Lösung:

Rohmenge:
$$A_R = l \cdot b = 2{,}40\text{ m} \cdot 0{,}56\text{ m} = 1{,}34\text{ m}^2$$

Fertigmenge:
$$A_F = d^2 \cdot \frac{\pi}{4} \cdot \frac{\alpha}{360°} \cdot n = (1{,}00\text{ m})^2 \cdot \frac{\pi}{4} \cdot \frac{90°}{360°} \cdot 5 = 0{,}98\text{ m}^2$$

Verschnittzuschlag:
$$A_{VZ} = \frac{(A_R - A_F) \cdot 100\ \%}{A_F} = \frac{(1{,}34\text{ m}^2 - 0{,}98\text{ m}^2) \cdot 100\ \%}{0{,}98\text{ m}^2} = \mathbf{36{,}7\ \% \approx 37\ \%}$$

95.4 (12′)

Gegeben: Treppenstufen:
Anzahl $n = 16$
$d_1 = 2{,}40$ m; $d_2 = 0{,}30$ m
$\alpha = 24°$
Verschnittzuschlag: 65 %
⇒ Zuschlagfaktor $f_V = 1{,}65$

Gesucht:
a) Gesamtfläche A_F in m²
b) Rohmenge A_R in m²

Lösung:

a) $$A_F = (A_1 - A_2) \cdot n$$
$$= \left[\left(d_1^2 \cdot \frac{\pi}{4} \cdot \frac{\alpha}{360°}\right)\right] - \left[\left(d_2^2 \cdot \frac{\pi}{4} \cdot \frac{\alpha}{360°}\right)\right] \cdot n$$
$$= \left[\left(d_1^2 - d_2^2\right) \cdot \frac{\pi}{4} \cdot \frac{\alpha}{360°}\right] \cdot n$$
$$= \left[(2{,}40\text{ m})^2 - (0{,}30\text{ m})^2 \cdot \frac{\pi}{4} \cdot \frac{\alpha}{360°}\right] \cdot n$$
$$= (5{,}76\text{ m}^2 - 0{,}09\text{ m}^2) \cdot \frac{\pi}{4} \cdot \frac{24°}{360°} \cdot 16$$
$$= 5{,}67\text{ m}^2 \cdot \frac{\pi}{4} \cdot \frac{24°}{360°} \cdot 16$$
$$= \mathbf{4{,}75\ m^2}$$

b) $$A_R = A_F \cdot f_V = 4{,}75\text{ m}^2 \cdot 1{,}65 = \mathbf{7{,}84\ m^2}$$

95.5 (4′)

Gegeben: Kreisausschnitt:
$d = 1{,}68$ m; $A = 0{,}60$ m²

Gesucht: Bogenlänge $\overset{\frown}{b}$

Lösung:

$$A = \frac{d}{4} \cdot \overset{\frown}{b}$$

$$\overset{\frown}{b} = \frac{A \cdot 4}{d} = \frac{0{,}60\ \text{m}^2 \cdot 4}{1{,}68\ \text{m}} = 1{,}43\ \text{m} \cdot \frac{100\ \text{cm}}{m} = \mathbf{143\ cm}$$

95.6 (3′)

Gegeben: Kreisausschnitt:
$d = 145$ cm; $A = 2\,564{,}33$ cm²

Gesucht: α

Lösung:

$$A = d^2 \cdot \frac{\pi}{4} \cdot \frac{\alpha}{360°}$$

$$\alpha = \frac{4A \cdot 360°}{d^2 \cdot \pi} = \frac{4 \cdot 2\,564{,}33\ \text{cm}^2 \cdot 360°}{(145\ \text{cm})^2 \cdot \pi} = \mathbf{56°}$$

95.7 (15′)

Gegeben: 1 Podest und 2 Stufen:
Maße nach Zeichnung
$d_1 = 1{,}80$ m; $d_2 = 2{,}40$ m;
$d_3 = 1{,}20$ m
$\alpha = 270°$

Gesucht:
a) Flächeninhalt A von Stufe 1 und 2 in m²
b) Podestfläche in m²
c) Längen der 3 Setzstufen

Lösung:

a)
$$A = A_{1+2} - A_3 = \left(\frac{d_1^2 \cdot \pi}{4} \cdot \frac{3}{4}\right) - \left(\frac{d_3^2 \cdot \pi}{4} \cdot \frac{3}{4}\right) = 3{,}39\ \text{m}^2 - 0{,}85\ \text{m}^2 = \mathbf{2{,}54\ m^2}$$

b) Podest:
$$A_P = d_3^2 \cdot \frac{\pi}{4} \cdot \frac{\alpha}{360°} = (1{,}20\ \text{m})^2 \cdot \frac{\pi}{4} \cdot \frac{270°}{360°} = \mathbf{0{,}85\ m^2}$$

c) Umfanglängen:
$$l_1 = d_1 \cdot \pi \cdot \frac{\alpha}{360°} = 1{,}20\ \text{m} \cdot \pi \cdot \frac{240°}{360°} = \mathbf{2{,}83\ m}$$
$$l_2 = d_2 \cdot \pi \cdot \frac{\alpha}{360°} = 1{,}80\ \text{m} \cdot \pi \cdot \frac{240°}{360°} = \mathbf{4{,}24\ m}$$
$$l_3 = d_3 \cdot \pi \cdot \frac{\alpha}{360°} = 2{,}40\ \text{m} \cdot \pi \cdot \frac{240°}{360°} = \mathbf{5{,}65\ m}$$

95.8 (8′)

Gegeben: 6-Eck-Säule und kreisförmige Ausstellungsflächen:
Maße nach Zeichnung
$\alpha = 240°$
Anzahl $n = 4 \cdot 6 = 24$
Verschnittzuschlag für Kantenfurnier: 15 %
$\Rightarrow$ Zuschlagfaktor $f_V = 1{,}15$

Gesucht:
a) Fläche der Böden A in m²
b) Kantenfurnier U in m

Lösung:

a)
$$A = d^2 \cdot \frac{\pi}{4} \cdot \frac{\alpha}{360°} \cdot n = (0{,}40\ \text{m})^2 \cdot \frac{\pi}{4} \cdot \frac{240°}{360°} \cdot 24 = \mathbf{2{,}01\ m^2}$$

b)
$$U = d \cdot \pi \cdot \frac{\alpha}{360°} \cdot f_V \cdot n = 0{,}40\ \text{m} \cdot \pi \cdot \frac{240°}{360°} \cdot 1{,}15 \cdot 24 = \mathbf{23{,}12\ m}$$

5.4.3 Kreisabschnitt (Segment)

96.1 (3′)

Gegeben: Kreisabschnitt:
$s = 1{,}20$ m; $h = 0{,}25$ m

Gesucht: Flächeninhalt A in m²

Lösung:

$$A \approx \frac{2}{3} \cdot s \cdot h = \frac{2}{3} \cdot 1{,}20\ \text{m} \cdot 0{,}25\ \text{m} = \mathbf{0{,}2\ m^2}$$

5.4 Bogenförmig begrenzte Flächen

96.2 (4′)

Gegeben: Kreisabschnitt:
$s = 0{,}72\text{ m};\ A = 0{,}0576\text{ m}^2$

Gesucht: h in cm

Lösung:

$$A \approx \frac{2}{3} \cdot s \cdot h$$

$$h \approx \frac{3A}{2s} = \frac{3 \cdot 0{,}0576\text{ m}^2}{2 \cdot 0{,}72\text{ m}} = 0{,}12\text{ m} \cdot \frac{100\text{ cm}}{\text{m}} = \mathbf{12\ cm}$$

96.3 (6′)

Gegeben: Fenster mit Stichbogen:
$n = 42$
$h = 0{,}20\text{ m};\ s = b = 0{,}87\text{ m}$
$l = 1{,}35\text{ m} - 0{,}20\text{ m} = 1{,}15\text{ m}$

Gesucht: Gesamtfensterfläche A in m^2

Lösung:

$$A = (A_1 + A_2) \cdot n \approx \left(\frac{2}{3}s \cdot h + l \cdot b\right) \cdot n$$

$$= \left(\frac{2}{3} \cdot 0{,}87\text{ m} \cdot 0{,}20\text{ m} + 1{,}15\text{ m} \cdot 0{,}87\text{ m}\right) \cdot 42$$

$$= (0{,}12\text{ m}^2 + 1{,}00\text{ m}^2) \cdot 42 = \mathbf{47{,}04\ m^2}$$

96.4 (5′)

Gegeben: Glasplatten:
Maße nach Zeichnung
Anzahl $n = 3$

Gesucht: Glasfläche A in m^2

Lösung:

$$A \approx \left(\frac{2}{3}s \cdot h \cdot \frac{1}{2} + l \cdot b\right) \cdot n$$

$$= \left(\frac{2}{3} \cdot 1{,}60\text{ m} \cdot 0{,}48\text{ m} \cdot \frac{1}{2} + 0{,}48\text{ m} \cdot 0{,}13\text{ m}\right) \cdot 3$$

$$= (0{,}26\text{ m}^2 + 0{,}06\text{ m}^2) \cdot 3 = \mathbf{0{,}96\ m^2}$$

96.5 (10′)

Gegeben: Rohplatte:
$l = 1{,}45\text{ m};\ b = 0{,}25\text{ m}$
Fertigmaß Kreisabschnitt:
$l = 1{,}40\text{ m};\ b = 0{,}18\text{ m}$

Gesucht: a) Fläche A_F in m^2
b) Verschnittzuschlag A_{VZ} in %

Lösung:

a) $$A_F \approx \frac{2}{3} s \cdot h = \frac{2}{3} \cdot 1{,}40\text{ m} \cdot 0{,}18\text{ m} = \mathbf{0{,}17\ m^2}$$

b) Rohmenge:

$$A_R = l \cdot b = 1{,}45\text{ m} \cdot 0{,}25\text{ m} = 0{,}36\text{ m}^2$$

Verschnittzuschlag:

$$A_{VZ} = \frac{(A_R - A_F) \cdot 100\ \%}{A_F} = \frac{(0{,}36\text{ m}^2 - 0{,}17\text{ m}^2) \cdot 100\ \%}{0{,}17\text{ m}^2} = \mathbf{112\ \%}$$

96.6 (5′)

Gegeben: Deckenlamellen:
$n = 240$
Maße nach Zeichnung

Gesucht: Flächeninhalt A in m^2

Lösung:

$$A = (A_1 - A_2) \cdot n \approx \left(l \cdot b - \frac{2}{3} \cdot s \cdot h\right) \cdot n$$

$$= \left(1{,}45\text{ m} \cdot 0{,}30\text{ m} - \frac{2}{3} \cdot 1{,}00\text{ m} \cdot 0{,}079\text{m}\right) \cdot 240$$

$$= (0{,}435\text{ m}^2 - 0{,}06\text{ m}^2) \cdot 240 = \mathbf{90\ m^2}$$

96.7

(8')

Gegeben: Rohplatte:
$l = 1{,}00$ m; $b = 0{,}50$ m
doppelter Kreisausschnitt:
$s = 0{,}86$ m; $h = 0{,}18$ m

Gesucht: Verschnittzuschlag A_{VZ} in %

Lösung: Rohmenge:
$A_R = l \cdot b$
$= 1{,}00 \text{ m} \cdot 0{,}50 \text{ m}$
$= 0{,}50 \text{ m}^2$
Fertigmenge:
$A_F \approx \frac{2}{3} s \cdot h \cdot 2$
$= \frac{2}{3} \cdot 0{,}86 \text{ m} \cdot 0{,}18 \text{ m} \cdot 2$
$= 0{,}21 \text{ m}^2$
Verschnittzuschlag:
$A_{VZ} = \frac{(A_R - A_F) \cdot 100\,\%}{A_F}$
$= \frac{(0{,}50 \text{ m}^2 - 0{,}21 \text{ m}^2) \cdot 100\,\%}{0{,}21 \text{ m}^2}$
$= \mathbf{138\,\%}$

96.8

(5')

Gegeben: Kreis:
$d = 0{,}75$ m; $s = 0{,}60$ m; $h = 0{,}15$ m

Gesucht: Fläche des Restkreises A in m²

Lösung: $A = A_1 - A_2$
$\approx d^2 \cdot \frac{\pi}{4} - \frac{2}{3} s \cdot h$
$= (0{,}75 \text{ m})^2 \cdot \frac{\pi}{4}$
$- \frac{2}{3} \cdot 0{,}60 \text{ m} \cdot 0{,}15 \text{ m}$
$= 0{,}44 \text{ m}^2 - 0{,}06 \text{ m}^2$
$= \mathbf{0{,}38 \text{ m}^2}$

96.9

(6')

Gegeben: Brett:
$l = 0{,}95$ m; $b = 0{,}20$ m
Kreisabschnitt:
$s = 0{,}94$ m; $h = 0{,}18$ m

Gesucht: Verschnittzuschlag A_{VZ} in %

Lösung: Rohmenge:
$A_R = l \cdot b$
$= 0{,}95 \text{ m} \cdot 0{,}20 \text{ m}$
$= 0{,}19 \text{ m}^2$
Fertigmenge:
$A_F \approx \frac{2}{3} s \cdot h$
$= \frac{2}{3} \cdot 0{,}94 \text{ m} \cdot 0{,}18 \text{ m}$
$= 0{,}11 \text{ m}^2$
Verschnittzuschlag:
$A_{VZ} = \frac{(A_R - A_F) \cdot 100\,\%}{A_F}$
$= \frac{(0{,}19 \text{ m}^2 - 0{,}11 \text{ m}^2) \cdot 100\,\%}{0{,}11 \text{ m}^2}$
$= \mathbf{73\,\%}$

96.10

(14')

Gegeben: Spitzbogenfenster:
Maße nach Zeichnung

Gesucht: a) Spitzbogenhöhe h in mm
b) Bogenlänge $\widehat{b}$ in mm
c) Fensterfläche A in m²

Lösung:

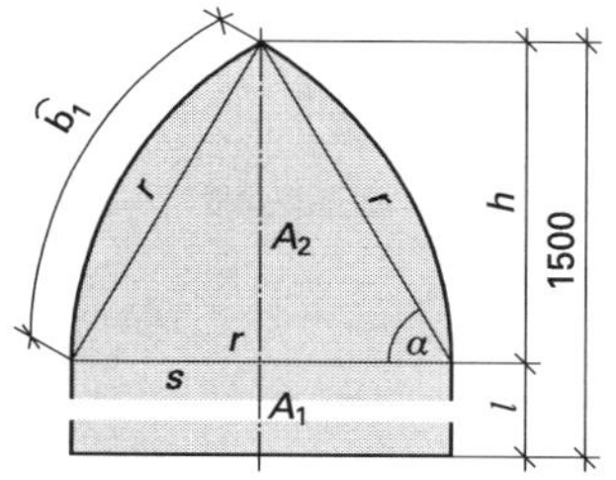

a) $r^2 = \left(\frac{r}{2}\right)^2 + h^2$
$h^2 = r^2 - \left(\frac{r}{2}\right)^2$
$= (750 \text{ mm})^2 - \left(\frac{750 \text{ mm}}{2}\right)^2$
$= 562\,500 \text{ mm}^2 - 140\,625 \text{ mm}^2$
$h = \sqrt{421\,875 \text{ mm}^2}$
$= \mathbf{650 \text{ mm}}$

b) $\sin\alpha = \dfrac{\text{Gegenkathete}}{\text{Hypotenuse}} = \dfrac{h}{r}$

$= \dfrac{650\ \text{mm}}{750\ \text{mm}}$

$= 0{,}867$

$\alpha = 60°$

$\overset{\frown}{b} = 2 \cdot \overset{\frown}{b}_1$

$= 2 \cdot d \cdot \pi \cdot \dfrac{\alpha}{360°}$

$= 4 \cdot r \cdot \pi \cdot \dfrac{\alpha}{360°}$

$= 4 \cdot 750\ \text{mm} \cdot \pi \cdot \dfrac{60°}{360°}$

$= \mathbf{1571\ mm}$

c) $l = 1500\ \text{mm} - h$

$= 1500\ \text{mm} - 650\ \text{mm}$

$= 850\ \text{mm}$

$s = \dfrac{r}{2}$

$= \dfrac{750\ \text{mm}}{2}$

$= 325\ \text{mm}$

Fensterfläche:

$A = A_1 + A_\triangle + 2A_S$

$A_1 = 0{,}85\ \text{m} \cdot 0{,}75\ \text{m} = \mathbf{0{,}638\ m^2}$

$A_\triangle = \dfrac{r \cdot h}{2}$

$= \dfrac{0{,}750\ \text{m} \cdot 0{,}650\ \text{m}}{2}$

$= \mathbf{0{,}244\ m^2}$

$A_S = \dfrac{2}{3} \cdot s \cdot h_2$

$= \dfrac{2}{3} \cdot 0{,}750\ \text{m} \cdot 0{,}1\ \text{m}$

$= \mathbf{0{,}050\ m^2}$

$A = 0{,}638\ \text{m}^2 + 2{,}44\ \text{m}^2 + 2 \cdot 0{,}050\ \text{m}^2$

$= \mathbf{0{,}982\ m^2}$

5.4.4 Kreisring

98.1

(7′)

Gegeben: Kreisring:
$D = 2{,}50\ \text{m}$
$d = 1{,}65\ \text{m}$

Gesucht: a) Flächeninhalt A in m^2
b) Umfang U in m

Lösung: a) $A = (D^2 - d^2) \cdot \dfrac{\pi}{4}$

$= [(2{,}50\ \text{m})^2 - (1{,}65\ \text{m})^2] \cdot \dfrac{\pi}{4}$

$= (6{,}25\ \text{m}^2 - 2{,}72\ \text{m}^2) \cdot \dfrac{\pi}{4}$

$= \mathbf{2{,}77\ m^2}$

b) $U = (D + d) \cdot \pi$

$= (2{,}50\ \text{m} + 1{,}65\ \text{m}) \cdot \pi$

$= 4{,}15\ \text{m} \cdot \pi$

$= \mathbf{13{,}04\ m}$

98.2

(10′)

Gegeben: Kreisring:
$D = 4{,}00\ \text{m};\ d = 3{,}10\ \text{m}$
$D' = (2{,}00\ \text{m} - 0{,}03\ \text{m}) \cdot 2 = 3{,}94\ \text{m}$
$d' = (1{,}55\ \text{m} + 0{,}03\ \text{m} + 0{,}06\ \text{m}) \cdot 2 = 3{,}28\ \text{m}$
Rahmenbreite: 0,06 m
Rahmenrückstand: 0,03 m
Rahmen: $D' = 3{,}94\ \text{m};\ d' = 3{,}28\ \text{m}$

Gesucht: a) Fläche A in m^2
b) äußere Bogenlänge $\overset{\frown}{b}$ der beiden Rahmen in m

Lösung: a) $A = (D^2 - d^2) \cdot \dfrac{\pi}{4} \cdot 0{,}5$

$= [(4{,}00\ \text{m})^2 - (3{,}10\ \text{m})^2] \cdot \dfrac{\pi}{4} \cdot 0{,}5$

$= \mathbf{2{,}51\ m^2}$

b) $\overset{\frown}{b}_a = D' \cdot \pi \cdot 0{,}5 = 3{,}94\ \text{m} \cdot \pi \cdot 0{,}5$

$= \mathbf{6{,}19\ m}$

$\overset{\frown}{b}_i = d' \cdot \pi \cdot 0{,}5$

$= 2 \cdot (1{,}55\ \text{mm} + 0{,}03\ \text{m}) \cdot \pi \cdot 0{,}5$

$= 3{,}16\ \text{m} \cdot \pi \cdot 0{,}5$

$= \mathbf{4{,}96\ m}$

98.3

(11′)

Gegeben: Kreisring:
$D = 1250\ \text{mm};\ A = 0{,}70\ \text{m}^2$

Gesucht: Durchmesser d in mm

Lösung: $A = (D^2 - d^2) \cdot \dfrac{\pi}{4}$

$d^2 = D^2 - \dfrac{4A}{\pi}$

$= (1{,}25\ \text{m})^2 - \dfrac{4 \cdot 0{,}70\ \text{m}^2}{\pi}$

$= 1{,}56\ \text{m}^2 - 0{,}89\ \text{m}^2$

$= 0{,}67\ \text{m}^2$

$d = \sqrt{0{,}67\ \text{mm}^2}$

$= 0{,}82\ \text{m} \cdot \dfrac{1000\ \text{mm}}{1\ \text{m}}$

$= \mathbf{820\ mm}$

Kontrolle: $[(1{,}25\ \text{m})^2 - (0{,}82\ \text{m})^2] \cdot \dfrac{\pi}{4} = 0{,}70\ \text{m}^2$

$0{,}89\ \text{m}^2 \cdot \dfrac{\pi}{4} = 0{,}70\ \text{m}^2$

$0{,}70\ \text{m}^2 = 0{,}70\ \text{m}^2$ ✓

5.4.5 Kreisringausschnitt

98.4 (10′)

Gegeben: Kreisringausschnitt:
$D = 1{,}75$ m; $d = 0{,}95$ m; $\alpha = 75°$

Gesucht: a) Flächeninhalt A in m²
b) Umfang U in m

Lösung:

a) $A = (D^2 - d^2) \cdot \frac{\pi}{4} \cdot \frac{\alpha}{360°}$
$= [(1{,}75\text{ m})^2 - (0{,}95\text{ m})^2] \cdot \frac{\pi}{4} \cdot \frac{75°}{360°}$
$= (3{,}06\text{ m}^2 - 0{,}90\text{ m}^2) \cdot \frac{\pi}{4} \cdot \frac{75°}{360°}$
$= 2{,}16\text{ m}^2 \cdot \frac{\pi}{4} \cdot \frac{75°}{360°}$
$= \mathbf{0{,}35\text{ m}^2}$

b) $U = (D + d) \cdot \pi \cdot \frac{\alpha}{360°} + (D - d) \cdot 2$
$= (1{,}75\text{ m} + 0{,}95\text{ m}) \cdot \pi \cdot \frac{75°}{360°}$
$+ (1{,}75\text{ m} - 0{,}95\text{ m}) \cdot 2$
$= 1{,}77\text{ m} + 0{,}80\text{ m} \cdot 2$
$= 1{,}77\text{ m} + 1{,}60\text{ m}$
$= \mathbf{3{,}37\text{ m}}$

98.5 (8′)

Gegeben: Kreisringausschnitt:
$D = 2{,}20$ m; $d = 1{,}50$ m; $\alpha = 270°$
Verschnittzuschlag: 45 %
$\Rightarrow$ Zuschlagfaktor $f_V = 1{,}45$

Gesucht: a) Fläche A_F in m²
b) Rohmenge A_R

Lösung:

a) $A_F = (D^2 - d^2) \cdot \frac{\pi}{4} \cdot \frac{\alpha}{360°} \cdot 2$
$= [(2{,}20\text{ m})^2 - (1{,}50\text{ m})^2] \cdot \frac{\pi}{4} \cdot \frac{270°}{360°} \cdot 2$
$= \mathbf{3{,}05\text{ m}^2}$

b) $A_R = A_F \cdot f_V$
$= 3{,}05\text{ m}^2 \cdot 1{,}45$
$= \mathbf{4{,}42\text{ m}^2}$

98.6 (13′)

Gegeben: Glasplatten (Kreisringausschnitt):
$n = 120$; $\alpha = 40°$; $D = 11{,}60$ m
$d = 10{,}10$ m; $b = 0{,}75$ m

Gesucht: a) Fläche A in m²
b) Umfang U in m

Lösung:

a) $A = (D^2 - d^2) \cdot \frac{\pi}{4} \cdot \frac{\alpha}{360°} \cdot n$
$= [(11{,}60\text{ m})^2 - (10{,}10\text{ m})^2]$
$\cdot \frac{\pi}{4} \cdot \frac{40°}{360°} \cdot 120$
$= 32{,}55\text{ m}^2 \cdot \frac{\pi}{4} \cdot \frac{40°}{360°} \cdot 120$
$= \mathbf{340{,}86\text{ m}^2}$

b) $U = \left[(D + d) \cdot \pi \cdot \frac{\alpha}{360°} + 2 \cdot b\right] \cdot n$
$= \Big[(11{,}60\text{ m} + 10{,}10\text{ m}) \cdot \pi \cdot \frac{40°}{360°}$
$+ 2 \cdot 0{,}75\text{ m}\Big] \cdot 120$
$= (7{,}57\text{ m} + 1{,}50\text{ m}) \cdot 120$
$= \mathbf{1088{,}40\text{ m}}$

98.7 (15′)

Gegeben: Kassentheke:
Maße nach Zeichnung
$\alpha_1 = 170°$; $\alpha_2 = 45°$
$D_1 = 2{,}50$ m; $D_2 = 2{,}90$ m;
$d_1 = 1{,}60$ m; $d_2 = 2{,}50$ m
Verschnittzuschlag: 48 %
$\Rightarrow$ Zuschlagfaktor $f_V = 1{,}48$

Gesucht: a) Fertigmenge A_F in m²
b) Rohmenge A_R in m²

Lösung:

a) $A_F = (D_1^2 - d_1^2) \cdot \frac{\pi}{4} \cdot \frac{\alpha_1}{360°}$
$+ (D_2^2 - d_2^2) \cdot \frac{\pi}{4} \cdot \frac{\alpha_2}{360°}$
$= [(2{,}50\text{ m})^2 - (1{,}60\text{ m})^2)] \cdot \frac{\pi}{4} \cdot \frac{270°}{360°}$
$+ [(2{,}90\text{ m})^2 - (2{,}50\text{ m})^2] \cdot \frac{\pi}{4} \cdot \frac{45°}{360°}$
$= 3{,}69\text{ m}^2 \cdot \frac{\pi}{4} \cdot \frac{270°}{360°} + 2{,}16\text{ m}^2 \cdot \frac{\pi}{4} \cdot \frac{45°}{360°}$
$= 2{,}17\text{ m}^2 + 0{,}21\text{ m}^2$
$= \mathbf{2{,}38\text{ m}^2}$

b) $A_R = A_F \cdot f_V$
$= 2{,}38\text{ m}^2 \cdot 1{,}48$
$=$ **3,52 m² Fineline Furnier und 3,52 m² Blindfurnier**

98.8 (8′)

Gegeben: Kreisringausschnitt:
$A = 2375\ cm^2 = 0{,}2375\ m^2$
$D = 1{,}10\ m$; $d = 0{,}55\ m$

Gesucht: α

Lösung:
$$A = (D^2 - d^2) \cdot \frac{\pi}{4} \cdot \frac{\alpha}{360°}$$
$$\alpha = \frac{4A \cdot 360°}{(D^2 - d^2) \cdot \pi} = \frac{4 \cdot 0{,}2375\ m^2 \cdot 360°}{[(1{,}10\ m)^2 - (0{,}55\ m)^2] \cdot \pi} = \mathbf{120°}$$

Kontrolle: $0{,}71\ m^2 \cdot \frac{120°}{360°} = 0{,}24\ m^2$

5.4.6 Ellipse

100.1 (3′)

Gegeben: elliptische Tischplatte:
$D = 1{,}20\ m$; $d = 0{,}80\ m$

Gesucht: Fläche A in m^2

Lösung:
$$A = D \cdot d \cdot \frac{\pi}{4} = 1{,}20\ m \cdot 0{,}80\ m \cdot \frac{\pi}{4} = \mathbf{0{,}75\ m^2}$$

100.2 (4′)

Gegeben: elliptische Spiegel: $n = 6$
$D = 0{,}75\ m$; $d = 0{,}38\ m$

Gesucht: a) Fläche A in m^2
b) Umfang U in m

Lösung:
a) $$A = D \cdot d \cdot \frac{\pi}{4} \cdot n = 0{,}75\ m \cdot 0{,}38\ m \cdot \frac{\pi}{4} \cdot 6 = \mathbf{1{,}34\ m^2}$$
b) $$U = \frac{D + d}{2} \cdot \pi = \frac{0{,}75\ m + 0{,}38\ m}{2} \cdot \pi = \mathbf{1{,}77\ m}$$

100.3 (9′)

Gegeben: elliptische Tische: $n = 25$
$D = 0{,}80\ m$; $d = 0{,}50\ m$
Oberseite: Nussbaumfurnier
Verschnittzuschlag $A_{VZo} = 45\ \%$
$\Rightarrow$ Zuschlagfaktor $f_{Vo} = 1{,}45$
Unterseite: Gegenzugpapier
Verschnittzuschlag $A_{VZu} = 12\ \%$
$\Rightarrow$ Zuschlagfaktor $f_{Vu} = 1{,}12\ \%$

Gesucht: a) Gesamtfläche A_F in m^2
b) Fläche A_R Nussbaumfurnier in m^2
c) Fläche A_R Gegenzugpapier in m^2

Lösung:
a) $$A_F = D \cdot d \cdot \frac{\pi}{4} \cdot n = 0{,}80\ m \cdot 0{,}50\ m \cdot \frac{\pi}{4} \cdot 25 = \mathbf{7{,}85\ m^2}$$
b) $$A_R = A_F \cdot f_{Vo} = 7{,}85\ m^2 \cdot 1{,}45 = \mathbf{11{,}38\ m^2}$$
c) $$A_R = A_F \cdot f_{Vu} = 7{,}85\ m^2 \cdot 1{,}12 = \mathbf{8{,}79\ m^2}$$

100.4 (6′)

Gegeben: Anrichte:
Rohplatte: $l = 2{,}00\ m$; $b = 0{,}45\ m$
halbe Ellipse:
$D = 1{,}85\ m$; $d = 75\ m$

Gesucht: Verschnittzuschlag A_{VZ} in %

Lösung:
Rohmenge:
$$A_R = l \cdot b = 2{,}00\ m \cdot 0{,}45\ m = 0{,}90\ m^2$$
Fertigmenge:
$$A_F = D \cdot d \cdot \frac{\pi}{4} \cdot 0{,}5 = 1{,}85\ m \cdot 0{,}75\ m \cdot \frac{\pi}{4} \cdot 0{,}5 = 0{,}54\ m^2$$
Verschnittzuschlag:
$$A_{VZ} = \frac{(A_R - A_F) \cdot 100\ \%}{A_F} = \frac{(0{,}90\ m^2 - 0{,}54\ m^2) \cdot 100\ \%}{0{,}54\ m^2} = \mathbf{66{,}6\ \% \approx 67\ \%}$$

5.4.7 Ellipsenring

100.5 (7′)

Gegeben: Ellipsenring:
$D_a = 1{,}60\ \text{m};\ d_a = 1{,}10\ \text{m}$
$D_i = 1{,}02\ \text{m};\ d_i = 0{,}54\ \text{m}$

Gesucht: a) Fläche A in m²
b) Umfang U in m

Lösung:

a) $A = (D_a \cdot d_a - D_i \cdot d_i) \cdot \frac{\pi}{4}$
$= (1{,}60\ \text{m} \cdot 1{,}10\ \text{m} - 1{,}02\ \text{m} \cdot 0{,}54\ \text{m}) \cdot \frac{\pi}{4}$
$= \mathbf{0{,}95\ m^2}$

b) $U = \frac{(D_a + d_a + D_i + d_i) \cdot \pi}{2}$
$= \frac{(1{,}60\ \text{m} + 1{,}10\ \text{m} + 1{,}02\ \text{m} + 0{,}54\ \text{m}) \cdot \pi}{2}$
$= \mathbf{6{,}69\ m}$

100.6 (4′)

Gegeben: dreiviertel Ellipsenring:
$D_a = 8{,}75\ \text{m};\ d_a = 4{,}65\ \text{m}$
$D_i = 6{,}25\ \text{m};\ d_i = 2{,}15\ \text{m}$

Gesucht: Fläche A in m²

Lösung: $A = \frac{3}{4} \cdot (D_a \cdot d_a - D_i \cdot d_i) \cdot \frac{\pi}{4}$
$= \frac{3}{4} \cdot (8{,}75\ \text{m} \cdot 4{,}65\ \text{m}$
$- 6{,}25\ \text{m} \cdot 2{,}15\ \text{m}) \cdot \frac{\pi}{4}$
$= \frac{3}{4} \cdot 27{,}25\ \text{m}^2 \cdot \frac{\pi}{4}$
$= \mathbf{16{,}05\ m^2}$

100.7 (12′)

Gegeben: halber Ellipsenring: $n = 8$
$D_a = 3{,}60\ \text{m};\ d_a = 2{,}00\ \text{m}$
$D_i = 2{,}40\ \text{m};\ d_i = 0{,}80\ \text{m}$
Furnier:
Verschnittzuschlag $A_{VZ\,Fu} = 40\ \%$
$\Rightarrow$ Zuschlagfaktor $f_{V\,Fu} = 1{,}40$
Kante:
Verschnittzuschlag $A_{VZ\,Ka} = 12\ \%$
$\Rightarrow$ Zuschlagfaktor $f_{V\,Ka} = 1{,}12$

Gesucht: a) Rohmenge an Furnier A_R in m²
b) Umfang U in m

Lösung:

a) $A_R = \frac{1}{2} \cdot (D_a \cdot d_a - D_i \cdot d_i) \cdot \frac{\pi}{4} \cdot n \cdot f_{V\,Fu}$
$= \frac{1}{2} \cdot (3{,}60\ \text{m} \cdot 2{,}00\ \text{m} - 2{,}40\ \text{m} \cdot 0{,}80\ \text{m})$
$\cdot \frac{\pi}{4} \cdot 8 \cdot 1{,}40$
$= \mathbf{23{,}22\ m^2}$

b) $U = \left[\frac{(D_a + d_a + D_i + d_i)}{2} \cdot \pi \cdot \frac{1}{2} + 2 \cdot b\right] \cdot n \cdot f_{V\,Ka}$
$= \left[\frac{(3{,}60\ \text{m} + 2{,}00\ \text{m} + 2{,}40\ \text{m} + 0{,}80\ \text{m})}{2} \cdot \pi\right.$
$\left. \cdot \frac{1}{2} + 2 \cdot 0{,}60\ \text{m}\right] \cdot 8 \cdot 1{,}12$
$= \mathbf{72{,}68\ m}$

5.4.8 Zusammengesetzte Flächen

101.1 (21′)

Gegeben: Türblatt mit Lichtausschnitt:
Maße nach Zeichnung
Furnier:
Verschnittzuschlag $A_{VZ} = 32\ \%$
$\Rightarrow$ Zuschlagfaktor $f_V = 1{,}32$
Glasfalztiefe = 8 mm

Gesucht: a) Türfläche $A_{Tür}$ in m²
b) Glasfläche A_{Glas} in m²
c) Furnierbedarf $A_{Furnier}$

Lösung:

a) $A_{ges} = A_{Rechteck} + A_{Halbkreis}$
$= l \cdot b + d^2 \cdot \frac{\pi}{4} \cdot 0{,}5$
$= (2{,}00\ \text{m} - 0{,}425\ \text{m}) \cdot 0{,}85\ \text{m}$
$+ (0{,}85\ \text{m})^2 \cdot \frac{\pi}{4} \cdot 0{,}5$
$= 1{,}34\ \text{m}^2 + 0{,}28\ \text{m}^2$
$= \mathbf{1{,}62\ m^2}$

$A_{Lichtausschnitt}$
$= A'_{Rechteck} + A'_{Halbkreis}$
$= l_i \cdot b_i + d_i^2 \cdot \frac{\pi}{4} \cdot 0{,}5$
$= (2{,}00\ \text{m} - 0{,}425\ \text{m} - 0{,}12\ \text{m})$
$\cdot (0{,}85\ \text{m} - 0{,}16\ \text{m})$
$+ (0{,}69\ \text{m})^2 \cdot \frac{\pi}{4} \cdot 0{,}5$
$= \mathbf{1{,}19\ m^2}$

$A_{Tür} = A_{ges} - A_{Lichtausschnitt}$
$= 1{,}62\ \text{m}^2 - 1{,}19\ \text{m}^2$
$= \mathbf{0{,}43\ m^2}$

b) A_{Glas}
$= A''_{Rechteck} + A''_{Halbkreis}$
$= l \cdot b + d^2 \cdot \frac{\pi}{4} \cdot 0{,}5$
$= (2{,}00\ m - 0{,}425\ m - 0{,}12\ m + 0{,}008\ m) \cdot (0{,}85\ m - 0{,}16\ m + 0{,}016\ m) + (0{,}706\ m)^2 \cdot \frac{\pi}{4} \cdot 0{,}5$
$= (1{,}463\ m \cdot 0{,}706\ m) + 0{,}20\ m^2$
$= \mathbf{1{,}23\ m^2}$

c) $A_{Furnier} = A_{Tür} \cdot 2 \cdot f_V$
$= 0{,}43\ m^2 \cdot 2 \cdot 1{,}32$
$= \mathbf{1{,}14\ m^2}$

101.2

(8′)

Gegeben: Rohplatte: $l = 3{,}20$ m; $b = 1{,}80$ m
Schreibtischplatte:
Maße nach Zeichnung

Gesucht: a) Fläche A_F in m^2
b) Verschnittzuschlag A_{VZ} in %

Lösung:
a) $A_F = A_1 \cdot A_2$
$= \frac{3}{4} d^2 \cdot \frac{\pi}{4} + l \cdot b$
$= \frac{3}{4} \cdot (1{,}60\ m)^2 \cdot \frac{\pi}{4} + 1{,}80\ m \cdot 0{,}80\ m$
$= 1{,}51\ m^2 + 1{,}44\ m^2$
$= \mathbf{2{,}95\ m^2}$

Rohmenge:
$A_R = l \cdot b$
$= 3{,}20\ m \cdot 1{,}80\ m$
$= 5{,}76\ m^2$

b) Verschnittzuschlag:
$A_{VZ} = \frac{(A_R - A_F) \cdot 100\ \%}{A_F}$
$= \frac{(5{,}76\ m^2 - 2{,}95\ m^2) \cdot 100\ \%}{2{,}95\ m^2}$
$= \mathbf{95{,}25\ \% \approx 95\ \%}$

101.3

(8′)

Gegeben: Fensterelement:
Maßskizze

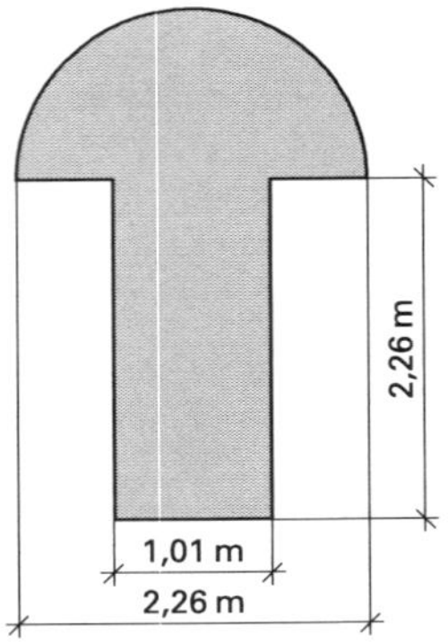

Gesucht: a) Fensterfläche A_{ges} in m^2
b) Umfang U in m

Lösung:
a) $A_{ges} = A_{Rechteck} \cdot A_{Halbkreis}$
$= h \cdot b + d^2 \cdot \frac{\pi}{4} \cdot 0{,}5$
$= 2{,}26\ m \cdot 1{,}01\ m + (2{,}26\ m)^2 \cdot \frac{\pi}{4} \cdot 0{,}5$
$= 2{,}28\ m^2 + 2{,}01\ m^2$
$= \mathbf{4{,}29\ m^2}$

b) $U = 2 \cdot h + d + \frac{d \cdot \pi}{2}$
$= 2 \cdot 2{,}26\ m + 2{,}26\ m + \frac{2{,}26\ m \cdot \pi}{2}$
$= 6{,}78\ m + 3{,}55\ m$
$= \mathbf{10{,}33\ m}$

101.4

(13′)

Gegeben: Regalböden: $n = 4$
Rohmenge: $A_R = 3{,}10\ m^2$
$d = 1{,}10$ m; $l = 1{,}10$ m
$b = 0{,}55$ m

Gesucht: a) Fläche A_F eines Bodens in m^2
b) Verschnittzuschlag A_{VZ} in %
c) Umfang U eines Bodens in m

Lösung:
a) $A_F = A_{Rechteck} + A_{Dreiviertelkreis}$
$= l \cdot b + \frac{3}{4} \cdot d^2 \cdot \frac{\pi}{4}$
$= 1{,}10\ m \cdot 0{,}55\ m + \frac{3}{4} \cdot (1{,}10\ m)^2 \cdot \frac{\pi}{4}$
$= 0{,}61\ m^2 + 0{,}71\ m^2$
$= \mathbf{1{,}32\ m^2}$

b) $A_{VZ} = \frac{(A_R - A_F) \cdot 100\,\%}{A_F}$

$= \frac{(3{,}10\ m^2 - 1{,}32\ m^2) \cdot 100\,\%}{1{,}32\ m^2}$

$= \mathbf{135\,\%}$

c) $U = \frac{3}{4} \cdot U_{\circ} + 2l + d$

$= \frac{3}{4} \cdot d \cdot \pi + 2l + d$

$= \frac{3}{4} \cdot 1{,}10\ m \cdot \pi + 2 \cdot 1{,}10\ m + 1{,}10\ m$

$= 2{,}59\ m + 3{,}30\ m$

$= \mathbf{5{,}89\ m}$

101.5 (12′)

Gegeben: eiförmige Glasflächen: $n = 12$
$d = 0{,}40\ m$; $b = 0{,}53\ m$

Gesucht: a) Gesamtglasfläche A_{ges} in m^2
b) Kantenlängen U in m

Lösung:

a) $D = 2(b - \frac{d}{2})$

$= 2\left(0{,}53\ m - \frac{0{,}40\ m}{2}\right)$

$= 0{,}66\ m$

$A_{ges} = (A_1 + A_2) \cdot n$

$= \left(\frac{1}{2} \cdot D \cdot d \cdot \frac{\pi}{4} + \frac{1}{2} \cdot d^2 \cdot \frac{\pi}{4}\right) \cdot n$

$= (D \cdot d + d^2) \cdot \frac{\pi}{8} \cdot n$

$= \left[0{,}66\ m \cdot 0{,}40\ m + (0{,}40\ m)^2\right] \cdot \frac{\pi}{8} \cdot 12$

$= \mathbf{1{,}998\ m^2 \approx 2\ m^2}$

b) $U = \left(\frac{D + d}{2} \cdot \pi + d \cdot \pi\right) \cdot \frac{1}{2} \cdot n$

$= \left(\frac{0{,}66\ m + 0{,}40\ m}{2} + 0{,}40\ m\right) \cdot \pi \cdot \frac{1}{2} \cdot 12$

$= \mathbf{17{,}53\ m}$

101.6 (15′)

Gegeben: Bodenfläche:
Maße nach Skizze

Gesucht: a) Bodenfläche A_{ges} in m^2
b) Sockelleisten U in m

Lösung:

a) $A_{ges} = A_{Rechteck} + A_{Dreieck} + A_{Dreiviertelkreis}$

$= l_1 \cdot b + l_2^2 \cdot 0{,}5 + \frac{3}{4} \cdot d^2 \cdot \frac{\pi}{4}$

$= 11{,}00\ m \cdot 5{,}00\ m + (3{,}00\ m)^2 \cdot 0{,}5 + \frac{3}{4} \cdot (6{,}00\ m)^2 \cdot \frac{\pi}{4}$

$= 55{,}00\ m^2 + 4{,}50\ m^2 + 21{,}21\ m^2$

$= \mathbf{80{,}71\ m^2}$

b) Diagonale in der quadratischen Ecke:

$D = \sqrt{l_2^2 + l_2^2}$

$= \sqrt{(3{,}00\ m)^2 + (3{,}00\ m)^2}$

$= \sqrt{18{,}00\ m^2}$

$= 4{,}24\ m$

Sockelleisten:

$U = U_{Rechteck} + U_{Dreiviertelkreis} + 2l_2 - d - D - b_{Tür}$

$= 2 \cdot (l_1 + b) + \frac{3}{4} \cdot d \cdot \pi + 2 \cdot l_2 - d - D - b_{Tür}$

$= 2 \cdot (11{,}00\ m + 5{,}00\ m) + \frac{3}{4} \cdot 6{,}00\ m \cdot \pi + 2 \cdot 3{,}00\ m - 6{,}00\ m - 4{,}24\ m - 1{,}00\ m$

$= \mathbf{40{,}90\ m}$

101.7 (8′)

Gegeben: Treppenstufen: $n = 16$
$d_1 = 3{,}00\ m$; $d_2 = 0{,}80\ m$; $\alpha = 25°$
Verschnittzuschlag $A_{VZ} = 35\,\%$
$\Rightarrow$ Zuschlagfaktor $f_V = 1{,}35$
Preis: 31,25 €/m²

Gesucht: a) Fläche A_{ges} einer Stufe in m^2
b) Materialpreis aller Stufen in €

Lösung:

a) $A_{ges} = A_1 - A_2$

$= d_1^2 \cdot \frac{\pi}{4} \cdot \frac{\alpha}{360°} - d_2^2 \cdot \frac{\pi}{4} \cdot \frac{\alpha}{360°}$

$= (d_1^2 - d_2^2) \cdot \frac{\pi}{4} \cdot \frac{\alpha}{360°}$

$= \left[(3{,}00\ m)^2 - (0{,}80\ m)^2\right] \cdot \frac{\pi}{4} \cdot \frac{25°}{360°}$

$= \mathbf{0{,}46\ m^2}$

b) Materialpreis

$= A_{ges} \cdot n \cdot f_V \cdot \text{Preis}$

$= 0{,}46\ m^2 \cdot 16 \cdot 1{,}35 \cdot 31{,}25$ €/m²

$=$ **310,50 €**

102.1 (3′)

Gegeben: Tisch:
Maße nach Zeichnung

Gesucht: Fläche A_{ges} in m^2

Lösung: $A_{ges} = A_{Rechteck} + A_{Kreis}$

$= l \cdot b + d^2 \cdot \frac{\pi}{4}$

$= (1{,}00\ m \cdot 0{,}80\ m) + (0{,}80\ m)^2 \cdot \frac{\pi}{4}$

$= 0{,}80\ m^2 + 0{,}50\ m^2$

$= \mathbf{1{,}30\ m^2}$

5 Flächen

5.4 Bogenförmig begrenzte Flächen

102.2 (4′)

Gegeben: Schablone: Maße nach Zeichnung

Gesucht: Fläche A_{ges} in m²

Lösung:

$$A_{ges} = A_{Rechteck} - 2 \cdot A_{Kreis}$$
$$= l \cdot b - 2 \cdot d^2 \cdot \frac{\pi}{4}$$
$$= 0{,}50\ \text{m} \cdot 0{,}30\ \text{m} - 2 \cdot 0{,}14\ \text{m} \cdot 0{,}14\ \text{m} \cdot \frac{\pi}{4}$$
$$= 0{,}15\ \text{m}^2 - 0{,}03\ \text{m}^2$$
$$= \mathbf{0{,}12\ m^2}$$

102.3 (12′)

Gegeben: Arbeitsplatte: Maße nach Zeichnung

Gesucht: Fläche A_{ges} in m²

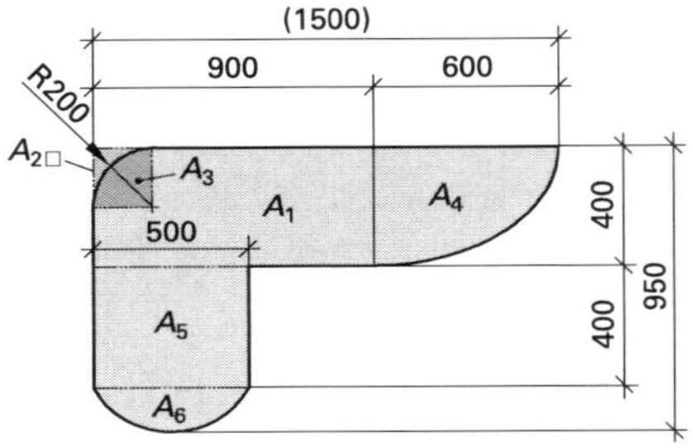

Lösung:

A_{ges}	$= A_1 - A_2 + A_3 + A_4 + A_5 + A_6$		
$+ A_1$	$= l_1 \cdot b_1 = 0{,}90\ \text{m} \cdot 0{,}40\ \text{m}$	$= +\ 0{,}36\ \text{m}^2$	
$- A_2$	$= -\ l_2^2 = (0{,}20\ \text{m})^2$	$= -\ 0{,}04\ \text{m}^2$	
$+ A_3$	$= \frac{1}{4} \cdot d_3^2 \cdot \frac{\pi}{4} = \frac{1}{4}\ l_2^2 \cdot \pi$		
	$= \frac{1}{4} \cdot (0{,}20\ \text{m})^2 \cdot \pi$	$= +\ 0{,}03\ \text{m}^2$	
$+ A_4$	$= \frac{1}{4} \cdot D_4 \cdot d_4 \cdot \frac{\pi}{4}$		
	$= \frac{1}{4} \cdot 1{,}20\ \text{m} \cdot 0{,}80\ \text{m} \cdot \frac{\pi}{4}$	$= +\ 0{,}19\ \text{m}^2$	
$+ A_5$	$= l_5 \cdot b_5 = 0{,}40\ \text{m} \cdot 0{,}50\ \text{m}$	$= +\ 0{,}20\ \text{m}^2$	
$+ A_6$	$= \frac{2}{3} \cdot s_6 \cdot h_{s6}$		
	$= \frac{2}{3} \cdot 0{,}50\ \text{m} \cdot 0{,}15\ \text{m}$	$= +\ 0{,}05\ \text{m}^2$	
		$A_{ges} =$ **0,79 m²**	

102.4 (6′)

Gegeben: Konferenztisch: $D = 1{,}95$ m; $d = 0{,}65$ m; $l = 4\ \text{m} - 1{,}95\ \text{m} = 2{,}05$ m; $b = 0{,}65$ m

Gesucht: Fläche A_{ges} in m²

Lösung:

$$A_{ges} = A_{Kreisring} + 2 \cdot A_{Rechteck}$$
$$= (D^2 - d^2) \cdot \frac{\pi}{4} + 2 \cdot l \cdot b$$
$$= [(1{,}95\ \text{m})^2 - (0{,}65\ \text{m})^2] \cdot \frac{\pi}{4} + 2 \cdot 2{,}05\ \text{m} \cdot 0{,}65\ \text{m}$$
$$= 2{,}65\ \text{m}^2 + 2{,}67\ \text{m}^2$$
$$= \mathbf{5{,}32\ m^2}$$

102.5 (5′)

Gegeben: Fensterfläche: $b = 0{,}95$ m; $h = 1{,}35$ m; $h_s = 0{,}15$ m

Gesucht: Fläche A_{ges} in m²

Lösung:

$$A_{ges} = A_{Rechteck} + A_{Segment}$$
$$= b \cdot h' + \frac{2}{3} \cdot s \cdot h_s$$
$$= b \cdot (h - h_s) + \frac{2}{3} \cdot s \cdot h_s$$
$$= 0{,}95\ \text{m} \cdot (1{,}35\ \text{m} \cdot 0{,}15\ \text{m}) + \frac{2}{3} \cdot 0{,}95\ \text{m} \cdot 0{,}15\ \text{m}$$
$$= 1{,}14\ \text{m}^2 + 0{,}095\ \text{m}^2$$
$$= \mathbf{1{,}24\ m^2}$$

102.6 (5′)

Gegeben: Uhr: $b = D = 0{,}60$ m; $d = 0{,}30$ m; $h' = 0{,}60$ m

Gesucht: Fläche A_{ges} in m²

Lösung:

$$A_{ges} = A_{Rechteck} + A_{Halbkreis} - A_{Kreis}$$
$$= b \cdot h' + \frac{1}{2} \cdot D^2 \cdot \frac{\pi}{4} - d^2 \cdot \frac{\pi}{4}$$
$$= 0{,}60\ \text{m} \cdot 0{,}60\ \text{m} + \frac{1}{2}\ (0{,}60\ \text{m})^2 \cdot \frac{\pi}{4} - (0{,}30\ \text{m})^2 \cdot \frac{\pi}{4}$$
$$= 0{,}36\ \text{m}^2 + 0{,}14\ \text{m}^2 - 0{,}07\ \text{m}^2$$
$$= \mathbf{0{,}43\ m^2}$$

5.4 Bogenförmig begrenzte Flächen

102.7 (6′)

Gegeben: Dekorationsfläche:
$b = d = 0{,}80$ m
$h' = 0{,}80$ m; $h_s = 0{,}15$ m

Gesucht: Fläche A_{ges} in m²

Lösung:
$$A_{ges} = A_{Rechteck} + A_{Halbkreis} - A_{Segment}$$
$$= b \cdot h' + \frac{1}{2}d^2 \cdot \frac{\pi}{4} - \frac{2}{3}s \cdot h_s$$
$$= 0{,}80\text{ m} \cdot 0{,}80\text{ m} + \frac{1}{2}(0{,}80\text{ m})^2 \cdot \frac{\pi}{4}$$
$$- \frac{2}{3} \cdot 0{,}80\text{ m} \cdot 0{,}15\text{ m}$$
$$= 0{,}64\text{ m}^2 + 0{,}25\text{ m}^2 - 0{,}08\text{ m}^2$$
$$= \mathbf{0{,}81\text{ m}^2}$$

102.8 (12′)

Gegeben: Ausstellungsfläche:
$b = 0{,}80$ m; $h = 1{,}00$ m
$b' = 0{,}55$ m; $h' = 0{,}30$ m
$d = 1{,}10$ m; $\alpha = 90°$

Gesucht: Fläche A_{ges} in m²

Lösung:
$$A_{ges} = A_{Rechteck} - A'_{Rechteck} - A_{Viertelkreis}$$
$$= b \cdot h - b' \cdot h' - \frac{1}{4}d^2 \cdot \frac{\pi}{4}$$
$$= 0{,}80\text{ m} \cdot 1{,}00\text{ m} - 0{,}55\text{ m} \cdot 0{,}30\text{ m}$$
$$- \frac{1}{4}(1{,}10\text{ m})^2 \cdot \frac{\pi}{4}$$
$$= 0{,}80\text{ m}^2 - 0{,}165\text{ m}^2 - 0{,}238\text{ m}^2$$
$$= \mathbf{0{,}397\text{ m}^2}$$

102.9 (5′)

Gegeben: Schreibtisch:
$l = 0{,}70$ m; $b = 0{,}45$ m
$\alpha = 60°$; $D = 0{,}90$ m

Gesucht: Fläche A_{ges} in m²

Lösung:
$$A_{ges} = 2 \cdot A_{Rechteck} + A_{Sektor}$$
$$= 2 \cdot l \cdot b + d^2 \cdot \frac{\pi}{4} \cdot \frac{\alpha}{360°}$$
$$= 2 \cdot 0{,}70\text{ m} \cdot 0{,}45\text{ m}$$
$$+ (0{,}90\text{ m})^2 \cdot \frac{\pi}{4} \cdot \frac{60°}{360°}$$
$$= 0{,}630\text{ m}^2 + 0{,}106\text{ m}^2$$
$$= \mathbf{0{,}736\text{ m}^2}$$

102.10 (6′)

Gegeben: Arbeitsplatte:
$l = 0{,}80$ m; $b = 0{,}60$ m
$d = 1{,}20$ m; $\alpha = 120°$

Gesucht: Fläche A_{ges} in m²

Lösung:
$$A_{ges} = 2 \cdot A_{Rechteck} + A_{Sektor}$$
$$= 2 \cdot l \cdot b + d^2 \cdot \frac{\pi}{4} \cdot \frac{\alpha}{360°}$$
$$= 2 \cdot 0{,}80\text{ m} \cdot 0{,}60\text{ m}$$
$$+ (1{,}20\text{ m})^2 \cdot \frac{\pi}{4} \cdot \frac{120°}{360°}$$
$$= 0{,}960\text{ m}^2 + 0{,}377\text{ m}^2$$
$$= \mathbf{1{,}34\text{ m}^2}$$

102.11 (8′)

Gegeben: Ladentheke:
Maße nach Zeichnung

Gesucht: Fläche A_{ges} in m²

Lösung:

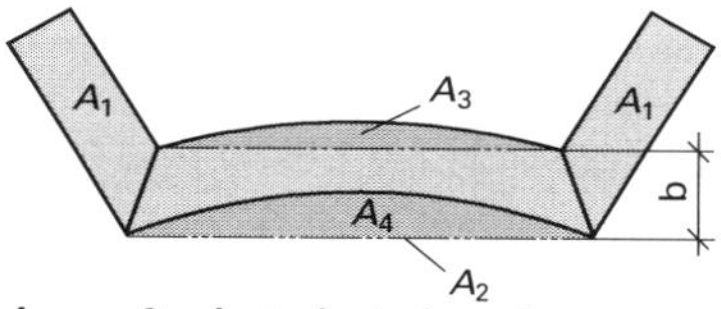

$$A_{ges} = 2 \cdot A_1 + A_2 + A_3 - A_4$$
$$A_1 = A_{Trapez}$$
$$= \frac{l_1 + l_2}{2} \cdot b$$
$$= \frac{1{,}20\text{ m} + 1{,}60\text{ m}}{2} \cdot 0{,}50\text{ m}$$
$$= 0{,}70\text{ m}^2$$
$$A_2 = A_{Trapez}$$
$$= \frac{l_3 + l_4}{2} \cdot b_T$$
$$= \frac{2{,}80\text{ m} + 3{,}25\text{ m}}{2} \cdot 0{,}605\text{ m}$$
$$= 1{,}83\text{ m}^2$$
$$A_3 = A_{Segment}$$
$$= \frac{2}{3}s_3 \cdot h_{s3}$$
$$= \frac{2}{3}l_3 \cdot h_{s3}$$
$$= \frac{2}{3} \cdot 2{,}80\text{ m} \cdot 0{,}195\text{ m}$$
$$= 0{,}364\text{ m}^2$$
$$A_4 = A_{Segment}$$
$$= \frac{2}{3}s_4 \cdot h_{s4}$$
$$= \frac{2}{3}l_4 \cdot h_{s4}$$
$$= \frac{2}{3} \cdot 3{,}25\text{ m} \cdot 0{,}30\text{ m}$$
$$= 0{,}65\text{ m}^2$$
$$A_{ges} = 2A_1 + A_2 + A_3 - A_4$$
$$= 2 \cdot 0{,}70\text{ m}^2 + 1{,}83\text{ m}^2$$
$$+ 0{,}364\text{ m}^2 - 0{,}65\text{ m}^2$$
$$= \mathbf{2{,}944\text{ m}^2}$$

6.1 Volumeneinheiten, Formelzeichen

103.1 (3')

In die kleinere Einheit umrechnen:

$35{,}6\ m^3 = \mathbf{35\,600\ dm^3}$

$0{,}456\ m^3 = \mathbf{456\,000\ cm^3}$

$0{,}0293\ m^3 = \mathbf{29\,300\,000\ mm^3}$

$93{,}5\ dm^3 = \mathbf{93\,500\ cm^3}$

$0{,}36\ cm^3 = \mathbf{360\ mm^3}$

$5{,}7\ cm^3 = \mathbf{5\,700\ mm^3}$

103.2 (3')

In die größere Einheit umrechnen:

$76{,}23\ cm^3 = \mathbf{0{,}00007623\ m^3}$

$19\,280\ cm^3 = \mathbf{0{,}019280\ m^3}$

$25\,603\ mm^3 = \mathbf{25{,}603\ cm^3}$

$0{,}986\ cm^3 = \mathbf{0{,}000986\ dm^3}$

$64\,240\ mm^3 = \mathbf{0{,}06424\ dm^3}$

$65{,}25\ mm^3 = \mathbf{0{,}06525\ cm^3}$

103.3 (2')

Hohlmaße umrechnen:

2,75 l = **2750 ml**

56,75 hl = **5675 l**

325,5 l = **3,255 hl**

25 ml = **0,025 l**

6.2 Prismen und Zylinder

107.1 (2')

Gegeben: Raum:
$l = 5{,}75\ m;\ b = 4{,}25\ m;\ h = 2{,}58\ m$

Gesucht: V in m^3

Lösung:

$$V = A \cdot h = l \cdot b \cdot h = 5{,}75\ m \cdot 4{,}25\ m \cdot 2{,}58\ m = \mathbf{63{,}049\ m^3}$$

107.2 (2')

Gegeben: Bauschuttcontainer:
Vorderfläche ≙ 2 Trapeze
$l_1 = 0{,}80\ m;\ l_2 = 1{,}90\ m;$
$h = 1{,}65 \cdot \frac{1}{2};\ b = 1{,}65\ m$
Abfuhr Bauschutt: 300,– €/m³

Gesucht: a) Behältervolumen V in m³
b) Abfuhrkosten in €

Lösung:

a) $$V = \frac{l_1 \cdot l_2}{2} \cdot 2 \cdot h \cdot b = \frac{1{,}90\ m + 0{,}80\ m}{2} \cdot 2 \cdot \frac{1{,}65\ m}{2} \cdot 1{,}65\ m = \mathbf{3{,}675\ m^3}$$

b) Abfuhrkosten
$= V \cdot$ Abfuhrpreis
$= 3{,}675\ m^3 \cdot 300{,}00€/m^3$
$=$ **1 102,61 €**

107.3 (2')

Gegeben: Kanister:
$l = 3{,}0\ dm;\ b = 2{,}5\ dm;\ h = 5{,}0\ dm$

Gesucht: Fassungsvermögen V in l

Lösung:

$$V = l \cdot b \cdot h = 3{,}0\ dm \cdot 2{,}5\ dm \cdot 5{,}0\ dm = \mathbf{37{,}5\ l}$$

107.4 (5')

Gegeben: Kanister:
$l = 4{,}5\ dm;\ b = 3{,}0\ dm;\ h = 6{,}0\ dm$
Inhalt an Öl: 54 l

Gesucht: Füllungshöhe h

Lösung:

$$V = l \cdot b \cdot h$$

$$h = \frac{V}{l \cdot b} = \frac{54{,}000\ dm^3}{4{,}5\ dm \cdot 3{,}0\ dm} = 4{,}0\ dm \cdot \frac{10\ cm}{1\ dm} = \mathbf{40\ cm}$$

6.2 Prismen und Zylinder

107.5

(8′)

Gegeben: Stoßbretter:
$l = 180$ m; $b = 0{,}24$ dm;
$h_1 = 0{,}045$ m
$h_2 = 0{,}06 \text{ m} - 0{,}045 \text{ m} = 0{,}015$ m
Verschnittzuschlag $V_{VZ} = 25$ %
⇒ Zuschlagfaktor $f_V = 1{,}25$
Materialpreis: 725,– €/m³

Gesucht: a) Rohmenge V_R in m³
b) Materialpreis in €

Lösung:

a) $V_R = A \cdot l \cdot f_V$
$= \left(b \cdot h_1 + \frac{b \cdot h_2}{2}\right) \cdot l \cdot 1{,}25$
$= \left(0{,}24 \text{ m} \cdot 0{,}045 \text{ m} + \frac{0{,}24 \text{ m} \cdot 0{,}015 \text{ m}}{2}\right) \cdot 180 \text{ m} \cdot 1{,}25$
$= \mathbf{2{,}835\ m^3}$

b) Materialkosten $= V_R \cdot$ Materialpreis
$= 2{,}835 \text{ m}^3 \cdot 725{,}00$ €/m³
$=$ **2 055,38 €**

107.6

(13′)

Gegeben: Werkstattneubau:
Giebelfläche ≙ Trapez 1 + Trapez 2
$h_1 = 5{,}80$ m; $h_2 = 4{,}20$ m;
$h_3 = 3{,}00$ m; $h_4 = 3{,}00$ m;
$l_1 = 9{,}00$ m; $l_2 = 6{,}00$ m
Neubaulänge $l = 46{,}00$ m
Preis: 625,– €/m³

Gesucht: a) umbauter Raum V in m³
b) Neubaukosten in €

Lösung:

a) $V = A \cdot l$
$= (A_1 + A_2) \cdot l$
$= \left(\frac{h_1 + h_2}{2} \cdot b_1 + \frac{h_3 + h_4}{2} \cdot b_2\right) \cdot l$
$= \left(\frac{5{,}80 \text{ m} + 3{,}00 \text{ m}}{2} \cdot 9{,}00 \text{ m} + \frac{4{,}20 \text{ m} + 3{,}00 \text{ m}}{2} \cdot 6{,}00 \text{ m}\right) \cdot 46{,}00 \text{ m}$
$= \mathbf{2\,815{,}20\ m^3}$

b) Neubaukosten
$= V \cdot$ Preis
$= 2815{,}20 \text{ m}^3 \cdot 625{,}00$ €/m³
$=$ **1759 500,00 €**

107.7

(10′)

Gegeben: würfelförmige Kisten:
Anzahl $n = 45$
Außenkante $l_a = 0{,}60$ m
Dicke Furnierplatte: 0,02 m
eine Seite ist offen

Gesucht: a) Raumvolumen V in m³
b) Fertigmenge A_F an Furnierplatten in m²

Lösung:

a) $V = l_a^3 \cdot n$
$= (0{,}60 \text{ m})^3 \cdot 45$
$= \mathbf{9{,}720\ m^3}$

b) $A_F = (A_M \cdot A_B) \cdot n$
$= (U \cdot h + l_a \cdot l_a) \cdot n$
$= (4 l_a \cdot h + l_a \cdot l_a) \cdot n$
$= (4 \cdot 0{,}58 \text{ m} \cdot 0{,}60 \text{ m} + 0{,}60 \text{ m} \cdot 0{,}60 \text{ m}) \cdot 45$
$= \mathbf{78{,}84\ m^2}$

107.8

(16′)

Gegeben: seckseckige Vollholzsäulen:
$l_S = 0{,}095$ m; $h = 3{,}10$ m
Anzahl $n = 14$
Rohquerschnitt: 0,22 m × 0,22 m

Gesucht: a) Rauminhalt V_F und V_R in m³
b) Verschnittzuschlag V_{VZ} in %
c) Mantelfläche A_M in m²

Lösung:

a) Fertigmenge:
(s. Aufgabenbuch S. 83, Tab. 1)
$V_F = A \cdot h \cdot n$
$= l_S^2 \cdot 2{,}5981 \cdot h \cdot n$
$= (0{,}095 \text{ m})^2 \cdot 2{,}5981 \cdot 3{,}10 \text{ m} \cdot 14$
$= \mathbf{1{,}018\ m^3}$

Rohmenge:
$V_R = l_2 \cdot h \cdot n$
$= (0{,}22 \text{ m})^2 \cdot 3{,}10 \text{ m} \cdot 14$
$= \mathbf{2{,}101\ m^3}$

b) $V_{VZ} = \frac{(V_R - V_F) \cdot 100\ \%}{V_F}$
$= \frac{(2{,}101 \text{ m}^3 - 1{,}018 \text{ m}^3) \cdot 100\ \%}{1{,}018 \text{ m}^3}$
$= \mathbf{106{,}39\ \% \approx 106\ \%}$

c) $A_M = U \cdot h \cdot n$
$= 6 \cdot l_S \cdot h \cdot n$
$= 6 \cdot 0{,}095 \text{ m} \cdot 3{,}10 \text{ m} \cdot 14$
$= \mathbf{24{,}74\ m^2}$

6.2 Prismen und Zylinder

108.1

(2′)

Gegeben: runder Kanister:
$d = 2{,}8$ dm; $h_K = 3{,}8$ dm

Gesucht: Inhalt V in vollen Litern

Lösung:
$$V = A \cdot h_K = d^2 \cdot \frac{\pi}{4} \cdot h_K = (2{,}8\ \text{dm})^2 \cdot \frac{\pi}{4} \cdot 3{,}8\ \text{dm} = \mathbf{23\ l}$$

108.2

(5′)

Gegeben: Spänesilo:
$U_i = 17{,}84$ m; $h_K = 3{,}50$ m

Gesucht: Fassungsvermögen V

Lösung:
$$U = d \cdot \pi$$
$$d = \frac{U}{\pi} = \frac{17{,}84\ \text{m}}{\pi} = 5{,}68\ \text{m}$$
$$V = A \cdot h_K = d^2 \cdot \frac{\pi}{4} \cdot h_K = (5{,}68\ \text{m})^2 \cdot \frac{\pi}{4} \cdot 3{,}50\ \text{m} = \mathbf{88{,}69\ m^3}$$

108.3

(5′)

Gegeben: zylindrischer Behälter:
$h_K = 3{,}5$ dm
Inhalt $V = 12$ l

Gesucht: Durchmesser d

Lösung:
$$V = d^2 \cdot \frac{\pi}{4} \cdot h_K$$
$$d_2 = \frac{4V}{\pi \cdot h_K}$$
$$d = \sqrt{\frac{4 \cdot 12{,}0\ \text{dm}^3}{\pi \cdot 3{,}5\ \text{dm}}} = 2{,}09\ \text{dm} \cdot \frac{10\ \text{cm}}{1\ \text{dm}} = \mathbf{20{,}9\ cm}$$

108.4

(10′)

Gegeben: Hohlzylinder:
$d_1 = 7{,}0$ dm
$d_2 = 7{,}0\ \text{dm} - 2 \cdot 0{,}80\ \text{dm} = 5{,}4$ dm
$h_K = 5{,}5$ dm

Gesucht: V in dm³; A_O in dm²

Lösung:
$$A_{Kr} = A_1 - A_2 = (d_1^2 - d_2^2) \cdot \frac{\pi}{4} = [(7\ \text{dm})^2 - (5{,}4\ \text{dm})^2] \cdot \frac{\pi}{4} = \mathbf{15{,}58\ dm^2}$$
$$V = A_{Kr} \cdot h_K = 15{,}58\ \text{dm}^2 \cdot 5{,}5\ \text{dm} = \mathbf{85{,}69\ dm^3}$$
$$A_O = A_{M\,\text{außen}} + A_{M\,\text{innen}} + 2 \cdot A_{Kr} = U_a \cdot h_K + U_i \cdot h_K + 2 \cdot A_{Kr} = (d_1 + d_2) \cdot \pi \cdot h_K + 2 \cdot A_{Kr}$$
$$= (7{,}0\ \text{dm} + 5{,}4\ \text{dm}) \cdot \pi \cdot 5{,}5\ \text{dm} + 2 \cdot 15{,}58\ \text{dm}^2 = \mathbf{245{,}42\ dm^2}$$

108.5

(12′)

Gegeben: Rundholzsäulen:
Anzahl $n = 12$
$h_K = 2{,}80$ m; $d = 0{,}16$ m
Querschnitt: $l \cdot b = 0{,}20 \cdot 0{,}20$ m

Gesucht:
a) Rohmenge V_R in m³
b) Verschnittzuschlag V_{VZ} in %
c) Mantelfläche A_M in m²

Lösung:
a) $$V_R = A \cdot h_K \cdot n = l \cdot b \cdot h_K \cdot n = 0{,}20\ \text{m} \cdot 0{,}20\ \text{m} \cdot 2{,}80\ \text{m} \cdot 12 = \mathbf{1{,}344\ m^3}$$

b) Fertigmenge:
$$V_F = A \cdot h_K \cdot n = d^2 \cdot \frac{\pi}{4} \cdot h_K \cdot n = (0{,}16\ \text{m})^2 \cdot \frac{\pi}{4} \cdot 2{,}80\ \text{m} \cdot 12 = 0{,}675\ \text{m}^3$$
Verschnittzuschlag:
$$V_{VZ} = \frac{(V_R - V_F) \cdot 100\ \%}{V_F} = \frac{(1{,}344\ \text{m}^3 - 0{,}675\ \text{m}^3) \cdot 100\ \%}{0{,}675\ \text{m}^3} = \mathbf{99\ \%}$$

c) $$A_M = U \cdot h \cdot n = d \cdot \pi \cdot h \cdot n = 0{,}16\ \text{m} \cdot \pi \cdot 2{,}80\ \text{m} \cdot 12 = \mathbf{16{,}89\ m^2}$$

108.6

(13′)

Gegeben: Handlauf:
$l = 16\text{ m} = 160\text{ dm}$
Verschnittzuschlag $V_{VZ} = 60\ \%$
⇒ Zuschlagfaktor $f_V = 1{,}60$
Querschnitt:
1. Rechteck $l_1 = 0{,}44\text{ dm}$
   $b_1 = 0{,}15\text{ dm} + 0{,}08\text{ dm} = 0{,}23\text{ dm}$
2. Halbkreis $d_1 = 0{,}16\text{ dm}$
3. Halbkreis $d_2 = 0{,}60\text{ dm}$

Holzpreis: 822,50 €/m³

Gesucht: Materialkosten in €

Lösung: Fertigmenge:

$$V_F = A \cdot l = (A_1 + A_2 + A_3) \cdot l$$
$$= \left[(l_1 \cdot b_1) \cdot \left(\frac{1}{2}d_1^2 \cdot \frac{\pi}{4}\right) + \left(\frac{1}{2}d_2^2 \cdot \frac{\pi}{4}\right)\right] \cdot l$$
$$= \left[(0{,}44\text{ dm} \cdot 0{,}23\text{ dm}) + \frac{1}{2}(0{,}16\text{ dm})^2 \cdot \frac{\pi}{4} + \frac{1}{2}(0{,}60\text{ dm})^2 \cdot \frac{\pi}{4}\right] \cdot 160\text{ dm}$$
$$= (0{,}10\text{ dm}^2 + 0{,}01\text{ dm}^2 + 0{,}14\text{ dm}^2) \cdot 160\text{ dm}$$
$$= 40\text{ dm}^3$$

Rohmenge:

$$V_R = V_F \cdot f_V$$
$$= 40\text{ dm}^3 \cdot 1{,}60$$
$$= 64\text{ dm}^3 = \mathbf{0{,}064\ m^3}$$

Materialkosten

$$= V_R \cdot \text{Preis}$$
$$= 0{,}064\text{ m}^3 \cdot 822{,}50\text{ €/m}^3$$
$$= \mathbf{52{,}64\ €}$$

108.7

(8′)

Gegeben: Ausstellungspodest:
Anzahl $n = 15$
$d = 1{,}35\text{ m};\ h_K = 0{,}20\text{ m}$

Gesucht: Oberfläche A_O in m²

Lösung:

$$A_O = (A_M + A_1 + A_2) \cdot n$$
$$= \left(\frac{1}{2}d \cdot \pi \cdot h_K + d \cdot h_K + \frac{1}{2}d^2 \cdot \frac{\pi}{4}\right) \cdot n$$
$$= \left[\frac{1}{2} \cdot 1{,}35\text{ m} \cdot \pi \cdot 0{,}20\text{ m} + 1{,}35\text{ m} \cdot 0{,}20\text{ m} + \frac{1}{2}(1{,}35\text{ m})^2 \cdot \frac{\pi}{4}\right] \cdot 15$$
$$= (0{,}424\text{ m}^2 + 0{,}270\text{ m}^2 + 0{,}715\text{ m}^2) \cdot 15$$
$$= \mathbf{21{,}14\ m^3}$$

108.8

(8′)

Gegeben: Kartuschen:
$d = 4{,}5\text{ cm};\ h_K = 18{,}0\text{ cm}$
Bedarf Dichtstoff: 48 cm³/m Falz
Glasfälze: $l = 125\text{ m}$

Gesucht: Anzahl n_K der Kartuschen

Lösung: Volumen Kartusche:

$$V_K = A \cdot h_K$$
$$= d^2 \cdot \frac{\pi}{4} \cdot h_K$$
$$= (4{,}50\text{ cm})^2 \cdot \frac{\pi}{4} \cdot 18{,}0\text{ cm}$$
$$= 286{,}28\text{ cm}^3$$

Verbrauchsmenge:

$$V = l \cdot \text{Bedarf}$$
$$= 125\text{ m} \cdot 48\text{ cm}^3\text{/m}$$
$$= 6000{,}000\text{ cm}^3$$

Kartuschenzahl:

$$n_K = \frac{V}{V_K}$$
$$= \frac{6\,000{,}000\text{ cm}^3}{286{,}28\text{ cm}^3}$$
$$= \mathbf{20{,}96} = \mathbf{21}$$

108.9

(15′)

Gegeben: Abdichtung Fensterrahmen-Mauer
$a \times b = 12\text{ mm} \times 12\text{ mm}$
Anschlussfugen: $l = 68\text{ m}$
Volumen der Kartusche:
$V_K = 310\text{ ml}$
Preis/Kartusche: 6,15 €
1 Karton ≙ 25 Kartuschen

Gesucht:
a) Volumen der Versiegelung V in cm³ für 1 m Fuge
b) Materialkosten für Anschlussfugen in €
c) Abdichtungslänge l in m pro Karton mit 25 Kartuschen

Lösung:
a)
$$V_1 = a \cdot b \cdot l_1$$
$$= 1{,}2\text{ cm} \cdot 1{,}2\text{ cm} \cdot 100\text{ cm}$$
$$= \mathbf{144\ cm^3}$$
$$\frac{V}{\text{m}} = 144\,\frac{\text{cm}^3}{\text{m}}$$

b) Materialkosten
$$= l \cdot \frac{V}{\text{m}} \cdot \frac{\text{Preis/Kartusche}}{V_K}$$
$$= 68\text{ m} \cdot 144\,\frac{\text{cm}^3}{\text{m}} \cdot \frac{6{,}15\text{ €}}{310\text{ cm}^3}$$
$$= \mathbf{194{,}26\ €}$$

c) $l = \frac{V_K \cdot n_K}{V/m}$
$= \frac{310\ cm^3 \cdot 25}{144\ cm^3/m}$
$= \mathbf{53{,}80\ m}$

109.1 (3′)

Gegeben: quadratische Säule:
$l = 2{,}5$ dm; $h_K = 7{,}5$ dm

Gesucht: V in dm^3

Lösung: $V = A \cdot h_K$
$= l^2 \cdot h_K$
$= (2{,}50\ dm)^2 \cdot 7{,}50\ dm$
$= \mathbf{46{,}88\ dm^3}$

109.2 (3′)

Gegeben: Säule über Raute:
$l = 3{,}0$ dm; $b = 2{,}6$ dm; $h_K = 8{,}0$ dm

Gesucht: V in dm^3

Lösung: $V = A \cdot h_K$
$= l \cdot b \cdot h_K$
$= 3{,}0\ dm \cdot 2{,}6\ dm \cdot 8{,}0\ dm$
$= \mathbf{62{,}40\ dm^3}$

109.3 (5′)

Gegeben: Vierecksäule:
$l_1 = 3{,}0$ dm; $l_2 = 7{,}0$ dm;
$b = 8{,}0$ dm; $h_K = 15{,}0$ dm

Gesucht: V in dm^3

Lösung: $V = A \cdot h_K$
$= \left(\frac{l_1 \cdot b}{2} + \frac{l_2 \cdot b}{2}\right) \cdot h_K$
$= (l_1 + l_2) \cdot \frac{b}{2} \cdot h_K$
$= (3\ dm + 7\ dm) \cdot \frac{8\ dm}{2} \cdot 15\ dm$
$= 10\ dm \cdot 4\ dm \cdot 15\ dm$
$= \mathbf{600\ dm^3}$

109.4 (6′)

Gegeben: 6-Eck-Säule:
$d_1 = 6{,}0$ dm; $h_K = 10{,}0$ dm

Gesucht: V in dm^3

Lösung: aus Aufgabenbuch, S. 83, Tab. 1
$A = \left(\frac{d_1}{2}\right)^2 \cdot 2{,}5981$
$= \left(\frac{6{,}0}{2}\ dm\right)^2 \cdot 2{,}5981$
$= 9{,}0\ dm^2 \cdot 2{,}5981$
$= 23{,}38\ dm^2$
$V = A \cdot h_K$
$= 23{,}38\ dm^2 \cdot 10{,}0\ dm$
$= \mathbf{233{,}80\ dm^3}$

109.5 (6′)

Gegeben: Trapezgröße:
$l_1 = 2{,}5$ dm; $l_2 = 4{,}0$ dm;
$b = 2{,}0$ dm; $h_K = 10$ dm

Gesucht: V in dm^3

Lösung: $V = A \cdot h_K$
$= \frac{l_1 + l_2}{2} \cdot b \cdot h_K$
$= \frac{2{,}5\ dm + 4{,}0\ dm}{2} \cdot 2{,}0\ dm \cdot 10{,}0\ dm$
$= \mathbf{65{,}00\ dm^3}$

109.6 (5′)

Gegeben: schräger Quader:
$l = 6{,}0$ dm; $b = 4{,}0$ dm; $h_K = 8{,}0$ dm

Gesucht: V in dm^3

Lösung: $V = A \cdot h_K$
$= l \cdot b \cdot h_K$
$= 6{,}0\ dm \cdot 4{,}0\ dm \cdot 8{,}0\ dm$
$= \mathbf{192{,}00\ dm^3}$

109.7 (3′)

Gegeben: Dreiecksäule:
$l = 4{,}0$ dm; $b = 3{,}5$ dm; $h_K = 9{,}0$ dm

Gesucht: V in dm^3

Lösung: $V = A \cdot h_K$
$= \frac{l \cdot b}{2} \cdot h_K$
$= \frac{4{,}0\ dm \cdot 3{,}5\ dm}{2} \cdot 9{,}0\ dm$
$= \mathbf{63{,}00\ dm^3}$

6.2 Prismen und Zylinder

109.8 (3′)

Gegeben: Trapezsäule:
$l_1 = 3{,}5$ dm; $l_2 = 6{,}5$ dm;
$b = 4{,}0$ dm; $h_K = 8{,}0$ dm

Gesucht: V in dm³

Lösung:
$$V = A \cdot h_K = \frac{l_1 + l_2}{2} \cdot b \cdot h_K = \frac{(3{,}5 + 6{,}5)\text{ dm}}{2} \cdot 4{,}0\text{ dm} \cdot 8{,}0\text{ dm} = \mathbf{160{,}00\ dm^3}$$

109.9 (6′)

Gegeben: Quader:
$l_1 = 6{,}0$ dm; $l_2 = 2{,}0$ dm;
$b_1 = 2{,}0$ dm; $b_2 = 2{,}5$ dm;
$h_K = 9{,}0$ dm

Gesucht: V in dm³

Lösung:
$$A = l_1 \cdot b_1 + l_2 \cdot b_2 = 6{,}0\text{ dm} \cdot 2{,}0\text{ dm} + 2{,}0\text{ dm} \cdot 2{,}5\text{ dm} = 12{,}0\text{ dm}^2 + 5{,}0\text{ dm}^2 = 17{,}0\text{ dm}^2$$
$$V = A \cdot h_K = 17{,}0\text{ dm}^2 \cdot 9{,}0\text{ dm} = \mathbf{153{,}00\ dm^3}$$

109.10 (2′)

Gegeben: Rundsäule:
$d = 4{,}0$ dm; $h_K = 6{,}0$ dm

Gesucht: V in dm³

Lösung:
$$V = A \cdot h_K = d^2 \cdot \frac{\pi}{4} \cdot h_K = (4{,}0\text{ dm})^2 \cdot \frac{\pi}{4} \cdot 6{,}0\text{ dm} = \mathbf{75{,}40\ dm^3}$$

109.11 (2′)

Gegeben: Halbrundsäule:
$d = 3{,}0$ dm; $h_K = 4{,}0$ dm

Gesucht: V in dm³

Lösung:
$$V = A \cdot h_K = \frac{1}{2} d^2 \cdot \frac{\pi}{4} \cdot h_K = \frac{1}{2} \cdot (3{,}0\text{ dm})^2 \cdot \frac{\pi}{4} \cdot 4{,}0\text{ dm} = \mathbf{14{,}14\ dm^3}$$

109.12 (3′)

Gegeben: Viertelkreissäule:
$d = 2{,}4$ dm; $h_K = 5{,}0$ dm

Gesucht: V in dm³

Lösung:
$$V = A \cdot h_K = \frac{1}{4} d^2 \cdot \frac{\pi}{4} \cdot h_K = \frac{1}{4} \cdot (2{,}4\text{ dm})^2 \cdot \frac{\pi}{4} \cdot 5{,}0\text{ dm} = 5{,}65\text{ dm}^3$$

109.13 (3′)

Gegeben: Drittelkreissäule:
(Säule über Kreisausschnitt)
$d = 6{,}0$ dm; $h_K = 7{,}0$ dm; $\alpha = 120°$

Gesucht: V in dm³

Lösung:
$$V = A \cdot h_K \cdot \frac{\alpha}{360°} = d^2 \cdot \frac{\pi}{4} \cdot h_K \cdot \frac{\alpha}{360°} = (6{,}0\text{ dm})^2 \cdot \frac{\pi}{4} \cdot 7{,}0\text{ dm} \cdot \frac{120°}{360°} = 65{,}97\text{ dm}^3$$

109.14 (4′)

Gegeben: Säule über Kreisabschnitt:
$s = 2{,}8$ dm; $h_s = 0{,}9$ dm;
$h_K = 4{,}5$ dm

Gesucht: V in dm³

Lösung:
$$A \approx \frac{2}{3} \cdot s \cdot h_s = \frac{2}{3} \cdot 2{,}8\text{ dm} \cdot 0{,}9\text{ dm} = 1{,}680\text{ dm}^2$$
$$V = A \cdot h_K = 1{,}680\text{ dm}^2 \cdot 4{,}5\text{ dm} = \mathbf{7{,}56\ dm^3}$$

109.15 (8′)

Gegeben: Kreisringsäule:
$d_1 = 2{,}4$ dm; $d_2 = 1{,}2$ dm;
$h_K = 3{,}5$ dm

Gesucht: V in dm³

Lösung:
$$A = (d_1^2 - d_2^2) \cdot \frac{\pi}{4} = \left[(2{,}4\text{ dm})^2 - (1{,}2\text{ dm})^2\right] \cdot \frac{\pi}{4} = 3{,}392\text{ dm}^2$$
$$V = A \cdot h_K = 3{,}392\text{ dm}^2 \cdot 3{,}5\text{ dm} = \mathbf{11{,}88\ dm^3}$$

6.3 Volumen von Schnittholz – Kanthölzer, Balken, Bretter, Bohlen

109.16 (5′)

Gegeben: Säule über halbem Kreisring
$d_1 = 1{,}0$ dm; $d_2 = 0{,}6$ dm;
$h_K = 2{,}5$ dm

Gesucht: V in dm³

Lösung:
$$A = \frac{1}{2}(d_1^2 - d_2^2) \cdot \frac{\pi}{4}$$
$$= \frac{1}{2}\left[(1{,}0\text{ dm})^2 - (0{,}6\text{ dm})^2\right] \cdot \frac{\pi}{4}$$
$$= 0{,}252\text{ dm}^2$$
$$V = A \cdot h_K$$
$$= 0{,}252\text{ dm}^2 \cdot 2{,}5\text{ dm}$$
$$= \mathbf{0{,}63\ dm^3}$$

109.17 (3′)

Gegeben: elliptische Säule:
$D = 3{,}0$ dm; $d = 2{,}0$ dm
$h_K = 4{,}8$ dm

Gesucht: V in dm³

Lösung:
$$V = A \cdot h_K$$
$$= D \cdot d \cdot \frac{\pi}{4} \cdot h_K$$
$$= 3{,}0\text{ dm} \cdot 2{,}0\text{ dm} \cdot \frac{\pi}{4} \cdot 4{,}8\text{ dm}$$
$$= \mathbf{22{,}62\ dm^3}$$

109.18 (2′)

Gegeben: Rundsäule:
$d = 3{,}5$ dm; $h_K = 5{,}2$ dm

Gesucht: V in dm³

Lösung:
$$V = A \cdot h_K$$
$$= d^2 \cdot \frac{\pi}{4} \cdot h_K$$
$$= (3{,}5\text{ dm})^2 \cdot \frac{\pi}{4} \cdot 5{,}2\text{ dm}$$
$$= \mathbf{50{,}03\ dm^3}$$

6.3.1 Volumen von Kanthölzern und Bohlen

111.1 (9′)

Gegeben: Querschnitt; Länge

Gesucht: Volumen V

Lösung: $V = A \cdot l \cdot n$

	Querschnitt	Länge	Stück	Volumen
a)	0,08 m · 0,08 m	4,50 m	1	0,029 m³
b)	0,06 m · 0,08 m	50,00 m	1	0,240 m³
c)	0,10 m · 0,12 m	5,50 m	1	0,066 m³
d)	0,18 m · 0,24 m	54,00 m	1	2,333 m³
e)	0,16 m · 0,20 m	4,25 m	12	1,632 m³
	0,16 m · 0,20 m	2,50 m	7	0,560 m³
				4,860 m³

111.2 (3′)

Gegeben: Querschnitt Kanthölzer:
$b \times d = 8 - 10$ cm
Volumen $V = 1{,}25$ m³

Gesucht: Länge l der Kanthölzer in m

Lösung:
$$V = l \cdot b \cdot d$$
$$l = \frac{V}{b \cdot d}$$
$$= \frac{1{,}25\text{ m}^3}{0{,}08\text{ m} \cdot 0{,}10\text{ m}}$$
$$= \mathbf{156{,}25\ m}$$

111.3 (5′)

Gegeben: Rahmenhölzer: $l = 144{,}0$ m
Querschnitt:
$b - d = 78\text{ mm} \times 63\text{ mm}$
Verschnittzuschlag $V_{VZ} = 25$ %
$\Rightarrow$ Zuschlagfaktor $f_V = 1{,}25$

Gesucht: Rohmenge V_R in m³

Lösung:
$$V_R = l \cdot b \cdot d \cdot f_V$$
$$= 144{,}0\text{ m} \cdot 0{,}078\text{ m} \cdot 0{,}063\text{ m} \cdot 1{,}25$$
$$= \mathbf{0{,}885\ m^3}$$

6.3 Volumen von Schnittholz – Kanthölzer, Balken, Bretter, Bohlen

111.4 (5′)

Gegeben: Querschnitt Balken:
$b \times d = 12$ mm $\times$ 26 cm
$l = 8{,}25$ m
Anzahl $n = 12$
Preis: 240 €/m³

Gesucht: Materialpreis in €

Lösung: Materialpreis
$= V \cdot$ Preis
$= l \cdot b \cdot d \cdot n \cdot$ Preis
$= 8{,}25\ \text{m} \cdot 0{,}12\ \text{m} \cdot 0{,}26\ \text{m} \cdot 12 \cdot 240\ €/\text{m}^3$
$=$ **741,31 €**

6.3.2 Volumen besäumter Bretter und Bohlen

111.5 (16′)

Gegeben: besäumte Bretter und Bohlen

Gesucht: Volumen V

Lösung: $V = l \cdot b \cdot d \cdot n$ (entspr. Holzliste)

	Stück	l in m	b in m	d in m	V in m³
a)	40	4,50	0,22	0,026	**1,030**
b)	5	4,00	0,16	0,022	**0,070**
	3	3,50	0,16	0,022	**0,037**
c)	10	3,50	0,18	0,025	**0,158**
	5	3,50	0,20	0,025	**0,088**
	5	3,50	0,22	0,025	**0,096**
d)	1	3,40	0,30	0,040	**0,041**
	1	3,40	0,35	0,040	**0,048**
	1	3,40	0,38	0,040	**0,052**
	1	3,40	0,42	0,040	**0,057**

111.6 (4′)

Gegeben: parallel besäumte Bohlen:
$V = 1{,}350$ m³; $l = 4{,}00$ m;
$b = 0{,}30$ m; $d = 0{,}045$ m

Gesucht: Stückzahl n

Lösung:
$$V = l \cdot b \cdot d \cdot n$$
$$n = \frac{V}{l \cdot b \cdot d} = \frac{1{,}350\ \text{m}^3}{4{,}00\ \text{m} \cdot 0{,}30\ \text{m} \cdot 0{,}045\ \text{m}} = \mathbf{25}$$

111.7 (11′)

Gegeben: parallel besäumte Bretter:
$V = 2{,}100$ m³; $l = 3{,}75$ m;
$b = 0{,}14$ m; $d = 0{,}02$ m
Materialkosten: 682,50 €

Gesucht:
a) Fläche A der Bretter in m³
b) Anzahl n der Bretter
c) Preis in €/m³

Lösung:
a)
$$V = l \cdot b \cdot d = A \cdot d$$
$$A = \frac{V}{d} = \frac{2{,}100\ \text{m}^3}{0{,}02\ \text{m}} = \mathbf{105{,}00\ m^2}$$
b)
$$V = l \cdot b \cdot d \cdot n$$
$$n = \frac{V}{l \cdot b \cdot d} = \frac{2{,}100\ \text{m}^3}{3{,}75\ \text{m} \cdot 0{,}14\ \text{m} \cdot 0{,}02\ \text{m}} = \mathbf{200}$$
c)
$$\text{Kosten} = V \cdot \text{Preis}$$
$$\text{Preis} = \frac{\text{Kosten}}{V} = \frac{682{,}50\ €}{2{,}100\ \text{m}^3} = \mathbf{325{,}00\ €/m^3}$$

111.8 (7′)

Gegeben: würfelförmige Kisten:
Anzahl $n = 2$
Gesamtgrundfläche $A = 2{,}56$ m²
Brettdicke $d = 22$ mm
Verschnittzuschlag $V_{VZ} = 20$ %
$\Rightarrow$ Zuschlagfaktor $f_V = 1{,}20$

Gesucht:
a) äußere Kantenlänge l_2 in m
b) Holzrohmenge V_R in m³

Lösung:
a) innere Kantenlänge:
$$A = 2 \cdot l_i^2$$
$$l_i^2 = \frac{A}{2}$$
$$l_i = \sqrt{\frac{A}{2}} = \sqrt{\frac{2{,}56\ \text{m}^2}{2}} = \mathbf{1{,}13\ m}$$
äußere Kantenlänge:
$$l_a = l_i + 2 \cdot d = 1{,}13\ \text{m} + 2 \cdot 0{,}022\ \text{m} = \mathbf{1{,}174\ m}$$

b) $l_i = h_1$; $l_a = h_2$

$V_R = 2 \cdot [2 \cdot 1{,}13\ m \cdot 1{,}13\ m + 2 \cdot 1{,}174\ m \cdot 1{,}13\ m + 2 \cdot (1{,}174\ m)^2] \cdot 0{,}022\ m \cdot 1{,}2$

$= \mathbf{0{,}420\ m^3}$

111.9 (6′)

Gegeben: Treppenstufen:
Anzahl $n = 15$
$l = 1{,}10$ m; $b = 0{,}32$ m
Fertigdicke $d_F = 0{,}04$ m
Rohdicke $d_R = 0{,}048$ m
Verschnittzuschlag $V_{VZ} = 30$ %
⇒ Zuschlagfaktor $f_V = 1{,}30$

Gesucht: Bedarf an Buchenholz V in m³

Lösung: $V_R = V \cdot n \cdot f_V$
$= l \cdot b \cdot d_R \cdot n \cdot f_V$
$= 1{,}10\ m \cdot 0{,}32\ m \cdot 0{,}040\ m \cdot 15 \cdot 1{,}30$
$= \mathbf{0{,}275\ m^3}$

111.10 (7′)

Gegeben: Stoßbretter:
$l = 425{,}00$ m; $b = 0{,}25$ m;
$d = 0{,}025$ m
Verschnittzuschlag $V_{VZ} = 20$ %
⇒ Zuschlagfaktor $f_V = 1{,}20$
Holzpreis: 325,– €/m³

Gesucht: a) Rohmenge V_R
b) Materialkosten in €

Lösung:
a) $V_R = l \cdot b \cdot d \cdot f_V$
$= 425{,}00\ m \cdot 0{,}25\ m \cdot 0{,}025\ m \cdot 1{,}20$
$= \mathbf{3{,}188\ m^3}$

b) Materialkosten $= V_R \cdot$ Preis
$= 3{,}188\ m^3 \cdot 325{,}00$ €/m³
$=$ **1 036,10 €**

6.3.3 Volumen unbesäumter Bretter und Bohlen

111.11 (6′)

Gegeben: 1 Brett:
$b_m = 0{,}26$ m; $l = 4{,}50$ m;
$d = 0{,}03$ m
1 Bohle:
$b_{m1} = 0{,}37$ m; $b_{m2} = 0{,}43$ m;
$l = 5{,}00$ m; $d = 0{,}045$ m

Gesucht: a) Brettvolumen V_{Brett}
b) Bohlenvolumen V_{Bohle}

Lösung:
a) $V_{Brett} = l \cdot b_m \cdot d$
$= 4{,}50\ m \cdot 0{,}26\ m \cdot 0{,}03\ m$
$= \mathbf{0{,}035\ m^3}$

b) $V_{Bohle} = l \cdot \frac{b_{m1} + b_{m2}}{2} \cdot d$
$= 5{,}00\ m \cdot \frac{0{,}37\ m + 0{,}43\ m}{2} \cdot 0{,}045\ m$
$= \mathbf{0{,}090\ m^3}$

111.12 (4′)

Gegeben: Handläufe aus Bohle:
$l = 5{,}00$ m; $b_{m1} = 0{,}42$ m;
$b_{m2} = 0{,}46$ m; $d = 0{,}06$ m
Verschnittzuschlag $V_{VZ} = 35$ %
⇒ Zuschlagfaktor $f_V = 1{,}35$

Gesucht: Rohmenge V_R in m³

Lösung: $V_R = l \cdot \frac{b_{m1} + b_{m2}}{2} \cdot d \cdot f_V$
$= 5{,}00\ m \cdot \frac{0{,}42\ m + 0{,}46\ m}{2} \cdot 0{,}06\ m \cdot 1{,}35$
$= \mathbf{0{,}178\ m^3}$

111.13 (4′)

Gegeben: Nussbaumbohle:
$l = 3{,}25$ m; $b_m = 0{,}38$ m; $d = 0{,}05$ m
Preis: 3 250,– €/m³

Gesucht: Materialkosten der Bohle in €

Lösung: Materialkosten
$= V \cdot$ Preis
$= l \cdot b \cdot d \cdot$ Preis
$= 3{,}25\ m \cdot 0{,}38\ m \cdot 0{,}05\ m \cdot 3\,250{,}00$ €/m³
$=$ **200,69 €**

111.14 (5′)

Gegeben: Blockrahmen:
$l = 62{,}00$ m; $b = 0{,}09$ m;
$d = 0{,}055$ m
Verschnittzuschlag $V_{VZ} = 28\,\%$
⇒ Zuschlagfaktor $f_V = 1{,}28$
Holzpreis: 1 100,– €/m³

Gesucht: Materialkosten in €

Lösung: Materialkosten
$= V \cdot f_V \cdot \text{Preis}$
$= l \cdot b \cdot d \cdot f_V \cdot \text{Preis}$
$= 62{,}00\text{ m} \cdot 0{,}09\text{ m} \cdot 0{,}055\text{ m} \cdot 1{,}28 \cdot 1\,100{,}00\text{ €/m}^3$
$= \mathbf{432{,}12\text{ €}}$

6.4 Pyramide und Kegel

114.1 (3′)

Gegeben: Rechteckpyramide:
$b = 6{,}00$ m; $l = 8{,}00$ m; $h_K = 9{,}50$ m

Gesucht: V in m³

Lösung:
$$V = \frac{A \cdot h_K}{3} = \frac{l \cdot b \cdot h_K}{3} = \frac{8{,}00\text{ m} \cdot 6{,}00\text{ m} \cdot 9{,}50\text{ m}}{3} = \mathbf{152{,}00\text{ m}^3}$$

114.2 (4′)

Gegeben: Rechteckpyramide:
$l = 4{,}50$ m; $b = 3{,}20$ m;
$V = 26{,}40$ m³

Gesucht: Höhe h_K in m

Lösung:
$$V = \frac{l \cdot b \cdot h_K}{3}$$
$$h_K = \frac{3 \cdot V}{l \cdot b} = \frac{3 \cdot 26{,}40\text{ m}^3}{3{,}20\text{ m} \cdot 4{,}50\text{ m}} = \mathbf{5{,}50\text{ m}}$$

114.3 (8′)

Gegeben: Dreieckspyramide:
alle Kanten $a = 0{,}60$ m lang

Gesucht: Höhe h_K

Lösung:

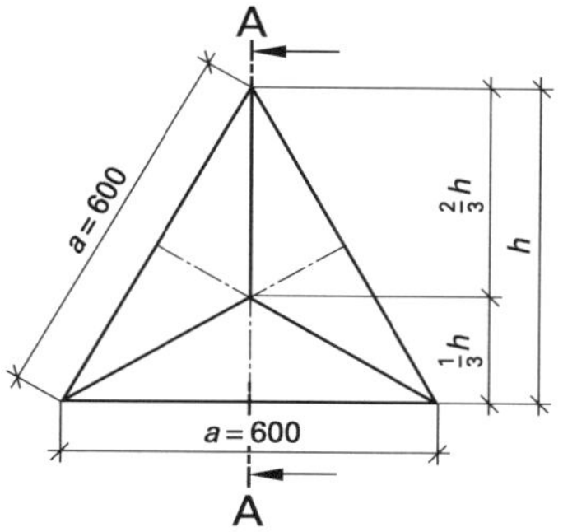

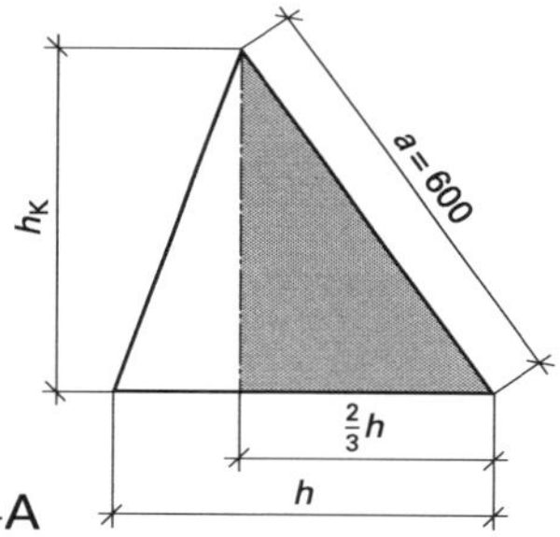

Schnitt A–A

$$h^2 = a^2 - \left(\frac{a}{2}\right)^2 = (0{,}60\text{ m})^2 - (0{,}30\text{ m})^2$$
$$h = \sqrt{0{,}27\text{ m}^2} = \mathbf{0{,}52\text{ m}}$$
$$h_K^2 = a^2 - \left(\frac{2}{3}h\right)^2 = (0{,}60\text{ m})^2 - (0{,}346\text{ m})^2$$
$$h_K = \sqrt{0{,}24\text{ m}^2} = \mathbf{0{,}49\text{ m}}$$

6.4 Pyramide und Kegel

114.4

(20′)

Gegeben: 5-Eck-Pyramiden:
Anzahl $n = 6$
$l_s = 0{,}42$ m
$h_K = 1{,}25$ m

Gesucht: a) Volumen V in m^3
b) Mantelfläche A_M in m^2

Lösung: a) Grundfläche
(aus Aufgabenbuch, S. 83, Tab. 1):

$$A = l_s^2 \cdot 1{,}7205 = (0{,}42\ \text{m})^2 \cdot 1{,}7205 = 0{,}303\ \text{m}^2$$

Gesamtvolumen:

$$V = \frac{A \cdot h_K \cdot n}{3} = \frac{0{,}303\ \text{m}^2 \cdot 1{,}25\ \text{m} \cdot 6}{3} = \mathbf{0{,}758\ m^3}$$

b) Inkreishalbmesser
(aus Aufgabenbuch, S. 83, Tab. 1):

$$r_i = l_s \cdot 0{,}6882 = 0{,}42\ \text{m} \cdot 0{,}6882 = 0{,}29\ \text{m}$$

Seitenflächenhöhe:

$$h_s^2 = h^2 \cdot r_i^2 = (1{,}25\ \text{m})^2 + (0{,}29\ \text{m})^2$$

$$h_s = \sqrt{1{,}647\ \text{m}^2} = 1{,}28\ \text{m}$$

Mantelfläche:

$$A_M = \frac{l_s \cdot h_s \cdot n \cdot 5}{2} = \frac{0{,}42\ \text{m} \cdot 1{,}28\ \text{m} \cdot 6 \cdot 5}{2} = \mathbf{8{,}06\ m^2}$$

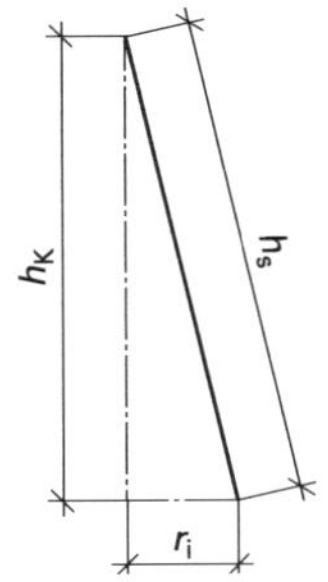

114.5

(11′)

Gegeben: Wintergarten:
Maße nach Zeichnung
Preis: 975,– €/m^3
$h_1 = 2{,}50$ m; $h_2 = 1{,}50$ m
Grundriss:

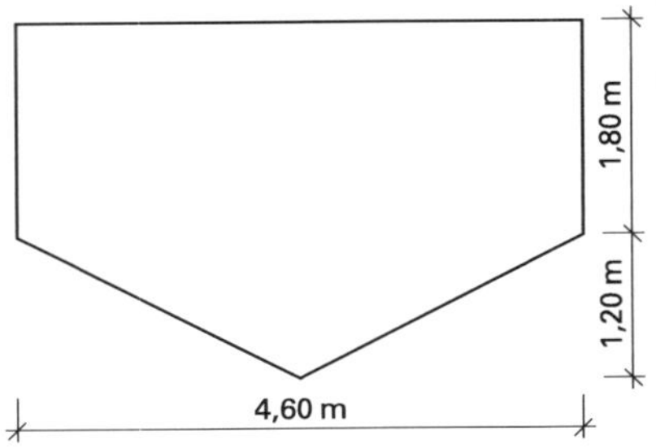

Gesucht: a) Volumen V in m^3
b) Baukosten in €

Lösung: a) Grundfläche:

$$A = l_1 \cdot b_1 + \frac{l_1 \cdot b_2}{2} = 4{,}60\ \text{m} \cdot 1{,}80\ \text{m} + \frac{4{,}60\ \text{m} \cdot 1{,}20\ \text{m}}{2} = \mathbf{11{,}04\ m}$$

Volumen:

$$V = A \cdot h_1 + \frac{1}{3} A \cdot h_2 = 11{,}04\ \text{m}^2 \cdot 2{,}50\ \text{m} + \frac{11{,}04\ \text{m}^2 \cdot 1{,}50\ \text{m}}{3} = 27{,}60\ \text{m}^3 + 5{,}52\ \text{m}^3 = \mathbf{33{,}12\ m^3}$$

b) Baukosten
$= V \cdot$ Preis
$= 33{,}12\ \text{m}^3 \cdot 975{,}00$ €/m^3
= 32 292,00 €

114.6 (10′)

Gegeben: Kegel:
$d = 0{,}65\ \text{m};\ h_K = 1{,}45\ \text{m}$

Gesucht: a) Volumen V in m^3
b) Oberfläche A_O in m^2

Lösung: a)
$$V = \frac{1}{3} A \cdot h = \frac{1}{3} d^2 \cdot \frac{\pi}{4} \cdot 1{,}45\ \text{m} = \frac{1}{3} \cdot (0{,}65\ \text{m})^2 \cdot \frac{\pi}{4} \cdot 1{,}45\ \text{m} = \mathbf{0{,}160\ m^3}$$

b)
$$h_s^2 = \frac{d^2}{2} + h_K^2$$
$$h_s = \sqrt{\frac{d^2}{2} + h_K^2} = \sqrt{\left(\frac{0{,}65\ \text{m}}{2}\right)^2 + (1{,}45\ \text{m})^2} = \sqrt{2{,}208}\ \text{m} = 1{,}49\ \text{m}$$
$$A_O = A_M + A = \frac{d \cdot \pi \cdot h_s}{2} + d^2 \cdot \frac{\pi}{4} = \frac{0{,}65\ \text{m} \cdot \pi \cdot 1{,}49\ \text{m}}{2} + (0{,}65\ \text{m})^2 \cdot \frac{\pi}{4} = 1{,}52\ \text{m}^2 + 0{,}33\ \text{m}^2 = \mathbf{1{,}85\ m^2}$$

114.7 (5′)

Gegeben: kegelförmiger Messbecher:
$d = 150\ \text{mm}$

Gesucht: h_K bei 1 l Inhalt

Lösung:
$$V = \frac{1}{3} d^2 \cdot \frac{\pi}{4} \cdot h_K$$
$$h_K = \frac{12 \cdot V}{d^2 \cdot \pi} = \frac{12 \cdot 1\ \text{dm}^3}{(1{,}5\ \text{dm})^2 \cdot \pi} = 1{,}7\ \text{dm} = \mathbf{170\ mm}$$

114.8 (11′)

Gegeben: Kegel:
$V = 33{,}640\ \text{m}^3$
$r = 2{,}80\ \text{m} \Rightarrow d = 5{,}60\ \text{m}$

Gesucht: a) Kegelhöhe h_K in m
b) Seitenlinie l_s in m
c) Mantelfläche A_M in m^2

Lösung: a)
$$V = \frac{1}{3} A \cdot h$$
$$h_K = \frac{3 \cdot V}{A} = \frac{12 \cdot V}{d^2 \cdot \pi} = \frac{12 \cdot 33{,}640\ \text{m}^3}{(5{,}60\ \text{m})^2 \cdot \pi} = \mathbf{4{,}10\ m}$$

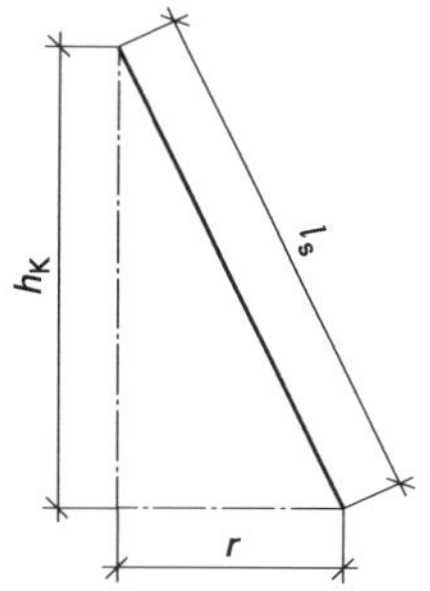

b)
$$l_s^2 = h_K^2 + r^2 = (4{,}10\ \text{m})^2 + (2{,}80\ \text{m})^2$$
$$l_s = \sqrt{24{,}65\ \text{m}^2} = \mathbf{4{,}96\ m}$$

c)
$$A_M = \frac{d \cdot \pi \cdot l_s}{2} = \frac{5{,}60\ \text{m} \cdot \pi \cdot 4{,}96\ \text{m}}{2} = \mathbf{43{,}63\ m^2}$$

114.9 (10′)

Gegeben: Zylinder mit Kegel als Spitze:
$h_Z = 2{,}00$ m; $d = 0{,}50$ m;
$h_K = 0{,}80$ m

Gesucht: Mantelfläche A_M in m²

Lösung: Mantelfläche Zylinder:

$$A_{MZ} = U \cdot h_Z = d \cdot \pi \cdot h_Z = 0{,}50\text{ m} \cdot \pi \cdot 2{,}00\text{ m} = 3{,}14\text{ m}^2$$

Mantelfläche Kegel:

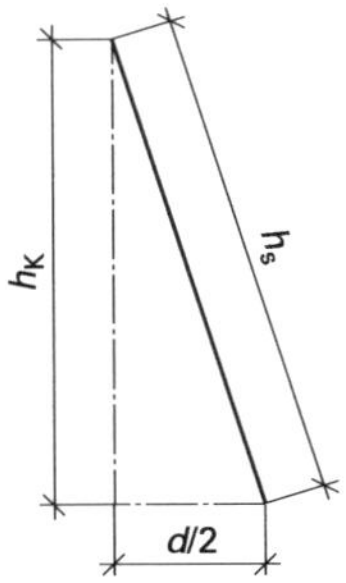

$$h_s^2 = h_K^2 + \left(\frac{d}{2}\right)^2 = (0{,}80\text{ m})^2 \cdot \left(\frac{0{,}50\text{ m}}{2}\right)^2$$

$$h_s = \sqrt{0{,}703\text{ m}^2} = 0{,}84\text{ m}$$

$$A_{MK} = \frac{d \cdot \pi \cdot h_s}{2} = \frac{0{,}50\text{ m} \cdot \pi \cdot 0{,}84\text{ m}}{2} = 0{,}66\text{ m}^2$$

gesamte Mantelfläche:

$$A_M = A_{MZ} + A_{MK} = 3{,}14\text{ m}^2 + 0{,}66\text{ m}^2 = \mathbf{3{,}80\text{ m}^2}$$

114.10 (18′)

Gegeben: Kegel aus Quader:
Quader $l = 0{,}21$ m; $h_Q = 0{,}32$ m
Kegel $d = 0{,}18$ m; $h_K = 0{,}30$ m
Anzahl $n = 150$

Gesucht: a) Verschnittzuschlag in %
b) Gesamtfläche A_O in m²

Lösung: a) Rohmenge:

$$V_R = l^2 \cdot h_Q \cdot n = (0{,}21\text{ m})^2 \cdot 0{,}32\text{ m} \cdot 150 = 2{,}117\text{ m}^3$$

Fertigmenge:

$$V_F = \frac{1}{3} A \cdot h_K \cdot n = \frac{1}{3} d^2 \cdot \frac{\pi}{4} \cdot h_K \cdot n = \frac{1}{3}(0{,}18\text{ m})^2 \cdot \frac{\pi}{4} \cdot 0{,}30\text{ m} \cdot 150 = 0{,}382\text{ m}^3$$

Verschnittzuschlag:

$$V_{VZ} = \frac{(V_R - V_F) \cdot 100\ \%}{V_F} = \frac{(2{,}117\text{ m}^3 - 0{,}382\text{ m}^3) \cdot 100\ \%}{0{,}382\text{ m}^3} = \frac{1{,}735\text{ m}^3 \cdot 100\ \%}{0{,}382\text{ m}^3} = \mathbf{454\ \%}$$

b) $$h_s^2 = h_K^2 + \left(\frac{d}{2}\right)^2 = (0{,}30\text{ m})^2 \cdot (0{,}09\text{ m})^2$$

$$hs = \sqrt{0{,}098\text{ m}^2} = 0{,}31\text{ m}$$

Oberfläche:

$$A_O = (A_M + A) \cdot n = \left(\frac{d \cdot \pi \cdot h_s}{2} + d^2 \cdot \frac{\pi}{4}\right) \cdot n$$

$$= \left[0{,}18\text{ m} \cdot \pi \cdot 0{,}31\text{ m} \cdot 0{,}5 + (0{,}18\text{ m})^2 \cdot \frac{\pi}{4}\right] \cdot 150$$

$$= 0{,}113\text{ m}^2 \cdot 150 = \mathbf{16{,}95\text{ m}^2}$$

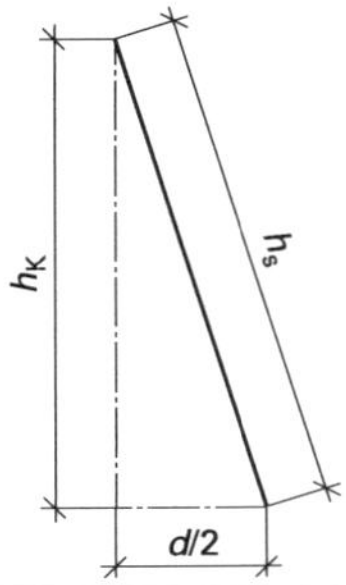

6.4 Pyramide und Kegel

115.1 (2′)

Gegeben: Pyramide:
$l = 6{,}0$ cm; $b = 4{,}0$ cm; $h = 5{,}5$ cm

Gesucht: V in cm³

Lösung:
$$V = \frac{A \cdot h}{3} = \frac{l \cdot b \cdot h}{3} = \frac{6{,}0\ \text{cm} \cdot 4{,}0\ \text{cm} \cdot 5{,}5\ \text{cm}}{3} = \mathbf{44{,}0\ cm^3}$$

115.2 (2′)

Gegeben: quadratische Pyramide:
$l = 5{,}0$ cm; $h = 6{,}0$ cm

Gesucht: V in cm³

Lösung:
$$V = \frac{A \cdot h}{3} = \frac{l^2 \cdot h}{3} = \frac{(5{,}0\ \text{cm})^2 \cdot 6{,}0\ \text{cm}}{3} = \mathbf{50{,}0\ cm^3}$$

115.3 (3′)

Gegeben: Pyramide über Parallelogramm als Grundfläche:
$l = 9{,}0$ cm; $b = 6{,}0$ cm; $h = 7{,}5$ cm

Gesucht: V in cm³

Lösung:
$$V = \frac{A \cdot h}{3} = \frac{l \cdot b \cdot h}{3} = \frac{9{,}0\ \text{cm} \cdot 6{,}0\ \text{cm} \cdot 7{,}5\ \text{cm}}{3} = \mathbf{135{,}0\ cm^3}$$

115.4 (3′)

Gegeben: Dreieckspyramide:
$l = 10{,}5$ cm; $b = 6{,}0$ cm;
$h = 12{,}0$ cm

Gesucht: V in cm³

Lösung:
$$V = \frac{A \cdot h}{3} = \frac{1}{3} \cdot \frac{l \cdot b}{3} \cdot h = \frac{1}{6} \cdot 10{,}5\ \text{cm} \cdot 6{,}0\ \text{cm} \cdot 12{,}0\ \text{cm} = \mathbf{126{,}0\ cm^3}$$

115.5 (3′)

Gegeben: Pyramide über Trapez:
$l_1 = 15{,}0$ cm; $l_2 = 9{,}0$ cm;
$b = 8{,}5$ cm; $h = 14{,}0$ cm

Gesucht: V in cm³

Lösung:
$$V = \frac{A \cdot h}{3} = \frac{l_1 + l_2}{2} \cdot b \cdot h \cdot \frac{1}{3} = \frac{15{,}0\ \text{cm} + 9{,}0\ \text{cm}}{2} \cdot 8{,}5\ \text{cm} \cdot 14{,}0\ \text{cm} \cdot \frac{1}{3} = \mathbf{476{,}0\ cm^3}$$

115.6 (8′)

Gegeben: Pyramide über regelmäßigem 6-Eck:
$s = 3{,}464$ cm; $b = 6{,}0$ cm;
$h = 7{,}5$ cm

Gesucht: V in cm³

Lösung:
$$A = A_{\triangle} \cdot 6 = \frac{1}{2} l \cdot b \cdot 6 = \frac{1}{2} \cdot 3{,}464\ \text{cm} \cdot 3{,}0\ \text{cm} \cdot 6 = 31{,}18\ \text{cm}^2$$
$$V = \frac{A \cdot h}{3} = \frac{1}{3} \cdot 31{,}18\ \text{cm}^2 \cdot 7{,}5\ \text{cm} = \mathbf{77{,}95\ cm^3}$$

Probe: aus Aufgabenbuch, S. 83, Tab. 1
$$A_{\text{Sechseck}} = s^2 \cdot 2{,}598 = (3{,}464\ \text{cm})^2 \cdot 2{,}598 = 31{,}18\ \text{cm}^2$$

115.7 (3′)

Gegeben: Kegel:
$d = 24{,}0$ cm; $h = 35{,}0$ cm

Gesucht: V in cm³

Lösung:
$$V = \frac{A \cdot h}{3} = \frac{1}{3} d^2 \cdot \frac{\pi}{4} \cdot h = \frac{1}{3} \cdot (24{,}0\ \text{cm})^2 \cdot \frac{\pi}{4} \cdot 35{,}0\ \text{cm} = \mathbf{5\,277{,}88\ cm^3}$$

115.8 (3′)

Gegeben: elliptischer Kegel:
$l = 15{,}0$ cm; $b = 7{,}5$ cm;
$h = 12{,}0$ cm

Gesucht: V in cm³

Lösung:
$$V = \frac{A \cdot h}{3}$$
$$= \frac{1}{3} \cdot l \cdot b \cdot \frac{\pi}{4} \cdot h$$
$$= \frac{1}{3} \cdot 15{,}0\ \text{cm} \cdot 7{,}5\ \text{cm} \cdot \frac{\pi}{4} \cdot 12{,}0\ \text{cm}$$
$$= \mathbf{353{,}43\ cm^3}$$

115.9 (3′)

Gegeben: Kegel über Kreisausschnitt:
$d = 24{,}0$ cm; $h = 30{,}0$ cm

Gesucht: V in cm³

Lösung:
$$V = \frac{A \cdot h}{3} \cdot \frac{\alpha}{360°}$$
$$= \frac{1}{3} \cdot d^2 \cdot \frac{\pi}{4} \cdot h \cdot \frac{\alpha}{360°}$$
$$= \frac{1}{3} \cdot (24\ \text{cm})^2 \cdot \frac{\pi}{4} \cdot 30\ \text{cm} \cdot \frac{120°}{360°}$$
$$= \mathbf{1\,507{,}96\ cm^3}$$

6.5 Pyramidenstumpf und Kegelstumpf

119.1 (9′)

Gegeben: Pyramidenstumpf:
$l_1 = 1{,}00$ m; $l_2 = 0{,}40$ m
$b_1 = 0{,}60$ m; $b_2 = 0{,}24$ m
$h_{K1} = 1{,}50$ m; $h_{K2} = 0{,}60$ m

Gesucht: V in m³

Lösung:
$$V = \frac{A_1 \cdot h_{K1}}{3} - \frac{A_2 \cdot h_{K2}}{3}$$
$$= \frac{l_1 \cdot b_1 \cdot h_{K1}}{3} - \frac{l_2 \cdot b_2 \cdot h_{K2}}{3}$$
$$= \frac{(1{,}00\ \text{m} \cdot 0{,}60\ \text{m} \cdot 1{,}50\ \text{m})}{3} - \frac{(0{,}40\ \text{m} \cdot 0{,}24\ \text{m} \cdot 0{,}60\ \text{m})}{3}$$
$$= \frac{0{,}842\ \text{m}^3}{3}$$
$$= \mathbf{0{,}281\ m^3}$$

119.2 (16′)

Gegeben: quadratischer Pyramidenstumpf:
Grundfläche:
$l_1 \times l_1 = 3{,}50\ \text{m} \times 3{,}50\ \text{m}$
gedachte Höhe $h_{K1} = 5{,}50$ m
tatsächliche Höhe: 75 %

Gesucht: V in m³

Lösung:

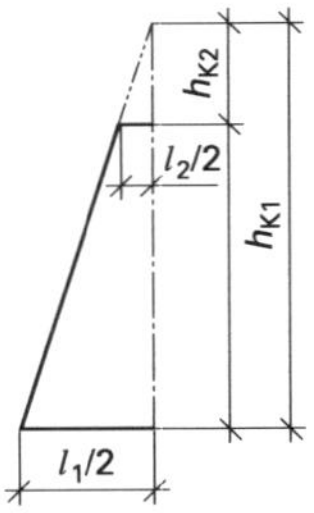

$$h_{K2} = h_{K1} \cdot 0{,}25$$
$$= 5{,}50\ \text{m} \cdot 0{,}25$$
$$= 1{,}38\ \text{m}$$

Es verhalten sich
$$l_1 : l_2 = h_{K1} : h_{K2}$$
$$l_2 = \frac{l_1 \cdot h_{K2}}{h_{K1}}$$
$$= \frac{3{,}50\ \text{m} \cdot 1{,}38\ \text{m}}{5{,}50\ \text{m}}$$
$$= 0{,}88\ \text{m}$$
$$V = \frac{1}{3}\left(l_1^2 \cdot h_{K1} - l_1^2 \cdot h_{K2}\right)$$
$$= \frac{1}{3}\left[(3{,}50\ \text{m})^2 \cdot 5{,}50\ \text{m} - (0{,}88\ \text{m})^2 \cdot 1{,}38\ \text{m}\right]$$
$$= \frac{1}{3} \cdot 66{,}307\ \text{m}^3$$
$$= \mathbf{22{,}10\ m^3}$$

6.5 Pyramidenstumpf und Kegelstumpf

119.3

(17')

Gegeben: Pyramidenstümpfe: $l_1 = 1{,}00$ m; $l_2 = 0{,}60$ m; $h_K = 0{,}80$ m

Gesucht: a) V in m³
b) A_O in m²

Lösung:

a) $V = l_m^2 \cdot h_K$

$= \left(\frac{l_1 + l_2}{2}\right)^2 \cdot h_K$

$= \left(\frac{1{,}00\text{ m} + 0{,}60\text{ m}}{2}\right)^2 \cdot 0{,}80\text{ m}$

$= \mathbf{0{,}512\ m^3}$

b) Seitenflächenhöhe:

$h_s^2 = h_K^2 + \left(\frac{l_1 - l_2}{2}\right)^2$

$= (0{,}80\text{ m})^2 + \left(\frac{1{,}00\text{ m} - 0{,}60\text{ m}}{2}\right)^2$

$h_s = \sqrt{0{,}68\text{ m}^2}$

$= 0{,}82$ m

Oberfläche:

$A_O = A_M + A_1 + A_2$

$= \left(\frac{l_1 + l_2}{2} \cdot h_s\right)^2 \cdot 4 + l_1^2 + l_2^2$

$= \left(\frac{1{,}00\text{ m} + 0{,}60\text{ m}}{2} \cdot 0{,}82\text{ m}\right) \cdot 4$
$+ (1{,}00\text{ m})^2 + (0{,}60\text{ m})^2$

$= 2{,}62\text{ m}^2 + 1{,}00\text{ m}^2 + 0{,}36\text{ m}^2$

$= \mathbf{3{,}98\ m^2}$

119.4

(18')

Gegeben: Kegelstumpf: $D = 50$ cm; $d = 25$ cm; $h_K = 40$ cm

Gesucht: a) V in cm³
b) A_O in cm²

Lösung:

a) $V = \frac{\pi \cdot h_K}{12} \cdot (D^2 + d^2 + D \cdot d)$

$= \frac{\pi \cdot 40\text{ cm}}{12} \cdot \left[(50\text{ cm})^2 + (25\text{ cm})^2 + 50\text{ cm} \cdot 25\text{ cm}\right]$

$= 10{,}472\text{ cm} \cdot (2\,500\text{ cm}^2 + 625\text{ cm}^2 + 1\,250\text{ cm}^2)$

$= 10{,}472\text{ cm} \cdot 4\,375\text{ cm}^2$

$= \mathbf{45\,815\ cm^3}$

b) $h_s^2 = \left(\frac{D - d}{2}\right)^2 + h_K^2$

$h_s = \sqrt{\left(\frac{D - d}{2}\right)^2 + h_K^2}$

$= \sqrt{\left(\frac{50\text{ cm} - 25\text{ cm}}{2}\right)^2 + 40\text{ m})^2}$

$= \sqrt{156{,}25\text{ cm}^2 + 1\,600\text{ cm}^2}$

$= 41{,}91$ cm

$A_M = \frac{\pi \cdot h_s}{2} \cdot D + d$

$= \frac{\pi \cdot 41{,}91\text{ cm}}{2} \cdot (50\text{ cm} + 25\text{ cm})$

$= 4\,937{,}41\text{ cm}^2$

$A_G + A_D = (D^2 + d^2) \cdot \frac{\pi}{4}$

$= \left[(50\text{ cm})^2 + (25\text{ cm})^2\right] \cdot \frac{\pi}{4}$

$= 2\,454{,}37\text{ cm}^2$

$A_O = A_M + A_D + A_G$

$= 4\,937{,}41\text{ cm}^2 + 2\,454{,}37\text{ cm}^2$

$= \mathbf{7\,391{,}78\ cm^2}$

119.5

(8')

Gegeben: Tischbeine in Form eines Kegelstumpfes:
$D = 0{,}05$ m; $d = 0{,}025$ m;
$h_K = 0{,}72$ m
Verschnittzuschlag $V_{VZ} = 60$ %
$\Rightarrow$ Zuschlagfaktor $f_V = 1{,}60$
Anzahl $n = 500$

Gesucht: Rohmenge V_R in m³

Lösung:

$V_R = \frac{\pi \cdot h_K}{12} \cdot (D^2 + d^2 + D \cdot d) \cdot f_V \cdot n$

$= \frac{\pi \cdot 0{,}72\text{ m}}{12} \cdot \left[(0{,}05\text{ m})^2 + (0{,}025\text{ m})^2 + 0{,}05\text{ m} \cdot 0{,}025\text{ m}\right] \cdot 1{,}60 \cdot 500$

$= \mathbf{0{,}660\ m^3}$

6.5 Pyramidenstumpf und Kegelstumpf

119.6

(8′)

Gegeben: Kegelstumpf:
$D = 0{,}80$ m; $d = 0{,}40$ m;
$V = 0{,}339\ \text{m}^3$

Gesucht: Körperhöhe h_K in m

Lösung:

$$V = \frac{\pi \cdot h_K}{12} \cdot (D^2 + d^2 + D \cdot d)$$

$$h_K = \frac{12 \cdot V}{\pi \cdot (D^2 + d^2 + D \cdot d)}$$
$$= \frac{12 \cdot 0{,}339\ \text{m}^3}{\pi \cdot [(0{,}80\ \text{m})^2 + (0{,}40\ \text{m})^2 + 0{,}80\ \text{m} \cdot 0{,}40\ \text{m}]}$$
$$= \frac{4{,}068\ \text{m}^3}{3{,}517\ \text{m}^2}$$
$$= \mathbf{1{,}16\ m}$$

119.7

(12′)

Gegeben: Kegelstumpf:
Anzahl $n = 8$
$D = 1{,}00$ m; $d = 0{,}50$ m;
$h_K = 1{,}60$ m

Gesucht: a) A_M in m²
b) A_D in m²

Lösung:

a) $$h_s^2 = \left(\frac{D - d}{2}\right)^2 + h_K^2$$
$$= \left(\frac{1{,}00\ \text{m} - 0{,}50\ \text{m}}{2}\right)^2 + (1{,}60\ \text{m})^2$$
$$h_s = \sqrt{2{,}623\ \text{m}^2}$$
$$= 1{,}62\ \text{m}$$
$$A_M = \frac{\pi \cdot h_s}{2} \cdot (D + d) \cdot n$$
$$= \frac{\pi \cdot 1{,}62\ \text{m}}{2} \cdot (1{,}00\ \text{m} + 0{,}50\ \text{m}) \cdot 8$$
$$= \mathbf{30{,}54\ cm^2}$$

b) $$A_D = d^2 \cdot \frac{\pi}{4} \cdot n$$
$$= (0{,}50\ \text{m})^2 \cdot \frac{\pi}{4} \cdot 8$$
$$= \mathbf{1{,}57\ m^2}$$

119.8

(16′)

Gegeben: Leimgefäß in Form eines Kegelstumpfes:
Füllung: $\frac{3}{4}$
$D = 2{,}65$ dm; $d = 1{,}90$ dm;
$h_K = 2{,}40$ dm

Gesucht: Restmenge an Leim V_L in l

Lösung:

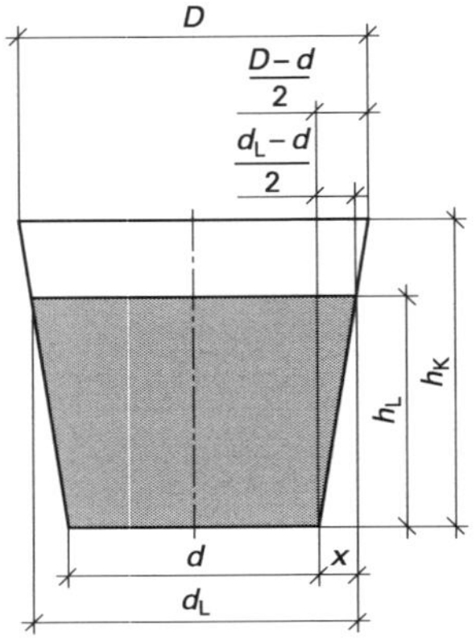

$$h_L = h_K \cdot 0{,}75$$
$$= 2{,}40\ \text{dm} \cdot 0{,}75$$
$$= 1{,}80\ \text{dm}$$

$$\frac{D - d}{2} : \frac{d_L - d}{2} = h_K : h_L$$
$$h_L(D - d) = h_K(d_L - d)$$
$$d_L = \frac{h_L}{h_K}(D - d) \cdot d$$
$$= \frac{1{,}80\ \text{dm}}{2{,}40\ \text{dm}}(2{,}65\ \text{dm} - 1{,}90\ \text{dm}) + 1{,}90\ \text{dm}$$
$$= 0{,}75 \cdot 0{,}75\ \text{dm} + 1{,}90\ \text{dm}$$

$$V_L = \frac{\pi \cdot h_L}{12} \cdot (d_l^2 + d^2 + D \cdot d)$$
$$= \frac{\pi \cdot 1{,}80\ \text{dm}}{12}\left[(2{,}46\ \text{dm})^2 + (1{,}90\ \text{dm})^2 + 2{,}46\ \text{dm} \cdot 1{,}90\ \text{dm}\right]$$
$$= \mathbf{6{,}755\ l}$$

119.9 (12′)

Gegeben: Spänesilo aus Zylinder und Kegelstumpf:
1. Zylinder:
$D = 2{,}50$ m; $h_Z = 4{,}50$ m
2. Kegelstumpf:
$D = 2{,}50$ m; $d = 0{,}50$ m;
$h_K = 2{,}20$ m

Gesucht: Fassungsvermögen V in m³

Lösung:
$$V_Z = A \cdot h_Z = D^2 \cdot \frac{\pi}{4} \cdot h_Z = (2{,}50\text{ m})^2 \cdot \frac{\pi}{4} \cdot 4{,}50\text{ m} = 22{,}089\text{ m}^3$$
$$V_K = \frac{\pi \cdot h_K}{12} \cdot (D^2 + d^2 + D \cdot d) = \frac{\pi \cdot 2{,}20\text{ m}}{12} \cdot \left[(2{,}50\text{ m})^2 + (0{,}50\text{ m})^2 + 2{,}50\text{ m} \cdot 0{,}50\text{ m}\right] = 4{,}464\text{ m}^3$$
$$V = V_Z + V_K = 22{,}089\text{ m}^3 + 4{,}464\text{ m}^3 = \mathbf{26{,}553\text{ m}^3}$$

6.6 Stammberechnungen – Blockmaß, Würfelmaß

121.1 (3′)

Gegeben: Buchenstamm:
$l = 8{,}00$ m; $d_m = 0{,}48$ m

Gesucht: V in m³

Lösung:
$$V = A \cdot l = d_m^2 \cdot \frac{\pi}{4} \cdot l = (0{,}48\text{ m})^2 \cdot \frac{\pi}{4} \cdot 8{,}0\text{ m} = \mathbf{1{,}448\text{ m}^3}$$

121.2 (6′)

Gegeben: 3 Kiefernstämme, kreuzweise gekluppt:
a) $d = 32/33$ cm
b) $d = 46{,}2/49{,}3$ cm
c) $d = 39{,}8/43{,}4$ cm

Gesucht: mittlerer Durchmesser d_m in cm

Lösung:
$$d_m = \frac{d_{m1} + d_{m2}}{2}$$
a) $$d_m = \frac{32{,}0\text{ cm} + 33{,}0\text{ cm}}{2} = \mathbf{32{,}5\text{ cm} \triangleq 32\text{ cm}}$$
b) $$d_m = \frac{46{,}2\text{ cm} + 49{,}3\text{ cm}}{2} = \mathbf{47{,}8\text{ cm} \triangleq 47\text{ cm}}$$
c) $$d_m = \frac{39{,}8\text{ cm} + 43{,}4\text{ cm}}{2} = \mathbf{41{,}6\text{ cm} \triangleq 41\text{ cm}}$$

121.3 (5′)

Gegeben: Kiefernstamm
$l = 6{,}50$ m; $U_m = 1{,}633$ m

Gesucht: Volumen V in m³

Lösung:
$$U = d \cdot \pi$$
$$d = \frac{U}{\pi} = \frac{1{,}633\text{ m}}{\pi} = 0{,}52\text{ m}$$
$$V = A \cdot l = d^2 \cdot \frac{\pi}{4} \cdot l = (0{,}52\text{ m})^2 \cdot \frac{\pi}{4} \cdot 6{,}50\text{ m} = \mathbf{1{,}379\text{ m}^3}$$

121.4 (4′)

Gegeben: Fichtenstamm:
$l = 6{,}25$ m; $d_m = 0{,}38$ m
Preis: 475,– €/m³

Gesucht: Rohholzpreis in €

Lösung: Rohholzpreis
$$= V \cdot \text{Preis} = A \cdot l \cdot \text{Preis} = d^2 \cdot \frac{\pi}{4} \cdot l \cdot \text{Preis}$$
$$= (0{,}38\text{ m})^2 \cdot \frac{\pi}{4} \cdot 6{,}25\text{ m} \cdot 475{,}00\text{ €/m}^3 = \mathbf{336{,}69\text{ €}}$$

6.6 Stammberechnungen – Blockmaß, Würfelmaß

121.5 (8′)

Gegeben: 2 Eschenstämme:
$l_1 = 8{,}70$ m; $d_{m1} = 0{,}46$ m
$l_2 = 9{,}50$ m; $d_{m2} = 0{,}38$ m
Rohholzpreis: 2430,– €

Gesucht: Preis pro Kubikmeter in €

Lösung:

$$V = A_1 \cdot l_1 + A_2 \cdot l_2 = (d_{m1} \cdot d_{m1} \cdot l_1 + d_{m2} \cdot d_{m2} \cdot l_2) \cdot \frac{\pi}{4}$$

$$= (0{,}46 \text{ m} \cdot 0{,}46 \text{ m} \cdot 8{,}70 \text{ m} + 0{,}38 \text{ m} \cdot 0{,}38 \text{ m} \cdot 9{,}50 \text{ m}) \cdot \frac{\pi}{4} = 2{,}523 \text{ m}^3$$

$$\text{Kubikmeterpreis} = \frac{\text{Rohholzpreis}}{V} = \frac{2430{,}00 \text{ €}}{2{,}523 \text{ m}^3} = \mathbf{963{,}14\ €/m^3}$$

121.6 (8′)

Gegeben: Eichenstamm:
$l = 5{,}50$ m; $d_m = 0{,}56$ m
Bohlendicke: 0,04 m
Einschnittverlust: 25 %

Gesucht:
a) Volumen V des Stammes
b) Fläche A der Bohlen in m²

Lösung:

a) $$V = A \cdot l = d_m^2 \cdot \frac{\pi}{4} \cdot l = (0{,}56 \text{ m})^2 \cdot \frac{\pi}{4} \cdot 5{,}50 \text{ m} = \mathbf{1{,}355\ m^3}$$

b) $$V_F = V_R \cdot 0{,}75 = 1{,}355 \text{ m}^3 \cdot 0{,}75 = \mathbf{1{,}016\ m^3}$$

$$A = \frac{V_F}{d} = \frac{1{,}016 \text{ m}^3}{0{,}04 \text{ m}} = \mathbf{25{,}40\ m^2}$$

121.7 (11′)

Gegeben: Lärchenstammholz: 490,– €/m³
Transportkosten: 182,50 €
Einschnittkosten: 160,– €
V von 4 Stämmen: 5,240 m³
Einschnittverlust: 26 %

Gesucht:
a) Versteigerungspreis in €
b) Würfelmaß V in m³
c) Schnittholzpreis in €/m³

Lösung:

a) Versteigerungspreis:
$$= V \cdot \text{Stammholzpreis} = 5{,}240 \text{ m}^3 \cdot 490{,}00 \text{ €/m}^3 = \mathbf{2\,567{,}60\ €}$$

b) $$V_{\square} = V \cdot 0{,}74 = 5{,}240 \text{ m}^3 \cdot 0{,}74 = \mathbf{3{,}878\ m^3}$$

c) Schnittholzpreis
$$= \frac{\text{Versteigerungspr.} + \text{Transportk.} + \text{Einschnittk.}}{\text{Würfelmaß}} = \frac{(2\,567{,}60 + 182{,}50 + 160{,}00) \text{ €}}{3{,}878 \text{ m}^3} = \mathbf{750{,}41\ €/m^3}$$

121.8 (13′)

Gegeben: Eichenstamm:
$l = 5{,}00$ m; $d_m = 0{,}50$ m
Bohlendicke $d = 0{,}06$ m
Breiten: 2 × 0,22 m; 2 × 0,38 m; 2 × 0,45 m; 1 × 0,49 m

Gesucht:
a) Stammvolumen V in m³
b) Würfelmaß $V_{\square}$ in m³
c) Einschnittverlust V_{VA} in %

Lösung:

a) $$V = A \cdot l = d_m^2 \cdot \frac{\pi}{4} \cdot l = (0{,}50 \text{ m})^2 \cdot \frac{\pi}{4} \cdot 5{,}00 \text{ m} = \mathbf{0{,}982\ m^3}$$

b) $$V_{\square} = \left(\Sigma b_m\right) \cdot l \cdot d = [2 \cdot (0{,}22 \text{ m} + 0{,}38 \text{ m} + 0{,}45 \text{ m}) + 0{,}49 \text{ m}] \cdot 5{,}00 \text{ m} \cdot 0{,}06 \text{ m} = \mathbf{0{,}777\ m^3}$$

c) $$V_{VA} = \frac{(V_R - V_F) \cdot 100\ \%}{V_R} = \frac{(0{,}982 \text{ m}^3 - 0{,}777 \text{ m}^3) \cdot 100\ \%}{0{,}982 \text{ m}^3} = \mathbf{20{,}9\ \% \approx 21\ \%}$$

121.9

(13')

Gegeben: Buchenstamm:
$l = 6{,}50\ m$; $d_m = 0{,}60\ m$
Brettdicke $d_B = 0{,}026\ m$
Breiten: 4 × 0,57 m; 4 × 0,12 m; 4 × 0,15 m; 4 × 0,17 m; 4 × 0,19 m; 12 × 0,20 m

Gesucht: Einschnittverlust V_{VA} in %

Lösung: Rohmenge:

$$V_R = A \cdot l = d_m^2 \cdot \frac{\pi}{4} \cdot l = (0{,}60\ m)^2 \cdot \frac{\pi}{4} \cdot 6{,}50\ m = 1{,}838\ m^3$$

Fertigmenge:

$$V_F = \left(\Sigma b\right) \cdot l \cdot d_B = [4 \cdot (0{,}57\ m + 0{,}12\ m + 0{,}15\ m + 0{,}17\ m + 0{,}19\ m) + 12 \cdot 0{,}20\ m] \cdot 6{,}50\ m \cdot 0{,}026\ m = 1{,}217\ m^3$$

Verschnittabschlag:

$$V_{VA} = \frac{(V_R - V_F) \cdot 100\ \%}{V_R} = \frac{(1{,}838\ m^3 - 1{,}217\ m^3) \cdot 100\ \%}{1{,}838\ m^3} = \mathbf{33{,}8\ \% \approx 34\ \%}$$

6.7 Kugel

123.1

(3')

Gegeben: Würfel: $l = 1{,}00\ m$
Kugel: $d = 1{,}00\ m$

Gesucht: Volumenverhältnis $V_{Würfel} : V_{Kugel}$

Lösung:

$$V_{Kugel} = \frac{d^3 \cdot \pi}{6} = \frac{(1{,}00\ m)^3 \cdot \pi}{6} = 0{,}524\ m^3$$

$$V_{Würfel} = l^3 = 1{,}000\ m^3$$

$$V_{Würfel} : V_{Kugel} = 1{,}00\ m^3 : 0{,}524\ m^3 = \mathbf{1 : 0{,}524}$$

123.2

(7')

Gegeben: Halbkugel: $d = 25{,}00\ m$
Mietpreis im Monat: 0,75 €/m³

Gesucht: a) Rauminhalt der Halle V in m³
b) monatl. Miete in €

Lösung: a)

$$V = \left(\frac{d^3 \cdot \pi}{6}\right) : 2 = \left[\frac{(25{,}00\ m)^3 \cdot \pi}{6}\right] : 2 = \mathbf{4\,090{,}615\ m^3}$$

b) Mietkosten pro Monat

$$= V \cdot \text{Kubikmeterpreis} = 4\,090{,}615\ m^3 \cdot 0{,}75\ €/m^3 = \mathbf{3\,067{,}96\ €}$$

123.3

(9')

Gegeben: Holzkugeln: $d = 0{,}32\ m$; $n = 25$
Würfel Rohmenge: $l = 0{,}36\ m$

Gesucht: a) Fertigmenge V_F in m³
b) Verschnittzuschlag V_{VZ} in %

Lösung: a)

$$V_F = \frac{d^3 \cdot \pi}{6} \cdot n = \frac{(0{,}32\ m)^3 \cdot \pi}{6} \cdot 25 = \mathbf{0{,}429\ m^3}$$

b) Rohmenge:

$$V_R = l^3 \cdot n = (0{,}36\ m)^3 \cdot 25 = 1{,}166\ m^3$$

Verschnittzuschlag:

$$V_{VZ} = \frac{(V_R - V_F) \cdot 100\ \%}{V_F} = \frac{(1{,}166\ m^3 - 0{,}429\ m^3) \cdot 100\ \%}{0{,}429\ m^3} = \mathbf{171{,}8\ \% \approx 172\ \%}$$

6.8 Fass

123.4 (6′)

Gegeben: Fass:
Innenmaße:
$d_1 = 5{,}8$ dm; $d_2 = 4{,}2$ dm;
$h_K = 7{,}5$ dm
Füllung: 75 %

Gesucht: Inhalt V in l

Lösung:

$$V = \frac{\pi \cdot h_K}{12} \cdot (2 \cdot d_1^2 + d_2^2) \cdot 0{,}75$$
$$= \frac{\pi \cdot 7{,}5\text{ dm}}{12} \cdot [2 \cdot (5{,}8\text{ dm})^2 + (4{,}2\text{ dm})^2] \cdot 0{,}75$$
$$= \mathbf{125{,}06\ dm^3 = 125{,}06\ l}$$

123.5 (7′)

Gegeben:
1. Fass: $d_1 = 4{,}5$ dm; $d_2 = 3{,}2$ dm; $h_K = 6{,}0$ dm
2. Zylinder: $V_Z = 60$ l

Gesucht: Wie viel Prozent des Fassinhaltes passen in den Zylinder?

Lösung: Fassvolumen:

$$V_F = \frac{\pi \cdot h_K}{12} \cdot (2 \cdot d_1^2 + d_2^2)$$
$$= \frac{\pi \cdot 6{,}0\text{ dm}}{12} \cdot [2 \cdot (4{,}5\text{ dm})^2 + (3{,}2\text{ dm})^2]$$
$$= \mathbf{79{,}702\ dm^3 = 79{,}702\ l}$$

Prozenztsatz:

$$\frac{V_Z}{V_F} = \frac{V_Z \cdot 100\ \%}{V_F}$$
$$= \frac{60\ l \cdot 100\ \%}{79{,}702\ l}$$
$$= \mathbf{75{,}3\ \% \approx 75\ \%}$$

6.9 Keil und Ponton

123.6 (6′)

Gegeben: keilförmige Behälter:
Anzahl $n = 8$; $h_K = 1{,}60$ m
$l_1 = l_2 = 0{,}65$ m; $b = 0{,}50$ m

Gesucht: Rauminhalt V in m³

Lösung:

$$V = \frac{h_K}{6} \cdot b \cdot (2 \cdot l_1 + l_2) \cdot n$$
$$= \frac{1}{6} \cdot h_K \cdot b \cdot 3l_1 \cdot n$$
$$= \frac{1}{6} \cdot 1{,}60\text{ m} \cdot 0{,}50\text{ m} \cdot 3 \cdot 0{,}65\text{ m} \cdot 8$$
$$= \mathbf{2{,}08\ m^3}$$

123.7 (8′)

Gegeben: Sockel in Pontonform:
Anzahl $n = 20$; $h_K = 45$ cm
$l_1 = 45$ cm; $b_1 = 30$ cm
$l_2 = 38$ cm; $b_2 = 26$ cm

Gesucht:
a) Gesamtvolumen V in m³
b) Oberfläche A_O in m²

Lösung:

a)
$$V = \frac{h_K}{6} \cdot \left[2 \cdot (l_1 \cdot b_1 + l_2 \cdot b_2) + l_1 \cdot b_2 + l_2 \cdot b_1\right] \cdot n$$
$$= \frac{45\text{ cm}}{6} \cdot \left[2 \cdot (45\text{ cm} \cdot 30\text{ cm} + 38\text{ cm} \cdot 26\text{ cm}) + 45\text{ cm} \cdot 26\text{ cm} + 38\text{ cm} \cdot 30\text{ cm}\right] \cdot 20$$
$$= 52\,395\text{ cm}^3 \cdot 20$$
$$= 1\,047\,900{,}000\text{ cm}^3 \cdot \frac{1\text{ m}^3}{1\,000\,000\text{ cm}^3}$$
$$= \mathbf{1{,}048\ m^3}$$

b) Seitenflächenhöhen:

$$h_l^2 = h_K^2 + \left(\frac{b_1 - b_2}{2}\right)^2$$
$$= (45\text{ cm})^2 + \left(\frac{30\text{ cm} - 26\text{ cm}}{2}\right)^2$$
$$h_l = \sqrt{2{,}029\text{ cm}^2}$$
$$= 45{,}04\text{ cm}$$

$$h_b = h_K^2 + \left(\frac{l_1 - l_2}{2}\right)^2$$
$$= (45\text{ cm})^2 + \left(\frac{45\text{ cm} - 38\text{ cm}}{2}\right)^2$$
$$= \sqrt{2\,037{,}25\text{ cm}^2}$$
$$= 45{,}14\text{ cm}$$

Oberfläche:

$$A_O = (A_G + A_D + 2 \cdot A_{M1} + 2 \cdot A_{M2}) \cdot n$$

$$= \left(l_1 \cdot b_1 + l_1 \cdot b_2 + 2 \frac{l_1 + l_2}{2} \cdot h_l + 2 \cdot \frac{b_1 + b_2}{2} \cdot h_b\right) \cdot n$$

$$= \left(45\text{ cm} \cdot 30\text{ cm} + 38\text{ cm} \cdot 26\text{ cm} + 2 \cdot \frac{45\text{ cm} + 38\text{ cm}}{2} \cdot 45{,}14\text{ cm} + 2 \cdot \frac{30\text{ cm} + 26\text{ cm}}{2} \cdot 45{,}14\text{ cm}\right) \cdot 20$$

$$= 8\,604{,}16\text{ cm}^2 \cdot 20$$

$$= 172\,083{,}20\text{ cm}^2 \cdot \frac{1\text{ m}^2}{10\,000\text{ cm}^2}$$

$$= \mathbf{17{,}21\text{ m}^2}$$

7 Masse – Dichte – Gewichtskraft

7.1 Masse – 7.2 Dichte

7.1 Masse

125.1

(7′)

Gegeben: Ganzglastür:
$b = 1{,}40\ \text{m} = 14\ \text{dm}$
$h = 2{,}20\ \text{m} = 22\ \text{dm}$
$d = 15\ \text{mm} = 0{,}15\ \text{dm}$
Rohdichte: $\rho = 2{,}60\ \text{kg/dm}^3$

Gesucht: Masse m

Lösung:
$$\rho = \frac{m}{V}$$
$$m = \rho \cdot V = \rho \cdot b \cdot d \cdot h = 2{,}6\ \frac{\text{kg}}{\text{dm}^3} \cdot 14\ \text{dm} \cdot 0{,}15\ \text{dm} \cdot 22\ \text{dm} = \mathbf{120{,}120\ kg}$$

125.2

(8′)

Einheiten umrechnen

a) 752 g = **0,752 kg** = **752 000 mg**
b) 62,5 t = **62 500 kg** = **62 500 000 g**
c) 8 590 kg = **8,590 t** = **8 590 000 g**
d) 5,389 t = **5 389 kg** = **5 389 000 g**
e) 8 370 mg = **8,37 g** = **0,00837 kg**
f) 0,275 t = **275 kg** = **275 000 g**
g) 0,064 kg = **64 g** = **64 000 mg**
h) 0,034 t = **34 kg** = **34 000 000 mg**
i) 84 364 mg = **84,364 g** = **0,084364 kg**
j) 95 853 mg = **0,095853 kg** = **0,000095853 t**

7.2 Dichte

125.3

(3′)

Gegeben: Stahlplatte:
$m = 3\,301\ \text{kg}$
$V = 0{,}42\ \text{m}^3$

Gesucht: Dichte ρ in kg/dm³

Lösung:
$$\rho = \frac{m}{V} = \frac{3\,301\ \text{kg}}{0{,}42\ \text{m}^3} \cdot \frac{1\ \text{m}^3}{1000\ \text{dm}^3} = \mathbf{7{,}86\ kg/dm^3}$$

125.4

(5′)

Gegeben: Eichenbalken:
$l = 5{,}20\ \text{m} = 52\ \text{dm}$
$h = 0{,}24\ \text{m} = 2{,}4\ \text{dm}$
$b = 0{,}16\ \text{m} = 1{,}6\ \text{dm}$
$m = 168{,}5\ \text{kg}$

Gesucht: Rohdichte ρ in kg/dm³

Lösung:
$$\rho = \frac{m}{V} = \frac{m}{l \cdot h \cdot b} = \frac{168{,}5\ \text{kg}}{52\ \text{dm} \cdot 2{,}4\ \text{dm} \cdot 1{,}6\ \text{dm}} = \mathbf{0{,}84\ kg/dm^3}$$

125.5

(10′)

Gegeben: Lieferliste Bretter in Kiefer:
$\rho = 0{,}52\ \text{kg/dm}^3$

Gesucht: Masse m in kg

Lösung: $V = n \cdot b \cdot l \cdot d$

Stück	b	l	d	V in dm³
20	34 dm	1,80 dm	0,30 dm	367,20
15	32 dm	2,00 dm	0,25 dm	240,00
30	38 dm	1,60 dm	0,20 dm	364,80
				= 972,00

$$m = V \cdot \rho = 972{,}00\ \text{dm}^3 \cdot 0{,}52\ \text{kg/dm}^3 = \mathbf{505{,}44\ kg}$$

125.6

(9′)

Gegeben: Nutzlast: $m = 3{,}5\ \text{t}$
Ladung:
Buchenholz: $\rho = 0{,}69\ \text{t/m}^3$
Fichtenholz: $\rho = 0{,}47\ \text{t/m}^3$

Gesucht: Ladung V in m³ von Buchenholz und Fichtenholz

Lösung: Buchenholz:
$$V_{Bu} = \frac{m}{\rho} = \frac{3{,}5\ \text{t}}{0{,}69\ \text{t/m}^3} = \mathbf{5{,}072\ m^3}$$

Fichtenholz:
$$V_{Fi} = \frac{m}{\rho} = \frac{3{,}5\ \text{t}}{0{,}47\ \text{t/m}^3} = \mathbf{7{,}447\ m^3}$$

125.7

(9′)

Gegeben: Flachpressplatten: $n = 50$
$d = 0{,}19$ dm; $l = 48$ dm
$b = 15{,}3$ dm; $m = 4888$ kg

Gesucht: Rohdichte ρ in kg/dm³

Lösung:

$$\rho = \frac{m}{V} = \frac{m}{l \cdot b \cdot d \cdot n} = \frac{4888 \text{ kg}}{48 \text{ dm} \cdot 15{,}3 \text{ dm} \cdot 0{,}19 \text{ dm} \cdot 50} = \frac{4888 \text{ kg}}{6976{,}80 \text{ dm}^3} = \mathbf{0{,}70\ kg/dm^3}$$

125.8

(9′)

Gegeben: Röhrenplatte:
Röhrendurchmesser $d = 0{,}30$ dm
Röhrenlänge $l = 9{,}50$ dm
Rohdichte Sand: $\rho = 1{,}80$ kg/dm³
Röhrenzahl $n = 187$ cm : 4 cm = 46

Gesucht: Masse Sand m in kg als Füllung der Röhren

Lösung:

$$m = V \cdot \rho = d^2 \cdot \frac{\pi}{4} \cdot l \cdot n \cdot \rho = (0{,}30 \text{ dm})^2 \cdot \frac{\pi}{4} \cdot 9{,}5 \text{ dm} \cdot 46 \cdot 1{,}8 \text{ kg/dm}^3 = \mathbf{55{,}60\ kg}$$

125.9

(4′)

Gegeben: Glasscheibe:
$l = 18{,}2$ dm
$b = 17{,}6$ dm
$d = 0{,}08$ dm
Dichte Glas: $\rho = 2{,}60$ kg/dm³

Gesucht: Masse m Glas in kg

Lösung:

$$m = V \cdot \rho = l \cdot b \cdot d \cdot \rho = 18{,}2 \text{ dm} \cdot 17{,}6 \text{ dm} \cdot 0{,}08 \text{ dm} \cdot 2{,}60 \text{ kg/dm}^3 = \mathbf{66{,}63\ kg}$$

7.3 Gewichtskraft

127.1

(6′)

Gegeben: kreisförmige Säule aus Eichenholz:
$d = 3{,}2$ dm
$h = 32$ dm
Rohdichte $\rho = 0{,}70$ kg/dm³

Gesucht: Gewichtskraft F_G in daN

Lösung:

$$m = V \cdot \rho = d^2 \cdot \frac{\pi}{4} \cdot h \cdot \rho = (3{,}2 \text{ dm})^2 \cdot \frac{\pi}{4} \cdot 32 \text{ dm} \cdot 0{,}70 \frac{\text{kg}}{\text{dm}^3} = 180{,}15 \text{ kg}$$

$$F_G = m \cdot g = 180{,}15 \text{ kg} \cdot 10 \frac{\text{m}}{\text{s}^2} = 1801{,}50 \text{ N} = \mathbf{180{,}15\ daN}$$

127.2

(11′)

Gegeben: Belastbarkeit Betondecke:
250 daN/m²
Rohdichte Spanplatten:
$\rho = 0{,}72$ kg/dm³

Gesucht: Höhe h des möglichen Stapels in cm pro m²

Lösung: Gewichtskraft:

$$F_G = V \cdot \rho \cdot g = l^2 \cdot h \cdot \rho \cdot g$$

$$h = \frac{F_G}{l^2 \cdot \rho \cdot g} = \frac{250 \cdot \frac{\text{daN}}{\text{m}^2}}{(10{,}0 \text{ dm})^2 \cdot 0{,}72 \frac{\text{kg}}{\text{dm}^3} \cdot 10 \text{ m} \frac{\text{m}}{\text{s}^2}} = 3{,}47 \frac{\text{dm}}{\text{m}^2} \cdot \frac{10 \text{ cm}}{1 \text{ dm}} = \mathbf{34{,}7\ \frac{cm}{m^2}}$$

Probe:

$$m \cdot g = V \cdot \rho \cdot g = 10{,}0 \text{ dm} \cdot 10{,}0 \text{ dm} \cdot 3{,}47 \text{ dm} \cdot \frac{0{,}72 \text{ kg}}{\text{dm}^3} \cdot 10 \frac{\text{m}}{\text{s}^2} = 249{,}840 \text{ kg} \cdot 10 \frac{\text{m}}{\text{s}^2} = 2498{,}40\text{N} = \mathbf{249{,}840\ daN}\ ✓$$

7.3 Gewichtskraft

127.3

(5′)

Gegeben: Glasschiebetür:
$l = 21$ dm
$b = 12$ dm
$d = 0{,}12$ dm
$\rho = 2{,}60$ kg/dm³

Gesucht: Gewichtskraft F_G in daN

Lösung:
$m = V \cdot \rho$
$= l \cdot b \cdot d \cdot \rho$
$= 21\,\text{dm} \cdot 12\,\text{dm} \cdot 0{,}12\,\text{dm} \cdot 2{,}60\,\frac{\text{kg}}{\text{dm}^3}$
$F_G = m \cdot g$
$= 78{,}62\,\text{kg} \cdot 10\,\text{m/s}^2$
$= 786{,}2$ N
$=$ **78,62 daN**

127.4

(8′)

Gegeben: Flachpressplatten:
Anzahl $n = 40$
$l = 52$ dm
$b = 18{,}2$ dm
$d = 0{,}22$ dm
Rohdichte $\rho = 0{,}75$ kg/dm³

Gesucht: Gewichtskraft F_G in daN

Lösung:
$m = V \cdot \rho \cdot n$
$= l \cdot b \cdot d \cdot \rho \cdot n$
$= 52\,\text{dm} \cdot 18{,}2\,\text{dm} \cdot 0{,}22\,\text{dm} \cdot 0{,}75\,\frac{\text{kg}}{\text{dm}^3} \cdot 40$
$F_G = m \cdot g$
$= 6\,246{,}24\,\text{kg} \cdot 10\,\frac{\text{m}}{\text{s}^2}$
$=$ **6 246,24 daN**

127.5

(4′)

Gegeben: Eichenstamm:
$l = 48$ dm
$d_m = 6{,}5$ dm
$\rho_R = 0{,}95$ kg/dm³

Gesucht: Gewichtskraft F_G in daN

Lösung:
$\text{m} = \text{V} \cdot \rho$
$= d_2 \cdot \frac{\pi}{4} \cdot l \cdot \rho$
$= (6{,}5\,\text{dm})^2 \cdot \frac{\pi}{4} \cdot 48\,\text{dm} \cdot 0{,}95\,\frac{\text{kg}}{\text{dm}^3}$
$F_G = m \cdot g$
$= 1\,513{,}15\,\text{kg} \cdot 10\,\frac{\text{m}}{\text{s}^2}$
$=$ **1 513,15 daN**

127.6

(9′)

Gegeben: Multiplexplatte als Türeinlage:
$l = 20{,}5$ dm
$b = 9{,}6$ dm
Multiplex:
$d_1 = 0{,}4$ dm
$\rho_1 = 0{,}85$ kg/dm³
Furnierplatte:
$d_2 = 0{,}2$ dm
$\rho_2 = 0{,}72$ kg/dm³

Gesucht: Gewichtskraft F_G Türeinlage in daN

Lösung:
$m = V_1 \cdot \rho_1 + V_2 \cdot \rho_2$
$= l \cdot b \cdot d_1 \cdot \rho_1 + l \cdot b \cdot d_2 \cdot \rho_2$
$= (d_1 \cdot \rho_1 + d_2 \cdot \rho_2) \cdot l \cdot b$
$= (0{,}4\,\text{dm} \cdot 0{,}85\,\text{kg/dm}^3 + 0{,}2\,\text{dm} \cdot 0{,}72\,\text{kg/dm}^3) \cdot 20{,}5\,\text{dm} \cdot 9{,}6\,\text{dm}$
$F_G = m \cdot g$
$= 95{,}25\,\text{kg} \cdot 10\,\text{m/s}^2$
$=$ **95,25 daN**

127.7

(10′)

Gegeben: Scheiben:

Stück	Länge	Breite	Dicke
10	12,5 dm	13,6 dm	0,08 dm
5	11,0 dm	12,5 dm	0,08 dm
5	7,6 dm	10,0 dm	0,08 dm

Transportgestell: $m_T = 30$ kg
$\rho_{Glas} = 2{,}60$ kg/dm³

Gesucht: Gewichtskraft F_G in daN

Lösung:
$m = (V_1 + V_2 + V_3) \cdot \rho + m_T$
$= (10 \cdot 12{,}5\,\text{dm} \cdot 13{,}6\,\text{dm} + 5 \cdot 11\,\text{dm} \cdot 12{,}5\,\text{dm} + 5 \cdot 7{,}6\,\text{dm} \cdot 10\,\text{dm}) \cdot 0{,}08\,\text{dm} \cdot 2{,}6\,\text{kg/dm}^3 + 30\,\text{kg}$
$= 575{,}640\,\text{kg} + 30\,\text{kg}$
$F_G = m \cdot g$
$= 605{,}640\,\text{kg} \cdot 10\,\text{m/s}^2$
$=$ **605,640 daN**

127.8 (7′)

Gegeben: Panzerglasscheibe:
$l_1 = 12{,}6\ \text{dm}$; $l_2 = 9{,}85\ \text{dm}$
$b = 21{,}0\ \text{dm}$; $d = 0{,}28\ \text{dm}$
$\rho = 2{,}70\ \text{kg/dm}^3$

Gesucht: Gewichtskraft F_G in daN

Lösung:

$$m = V \cdot \rho$$
$$= \frac{l_1 + l_2}{2} \cdot b \cdot d \cdot \rho$$
$$= \frac{12{,}6\ \text{dm} + 9{,}85\ \text{dm}}{2} \cdot 21{,}0\ \text{dm} \cdot 0{,}28\ \text{dm} \cdot 2{,}70\ \text{kg/dm}^3$$

$$F_G = m \cdot g$$
$$= 178{,}21\ \text{kg} \cdot 10\ \text{m/s}^2$$
$$= \mathbf{178{,}21\ daN}$$

8 Materialbedarf und Materialpreisberechnungen

8.1 Umrechnungen von Holzmengen und Preisen bei Schnittholz

8.1.1 Umrechnung von Holzvolumen in Holzfläche bezogen auf eine Holzdicke

129.1 (2′)

Gegeben: Bretter:
$V = 3{,}450\ m^3$
$d = 0{,}024\ m$

Gesucht: Bretterfläche A in m^2

Lösung: $A = \frac{V}{d}$
$= \frac{3{,}450\ m^3}{0{,}024\ m}$
$= \mathbf{143{,}75\ m^2}$

129.2 (2′)

Gegeben: $V = 1{,}750\ m^3$; $d = 0{,}03\ m$

Gesucht: A in m^2

Lösung: $A = \frac{V}{d}$
$= \frac{1{,}750\ m^3}{0{,}03\ m}$
$= \mathbf{58{,}33\ m^2}$

129.3 (7′)

Gegeben: Tischplatten in Eiche:
Anzahl $n = 12$
$l = 1{,}60\ m$; $b = 0{,}80\ m$
Verschnittzuschlag $A_{VZ} = 35\ \%$
Rohmenge Bohlen $V = 0{,}800\ m^3$
Dicke $d = 0{,}04\ m$

Gesucht: Differenz zwischen zur Verfügung stehender Fläche A_1 und Fertigmenge A_2

Lösung: $A_1 = \frac{V}{d}$
$= \frac{0{,}800\ m^3}{0{,}04\ m}$
$= \mathbf{20{,}00\ m^2}$

$A_2 = l \cdot b \cdot n \cdot A_{vz}$
$= 1{,}60\ m \cdot 0{,}80\ m \cdot 12 \cdot 1{,}35$
$= 15{,}36\ m^2 \cdot 1{,}35 = \mathbf{20{,}74\ m^2}$

$\triangle A = A_1 - A_2$
$= 20{,}00\ m^2 - 20{,}74\ m^2$
$= \mathbf{-\ 0{,}74\ m^2}$

Antwort: Bohlen reichen nicht aus!

8.1.2 Umrechnung von Holzflächen in Holzvolumen

129.4 (2′)

Gegeben: Bedarf an Brettern:
$A_F = 124{,}00\ m^2$
Dicke $d = 0{,}018\ m$

Gesucht: Holzvolumen V in m^3

Lösung: $V = A \cdot d$
$= 124{,}00\ m^2 \cdot 0{,}018\ m$
$= \mathbf{2{,}232\ m^3}$

129.5 (3′)

Gegeben: Bretter für Verkleidung:
Bedarf $A_F = 188{,}00\ m^2$
Dicke $d = 0{,}03\ m$
Verschnittzuschlag $V_{VZ} = 30\ \%$
$\Rightarrow$ Zuschlagfaktor $f_V = 1{,}30$

Gesucht: Volumen V in m^3

Lösung: Rohmenge
$V_R = A \cdot d \cdot f_V$
$= 188{,}00\ m^2 \cdot 0{,}03\ m \cdot 1{,}30$
$= \mathbf{7{,}332\ m^3}$

129.6 (4′)

Gegeben: Escheholz am Lager:
$V_R = 0{,}250\ m^3$
Bohlen:
$A_F = 5{,}40\ m^2$
$d = 0{,}05\ m$

Gesucht: Reicht Lagermenge aus?

Lösung: $V_F = A_F \cdot d$
$= 5{,}40\ m^2 \cdot 0{,}05\ m$
$= 0{,}270\ m^3$
$\triangle V = V_R - V_F$
$= 0{,}250\ m^3 - 0{,}270\ m^3$
$= \mathbf{-0{,}020\ m^3}$

Antwort: Lagermenge reicht nicht aus!

129.7 (3′)

Gegeben: Ahornbohlen:
$A_F = 135{,}00\ m^2$; $d = 0{,}04\ m$
Verschnittzuschlag $V_{VZ} = 45\ \%$
$\Rightarrow$ Zuschlagfaktor $f_V = 1{,}45$

Gesucht: Rohmenge V_R in m^3

Lösung: $V_R = A_F \cdot d \cdot f_V$
$= 135{,}00\ m^2 \cdot 0{,}04\ m \cdot 1{,}45$
$= \mathbf{7{,}830\ m^3}$

8 Materialbedarf und Materialpreisberechnungen

8.1 Umrechnungen von Holzmengen und Preisen bei Schnittholz

8.1.3 Umrechnung von Holzvolumen in Holzlängen

129.8 (4′)

Gegeben: Fichtenlatten:
Holzmenge $V = 0{,}980\ \text{m}^3$
Lattenquerschnitt:
$d \times b = 0{,}024\ \text{m} \times 0{,}048\ \text{m}$

Gesucht: Länge l der Latten in m

Lösung:
$$V = A \cdot l$$
$$l = \frac{V}{A} = \frac{V}{d \cdot b} = \frac{0{,}980\ \text{m}^3}{0{,}048\ \text{m} \cdot 0{,}024\ \text{m}} = \mathbf{850{,}69\ m}$$

129.9 (6′)

Gegeben: Kanthölzer für Fenster:
Querschnitt $d \cdot b = 0{,}078\ \text{m} \cdot 0{,}078\ \text{m}$
Holzmenge $V_R = 3{,}45\ \text{m}^3$
Verschnittabschlag $V_{VA} = 45\ \%$

Gesucht: Länge l der Kanthölzer in m

Lösung:
$$V_F = V_R \cdot (100\ \% - 45\ \%)$$
$$A \cdot l = V_R \cdot 0{,}55$$
$$l = \frac{V_R \cdot 0{,}55}{A} = \frac{V_R \cdot 0{,}55}{d \cdot b} = \frac{3{,}45\ \text{m}^3 \cdot 0{,}55}{0{,}078\ \text{m} \cdot 0{,}078\ \text{m}} = \mathbf{311{,}88\ m}$$

129.10 (7′)

Gegeben: Kanthölzer für Blockrahmen:
Querschnitt $d \cdot b = 0{,}063\ \text{m} \cdot 0{,}088\ \text{m}$
Holzmenge $V_R = 2\,400\ \text{m}^3$
Verschnittabschlag $V_{VA} = 35\ \%$
Rahmenholzbreite $b = 0{,}088\ \text{m}$

Gesucht: Länge l der Rahmenhölzer in m

Lösung:
$$V_F = V_R \cdot (100\ \% - 35\ \%)$$
$$l = \frac{V_F}{A} = \frac{V_R \cdot 0{,}65}{d \cdot b} = \frac{2\,400\ \text{m}^3 \cdot 0{,}65}{0{,}063\ \text{m} \cdot 0{,}088\ \text{m}} = \mathbf{281{,}39\ m}$$

8.1.4 Umrechnung von Quadratmeterpreis in Kubikmeterpreis

131.1 (3′)

Gegeben: Brettware:
Preis: 23,10 €/m²
Dicke $d = 0{,}028\ \text{m}$

Gesucht: Preis in €/m³

Lösung:
$$\text{Kubikmeterpreis} = \frac{\text{Preis}}{d} = \frac{23{,}10\ €}{\text{m}^2 \cdot 0{,}028\ \text{m}} = \mathbf{825{,}00\ €/m^3}$$

131.2 (6′)

Gegeben: gehobelte Bretter:
$A = 186{,}00\ \text{m}^2$
Dicke $d = 0{,}03\ \text{m}$
Materialkosten: 3 760,– €

Gesucht: Preis in €/m³

Lösung:
$$\text{Preis} = \frac{\text{Materialkosten}}{A} = \frac{3\,760{,}00\ €}{186{,}00\ \text{m}^2} = 20{,}22\ €/\text{m}^2$$
$$\text{Kubikmeterpreis} = \frac{\text{Preis}}{d} = \frac{20{,}22\ €}{\text{m}^2 \cdot 0{,}03\ \text{m}} = \mathbf{673{,}84\ €/m^3}$$

8 Materialbedarf und Materialpreisberechnungen

8.1 Umrechnungen von Holzmengen und Preisen bei Schnittholz

8.1.5 Umrechnung von Kubikmeterpreis in Quadratmeterpreis

131.3 (5′)

Gegeben: Kirschbaumbohlen:
Menge $V = 1{,}240\ \text{m}^3$
Dicke $d = 0{,}04\ \text{m}$
Materialkosten: 1925,– €

Gesucht: Preis in €/m²

Lösung:

$$\text{Kubikmeterpreis} = \frac{\text{Materialkosten}}{V} = \frac{1925{,}00\ €}{1{,}240\ \text{m}^3} = 1552{,}42\ €/\text{m}^3$$

$$\text{Preis} = \text{Kubikmeterpreis} \cdot d = 1552{,}42\ €/\text{m}^3 \cdot 0{,}04\ \text{m} = \mathbf{62{,}10\ €/m^2}$$

131.4 (6′)

Gegeben: Fichtebretter:
Menge $A = 480{,}00\ \text{m}^2$
Dicke $d = 0{,}022\ \text{m}$
Kubikmeterpreis: 440,– €/m²

Gesucht:
a) Volumen V in m³
b) Preis in €/m²

Lösung:

a) $V = A \cdot d = 480{,}00\ \text{m}^2 \cdot 0{,}022\ \text{m} = \mathbf{10{,}560\ m^3}$

b) $\text{Preis} = \text{Kubikmeterpreis} \cdot d = 440{,}00\ €/\text{m}^3 \cdot 0{,}022\ \text{m} = \mathbf{9{,}68\ €/m^2}$

8.1.6 Umrechnung von Quadratmeterpreis in Längenpreis

131.5 (20′)

Gegeben: Eichenbohle:
$l = 5{,}50\ \text{m};\ b_m = 0{,}48\ \text{m};\ d = 0{,}06\ \text{m}$
Fertigteile:
Rahmenteile $l = 2{,}50\ \text{m}$
Querschnitt $d \cdot b = 0{,}055\ \text{m}/0{,}07\ \text{m}$
Anzahl $n = 12$
Kubikmeterpreis: 1400,– €/m³

Gesucht:
a) Verschnittzuschlag V_{VZ} in %
b) Kosten der Bohle in €
c) Preis der Bohle in €/m²
d) Preis der Rahmenteile in €/m

Lösung:

a) Rohmenge:

$$V_R = l \cdot b_m \cdot d = 5{,}50\ \text{m} \cdot 0{,}48\ \text{m} \cdot 0{,}06\ \text{m} = 0{,}1584\ \text{m}^3$$

Fertigmenge:

$$V_F = l \cdot b \cdot d \cdot n = 2{,}50\ \text{m} \cdot 0{,}07\ \text{m} \cdot 0{,}055\ \text{m} \cdot 12 = 0{,}1155\ \text{m}^3$$

Verschnittzuschlag:

$$V_{VZ} = \frac{(V_R - V_F) \cdot 100\ \%}{V_F} = \frac{(0{,}1584\ \text{m}^3 - 0{,}1155\ \text{m}^3) \cdot 100\ \%}{0{,}1155\ \text{m}^3} = \mathbf{37{,}14\ \% \approx 37\ \%}$$

b) Kosten der Bohle

$$= V \cdot \text{Kubikmeterpreis} = 0{,}1584\ \text{m}^3 \cdot 1400{,}00\ €/\text{m}^3 = \mathbf{221{,}76\ €}$$

c) $\text{Preis} = \text{Kubikmeterpreis} \cdot d = 1400{,}00\ €/\text{m}^3 \cdot 0{,}06\ \text{m} = \mathbf{84{,}00\ €/m^2}$

d) Gesamtlänge Rahmenteile:

$$l_R = l \cdot n = 2{,}50\ \text{m} \cdot 12 = 30{,}00\ \text{m}$$

$$\text{Längenpreis} = \frac{\text{Kosten}}{l_R} = \frac{221{,}76\ €}{30{,}00\ \text{m}} = \mathbf{7{,}39\ €/m}$$

131.6 (4′)

Gegeben: Fensterrahmenhölzer:
$l = 4{,}50$ m; $b = 0{,}10$ m; $d = 0{,}08$ m
Preis: 36,25 €/m²

Gesucht: Längenpreis in €/m

Lösung: Längenpreis
$= \text{Preis} \cdot b$
$= 36{,}25\ €/\text{m}^2 \cdot 0{,}10\ \text{m}$
$= \mathbf{3{,}63\ €/m}$

8.1.7 Umrechnung von Längenpreis in Quadratmeterpreis

131.7 (5′)

Gegeben: Kanthölzer:
$b = 0{,}06$ m; $d = 0{,}06$ m
Längenpreis: 2,10 €/m

Gesucht: Preis in €/m²

Lösung:
$$\text{Preis} = \frac{\text{Längenpreis}}{b} = \frac{2{,}10\ €/\text{m}}{0{,}06\ \text{m}} = \mathbf{35\ €/m^2}$$

8.1.8 Umrechnung von Längenpreis in Kubikmeterpreis

131.8 (5′)

Gegeben: Kanthölzer:
$b = 8{,}0$ cm; $d = 6{,}0$ cm
Längenpreis: 2,80 €/m

Gesucht: Kubikmeterpreis in €/m³

Lösung: Kubikmeterpreis
$$= \frac{\text{Längenpreis}}{A} = \frac{\text{Längenpreis}}{d \cdot b} = \frac{2{,}80\ €/\text{m}}{0{,}06\ \text{m} \cdot 0{,}08\ \text{m}} = \mathbf{583{,}33\ €/m^3}$$

131.9 (5′)

Gegeben: ein Bund Dachlatten:
Länge $l = 35{,}00$ m
Querschnitt:
$d \times b = 0{,}024\ \text{m} \times 0{,}048\ \text{m}$
Längenpreis: 0,60 €/m

Gesucht: Preis in €/m³

Lösung: Kubikmeterpreis
$$= \frac{\text{Längenpreis}}{A} = \frac{\text{Längenpreis}}{d \cdot b} = \frac{0{,}60\ €/\text{m}}{0{,}024\ \text{m} \cdot 0{,}048\ \text{m}} = \mathbf{520{,}83\ €/m^3}$$

8.2 Plattenwerkstoffe

135.1 (9′)

Gegeben: Arbeitsplatte nach Skizze:
Verschnittzuschlag $A_{VZ} = 20\ \%$
$\Rightarrow$ Zuschlagfaktor $f_V = 1{,}20$
Materialpreis: 24,40 €/m²

Gesucht: a) Rohmenge A_R in m²
b) Kosten der Arbeitsplatte in €

Lösung:

a)
$$A_R = (A_1 + A_2 + A_3) \cdot f_V$$
$$= (A_{\text{Rechteck}} + A_{\text{Trapez}} + A_{\text{Dreieck}}) \cdot f_V$$
$$= \left(l_1 \cdot b_1 + \frac{l_{21} + l_{22}}{2} \cdot b_2 + \frac{l_3 \cdot b_3}{2}\right) \cdot f_V$$
$$= \left(2{,}40\ \text{m} \cdot 0{,}60\ \text{m} + \frac{1{,}95\ \text{m} + 1{,}35\ \text{m}}{2} \cdot 0{,}60\ \text{m} + \frac{0{,}42\ \text{m} \cdot 0{,}42\ \text{m}}{2}\right) \cdot 1{,}20$$
$$= (1{,}44\ \text{m}^2 + 0{,}99\ \text{m}^2 + 0{,}088\ \text{m}^2) \cdot 1{,}20$$
$$= \mathbf{3{,}02\ m^2}$$

b)
$$\text{Kosten} = A_R \cdot \text{Preis} = 3{,}02\ \text{m}^2 \cdot 24{,}40\ €/\text{m}^2 = \mathbf{73{,}69\ €}$$

135.2 (16′)

Gegeben: Schiebetüren:
Rohplatten:
$b = 1{,}85$ m; $l = 5{,}10$ m
Schiebetür:
$l_T = 2{,}45$ m; $b_T = 0{,}58$ m
Preis: 15,– €/m²

Gesucht:
a) Anzahl Schiebetüren Rohplatte
b) Verschnittzuschlag A_{VZ} in %
c) Preis der Rohplatte in €/m²

Lösung: a) Zuschnittsskizze:

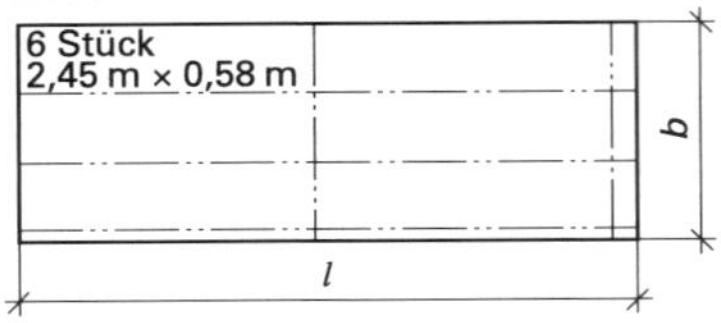

6 Stück pro Rohplatte

b) Rohmenge:

$A_R = l \cdot b$
$= 5{,}10\ \text{m} \cdot 1{,}85\ \text{m}$
$= 9{,}44\ \text{m}^2$

Fertigmenge:

$A_F = l_T \cdot b_T \cdot n$
$= 2{,}45\ \text{m} \cdot 0{,}58\ \text{m} \cdot 6$
$= 8{,}53\ \text{m}^2$

Verschnittzuschlag:

$$A_{VZ} = \frac{(A_R - A_F) \cdot 100\ \%}{A_F}$$
$$= \frac{(9{,}44\ \text{m}^2 - 8{,}53\ \text{m}^2) \cdot 100\ \%}{8{,}53\ \text{m}^2}$$
$$= \mathbf{10{,}7\ \% \approx 11\ \%}$$

c) Kosten Fertigmenge:

$\text{Kosten}_F = A_F \cdot \text{Preis}$
$= 8{,}53\ \text{m}^2 \cdot 15{,}00\ €/\text{m}^2$
$= 127{,}95\ €$

Preis Rohplatte:

$$\text{Preis}_R = \frac{\text{Kosten}_F}{A_R}$$
$$= \frac{127{,}95\ €}{9{,}44\ \text{m}^2}$$
$$= \mathbf{13{,}55\ €/m^2}$$

135.3 (20′)

Gegeben: Bodenverlegeplatten:
Maße nach Zeichnung
Fertigmaße:
$l = 2{,}05$ m; $b = 0{,}925$ m
Anzahl $n = 24$
Preis/Platte: 18,70 €

Gesucht:
a) Fertigmenge A_F der Platten in m²
b) Verschnittzuschlag in %
c) Materialpreis der Verlegeplatten in €/m²
d) Materialpreis einschließlich Verschnitt in €/m²

Lösung: a)

$$A_F = A_1 + A_2 - A_3$$
$$= A_{Rechteck} + A_{Trapez} - A_{Dreieck}$$
$$= l1 \cdot b_1 + \frac{l_{21} + l_{22}}{2} \cdot b_2 - \frac{l_3 \cdot b_3}{2}$$
$$= 5{,}23\ \text{m} \cdot 6{,}48\ \text{m} + \frac{3{,}98\ \text{m} + 1{,}98\ \text{m}}{2} \cdot 1{,}18\ \text{m} - 1{,}20\ \text{m} \cdot 1{,}20\ \text{m} \cdot 0{,}5$$
$$= 33{,}89\ \text{m}^2 + 3{,}52\ \text{m}^2 - 0{,}72\ \text{m}^2$$
$$= \mathbf{36{,}69\ m^2}$$

b) Rohmenge:

$A_R = l \cdot b \cdot n$
$= 2{,}05\ \text{m} \cdot 0{,}925\ \text{m} \cdot 24$
$= 45{,}51\ \text{m}^2$

Verschnittzuschlag:

$$A_{VZ} = \frac{(A_R - A_F) \cdot 100\ \%}{A_F}$$
$$= \frac{(45{,}51\ \text{m}^2 - 36{,}69\ \text{m}^2) \cdot 100\ \%}{36{,}69\ \text{m}^2}$$
$$= \mathbf{24\ \%}$$

c) Materialpreis Verlegeplatte:

$$\text{Preis}_P = \frac{\text{Preis/Platte}}{A_{Platte}}$$
$$= \frac{18{,}70\ €}{2{,}05\ \text{m} \cdot 0{,}925\ \text{m}}$$
$$= \mathbf{9{,}86\ €/m^2}$$

d)

$$\text{Materialpreis} = \frac{\text{Preis/Platte} \cdot n}{A_F}$$
$$= \frac{18{,}70\ € \cdot 24}{36{,}29\ \text{m}^2}$$
$$= \mathbf{12{,}23\ €/m^2}$$

135.4

(15′)

Gegeben: Regalböden:
Plattengröße:
$l_R = 2{,}95$ m; $b_R = 2{,}00$ m
Preis: 33,25 €/m²
Fertiggröße:
$l_F = 0{,}52$ m; $b_F = 0{,}28$ m

Gesucht:
a) Fertigmenge A_F in m²
b) Materialkosten Platte in €
c) Kosten Regalboden in €
d) Preis Regalboden in €/m²

Lösung:
a) $A_F = l_F \cdot b_F \cdot n$
$= 0{,}52 \text{ m} \cdot 0{,}28 \text{ m} \cdot 30$
$= \mathbf{4{,}37\ m^2}$

b) Kosten Rohplatte
$= A_R \cdot \text{Preis}$
$= l_R \cdot b_R \cdot 33{,}25\ €/\text{m}^2$
$= 2{,}95 \text{ m} \cdot 2 \text{ m} \cdot 33{,}25\ €/\text{m}^2$
$= \mathbf{196{,}18\ €}$

c) Kosten Regalboden
$= \dfrac{\text{Kosten Rohplatte}}{n}$
$= \dfrac{196{,}18\ €}{30}$
$= \mathbf{6{,}54\ €}$

d) Preis Regalboden
$= \dfrac{\text{Kosten Rohplatte}}{A_F}$
$= \dfrac{196{,}18\ €}{4{,}37\ \text{m}^2}$
$= \mathbf{44{,}89\ €/m^2}$

135.5

(16′)

Gegeben: Tischplatten in Kreisform:
$d = 0{,}95$ m
MDF-Platte:
$l = 5{,}24$ m; $b = 2{,}07$ m
Preis: 18,75 €/m²

Gesucht:
a) Anzahl n_T der Tischplatten pro MDF-Platte
b) Verschnittzuschlag A_{VZ} in %
c) Materialkosten für 1 Tischplatte in €

Lösung:
a) $n_{T,x} = \dfrac{5{,}24 \text{ m}}{0{,}95 \text{ m}} = 5$
$n_{T,y} = \dfrac{2{,}07 \text{ m}}{0{,}95 \text{ m}} = 2$
$n_T = 2 \cdot 5$
$= \mathbf{10}$

b) Fertigmenge:
$A_F = d^2 \cdot \dfrac{\pi}{4} \cdot n$
$= (0{,}95 \text{ m})^2 \cdot \dfrac{\pi}{4} \cdot 10$
$= 7{,}09 \text{ m}^2$

Rohmenge:
$A_R = l \cdot b$
$= 5{,}24 \text{ m} \cdot 2{,}07 \text{ m}$
$= 10{,}85 \text{ m}^2$

Verschnittzuschlag:
$A_{VZ} = \dfrac{(A_R - A_F) \cdot 100\ \%}{A_F}$
$= \dfrac{(10{,}85 \text{ m}^2 - 7{,}09 \text{ m}^2) \cdot 100\ \%}{7{,}09 \text{ m}^2}$
$= \mathbf{53\ \%}$

c) Preis/Tischplatte
$= \dfrac{A_R \cdot \text{Preis}}{n}$
$= \dfrac{10{,}85 \text{ m}^2 \cdot 18{,}75\ €/\text{m}^2}{10}$
$= \mathbf{20{,}34\ €}$

136.1

(8′)

Gegeben: Plattenzuschnitt:
Plattengröße:
$l_R = 2{,}67$ m; $b_R = 2{,}05$ m
Fertigteile:
$l_F = 0{,}86$ m; $b_F = 0{,}41$ m
Anzahl $n = 15$

Gesucht:
a) Reicht Platte für den Zuschnitt?
b) Begründung

Lösung:
a) Anzahl in der Längsrichtung:
$n_l = \dfrac{l_R}{l_F}$
$= \dfrac{2{,}67 \text{ m}}{0{,}86 \text{ m}}$
$= 3$

Anzahl in der Breite:
$n_b = \dfrac{b_R}{b_F}$
$= \dfrac{2{,}05 \text{ m}}{0{,}41 \text{ m}}$
$= 5$

b) Platte reicht nicht aus, weil ein Auftrennen ohne Sägeschnitt nicht möglich ist.

136.2

(20')

Gegeben: Spanplatte nach Zuschnittplan:
$l_R = 4{,}10$ m; $b_R = 1{,}85$ m
1. Zuschnitt:
4 Türen; 4 Fachböden;
1 Zwischenwand; 2 Sockel
Maße nach Zeichnung
2. Zuschnitt:
4 Seiten $l_S \cdot b_S = 2{,}020 \text{ m} \cdot 0{,}501 \text{ m}$
4 Böden $l_B \cdot b_B = 0{,}982 \text{ m} \cdot 0{,}501 \text{ m}$

Gesucht: a) Verschnittzuschlag A_{VZ} in %
für 1. Zuschnitt
b) Zuschnittplan M 1 : 20
für 2. Zuschnitt
c) Verschnittzuschlag A_{VZ} in %
für 2. Zuschnitt

Lösung:

a) Fertigmenge:

$$A_{F1} = 4 \cdot l_1 \cdot b_1 + l_2 \cdot b_2 + 4 \cdot l_3 \cdot b_3 + 2 \cdot l_4 \cdot b_4$$
$$= 4 \cdot 1{,}92 \text{ m} \cdot 0{,}512 \text{ m} + 1{,}88 \text{ m} \cdot 0{,}491 \text{ m} + 4 \cdot 0{,}481 \text{ m} \cdot 0{,}488 \text{ m} + 2 \cdot 0{,}982 \text{ m} \cdot 0{,}12 \text{ m}$$
$$= 3{,}93 \text{ m}^2 + 0{,}92 \text{ m}^2 + 0{,}94 \text{ m}^2 + 0{,}24 \text{ m}^2$$
$$= 6{,}03 \text{ m}^2$$

Rohmenge:

$$A_R = l_R \cdot b_R = 4{,}10 \text{ m} \cdot 1{,}85 \text{ m} = 7{,}59 \text{ m}^2$$

Verschnittzuschlag 1:

$$A_{VZ} = \frac{(A_R - A_F) \cdot 100\ \%}{A_F} = \frac{(7{,}59 \text{ m}^2 - 6{,}03 \text{ m}^2) \cdot 100\ \%}{6{,}03 \text{ m}^2}$$
$$= \mathbf{25{,}9\ \% \approx 26\ \%}$$

b) 2. Zuschnittplan: 1 Stück P2 19 mm

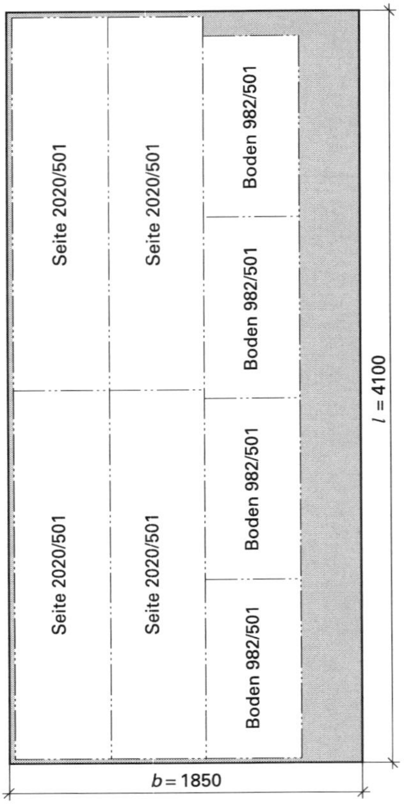

c) Fertigmenge:

$$A_{F2} = l_q \cdot b_2 \cdot n_S + l_2 \cdot b_2 \cdot n_B$$
$$= 2{,}02 \text{ m} \cdot 0{,}501 \text{ m} \cdot 4 + 0{,}982 \text{ m} \cdot 0{,}501 \text{ m} \cdot 4$$
$$= 4{,}05 \text{ m}^2 + 1{,}97 \text{ m}^2$$
$$= 6{,}02 \text{ m}^2$$

Verschnittzuschlag 2:

$$A_{VZ} = \frac{(A_R - A_{F2}) \cdot 100\ \%}{A_{F2}} = \frac{(7{,}59 \text{ m}^2 - 6{,}02 \text{ m}^2) \cdot 100\ \%}{6{,}02 \text{ m}^2}$$
$$= \mathbf{26{,}1\ \% \approx 26\ \%}$$

136.3

(14′)

Gegeben: Schubkastenböden:
$l = 0{,}545$ m; $b = 0{,}43$ m
Rohplatte:
$l_R = 3{,}10$ m; $b_R = 1{,}85$ m

Gesucht: a) Zuschnittplan M 1 : 20
b) Verschnittzuschlag A_{VZ} in %

Lösung:
a) Zuschnittplan:

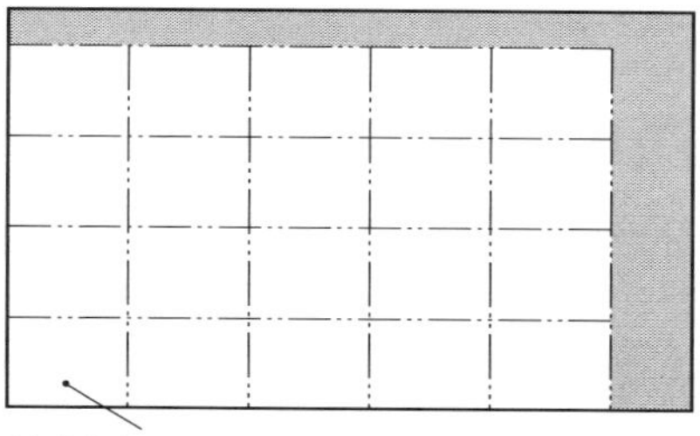

b) Fertigmenge:

$A_F = l \cdot b \cdot n$
$= 0{,}545 \text{ m} \cdot 0{,}43 \text{ m} \cdot 20$
$= 4{,}69 \text{ m}^2$

Rohmenge:

$A_R = l_R \cdot b_R$
$= 3{,}10 \text{ m} \cdot 1{,}85 \text{ m}$
$= 5{,}74 \text{ m}^2$

Verschnittzuschlag:

$$A_{VZ} = \frac{(A_R - A_F) \cdot 100\ \%}{A_F}$$
$$= \frac{(5{,}74 \text{ m}^2 - 4{,}69 \text{ m}^2) \cdot 100\ \%}{4{,}69 \text{ m}^2}$$
$$= \mathbf{22{,}4\ \% \approx 22\ \%}$$

136.4

(18′)

Gegeben: Stabplatten:
Anzahl $n = 60$
$l = 0{,}572$ m; $b = 0{,}435$ m
Rohplatten:
$l_R = 1{,}83$ m; $b_R = 2{,}53$ m
Sägeschnittbreite: 3 mm

Gesucht: a) Zuschnittplan
Anzahl der Rohplatten n_R
b) Verschnittzuschlag A_{VZ} in %

Lösung:
a) Zuschnittplan: 4 Stück ST 19 mm:

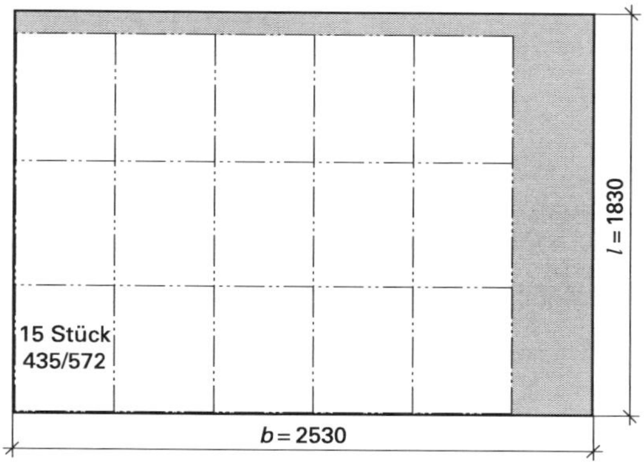

$$n_R = \frac{\text{Anzahl Fertigplatten}}{\text{Fertigplatten/Rohplatte}}$$
$$= \frac{60}{15}$$
$$= \mathbf{4}$$

b) Fertigmenge:

$A_F = l_F \cdot b_F \cdot n$
$= 0{,}572 \text{ m} \cdot 0{,}435 \text{ m} \cdot 60$
$= 14{,}93 \text{ m}^2$

Rohmenge:

$A_R = l_R \cdot b_F \cdot n$
$= 2{,}53 \text{ m} \cdot 1{,}83 \text{ m} \cdot 4$
$= 18{,}52 \text{ m}^2$

Verschnittzuschlag:

$$A_{VZ} = \frac{(A_R - A_F) \cdot 100\ \%}{A_F}$$
$$= \frac{(18{,}52 \text{ m}^2 - 14{,}93 \text{ m}^2) \cdot 100\ \%}{14{,}93 \text{ m}^2}$$
$$= \mathbf{24\ \%}$$

8 Materialbedarf und Materialpreisberechnungen

8.2 Plattenwerkstoffe

136.5 (20')

Gegeben: Fachböden aus P2 19:
$l = 0{,}942$ m; $b = 0{,}438$ m
Rohplatte:
$l_R = 5{,}20$ m; $b_R = 1{,}83$ m
Sägeschnittbreite: 4 mm

Gesucht: a) 2 Zuschnittpläne M 1 : 50
b) Verschnittzuschlag A_{VZ} für jeden Plan in %

Lösung:
a) Zuschnittplan Nr. 1: ... Stück P2 19:

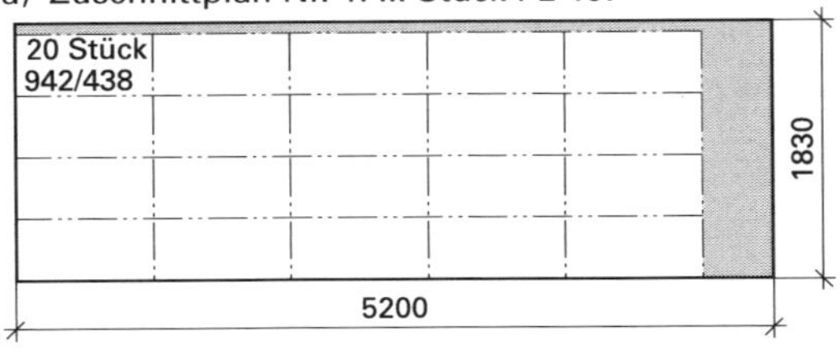

Zuschnittplan Nr. 2: ... Stück P2 19:

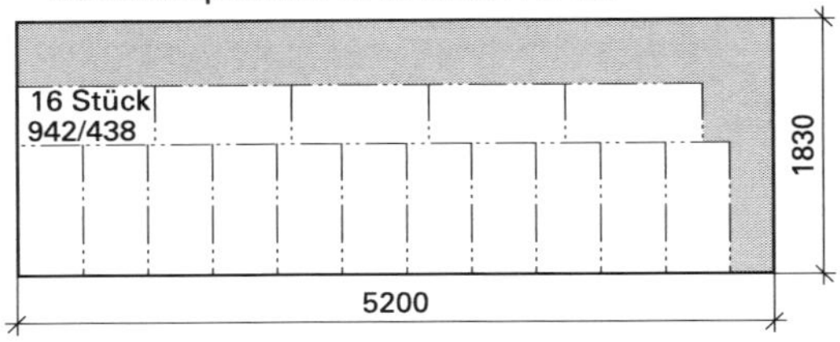

b) Zuschnittplan 1:
Fertigmenge:

$$A_{F1} = l \cdot b \cdot n = 0{,}942\text{ m} \cdot 0{,}438\text{ m} \cdot 20 = 8{,}25\text{ m}^2$$

Rohmenge:

$$A_R = l_R \cdot b_R = 5{,}20\text{ m} \cdot 1{,}83\text{ m} = 9{,}52\text{ m}^2$$

Verschnittzuschlag:

$$A_{VZ} = \frac{(A_R - A_F) \cdot 100\ \%}{A_F} = \frac{(9{,}52\text{ m}^2 - 8{,}25\text{ m}^2) \cdot 100\ \%}{8{,}25\text{ m}^2} = \mathbf{15{,}4\ \%} \approx \mathbf{15\ \%}$$

Zuschnittplan 2:
Fertigmenge:

$$A_R = 9{,}52\text{ m}^2$$

$$A_{F2} = l \cdot b \cdot n = 0{,}942\text{ m} \cdot 0{,}438\text{ m} \cdot 16 = 6{,}60\text{ m}^2$$

$$A_{VZ} = \frac{(A_R - A_{F2}) \cdot 100\ \%}{A_{F2}} = \frac{(9{,}52\text{ m}^2 - 6{,}60\text{ m}^2) \cdot 100\ \%}{6{,}60\text{ m}^2} = \mathbf{44{,}2\ \%} \approx \mathbf{44\ \%}$$

136.6 (20')

Gegeben: Korpusteile aus Spanplatte 19:
$l = 0{,}82$ m; $b = 0{,}39$ m
Anzahl $n = 10$

Gesucht: a) günstigste Plattengröße
b) Verschnittzuschlag A_{VZ} in %

Lösung:
a) 1. Platte: 5,20 m × 2,05 m
5,20 m : 0,82 m = 6
5,20 m : 0,39 m = 13
2,05 m : 0,39 m = 5 ⇒ $n_{1/1}$ = **30**
2,05 m : 0,82 m = 2 ⇒ $n_{1/2}$ = **26**
2. Platte: 4,10 m × 1,85 m
4,10 m : 0,82 m = 5 ∧ 4
4,10 m : 0,39 m = 10
1,85 m : 0,39 m = 4 ⇒ $n_{2/1}$ = **16**
1,85 m : 0,82 m = 2 ⇒ $n_{2/2}$ = **20**

b) Rohmenge:

$$A_{R1} = l_R \cdot b_R = 5{,}20\text{ m} \cdot 2{,}05\text{ m} = 10{,}66\text{ m}^2$$

$$A_{R2} = l_R \cdot b_R = 4{,}10\text{ m} \cdot 1{,}85\text{ m} = 7{,}59\text{ m}^2$$

Fertigmenge:

$$A_F = l \cdot b = 0{,}82\text{ m} \cdot 0{,}39\text{ m} = 0{,}32\text{ m}^2$$

$$A_{F1} = A_F \cdot n_{1/1} = 0{,}32\text{ m}^2 \cdot 30 = 9{,}60\text{ m}^2$$

$$A_{F1} = A_F \cdot n_{2/2} = 0{,}32\text{ m}^2 \cdot 20 = 6{,}40\text{ m}^2$$

Verschnittzuschlag Platte 1:

$$A_{VZ1} = \frac{(A_{R1} - A_{F1}) \cdot 100\ \%}{A_{F1}} = \frac{(10{,}66\text{ m}^2 - 9{,}60\text{ m}^2) \cdot 100\ \%}{9{,}60\text{ m}^2} = \mathbf{11\ \%}$$

Verschnittzuschlag Platte 2:

$$A_{VZ2} = \frac{(7{,}59\text{ m}^2 - 6{,}40\text{ m}^2) \cdot 100\ \%}{6{,}40\text{ m}^2} = \mathbf{19\ \%}$$

8.3 Belagstoffe – Furniere

8.3.1 Furniere

138.1 (5')

Gegeben: Ausstellungswürfel:
Anzahl $n = 40$; $l = 0{,}45$ m
Verschnittzuschlag $A_{VZ} = 35$ %
⇒ Zuschlagfaktor $f_V = 1{,}35$

Gesucht: Bedarf an Deckfurnier A_O in m²

Lösung:
$A_O = d^2 \cdot 6 \cdot n \cdot f_V$
$= (0{,}45\ \text{m})^2 \cdot 6 \cdot 40 \cdot 1{,}35$
$= \mathbf{65{,}61\ m^2}$

138.2 (20')

Gegeben: Schreibtischplatten:
$b_1 = 0{,}80$ m; $b_2 = 0{,}90$ m;
$l = 1{,}60$ m
Anzahl $n = 15$
Furnierung beidseitig:
Oberseite:
Verschnittzuschlag $A_{VZo} = 50$ %
⇒ Zuschlagfaktor $f_{Vo} = 1{,}50$
Unterseite:
Verschnittzuschlag $A_{VZu} = 25$ %
⇒ Zuschlagfaktor $f_{Vu} = 1{,}25$
Furnierbereitstellung: 5 x 24 Blatt
$l = 1{,}80$ m; $b = 0{,}24$ m

Gesucht: a) Rohmenge Furnierfläche A_R und Furnierblätter A_{Fu} in m²
b) Genügt die Bereitstellung?

Lösung:
a) Rohmenge Deckfurnier:

$$A_D = \frac{b_1 + b_2}{2} \cdot l \cdot n \cdot f_{Vo}$$
$$= \frac{0{,}80\ \text{m} + 0{,}90\ \text{m}}{2} \cdot 1{,}60\ \text{m} \cdot 15 \cdot 1{,}5$$
$$= 30{,}60\ \text{m}^2$$

Rohmenge Blindfurnier (Unterseite):

$$A_B = \frac{0{,}80\ \text{m} + 0{,}90\ \text{m}}{1} \cdot 1{,}60\ \text{m} \cdot 15 \cdot 1{,}25$$
$$= 25{,}50\ \text{m}^2$$

Rohmenge Furnierfläche:
$A_R = A_D + A_B$
$= 30{,}60\ \text{m}^2 + 25{,}50\ \text{m}^2$
$= \mathbf{56{,}10\ m^2}$

Rohmenge Furnierblätter:
$A_{Fu} = l \cdot b \cdot n$
$= 1{,}80\ \text{m} \cdot 0{,}24\ \text{m} \cdot 5 \cdot 24$
$= \mathbf{51{,}84\ m^2}$

b) $A_R > A_{Fu}$
⇒ Furnier reicht nicht!

138.3 (15')

Gegeben: halbkreisförmige Tischplatten:
Anzahl $n = 12$; $d = 1{,}20$ m
Rechteckplatten:
Anzahl $n = 16$
$l = 1{,}20$ m; $b = 0{,}60$ m
2-seitig: $z = 2$
Furnierverschnittzuschlag $A_{VZ} = 40$ %
⇒ Zuschlagfaktor $f_V = 1{,}4$
Furnierpreis: 10,65 €/m²

Gesucht: a) Furnierbedarf A in m²
b) Materialkosten Furnier in €

Lösung:
a)
$$A_◖ = \frac{1}{2} \cdot d^2 \cdot \frac{\pi}{4} \cdot n \cdot z \cdot f_V$$
$$= \frac{1}{2} \cdot (1{,}20\ \text{m})^2 \cdot \frac{\pi}{4} \cdot 12 \cdot 2 \cdot 1{,}4$$
$$= \mathbf{19{,}00\ m^2}$$

$A_\square = l \cdot b \cdot n \cdot z \cdot f_V$
$= 1{,}20\ \text{m} \cdot 0{,}60\ \text{m} \cdot 16 \cdot 2 \cdot 1{,}4$
$= \mathbf{32{,}26\ m^2}$

$A_{ges} = A_◖ + A_\square$
$= 18{,}99\ \text{m}^2 + 32{,}26\ \text{m}^2$
$= \mathbf{51{,}26\ m^2}$

b) Materialkosten
$= A \cdot$ Preis
$= 51{,}26\ \text{m}^2 \cdot 10{,}65$ €/m²
$=$ **545,92 €**

138.4 (7′)

Gegeben: Kiefernfurnier:
Fertigmenge: $144{,}00\ m^2$
Furnierpakete:
Anzahl $n = 11$
Paketinhalt: $z = 36$ Blatt
$l = 2{,}10\ m$; $b = 0{,}24\ m$

Gesucht: Verschnittzuschlag A_{VZ} in %

Lösung: Rohmenge:
$A_R = l \cdot b \cdot n \cdot z$
$= 2{,}10\ m \cdot 0{,}24\ m \cdot 11 \cdot 36$
$= 199{,}58\ m^2$

Verschnittzuschlag:
$$A_{VZ} = \frac{(A_R - A_F) \cdot 100\ \%}{A_F}$$
$$= \frac{(199{,}58\ m^2 - 144{,}00\ m^2) \cdot 100\ \%}{144{,}00\ m^2}$$
$= \mathbf{38{,}6\ \%} \approx \mathbf{39\ \%}$

138.5 (18′)

Gegeben: Trägerplatte:
Maße nach Zeichnung
Furnierung beidseitig
Verschnittzuschlag $A_{VZ} = 45\ \%$
$\Rightarrow$ Zuschlagfaktor $f_V = 1{,}45$

Gesucht: a) Furnierbedarf A_R in m^2
b) Kantenfurnier l in m

Lösung: a) Fläche der Seiten:
$$A_{Seite} = A_1 + A_2 + A_3$$
$$= A_{Rechteck} + A_{Rechteck} + A_{Viertelkreisring}$$
$$= l_1 \cdot b_1 + l_2 \cdot b_2 + \frac{1}{4} \cdot \left[(d_1)^2 - (d_2)^2\right] \cdot \frac{\pi}{4}$$
$$= 1{,}00\ m \cdot 0{,}40\ m + 0{,}65\ m \cdot 0{,}40\ m + \left[(0{,}96\ m)^2 - (0{,}16\ m)^2\right] \cdot \frac{\pi}{16}$$
$$= 0{,}40\ m^2 + 0{,}26\ m^2 + 0{,}176\ m^2$$
$= \mathbf{0{,}84\ m^2}$

Furnierbedarf:
$A_R = A_{Seite} \cdot 2 \cdot f_V$
$= 0{,}84\ m^2 \cdot 2 \cdot 1{,}45$
$= \mathbf{2{,}44\ m^2}$

b) $$l_F = l_1 \cdot 2 + l_2 \cdot 2 + b \cdot 2 + (d_1 + d_2) \cdot \pi \cdot \frac{1}{4}$$
$$= (1{,}00\ m + 0{,}65\ m + 0{,}40\ m) \cdot 2 + (0{,}96\ m + 0{,}16\ m) \cdot \pi \cdot \frac{1}{4}$$
$$= 4{,}10\ m + 0{,}88\ m$$
$= \mathbf{4{,}98\ m}$

138.6 (10′)

Gegeben: Fachböden für Eckregale:
Anzahl: $12 \cdot 5$ Stück $\Rightarrow n = 60$
Form: $\frac{1}{4}$-Kreise; $d = 1{,}10\ m$
Furnierung beidseitig
Fläche:
Verschnittzuschlag $A_{VZ} = 60\ \%$
$\Rightarrow$ Zuschlagfaktor $f_{VFl} = 1{,}6$
Kantenfurnier:
Verschnittzuschlag $l_{VZ} = 10\ \%$
$\Rightarrow$ Zuschlagfaktor $f_{VKa} = 1{,}1$

Gesucht: a) Rohmenge an Furnier A_R in m^2
b) Kantenfurnierlänge l für gebogene Teile in lfm

Lösung: a) $$A_R = \frac{1}{4}\, d^2 \cdot \frac{\pi}{4} \cdot n \cdot 2 \cdot f_{VFl}$$
$$= \frac{1}{4} \cdot (1{,}10\ m)^2 \cdot \frac{\pi}{4} \cdot 60 \cdot 2 \cdot 1{,}6$$
$= \mathbf{45{,}62\ m^2}$

b) $$l = \frac{1}{4} \cdot U \cdot n \cdot f_{VKa}$$
$$= \frac{1}{4} \cdot d \cdot \pi \cdot 60 \cdot 1{,}1$$
$$= \frac{1}{4} \cdot 1{,}10\ m \cdot \pi \cdot 60 \cdot 1{,}1$$
$= \mathbf{57{,}02\ m}$

138.7 (9′)

Gegeben: Furnierung von Rückwänden:
Sichtseite:
Rüsterfurnier
Verschnittzuschlag $A_{VZRü} = 35\ \%$
$\Rightarrow$ Zuschlagfaktor $f_{VRü} = 1{,}35$
$l = 2{,}30\ m$; $b = 0{,}91\ m$
Preis: 13,20 €/m^2
Rückseite:
Buchenfurnier
Verschnittzuschlag $A_{VZBu} = 20\ \%$
$\Rightarrow$ Zuschlagfaktor $f_{VBu} = 1{,}2$
Preis: 2,40 €/m^2

Gesucht: a) Materialkosten Rüsterfurnier in 2
b) Materialkosten Buchenfurnier in 2

Lösung: a) $\text{Materialpreis}_{Rü}$
$= A \cdot f_{VRü} \cdot \text{Preis}_{Rü}$
$= 2{,}30\ m \cdot 0{,}91\ m \cdot 1{,}35 \cdot 13{,}20$ €/m^2
$=$ **37,30 €**

b) $\text{Materialpreis}_{Bu}$
$= A \cdot f_{VBu} \cdot \text{Preis}_{Bu}$
$= 2{,}30\ m \cdot 0{,}91\ m \cdot 1{,}2 \cdot 2{,}40$ €/m^2
$=$ **6,03 €**

8.3 Belagstoffe – Furniere

139.1 (18′)

Gegeben: furnierte Innentüren:
Anzahl $n = 12$
$l = 1{,}985$ m; $b = 0{,}86$ m
Verschnittzuschlag $A_{VZ} = 45$ %
$\Rightarrow$ Zuschlagfaktor $f_V = 1{,}45$
Furnierpreis: 10,60 €/m²
Preis Türrohling: 41,15 €
Preis Umleimer: 4,20 €/m
(oben auf Gehrung, unten ohne Umleimer)

Gesucht:
a) Fertigmenge A_F und Rohmenge A_R des Furniers in m²
b) Länge des Umleimers l in m
c) Kosten der Türen ohne Beschläge in €

Lösung:
a) Fertigmenge:
$A_F = l \cdot b \cdot 2 \cdot n$
$= 1{,}985\ \text{m} \cdot 0{,}86\ \text{m} \cdot 2 \cdot 12$
$= \mathbf{40{,}97\ m^2}$

Rohmenge:
$A_R = A_F \cdot f_V$
$= 40{,}97\ \text{m}^2 \cdot 1{,}45$
$= \mathbf{59{,}41\ m^2}$

b) $l = (2 \cdot l + b) \cdot n$
$= (2 \cdot 1{,}985\ \text{m} + 0{,}86\ \text{m}) \cdot 12$
$= \mathbf{57{,}96\ m}$

c) Materialkosten Rohling
$= \text{Preis}_{Ro} \cdot n$
$= 41{,}15\ € \cdot 12$
$= 493{,}80\ €$

Materialkosten Furnier
$= A_R \cdot \text{Preis}_{Fu}$
$= 59{,}41\ \text{m}^2 \cdot 10{,}60\ €/\text{m}^2$
$= 629{,}75\ €$

Materialkosten Umleimer
$= l \cdot \text{Preis}_{Um}$
$= 57{,}96\ \text{m} \cdot 4{,}20\ €/\text{m}$
$= 243{,}43\ €$

Materialkosten für 12 Türen
= Materialkosten Rohling
+ Materialkosten Furnier
+ Materialkosten Umleimer
= **1366,98 €**

139.2 (13′)

Gegeben: halbkreisförmige Schalen in Birnbaum furniert:
Anzahl $n = 25$
$d_1 = 0{,}625$ m; $d_2 = 0{,}593$ m
$h = 0{,}85$ m
Verschnittzuschlag $A_{VZ} = 40$ %
$\Rightarrow$ Zuschlagfaktor $f_V = 1{,}4$
Furnierpreis: 14,40 €/m²

Gesucht:
a) Furnierbedarf A_R in m²
b) Materialkosten Furnier in €

Lösung:
a) $A_R = \frac{1}{2} \cdot U \cdot l \cdot n \cdot f_V$
$= \frac{1}{2} \cdot (d_1 + d_2) \cdot \pi \cdot l \cdot n \cdot 1{,}4$
$= \frac{1}{2} \cdot (0{,}625\ \text{m} + 0{,}593\ \text{m}) \cdot \pi$
$\cdot 0{,}85\ \text{m} \cdot 25 \cdot 1{,}4$
$= \mathbf{56{,}92\ m^2}$

b) Materialkosten Furnier
$= A_R \cdot \text{Preis}$
$= 56{,}92\ \text{m}^2 \cdot 14{,}40\ €/\text{m}^2$
$= \mathbf{819{,}65\ €}$

139.3 (14')

Gegeben: Tischplatten in Birke furniert:
$d = 1{,}00$ m; $l = 1{,}80$ m
Seitenzahl = 2
Verschnittzuschlag $A_{VZ} = 50$ %
⇒ Zuschlagfaktor $f_V = 1{,}5$
Rohmenge Furnier:
15 Pakete: $z_P = 15$
à 32 Blatt: $z_B = 32$
$l = 1{,}95$ m; $b = 0{,}12$ m

Gesucht: Anzahl der Tischplatten n, für die das Furnier ausreicht

Lösung: Furnierbedarf pro Tischplatte:

$$A_P = (A_{\bigcirc} + A_{\square}) \cdot 2 \cdot f_V$$
$$= \left(d^2 \cdot \frac{\pi}{4} + l \cdot b\right) \cdot 2 \cdot 1{,}5$$
$$= \left((1{,}00\ \text{m})^2 \cdot \frac{\pi}{4} + 0{,}80\ \text{m} \cdot 1{,}00\ \text{m}\right) \cdot 2 \cdot 1{,}5$$
$$= \left(\frac{\pi}{4}\ \text{m}^2 + 0{,}80\ \text{m}^2\right) \cdot 2 \cdot 1{,}5$$
$$= 4{,}76\ \text{m}^2$$

Rohmenge Furnier:

$$A_R = l \cdot b \cdot z_P \cdot z_B$$
$$= 1{,}95\ \text{m} \cdot 0{,}12\ \text{m} \cdot 15 \cdot 32$$
$$= 112{,}32\ \text{m}^2$$

Anzahl der Tischplatten:

$$n = \frac{A_R}{A_P}$$
$$= \frac{112{,}32\ \text{m}^2}{4{,}76\ \text{m}^2}$$
$$= \mathbf{23}$$

139.4 (30')

Gegeben: Korpusteile mit Eiche und Macoré furniert:
Teile und Maße lt. Tabelle

Eichenfurnier:
Verschnittzuschlag $A_{VZEI} = 40$ %
⇒ Zuschlagfaktor $f_{VEI} = 1{,}4$

Macoré:
Verschnittzuschlag $A_{VZMAC} = 25$ %
⇒ Zuschlagfaktor $f_{VMAC} = 1{,}25$

Furnierblätter Eiche:
$l = 2{,}30$ m; $b = 0{,}22$ m
Umleimer 5/25 mm auf Gehrung

Gesucht:
a) Furnierbedarf Eiche A_{EI}, Furnierbedarf Macoré A_{MAC}
b) Anzahl n der Furnierblätter Eiche
c) Länge l der Umleimer

Lösung:
a) Rohmenge Eichenfurnier:

$$A_R = A_{EI} \cdot f_{VEI}$$
$$= 18{,}663\ \text{m}^2 \cdot 1{,}4$$
$$= 26{,}13\ \text{m}^2$$

Macorébedarf:

$$A_R = A_{MAC} \cdot f_{VMAC}$$
$$= 3{,}827\ \text{m}^2 \cdot 1{,}25$$
$$= \mathbf{4{,}78\ m^2}$$

b) Fläche Furnierblatt:

$$A_B = 2{,}30\ \text{m} \cdot 0{,}22\ \text{m}$$
$$= 0{,}506\ \text{m}^2$$

Anzahl der Furnierblätter Eiche:

$$n = \frac{A_R}{A_P}$$
$$= \frac{26{,}13\ \text{m}^2}{0{,}506\ \text{m}^2}$$
$$= \mathbf{51{,}64 \approx 52\ Blatt}$$

c)
$$l = (2 \cdot l + 2 \cdot b) \cdot n$$
$$= (2 \cdot 2{,}002\ \text{m} + 2 \cdot 0{,}557\ \text{m}) \cdot 2$$
$$= \mathbf{10{,}24\ m}$$

Material	Furnier	Anzahl	Länge in m	Breite in m	Fertigmenge A_{EI} in m²	Fertigmenge A_{MAC} in m²
Seiten P2 22	EI/EI	2	2,095	0,627	5,254	
Zwischenwand	EI/EI	1	1,974	0,627	2,475	
Böden	EI/MAC	2	1,10	0,635	1,397	1,397
Rückwand	EI/MAC	1	2,004	1,13	2,265	2,265
Türen	EI/EI	2	2,002	0,557	4,460	
Sockelblende	EI/MAC	2	1,10	0,075	0,165	0,165
Fachböden	EI/EI	4	0,615	0,538	2,647	
				Σ =	18,663	3,827

8.3.2 Kunststoffplatten

141.1

(7')

Gegeben: Küchenarbeitsplatte: HPL-Platten
beidseitig belegt: $z = 2$
Teilfläche Rechteck:
$l_1 = 2{,}05$ m; $b_1 = 0{,}60$ m
Teilfläche Trapez:
$l_{21} = 0{,}85$ m; $l_{22} = 0{,}60$ m
$b_2 = 0{,}25$ m

Gesucht: Fläche A_F in m²

Lösung:

$$A_F = (A_1 + A_2) \cdot z$$
$$= \left(l_1 \cdot b_1 + \frac{l_{21} + l_{22}}{2} \cdot b_2\right) \cdot 2$$
$$= \left(2{,}05\text{ m} \cdot 0{,}60\text{ m} + \frac{0{,}85 + 0{,}60}{2}\text{m} \cdot 0{,}25\text{ m}\right) \cdot 2$$
$$= (1{,}23\text{ m}^2 + 0{,}18\text{ m}^2) \cdot 2$$
$$= \mathbf{2{,}82\text{ m}^2}$$

141.2

(14')

Gegeben: Türblätter:
Anzahl $n = 8$
$l = 1{,}972$ m; $b = 1{,}084$ m
HPL-Platten:
$l = 2{,}15$ m; $b = 1{,}22$ m
Plattenpreis: 13,90 €/m²

Gesucht:
a) Verschnittzuschlag A_{VZ} in %
b) Materialkosten HPL für die Türen in €

Lösung:

a) Fertigmenge:

$$A_F = l_T \cdot b_T \cdot n \cdot 2$$
$$= 1{,}972\text{ m} \cdot 1{,}084\text{ m} \cdot 8 \cdot 2$$
$$= 34{,}20\text{ m}^2$$

Rohmenge:

$$A_R = l_P \cdot b_P \cdot n \cdot 2$$
$$= 2{,}15\text{ m} \cdot 1{,}22\text{ m}\ \ 8 \cdot 2$$
$$= 41{,}97\text{ m}^2$$

Verschnittzuschlag:

$$A_{VZ} = \frac{(A_R - A_F) \cdot 100\ \%}{A_F}$$
$$= \frac{(41{,}97\text{ m}^2 - 34{,}20\text{ m}^2) \cdot 100\ \%}{34{,}20\text{ m}^2}$$
$$= \mathbf{22{,}7\ \%} \approx \mathbf{23\ \%}$$

b) Materialkosten

$$= A_R \cdot \text{Preis}$$
$$= 41{,}97\text{ m}^2 \cdot 13{,}90\text{ €/m}^2$$
$$= \mathbf{583{,}38\text{ €}}$$

141.3 (12′)

Gegeben: dreieckige Rolltische
Plattenzahl $z_P = 2$
beidseitig beschichtet: $z = 2$
Anzahl $n = 400$
Kantenlänge $l_S = 0{,}55$ m

Umrechnungsfaktor $A/l_S^2 = 0{,}433$

(s. Aufgabenbuch, S. 83, Tab. 1)
Kantenbreite $b = 0{,}04$ m

Flächen:
Verschnittzuschlag $A_{VZFl} = 25$ %
⇒ Zuschlagfaktor $f_{VFl} = 1{,}25$

Kanten:
Verschnittzuschlag $A_{VZKa} = 15$ %
⇒ Zuschlagfaktor $f_{VKa} = 1{,}15$

Gesucht: Bedarf an HPL-Platten A_R in m²

Lösung: Tischflächen:

$$A_R = l_S^2 \cdot 0{,}433 \cdot n \cdot f_{VFl} \cdot z \cdot z_P$$
$$= (0{,}55\text{ m})^2 \cdot 0{,}433 \cdot 400 \cdot 1{,}25 \cdot 2 \cdot 2$$
$$= 261{,}97\text{ m}^2$$

Kanten:
$$A_K = 3 \cdot l_S \cdot b \cdot \text{n} \cdot f_{VKa} \cdot z_P$$
$$= 3 \cdot 0{,}55\text{ m} \cdot 0{,}04\text{ m} \cdot 400 \cdot 1{,}15 \cdot 2$$
$$= 60{,}72\text{ m}^2$$

Gesamtbedarf HPL-Platten:
$$A = A_R + \text{AK}$$
$$= 261{,}96\text{ m}^2 + 60{,}72\text{ m}^2$$
$$= \mathbf{322{,}69\ m^2}$$

141.4 (23′)

Gegeben: Waschtische:
Anzahl $n = 6$
$l = 1{,}50$ m; $b = 0{,}58$ m
2 Ausschnitte, ellipsenförmig:
$D = 0{,}50$ m; $d = 0{,}36$ m

HPL-Platten:
$l_P = 3{,}66$ m; $b_P = 1{,}525$ m

Gesucht:
a) Fertigmenge A_F für eine Platte in m² (Rundung R80 wird vernachlässigt)
b) Verschnitt A_V in m² und Verschnittzuschlag in %
c) Länge der Kante l_K in m

Lösung: a)
$$A_F = l \cdot b - 2 \cdot D \cdot d \cdot \frac{\pi}{4}$$
$$= 1{,}50\text{ m} \cdot 0{,}58\text{ m} - 2 \cdot 0{,}50\text{ m} \cdot 0{,}36\text{ m} \cdot \frac{\pi}{4}$$
$$= 0{,}87\text{ m}^2 - 0{,}283\text{ m}^2$$
$$= \mathbf{0{,}587\ m^2}$$

b) Verschnitt:
$$A_V = A_R - A_F$$
$$= l \cdot b \cdot n - A_P \cdot n$$
$$= 3{,}66\text{ m} \cdot 1{,}525\text{ m} \cdot 1 - 0{,}587\text{ m}^2 \cdot 6$$
$$= 5{,}582\text{ m}^2 - 3{,}522\text{ m}^2$$
$$= 2{,}06\text{ m}^2$$

Verschnittzuschlag:
$$A_{VZ} = \frac{A_V \cdot 100\ \%}{A_F}$$
$$= \frac{2{,}06\text{ m}^2 \cdot 100\ \%}{3{,}522\text{ m}^2}$$
$$= \mathbf{58{,}5\ \% \approx 59\ \%}$$

c)
$$l_K = 2 \cdot (b - 0{,}08) + l + (l - 0{,}16) + \frac{2 \cdot 0{,}08 \cdot \pi}{2}$$
$$= 2 \cdot 0{,}50\text{ m} + 1{,}50\text{ m} + 1{,}34\text{ m} + 0{,}16\text{ m} \cdot \pi \cdot \frac{1}{2}$$
$$= \mathbf{4{,}09 \cdot 6\ m}$$
$$= \mathbf{24{,}55\ m}$$

141.5 (12′)

Gegeben: Fensterbänke:
Anzahl $n_F = 46$
$l = 1{,}25$ m; $b = 0{,}24$ m

Plattenformat:
$l_P = 3{,}05$ m; $b_P = 1{,}32$ m

Gesucht:
a) Plattenbedarf A_F in m²
b) Anzahl n_P der Platten
c) Verschnittzuschlag A_{VZ} in %

Lösung: a) Anzahl Fensterbänke/HPL-Platte:
$$n_{F/P} = \frac{l_P}{b} = \frac{3{,}05\text{ m}}{0{,}24\text{ m}} = 12$$

Plattenbedarf:
$$A_F = l \cdot b \cdot n$$
$$= 1{,}25\text{ m} \cdot 0{,}24\text{ m} \cdot 46$$
$$= \mathbf{13{,}80\ m^2}$$

b)
$$n_P = \frac{\text{Anzahl Fensterbänke}}{\text{Fensterbänke/Platte}} = \frac{n_F}{n_{F/P}} = \frac{46}{12} = \mathbf{4}$$

c) Rohmenge HPL-Platten:

$A_R = l \cdot b \cdot n$
$= 3{,}05\ m \cdot 1{,}32\ m \cdot 4$
$= 16{,}10\ m^2$

Verschnittzuschlag:

$A_{VZ} = \frac{(A_R - A_F) \cdot 100\ \%}{A_F}$
$= \frac{(16{,}10\ m^2 - 13{,}80\ m^2) \cdot 100\ \%}{13{,}80\ m^2}$
$=$ **16,7 % ≈ 17 %**

141.6 (10′)

Gegeben: 6-Eck-Säulen:
$z = 6$
$r = 0{,}44\ m$
Aufbau Verkleidung:
Wanddicke $d = 0{,}04\ m$
Anzahl Säulen $n = 12$

Gesucht: Plattenbreite b in cm
Plattenbedarf A_F in m^2

Lösung: Umkreisradien:
(s. Aufgabenbuch, S. 83, Tab. 1)

$r_{u,außen} = r_{1,innen} + 0{,}04\ m$
$= 0{,}40\ m + 0{,}04\ m$
$= 0{,}44\ m$

Plattenbreite:

$b = r_{u,außen} \cdot 1{,}00$
$= 0{,}44\ m \cdot 1{,}00 \cdot \frac{100\ cm}{1\ m}$
$=$ **44 cm**

$A_F = h \cdot l_S \cdot n \cdot z$
$= 3{,}20\ m \cdot 0{,}44\ m \cdot 12 \cdot 6$
$=$ **101,38 m²**

141.7 (8′)

Gegeben: Platten:
Anzahl $n = 8$
$l = 2{,}44\ m$; $b = 1{,}22\ m$; $f_{vz} = 1{,}25$
Rohmenge Preis: 12,10 €/m²

Gesucht: a) Fertigmenge pro Platte bei einem Verschnittzuschlag von 25 %

b) Preis in €/m², bezogen auf die Fertigmenge

Lösung: a) Rohmenge:

$A_R = l \cdot b$
$= 2{,}44\ m \cdot 1{,}22\ m$
$= 2{,}98\ m^2$

Fertigmenge:

$A_F = A_R \cdot (100\ \% - 25\ \%)$
$= 2{,}98\ m^2 : 1{,}25$
$= 2{,}38\ m^2$

b) Preis Fertigmenge

$= \frac{A_R \cdot \text{Preis Rohmenge}}{A_F}$
$= \frac{2{,}98\ m^2 \cdot 12{,}10\ €/m^2}{2{,}38\ m^2}$
$=$ **15,15 €/m²**

8.4.1 Klebstoffbedarf

143.1 (4′)

Gegeben: Türen
Anzahl $n = 12$
Seiten $z = 2$
$l = 1{,}973\ m$; $b = 0{,}96\ m$
Zugabe Kleber: 10 %
⇒ Zugabefaktor $f_K = 1{,}10$
$m_1 = 0{,}130\ kg/m^2$

Gesucht: Leimmenge m_K

Lösung:

$m_K = A_K\ m_1 \cdot f_K \cdot n \cdot z$
$= l \cdot b \cdot m_1 \cdot f_K \cdot n \cdot z$
$= 1{,}973\ m \cdot 0{,}96\ m \cdot 0{,}130 \frac{kg}{m^2} \cdot 1{,}1 \cdot 12 \cdot 2$
$=$ **6,500 kg**

8.4 Klebstoffe

143.2 (3′)

Gegeben: $A_K = 35{,}00\ m^2$
$m_K = 6{,}300\ kg$

Gesucht: Auftragsmenge m_1 in kg/m²

Lösung: $m_K = A_K \cdot m_1$

$$m_1 = \frac{m_K}{A_K} = \frac{6{,}300\ kg}{35{,}00\ m^2} = \mathbf{0{,}180\ kg/m^2 \approx 180\ g/m^2}$$

143.3 (4′)

Gegeben: $m_K = 5{,}000\ kg$
Verdünnung: 10 %
⇒ Zugabefaktor $f_K = 1{,}10$
$m_1 = 0{,}220\ kg/m^2$

Gesucht: Klebefläche A_K in m²

Lösung: $m_K = A_K \cdot m_1 \cdot f_K$

$$A_K = \frac{m_K \cdot f_K}{m_1} = \frac{5{,}000\ kg \cdot 1{,}1}{0{,}220\ kg/m^2} = \mathbf{25{,}00\ m^2}$$

143.4 (6′)

Gegeben: Platten:
Anzahl $n = 60$
$l = 1{,}80\ m$; $b = 0{,}80\ m$; $d = 0{,}035\ m$
Seitenzahl $z = 2$
$m_1 = 0{,}150\ kg/m^2$

Gesucht: Leimbedarf m_K in kg

Lösung:

$$m_K = A_K\ m_1 \cdot n$$
$$= [2 \cdot l \cdot b + d \cdot (2l + 2b)] \cdot m_1 \cdot n$$
$$= [2 \cdot 1{,}80\ m \cdot 0{,}80\ m + 0{,}035\ m \cdot (2 \cdot 1{,}80\ m + 2 \cdot 0{,}80\ m)] \cdot 0{,}150\ kg/m^2 \cdot 60$$
$$= \mathbf{27{,}558\ kg}$$

143.5 (8′)

Gegeben: Leimansatz
$m = 25{,}000\ kg$
$A_K = 112{,}00\ m^2$;
$m_1 = 0{,}160\ kg/m^2$
Leimpreis: 3,95 €/kg

Gesucht: a) tatsächlicher Leimbedarf m_K in kg
b) Leimverlust m_V in %

Lösung: a) $m_K = A_K \cdot m_1 = 112{,}00\ m^2 \cdot 0{,}160\ kg/m^2 = \mathbf{17{,}920\ kg}$

b) 100 % ≙ 25,000 kg
Verlustsatz:

$$m_V = \frac{(m - m_K) \cdot 100\ \%}{m} = \frac{(25{,}000\ kg - 17{,}920\ kg) \cdot 100\%}{25{,}000\ kg} = \mathbf{28{,}3\ \% \approx 28\ \%}$$

143.6 (6′)

Gegeben: Einkaufspreis Leim: 2,20 €/kg
Auftragsmenge $m'_1 = 0{,}160\ kg/m^2$
Zuschlag: 20 %
⇒ Zuschlagfaktor $f_Z = 1{,}20$

Gesucht: Leimkosten in €/m²

Lösung: Gesamtauftragsmenge:

$$m_1 = m'_1 \cdot f_Z = 0{,}160\ kg/m^2 \cdot 1{,}2 = \mathbf{0{,}192\ kg/m^2}$$

Leimkosten

$$= m_1 \cdot \text{Preis} = 0{,}192\ kg/m^2 \cdot 2{,}20\ €/kg = \mathbf{0{,}42\ €/m^2}$$

8.4 Klebstoffe

143.7 (7′)

Gegeben: Leimgebinde $m = 15\,kg$
Preis: 34,38 €
Auftragsmenge $m_1 = 0{,}180\ g/m^2$

Gesucht: a) Klebefläche A_K in m^2
b) Leimkosten in €/m^2

Lösung: a) $A_K = \frac{m}{m_1}$
$= \frac{15{,}000\ kg}{0{,}180\ kg/m^2}$
$= \mathbf{83{,}33\ m^2}$

b) $\text{Leimkosten} = \frac{\text{Preis/Gebinde}}{A_K}$
$= \frac{34{,}38\ €}{83{,}33\ m^2}$
$= \mathbf{0{,}41\ €/m^2}$

143.8 (6′)

Gegeben: Leimfläche $A = 3{,}5\ m^2$
Leimverbrauch $m = 0{,}670\ kg$
$A_K = 24{,}50\ m^2$

Gesucht: Leimbedarf m_K in kg

Lösung: Auftragsmenge:
$m_1 = \frac{m}{A}$
$= \frac{0{,}670\ kg}{3{,}50\ m^2}$
$= 0{,}191\ kg/m^2$

Leimbedarf:
$m_K = m^1 \cdot A_K$
$= 0{,}191\ kg/m^2 \cdot 24{,}50\ m^2$
$= \mathbf{4{,}680\ kg}$

143.9 (6′)

Gegeben: Säulen
$n = 12$
$h = 2{,}60\ m$; $d = 0{,}28\ m$;
$m_1 = 300\ g/m^2$

Gesucht: a) zu beschichtende Fläche A_K in m^2
b) Klebstoffbedarf m_K in kg

Lösung: a) $A_K = U \cdot h \cdot n$
$= d \cdot \pi \cdot h \cdot n$
$= 0{,}28\ m \cdot \pi \cdot 2{,}60\ m \cdot 12$
$= \mathbf{27{,}44\ m^2}$

b) $m_K = A_K \cdot m_1$
$= 27{,}44\ m^2 \cdot 0{,}300\ kg/m^2$
$= \mathbf{8{,}232\ kg}$

143.10 (11′)

Gegeben: Leimfläche $A_K = 285\ m^2$
Leimpreis: 3,42 €/kg
Auftragsmenge $m_1 = 0{,}160\ kg/m^2$
Leimverbrauch $m_K = 53\ kg$

Gesucht: a) tatsächl. Auftragsmenge m_1 in g/m^2
b) tatsächl. Leimkosten in €
c) tatsächl. Leimpreis in €/m^2

Lösung: a) $m_K = A_K \cdot m_1$
$m_1 = \frac{m_K}{A_K}$
$= \frac{53{,}000\ kg}{285{,}00\ m^2}$
$= 0{,}186\ kg/m^2 \cdot \frac{1\,000\ g}{1\ kg}$
$= \mathbf{186\ g/m^2}$

b) Leimkosten
$= m_K \cdot \text{Leimpreis}$
$= 53{,}000\ kg \cdot 3{,}42\ €/kg$
$= \mathbf{181{,}26\ €}$

c) Leimpreis
$= \frac{\text{Leimkosten}}{A_K}$
$= \frac{181{,}26\ €}{285{,}00\ m^2}$
$= \mathbf{0{,}64\ \frac{€}{m^2}}$

143.11 (7′)

Gegeben: Eiche, beidseitig furniert:
Anzahl $n = 45$
Tischumfang $U = 3{,}80\ m$
Auftragsmenge $m_1 = 0{,}160\ kg/m^2$
Leimverlust: 10 %
⇒ Zuschlagfaktor $f_Z = 1{,}10$

Gesucht: a) Tischdurchmesser d in m
b) Leimbedarf m_K in kg

Lösung: a) $U_\circ = d \cdot \pi$
$d = \frac{U_\circ}{\pi}$
$= \frac{3{,}80\ m}{\pi}$
$= \mathbf{1{,}21\ m}$

b) $m_K = A_K \cdot m_1 \cdot f_Z$
$= d^2 \cdot \frac{\pi}{4} \cdot n \cdot 2 \cdot m_1 \cdot f_Z$
$= (1{,}21\ m)^2 \cdot \frac{\pi}{4} \cdot 45 \cdot 2$
$\cdot 0{,}16\ kg/m^2 \cdot 1{,}1$
$= \mathbf{18{,}214\ kg}$

143.12 (3′)

Gegeben: Leimfläche $A_K = 46\ m^2$
Leimmenge $m_K = 9{,}5$ kg
Mengenverlust: 12 %

Gesucht: Auftragsmenge m_1 in g/m²

Lösung: 9,5 kg ≙ 112 %

$$m_1 = \frac{m_K \cdot 100\ \%}{112\ \% \cdot A_K} = \frac{9500\ g \cdot 100\ \%}{112\ \% \cdot 46\ m^2} = \mathbf{184\ g/m^2}$$

143.13 (13′)

Gegeben: Platte:
$l = 1{,}60$ m; $b = 0{,}50$ m
Plattengewicht:
unbeleimt $m_u = 8750$ g
beleimt $m_b = 8870$ g
Leimpreis: 2,15 €/kg

Gesucht: a) Auftragsmenge m_1 in g/m²
b) Leimfläche A_K in m² je 1 kg Leim
c) Leimpreis in €/m²

Lösung: a) Leimfläche:

$$A_K = l \cdot b = 1{,}60\ m \cdot 0{,}50\ m = 0{,}80\ m^2$$

Leimmenge:

$$m_K = m_b - m_u = 8870\ g - 8750\ g = 120\ g$$

Auftragsmenge:

$$m_K = A_K \cdot m_1$$

$$m_1 = \frac{m_K}{A_K} = \frac{120\ g}{0{,}80\ m^2} = \mathbf{150\ g/m^2} = 0{,}150\ kg/m^2$$

b) $$A_K = \frac{m_K}{m_1} = \frac{1\ kg}{0{,}150\ kg/m^2} = \mathbf{6{,}67\ m^2}$$

c) flächenbez. Preis
$= m_1 \cdot$ Preis
$= 0{,}150\ kg/m^2 \cdot 2{,}15$ €/kg
$=$ **0,32 €/m²**

8.5.2 Einfaches Mischungsrechnen nach Massenteilen oder Volumenteilen

145.1 (7′)

Gegeben: Mischungsverhältnis:
1 MT Leimpulver, 2,5 MT Wasser
Bedarf: 7 kg Leimflotte

Gesucht: Leimpulver in kg
Wasser in kg

Lösung:
$1\ MT_{Leimpulver} + 2{,}5\ MT_{Wasser} = 3{,}5\ MT$
gesamt Leim:

$$\frac{m_{ges}}{MT_{ges}} = \frac{7\ kg}{3{,}5\ MT} = 2\ kg/MT$$

folglich:

Leimpulver:	m_L	=	2 kg/MT	·	1 MT	=	**2 kg**
Wasser:	m_W	=	2 kg/MT	·	2,5 MT	=	**5 kg**
Leimflotte insgesamt					m	=	**7 kg**

145.2 (7′)

Gegeben: Härterlösung: 3 kg
Mischungsverhältnis:
Härter : Wasser = 1,5 : 5
⇒ $1{,}5\ MT_H : 5\ MT_W$

Gesucht: Stoffmengen in kg

Lösung: Gesamtteile:
$GT = 1{,}5\ MT_H + 5\ MT_W = 6{,}5\ MT$

Härterlösung:
6,5 MT ≙ 3kg

$$1\ MT \triangleq \frac{3\ kg}{6{,}5} = 0{,}462\ kg$$

$1{,}5\ MT_H \triangleq 0{,}462\ kg \cdot 1{,}5 = 0{,}693\ kg$
$5\ MT_W \triangleq 0{,}462\ kg \cdot 5 = 2{,}310\ kg$

Härter: **0,7 kg**
Wasser: **2,3 kg**

145.3 (7′)

Gegeben: Leimbedarf = 4,5 kg
Mischung:
Leim : Härter : Wasser = 3 : 2 : 4

Gesucht: Stoffmengen in kg

Lösung: Gesamtteile:
$GT = 3\ MT_{LP} + 2\ MT_H + 4\ MT_W$
$= 9\ MT$

Umrechnung:
$9\ MT \triangleq 4{,}5\ kg$

$1\ MT \triangleq \frac{4{,}5\ kg}{9} = 0{,}5\ kg$

$3\ MT_{LP} \triangleq 0{,}5\ kg \cdot 3 = 1{,}5\ kg$
$2\ MT_H \triangleq 0{,}5\ kg \cdot 2 = 1{,}0\ kg$
$4\ MT_W \triangleq 0{,}5\ kg \cdot 4 = 2{,}0\ kg$

Leimpulver: **1,5 kg**
Härter: **1,0 kg**
Wasser: **2,0 kg**

145.4 (7′)

Gegeben: Mischungsverhältnis:
$V_A : V_B = 3 : 7$
Stoff A: $V_A = 12\ l$

Gesucht: a) Gesamtstoffmenge von A und B in l
b) Stoffmenge von B in l

Lösung: a) Gesamtteile:
$GT = 3\ VT_A + 7\ VT_B = 10\ VT$
$3\ VT_A \triangleq 12\ l$

$1\ VT_A \triangleq \frac{12\ l}{3} = 4\ l$

$10\ V_T \triangleq 4\ l \cdot 10 = 40\ l$
Gesamtstoffmenge: **40 l**

b) $7\ VT_B \triangleq 4\ l \cdot 7 = 28\ l$
Stoffmenge B: V_B = **28 l**
Kontrolle:
$V_A + V_B = 12\ l + 28\ l$
$= 40\ l$ ✓

145.5 (11′)

Gegeben: Leimbedarf 7,500 kg
Verhältnis:
$1{,}5\ MT_{Härter} : 10\ MT_{Wasser} : 5\ MT_{Leim}$
$: 2\ MT_{Streckmittel}$

Gesucht: Stoffmengen in kg

Lösung: Gesamtteile:
$GT = 1{,}5\ MT_H + 10\ MT_W + 5\ MT_L$
$+ 2\ MT_{SM}$
$= 18{,}5\ MT$

Umrechnung:
$18{,}5\ MT \triangleq 7{,}500\ kg$

$1\ MT \triangleq \frac{7{,}500\ kg}{18{,}5} = 0{,}405\ kg$

$1{,}5\ MT_H \triangleq 0{,}405\ kg \cdot 1{,}5 = 0{,}608\ kg$
$10\ MT_W \triangleq 0{,}405\ kg \cdot 10 = 4{,}050\ kg$
$5\ MTL_P \triangleq 0{,}405\ kg \cdot 5 = 2{,}025\ kg$
$2\ MT_{SM} \triangleq 0{,}405\ kg \cdot 2 = 0{,}810\ kg$

Härter:	**0,608 kg**
Wasser:	**4,050 kg**
Leimpulver:	**2,025 kg**
Streckmittel:	**0,810 kg**
Kontrolle:	7,493 kg ✓

145.6 (11′)

Gegeben: Leimflotte: 18,000 l
Ansatz:
$5\ VT_{Härter} : 15\ VT_{Wasser}$
$: 50\ VT_{Leimpulver} : 1{,}5\ VT_{Streckmittel}$

Gesucht: Stoffmengen in l

Lösung: Gesamtteile:
$GT = 5\ VT_H + 15\ VT_W + 50\ VT_{LP}$
$+ 1{,}5\ VT_{SM}$
$= 71{,}5\ VT$

Umrechnung:
$71{,}5\ VT \triangleq 18{,}000\ l$

$1\ VT \triangleq \frac{18{,}000\ l}{71{,}5} = 0{,}252\ l$

$5\ VT_H \triangleq 0{,}252\ l \cdot 5 = 1{,}260\ l$
$15\ VT_W \triangleq 0{,}252\ l \cdot 15 = 3{,}780\ l$
$50\ VT_{LP} \triangleq 0{,}252\ l \cdot 50 = 12{,}600\ l$
$1{,}5\ VT_{SM} \triangleq 0{,}252\ l \cdot 1{,}5 = 0{,}378\ l$

Härter:	**1,260 l**
Wasser:	**3,780 l**
Leimpulver:	**12,600 l**
Streckmittel:	**0,378 l**
Kontrolle:	18,018 l ✓

8.5 Mischungsrechnen

145.7 (12′)

Gegeben: Verhältnisse:
$3\ MT_{Härter} : 10\ MT_{Wasser}$
$1\ MT_{Härterlösung} : 5\ MT_{Flüssigleim}$
Leimflotte: 15,000 kg

Gesucht: Flüssigleimstoffmenge

Lösung: Gesamtteile Härterlösung:
$GT_{HL} = 3\ MT_H + 10\ MT_W = 13\ MT_{HL}$

Gesamtteile Leimflotte:
$GT_{LF} = 13\ MT_{HL} + 65\ MT_{FL} = 78\ MT_{LF}$
$78\ MT \triangleq 15{,}000\ kg$
$1\ MT \triangleq \frac{15{,}000\ kg}{78} = 0{,}192\ kg$
$3\ MT_H \triangleq 0{,}192\ kg \cdot 3 = 0{,}576\ kg$
$10\ MT_W \triangleq 0{,}192\ kg \cdot 10 = 1{,}920\ kg$
$65\ MT_L \triangleq 0{,}192\ kg \cdot 65 = 12{,}480\ kg$

Härter: **0,576 kg**
Wasser: **1,920 kg**
Flüssigleim: **12,480 kg**
Kontrolle: 14,976 kg ✓

145.8 (8′)

Gegeben: Mischung Säure mit Wasser wie 2 : 7

Gesucht: a) Säure in l für 10 l Mischung?
b) Wasser für 1,5 l Säure?

Lösung: a) Gesamtteile:
$GT = 2VT_S + 7VT_W = 9VT$
$9\ VT \triangleq 10{,}000\ l$
$1\ VT \triangleq \frac{10{,}000\ l}{9} = 1{,}111\ l$
$2\ VT_S \triangleq 1{,}111\ l \cdot 2 = 2{,}222\ l$
Säure: **2,222 l**

b) $2\ VT \triangleq 1{,}5\ l$
$1\ VT \triangleq \frac{1{,}500\ l}{2} = 0{,}750\ l$
$7\ VT_W \triangleq 0{,}750\ l \cdot 7 = 5{,}250\ l$
Wasser: **5,250 l**

145.9 (10′)

Gegeben: Leimflotte (KUF): 25,000 kg
darin enthalten:
2 kg Härter, 4 kg Streckmittel

Gesucht: Mischungsverhältnis
a) Leim : Härter
b) Leim : Streckmittel

Lösung:
Zusammensetzung Leimflotte:
Harnstoffharz: 19,000 kg
Härter: 2,000 kg
Streckmittel: 4,000 kg
Leimflotte: 25,000 kg

a) $GT_{Leim} : GT_{Härter}$ = 19,000 kg : 2,000 kg
= **9,5 : 1** = **19 : 2**

b) $GT_{Leim} : GT_{Streckm.}$ = 19,000 kg : 4,000 kg
= **4,75 : 1** = **19 : 4**

145.10 (13′)

Gegeben: Leimflotte: 12,000 kg
Zusammensetzung:
4 MT Leimpulver
2 MT Härter
8 MT Wasser
20 % Streckmittel

Gesucht: Stoffmengen in kg

Lösung: Gesamtteile:
$GT' = 4\ MT_{LP} + 2\ MT_H + 8\ MT_W$
$= 14\ MT$
$14\ MT \triangleq 100\ \%$
$2{,}8\ MT_{SM} \triangleq 20\ \%$

Gesamtteile mit Streckmittel:
$GT = 4\ MT_{LP} + 2\ MT_H + 8\ MT_W$
$+ 2{,}8\ MT_{SM}$
$= 16{,}8\ MT$

Umrechnung:
$16{,}8\ MT \triangleq 12{,}000\ kg$
$1\ MT \triangleq \frac{12{,}000\ kg}{16{,}8} = 0{,}714\ kg$
$4\ MT_{LP} \triangleq 0{,}714\ kg \cdot 4 = 2{,}856\ kg$
$2\ MT_H \triangleq 0{,}714\ kg \cdot 2 = 1{,}428\ kg$
$8\ MT_W \triangleq 0{,}714\ kg \cdot 8 = 5{,}712\ kg$
$2{,}8\ MT_{SM} \triangleq 0{,}714\ kg \cdot 2{,}8 = 1{,}999\ kg$

Leimpulver: **2,856 kg**
Härter: **1,428 kg**
Wasser: **5,712 kg**
Streckmittel: **1,999 kg**
Kontrolle: 11,995 kg ✓

8.5 Mischungsrechnen

145.11 (8′)

Gegeben: Leimflotte: 24,000 kg
Ansatz:
4 MT Leimpulver
2 MT Wasser
Verbrauch:
0,160 kg/m²

Gesucht: a) Leimpulvermenge in kg
b) beleimbare Fläche A_K in m²

Lösung: a) Gesamtteile:
$GT = 4\ MT_{LP} + 2\ MT_W = 6\ MT$
Umrechnung:
$6\ MT \triangleq 24\ kg$
$1\ MT \triangleq \frac{24\ kg}{6} = 4\ kg$
$4\ MT_{LP} \triangleq 4\ kg \cdot 4 = 16\ kg$
Leimpulver: **16 kg**

b) $\text{Leimfläche} = \frac{\text{Leimflotte}}{\text{Verbrauch}}$
$= \frac{24\ kg}{0{,}160\ kg/m^2}$
$= \mathbf{150\ m^2}$

145.12 (6′)

Gegeben: Leimbedarf: 6,000 kg
davon 15 % Härter

Gesucht: a) Stoffmengen in kg
b) Mischungsverhältnis:
Leim : Härter

Lösung: a) Härteranteil = 6,000 kg · 0,15
= **0,900 kg**
Leimanteil = 6,000 kg − 0,900 kg
= **5,100 kg**

b) Verhältnis:
$m_{Leim} : m_{Härter}$
= 5,100 kg : 0,900 kg
= **5,7 : 1**

145.13 (10′)

Gegeben: Schranktüren
$n = 250$ Stück
2-seitig: $z = 2$
$l = 1{,}80\ m$; $b = 0{,}50\ m$
Leimverbrauch $m_1 = 0{,}220\ kg/m^2$
Verhältnis:
$m_{Flüssigleim} : m_{Härter} = 8 : 1{,}5$

Gesucht: a) Klebstoffbedarf in kg
b) Stoffmengen in kg

Lösung:
a) Klebstoffbedarf
$= l \cdot b \cdot m_1 \cdot n \cdot z$
$= 1{,}80\ m \cdot 0{,}50\ m \cdot 0{,}220\ kg/m^2 \cdot 250 \cdot 2$
= **99 kg**

b) Gesamtteile:
$GT = 8\ MT_W + 1{,}5\ MT_L = 9{,}5\ MT$
Umrechnung:
$9{,}5\ MT \triangleq 99\ kg$
$1\ MT \triangleq \frac{99\ kg}{9{,}5} = 10{,}421\ kg$
$8\ MT_L \triangleq 10{,}421\ kg \cdot 8 = 83{,}368\ kg$
$1{,}5\ MT_H \triangleq 10{,}421\ kg \cdot 1{,}5 = 15{,}632\ kg$

Flüssigleim:	**83,368 kg**
Härter:	**15,632 kg**
Kontrolle:	99,000 kg ✓

145.14 (10′)

Gegeben: Ansatz:
Leimpulver: $m_{LP} = 5{,}000\ kg$
Härter: $m_H = 1{,}500\ kg$
Wasser: $V_W = 4{,}000\ l$
$\Rightarrow m_W = 4{,}000\ kg$
Verbrauch $m_1 = 0{,}150\ kg/m^2$

Gesucht: a) Mischungsverhältnis
b) Reicht Leimflotte für 70,00 m²?

Lösung: a) $m_{LP} : m_H : m_W$
= 5,000 kg : 1,500 kg : 4,000 kg
= **10 : 3 : 8**

b) Gesamtmenge:

$m_K = m_{LP} + m_H + m_W$
$= 5{,}000\text{ kg} + 1{,}500\text{ kg} + 4{,}000\text{ kg}$
$= 10{,}500\text{ kg}$

Leimfläche:

$A_K = \frac{m_K}{m_1}$
$= \frac{10{,}500\text{ kg}}{0{,}150\text{ kg/m}^2}$
$= \mathbf{70{,}00\text{ m}^2}$

8.5.3 Kaufmännisches Mischungsrechnen

146.1 (5′)

Gegeben: Stoff A: 5 l zu 2,25 €/l
Stoff B: 7 l zu 1,35 €/l

Gesucht: Preis der Mischung in €/l

Lösung: Gesamtkosten
$= \text{Menge A} \cdot \text{Preis}_A + \text{Menge B} \cdot \text{Preis}_B$
$= 5\text{ l} \cdot 2{,}25\text{ €/l} + 7\text{ l} \cdot 1{,}35\text{ €/l}$
$= 11{,}25\text{ €} + 9{,}45\text{ €}$
$= 20{,}70\text{ €}$

Preis der Mischung
$= \frac{\text{Gesamtkosten}}{\text{Gesamtmenge}}$
$= \frac{20{,}70\text{ €}}{12\text{ l}}$
$= \mathbf{1{,}73\text{ €/l}}$

146.2 (7′)

Gegeben: Leimflotte: 8,5 kg zu 2,90 €/kg
Streckmittel: 2 kg zu 0,75 €/kg

Gesucht: Preis des gestreckten Leimes in €/kg

Lösung: Gesamtkosten
$= m_A \cdot \text{Preis}_A \; m_B \cdot \text{Preis}_B$
$= 8{,}5\text{ kg} \cdot 2{,}90\text{ €/kg} + 2\text{ kg} \cdot 0{,}75\text{ €/kg}$
$= 24{,}65\text{ €} + 1{,}50\text{ €}$
$= 26{,}15\text{ €}$

$\text{Preis} = \frac{\text{Gesamtkosten}}{\text{Gesamtmenge}}$
$= \frac{26{,}15\text{ €}}{10{,}5\text{ kg}}$
$= \mathbf{2{,}49\text{ €/kg}}$

146.3 (15′)

Gegeben: Mischungsverhältnis:
$V_A : V_B : V_C = 2 : 1 : 3$
Gesamtmenge: 20,000 l

Einzelpreise:
Stoff A: 1,60 €/l
Stoff B: 1,20 €/l
Stoff C: 0,55 €/l

Gesucht: Preis der Mischung in €/l

Lösung: Gesamtteile:
$GT = 2\ VT_A + 1\ VT_B + 3\ VT_C = 6\ VT$

Umrechnung:
$6\ VT \triangleq 20{,}000\ l$
$1\ VT \triangleq \frac{20{,}000\ l}{6} = 3{,}333\ l$
$2\ VT_A \triangleq 3{,}333\ l \cdot 2 = 6{,}667\ l$
$1\ VT_B \triangleq 3{,}333\ l$
$3\ VT_C \triangleq 3{,}333\ l \cdot 3 = 9{,}999\ l$

Mengen:
Stoff A: $V_A = 6{,}667\ l$
Stoff B: $V_B = 3{,}333\ l$
Stoff C: $V_C = 9{,}999\ l$

Kosten:
Stoff A: $V_A \cdot Preis_A = 6{,}667\ l \cdot 1{,}60\ €/l = 10{,}67\ €$
Stoff B: $V_B \cdot Preis_B = 3{,}333\ l \cdot 1{,}20\ €/l = 4{,}00\ €$
Stoff C: $V_C \cdot Preis_C = 9{,}999\ l \cdot 0{,}55\ €/l = 5{,}50\ €$

Gesamtkosten:
$Kosten_A + Kosten_B + Kosten_C$
$= 10{,}66\ € + 4{,}00\ € + 5{,}50\ €$
$= 20{,}16\ €$

$Preis = \frac{Gesamtkosten}{Gesamtmenge} = \frac{20{,}16\ €}{20{,}000\ l}$
$=$ **1,01 €/l ≈ 1,00 €/l**

146.4 (7′)

Gegeben: Leimmenge $m_L = 5{,}000$ kg
Streckmittel: 20 %
Preis Leim: 3,25 €/kg
Preis Streckmittel: 0,65 €/kg

Gesucht: Preis des gestreckten Leims in €/kg

Lösung: Streckmittel:
$m_{SM} = 0{,}2 \cdot m_L = 0{,}2 \cdot 5{,}000\ kg = 1{,}000\ kg$

Leimflotte:
$m_{LF} = m_L + m_{SM} = 5{,}000\ kg + 1{,}000\ kg = 6{,}000\ kg$

$Kosten = m_L \cdot Preis_L + m_S \cdot Preis_S$
$= 5{,}000\ kg \cdot 3{,}25\ €/kg + 1{,}000\ kg \cdot 0{,}65\ €/kg$
$= 16{,}25\ € + 0{,}65\ €$
$= 16{,}90\ €$

$Preis = \frac{16{,}90\ €}{6{,}000\ kg}$
$=$ **2,82 €/kg**

8.5 Mischungsrechnen

146.5 (17′)

Gegeben: Leimbedarf $m_L = 25{,}000$ kg
$m_{LP} : m_H : m_W = 6 : 1 : 1{,}5$
Preise:
Leimpulver: 2,45 €/kg
Härter: 1,20 €/kg
Wasser: 1,42 €/m³
⇒ 0,00142 €/kg

Gesucht: Preis der Leimflotte in €/kg

Lösung: Gesamtmenge:
$GT = 6\ MT_{LP} + 1\ MT_H + 1{,}5\ MT_W$
$= 8{,}5\ MT$

Umrechnung:
$8{,}5\ M_T \triangleq 25{,}000$ kg
$1\ MT_H \triangleq \frac{25{,}000\ \text{kg}}{8{,}5} = 2{,}941$ kg
$6\ MTL_P \triangleq 2{,}941\ \text{kg} \cdot 6 = 17{,}646$ kg
$1{,}5\ MT_W \triangleq 2{,}941\ \text{kg} \cdot 1{,}5 = 4{,}412$ kg

$\text{Kosten}_{LP} = m_{LP} \cdot \text{Preis}_{LP}$
$= 17{,}646\ \text{kg} \cdot 2{,}45\ €/\text{kg}$
$= 43{,}23$ €
$\text{Kosten}_H = m_H \cdot \text{PreisH}$
$= 2{,}941\ \text{kg} \cdot 1{,}20\ €/\text{kg}$
$= 3{,}53$ €
$\text{Kosten}_W = m_W \cdot \text{Preis}_W$
$= 4{,}412\ \text{kg} \cdot 0{,}00142\ €/\text{kg}$
$= 0{,}01$ €

Leimflotte:
Kosten = 43,23 € + 3,53 € + 0,01 €
= 46,77 €

$\text{Preis} = \frac{46{,}77\ €}{25{,}000\ \text{kg}}$
= **1,87 €/kg**

146.6 (11′)

Gegeben: Leimmischung:
$V_{LM} = 15$ l
Härtergehalt 20 % ⇒ $V_H = 3$ l
Farbzugabe: $V_F = 0{,}500$ l
Preise:
Leim: 3,25 €/l
Härter: 0,90 €/l
Farbmischung: 0,60 €/l

Gesucht: Preis der eingefärbten Leimflotte in €/l

Lösung: Gesamtmenge Leimflotte:
$V = V_L \cdot V_H \cdot V_F$
= 12,000 l + 3,000 l + 0,500 l
= 15,500 l

Gesamtkosten
$= V_L \cdot \text{Preis}_L$
$+ V_H \cdot \text{Preis}_H$
$+ V_F \cdot \text{Preis}_F$
= 12,000 l · 3,25 €/l
+ 3,000 l · 0,90 €/l
+ 0,500 l · 0,60 €/l
= 39,00 € + 2,70 € + 0,30 €
= 42,00 €

$\text{Preis} = \frac{\text{Gesamtkosten}}{\text{Gesamtmenge}}$
$= \frac{42{,}00\ €}{15{,}500\ \text{l}}$
⇒ **2,71 €/l**

146.7 (6′)

Gegeben: Mischung aus
Stoff A: $V_A = 18$ l; Preis: 3,00 €/l
Stoff B: $V_B = 2{,}5$ l
Preis der Mischung: 3,65 €/l

Gesucht: Preis des Stoffes *B* in €/l

Lösung: Gesamtkosten
= (18 l + 2,5 l) · 3,65 €/l
= 74,83 €

Kosten Stoff A:
18 l · 3,00 €/l = 54,00 €
Kosten Stoff B:
74,83 € − 54,00 € = 20,83 €

Preis von Stoff B:
$\text{Preis}_B = \frac{20{,}83\ €}{2{,}500\ \text{l}}$
= **8,33 €/l**

8.6.1 Bedarfs- und Preisberechnungen

148.1 (2′)

Gegeben: Ergiebigkeit $A_1 = 8\ m^2/l$
Lackmenge $V_L = 5\ l$

Gesucht: Lackfläche A_L in m^2

Lösung: $A_L = V_L \cdot A_1$
$= 5\ l \cdot 8\ m^2/l$
$= \mathbf{40\ m^2}$

148.2 (6′)

Gegeben: Korpusseiten:
Lackfläche $A_L = 0{,}92\ m^2$
beidseitig: $z = 2$
$n = 250$ Stück
Ergiebigkeit $A_1 = 13{,}00\ m^2/l$

Gesucht: Lackmenge V in l

Lösung: $V = n \cdot z \cdot \frac{A_L}{A_1}$
$= 250 \cdot 2 \cdot \frac{0{,}92\ m^2}{13{,}00\ m^2/l}$
$= \mathbf{35{,}385\ l}$

148.3 (5′)

Gegeben: Lackmenge $V_L = 2{,}000\ l$
Verbrauch $V_1 = 0{,}085\ l/m^2$

Gesucht: Lackfläche A_L m^2

Lösung: $A_L = \frac{V_L}{V_1}$
$= \frac{2{,}000\ l}{0{,}085\ l/m^2}$
$= \mathbf{23{,}53\ m^2}$

148.4 (6′)

Gegeben: Lackfläche $A_L = 150{,}00\ m^2$
Verlust: 25 %
⇒ Verlustfaktor $f_V = 1{,}25$
Verbrauch $V_1 = 0{,}070\ l/m^2$

Gesucht: Lackmenge V in l

Lösung: $V = A_L \cdot V_1 \cdot f_V$
$= 150{,}00\ m^2 \cdot 0{,}070\ l/m^2 \cdot 1{,}25$
$= \mathbf{13{,}125\ l}$

148.5 (10′)

Gegeben: Innenausbauteile:
Lackfläche
$A_L = l \times b = 0{,}99\ m \times 3{,}10\ m$
Anzahl $n = 160$
Seitenzahl $z = 2$
Verbrauch $V_1 = 0{,}120\ l/m^2$
Spritzverlust: 20 %
⇒ Verlustfaktor $f_V = 1{,}20$
Lackpreis: 8,40 €/l

Gesucht: a) Lackmenge V in l
b) Lackkosten in €

Lösung: a) Lackmenge:
$V = z \cdot n \cdot A_L \cdot V_1 \cdot f_V$
$= z \cdot n \cdot l \cdot b \cdot V_1 \cdot f_V$
$= 2 \cdot 160 \cdot 0{,}99\ m \cdot 3{,}10\ m \cdot 0{,}120\ l/m^2 \cdot 1{,}2$
$= \mathbf{141{,}420\ l}$

b) Lackkosten
= Lackmenge · Lackpreis
= 141,420 l · 8,40 €/l
= **1 187,93 €**

148.6 (10′)

Gegeben: Lackmenge $V_L = 10\ l$
Lackpreis: 5,75 €/l
Verbrauch: $V_1 = 0{,}09\ l/m^2$

Gesucht: Materialpreis in €/m²

Lösung: Lackfläche:
$A_L = \frac{\text{Lackmenge}}{\text{Verbrauch}}$
$= \frac{10\ l}{0{,}09\ l/m^2}$
$= 111{,}11\ m^2$

Materialpreis
$= \frac{V_L \cdot \text{Preis}_L}{A_L}$
$= \frac{10\ l \cdot 5{,}75\ €/l}{111{,}11\ m^2}$
$= \mathbf{0{,}52\ €/m^2}$

oder

Preis/m² = Lackpreis · Verbrauch
= 5,75 €/l · 0,09 l/m²
= **0,52 €/m²**

8.6 Stoffe zur Oberflächenbehandlung

148.7

(8′)

Gegeben: Fläche $A = 0{,}84\ m^2$
$n = 12$
Seitenzahl $z = 2$
2 Spritzgänge: $z_s = 2$
Lackmenge $V_L = 13{,}000\ l$

Gesucht: Verbrauch V_1 in ml/m²

Lösung: Lackfläche:

$$A_L = A \cdot n \cdot z_s = 0{,}84\ m^2 \cdot 12 \cdot 2 = 20{,}16\ m^2$$

$$V_1 = \frac{V_L}{A_L} = \frac{13{,}000\ l}{20{,}16\ m^2} = 0{,}645\ l/m^2 \cdot \frac{1000\ ml}{l} = \mathbf{645\ ml/m^2}$$

148.8

(9′)

Gegeben: Lackmenge $V_L = 30{,}000\ l$
Verdünnung: 20 %
$\Rightarrow$ Zuschlagfaktor $f_Z = 1{,}20$
2 Arbeitsgänge: $z = 2$
Verbrauch: $V_1 = 0{,}16\ l/m^2$
Verlust: 15 %
$\Rightarrow$ Verlustfaktor $f_V = 0{,}85$

Gesucht: Lackfläche A_L in m²

Lösung:

$$A_L = \frac{\text{Lackmenge}}{\text{Verbrauch}} = \frac{V_L \cdot f_Z \cdot f_V}{V_1 \cdot z} = \frac{30{,}000\ l \cdot 1{,}20 \cdot 0{,}85}{0{,}16\ l/m^2 \cdot 2} = \mathbf{95{,}63\ m^2}$$

148.9

(6′)

Gegeben: Lackfläche $A_L = 820\ m^2$
2 Aufträge: $z = 2$
Ergiebigkeit $A_1 = 7\ m^2/l$

Gesucht: Lackmenge V in l

Lösung:

$$V = \frac{A}{A_1} = \frac{820{,}00\ m^2 \cdot 2}{7{,}00\ m^2/l} = \mathbf{234{,}286\ l}$$

148.10

(20′)

Gegeben: Fensterzahl $n = 36$
1 x Imprägnierung
1 x Grundierung
2 x Lackierung: $x_L = 2$

Auftragsflächen:
Blendrahmen: 5,27 m × 0,268 m
Flügelrahmen: 4,826 m × 0,268 m
Glashalteleisten: 4,34 m × 0,065 m

Ergiebigkeit:
Imprägnierung: $V_{I1} = 125\ ml/m^2$
Grundierung: $V_{G1} = 70\ ml/m^2$
Deckanstrich: $V_{L1} = 80\ ml/m^2$

Gesucht: a) Gesamtfläche in m²
b) Verbrauch der Anstrichmittel in l

Lösung: a) Anstrichfläche:

$$A = (5{,}27\ m \cdot 0{,}268\ m + 4{,}82\ m \cdot 0{,}268\ m + 4{,}34\ m \cdot 0{,}065\ m) \cdot n$$
$$= (1{,}41\ m^2 + 1{,}29\ m + 0{,}282\ m^2) \cdot 36$$
$$= \mathbf{2{,}98\ m^2 \cdot 36 = 107{,}35\ m^2}$$

b) Imprägniermenge:

$$V_I = A \cdot V_{I1} \cdot n = 2{,}98\ m^2 \cdot 0{,}125\ l/m^2 \cdot 36 = \mathbf{13{,}41\ l}$$

Grundiermenge:

$$V_G = A \cdot V_{G1} \cdot n = 2{,}98\ m^2 \cdot 0{,}070\ l/m^2 \cdot 36 = \mathbf{7{,}50\ l}$$

Lackmenge:

$$V_L = A \cdot x_L \cdot V_{L1} \cdot n = 2{,}98\ m^2 \cdot 2 \cdot 0{,}080\ l/m^2 \cdot 36 = \mathbf{17{,}16\ l}$$

148.11 (18′)

Gegeben: Lasurfläche: $A_L = 4{,}42\ m^2$
Blockrahmen:
$l \times d = 3{,}98\ m \times 0{,}344\ m$

Aufträge:
1 x Grundierung
3 × Lacklasur: $x_L = 3$
Mengenverlust: je 10 %
⇒ Verlustfaktor $f_V = 1{,}10$

Holzlasur:
Preis: 6,90 €/l
Verbrauch: $V_{H1} = 0{,}090\ l/m^2$

Lacklasur:
Preis: 8,75 €/l
Verbrauch: $V_{L1} = 0{,}080\ l/m^2$

Gesucht: a) Gesamtfläche A in m²
b) Grundiermenge V_G in l
c) Lacklasurmenge V_L in l
d) Gesamtkosten Oberflächenmaterial in €

Lösung: a) $A = A_L + l \cdot d$
$= 4{,}42\ m^2 + 3{,}98\ m \cdot 0{,}344\ m$
$= 4{,}42\ m^2 + 1{,}37\ m^2$
$= \mathbf{5{,}79\ m^2}$

b) $V_G = A \cdot f_V \cdot V_{H1}$
$= 5{,}79\ m^2 \cdot 1{,}10 \cdot 0{,}090\ \frac{l}{m^2}$
$= \mathbf{0{,}573\ l}$

c) $V_L = A \cdot x_L \cdot f_V \cdot V_{L1}$
$= 5{,}79\ m^2 \cdot 3 \cdot 1{,}10 \cdot 0{,}080\ \frac{l}{m^2}$
$= \mathbf{1{,}529\ l}$

d) Kosten
$= V_G \cdot \text{Preis}_G + V_L \cdot \text{Preis}_L$
$= 0{,}573\ l \cdot 6{,}90\ €/l + 1{,}529\ l \cdot 8{,}75\ €/l$
$= 3{,}95\ € + 13{,}38\ €$
$= \mathbf{17{,}33\ €}$

148.12 (11′)

Gegeben: Stollenzahl $n = 500$ Stück
Länge $l = 0{,}68\ m$
Durchmesser $d = 0{,}045\ m$
Spritzgänge $z = 2$
Auftrag $V_1 = 0{,}090\ l/m^2$
Spritzverlust: 50 %
⇒ Zuschlagfaktor $f_Z = 1{,}50$

Gesucht: a) Lackfläche A_L in m²
b) Lackbedarf V_L in l

Lösung: a) $A_L = n \cdot l \cdot d \cdot \pi + n \cdot d^2 \cdot \frac{\pi}{4} \cdot 2$
$= 500 \cdot 0{,}68\ m \cdot 0{,}045\ m \cdot \pi + 1{,}59\ m^2$
$= \mathbf{49{,}66\ m^2}$

b) $V_L = A_L \cdot V_1 \cdot z \cdot f_Z$
$= 49{,}66\ m^2 \cdot 0{,}090\ l/m^2 \cdot 2 \cdot 1{,}5$
$= \mathbf{13{,}41\ l}$

148.13 (6′)

Gegeben: Tischzahl $n = 24$
Fläche l x $b = 1{,}80\ m$ x $0{,}85\ m$
beidseitig: $z = 2$
3 Spritzgänge: $z_s = 3$
Auftrag $m_1 = 0{,}120\ kg/m^2$
Verlust: 20 %
⇒ Zuschlagfaktor $f_Z = 1{,}20$

Gesucht: Lackmenge m in kg

Lösung: Fläche:
$A_L = l \cdot b \cdot n \cdot z$
$= 1{,}80\ m \cdot 0{,}85\ m \cdot 24 \cdot 2$
$= 73{,}44\ m^2$

Lackmenge:
$m = A_L \cdot m_1 \cdot z_s \cdot f_Z$
$= 73{,}44\ m^2 \cdot 0{,}12\ kg/m^2 \cdot 3 \cdot 1{,}20$
$= \mathbf{31{,}726\ kg}$

8.6.2 Mischungsrechnen

149.1 (3′)

Gegeben: Lackmenge: 25 l
$V_{Lack} : V_{Härter} = 4 : 1$

Gesucht: Stoffmengen in l

Lösung:
5 VT ≙ 25 l
$1\ VT_{Härter} \triangleq \frac{25\ l}{5} = \mathbf{5\ l}$
$4\ VT_{Lack} \triangleq 5\ l \cdot 4 = \mathbf{20\ l}$

149.2 (9′)

Gegeben: Verhältnisse:
Lack: 12 VT
Härter: 6 VT
Verdünnung: 1 VT
Lackmenge: 15,000 l

Gesucht: Stoffmengen in l

Lösung: Gesamtteile:
$GT = 12\ VT_L + 6\ VT_H + 1\ VT_V$
$= 19\ VT$

Umrechnung:
19 VT ≙ 15,000 l
$1\ VTV \triangleq \frac{15{,}000\ l}{19} = 0{,}789\ l$
$12\ VT_L \triangleq 0{,}789\ l \cdot 12 = 9{,}468\ l$
$6\ VT_H \triangleq 0{,}789\ l \cdot 6 = 4{,}734\ l$

Lack:	**9,468 l**
Härter:	**4,734 l**
Verdünnung:	**0,789 l**
Kontrolle:	14,991 l ✓

149.3 (9′)

Gegeben: Entharzungsmittel: 4 l
Salmiakgehalt: 1,500 l

Gesucht: a) %-Gehalt an Salmiakgeist
b) Mischungsverhältnis

Lösung: a) 4,000 l ≙ 100 %
1,000 l ≙ 25 %
1,500 l ≙ 25 % · 1,5 = **37,5 %**

b) Restgehalt:
2,500 l ≙ 62,5 %
Mischungsverhältnis:
$V_{Rest} : V_{Salmiak} = 2{,}5\ l : 1{,}5\ l$
$= \mathbf{5 : 3}$

149.4 (8′)

Gegeben: Mischung:
1,5 l Salmiakgeist 60 %
+ 0,75 l Wasser

Gesucht: Konzentration des Salmiakgeistes

Lösung: Anteile Salmiakgeist:
100 % ≙ 1,500 l
$1\ \% \triangleq \frac{1{,}500\ l}{100} = 0{,}015\ l$
60 % ≙ 0,015 l · 60 = 0,900 l
40 % ≙ 0,015 l · 40 = 0,600 l

Salmiak: 0,900 l
Wasser: 0,600 l

Verdünnung:
Salmiak: 0,900 l
Wasser: 0,600 l + 0,750 l = 1,350 l
Geist: 0,900 l + 1,350 l = 2,250 l

Mischung:
2,250 l ≙ 100 %
$1{,}000\ l \triangleq \frac{100\ \%}{2{,}25} = 44{,}444\ \%$
0,900 l ≙ 44,444 % · 0,9 = 40,000 %
Gehalt der Mischung: **40 %**

149.5 (15′)

Gegeben: Mischung:
1,000 l ≙ 1 000 g Wasser
60 g Pottasche
250 g Aceton

Gesucht: a) Mischungsverhältnis
Wasser : Pottasche : Aceton
b) die einzelnen Stoffmengen in 1,5 l

Lösung: a) $m_{Wasser} : m_{Pottasche} : m_{Aceton}$
= 1 000 g : 60 g : 250 g
= 100 : 6 : 25

b) Gesamtteile:
$GT = 100\ MT_W + 6\ MT_P$
$+ 25\ MT_A$
$= 131\ MT$

Umrechnung:
$131\ MT \triangleq 1{,}500\ kg$

$1\ MT \triangleq \frac{1{,}500\ kg}{131} = 0{,}01145\ kg$

$100\ MT \triangleq 1{,}145\ kg$
$6\ MT \triangleq 0{,}01145 \cdot 6 = 0{,}069\ kg$
$25\ MT \triangleq 0{,}01145 \cdot 25 = 0{,}288\ kg$

Wasser: **1,145 kg**
Pottasche: **0,069 kg**
Aceton: **0,288 kg**
Kontrolle: 1,502 kg ✓

149.6
(10′)

Gegeben: 1,000 l Wasser
Essig: 30 %

Gesucht: Zugabe Essigsäure in l

Lösung: Wasser:
$70\ \% \triangleq 1000\ ml$

$1\ \% \triangleq \frac{1000\ ml}{70} = 14{,}29\ ml$

$100\ \% \triangleq 14{,}29\ ml \cdot 100 = 1429\ ml$
$30\ \% \triangleq 14{,}29\ ml \cdot 30 = 429\ ml$

Essig: **1,429 l**
Essigsäure: **0,429 l**

149.7
(12′)

Gegeben: Beizmischung:
1,000 l ≙ 1,000 kg Wasser
90 g Beizpulver
Ergiebigkeit: $A_1 = 8{,}00\ m^2/l$
zu beizende Fläche $A = 85{,}00\ m^2$

Gesucht: Beizpulver in g

Lösung: Beizmenge:

$V = \frac{A}{A_1}$

$= \frac{85{,}00\ m^2}{8{,}00\ m^2/l}$

$= \mathbf{10{,}625\ l}$

$\Rightarrow m = \mathbf{10625\ g}$

Gesamtmischung:
$GT = 100\ MT_W + 9\ MT_{BP}$
$= 109\ MT$

Umrechnung:
$109\ MT \triangleq 10\,625\ g$

$1\ MT \triangleq \frac{10625\ g}{109} = 97{,}477\ g$

$100\ MT \triangleq 97{,}477\ g \cdot 100 = 9\,748\ g$
$9\ MT \triangleq 97{,}477\ g \cdot 9 = \mathbf{877\ g}$

Kontrolle: 100 Teile + 9 Teile = 109 Teile
≙ 9748 g + 877 g = 10625 g ✓

149.8
(20′)

Gegeben: Lackansatz:
Stammlack: $3\ VT_{SL}$
Härter: $1\ VT_H$
25 % Verdünnung
⇒ Verdünnungsfaktor $f_V = 1{,}25$

Preise:
Klarlack: 24,– €/l
Härter: 16,40 €/l
Verdünnung: 5,45 €/l
Verbrauch: $V_1 = 0{,}160\ l/m^2$

Gesucht:
a) spritzfertiger Lack aus 5 l Stammlack
b) Lackfläche in m²
c) Kosten 1 l fertigen Lacks in €/l

Lösung: a) $3\ VT_{SL} = 5{,}000\ l$

$1\ VT_H = \frac{5{,}000\ l}{3} = 1{,}667\ l$

Lackmenge:
$V_L = (V_{SL} + V_H) \cdot f_V$
$= (5{,}000\ l + 1{,}667\ l) \cdot 1{,}25$
$= 6{,}667\ l \cdot 1{,}25$
$= \mathbf{8{,}334\ l}$

b) Lackfläche:

$$A_L = \frac{V_L}{V_1} = \frac{8{,}334\ l}{0{,}160\ l/m^2} = \mathbf{52{,}09\ m^2}$$

c) Lackkosten für 8,334 l:

$$\text{Kosten}_L = 5\ l \cdot 24{,}00\ €/l + 1{,}667\ l \cdot 16{,}40\ €/l + 1{,}667\ l \cdot 5{,}45\ €/l$$
$$= 120{,}00\ € + 27{,}34\ € + 9{,}09\ € = 156{,}43\ €$$

Lackkosten für 1 l, spritzfertig:

$$\text{Kosten}_1 = \frac{\text{Kosten}_L}{8{,}334\ l} = \frac{156{,}43\ €}{8{,}334\ l} = \mathbf{18{,}77\ €/l}$$

149.9

(15′)

Gegeben: Beizmenge: 3,000 l
Farbpulveranteil: 50 g/l Wasser
Farbpulverzugabe: 170 g

Gesucht: a) ursprüngliche Wasserbeize in %
b) Wasserbeize in % nach Farbpulverzugabe

Lösung: a) Gesamtmenge:

$$m = m_W \cdot m_{FP} = 1000\ g + 50\ g = 1050\ g$$

Umrechnung:

$$1050\ g \triangleq 100\ \%$$
$$1 g \triangleq \frac{100\ \%}{1050\ g}$$
$$50\ g \triangleq \frac{100\ \% \cdot 50\ g}{1050\ g} = \mathbf{4{,}8\ \%}$$

b) Menge des ursprünglichen Farbpulvers

$$100\ \% \triangleq 3000\ g$$
$$1\ \% \triangleq \frac{3000\ g}{100\ \%}$$
$$4{,}8\ \% \triangleq \frac{3000\ g \cdot 4{,}8\ \%}{100\ \%} = 144\ g$$

Farbpulveranteil:
$144\ g + 170\ g = 314\ g$

neue Beizmenge:
$3000\ g + 170\ g = 3170\ g$

neuer Prozentsatz:

$$3170\ g \triangleq 100\ \%$$
$$1\ g \triangleq \frac{100\ \%}{3170}$$
$$314\ g \triangleq \frac{100\ \% \cdot 314}{3170} = \mathbf{9{,}9\ \%}$$

8.7.1 Glasdicken und Glasflächenberechnungen

Anmerkung:

Bei den Aufgaben 155.1 bis 157.6 sind für die Berechnung der Flächen in den Lösungen die Breiten- und Höhenmaße auf die durch drei teilbaren Zentimetermaße aufgerundet. (Siehe 8.7.2 Berechnung der Glasflächen für die Preisermittlung.)

154.1

(7′)

Gegeben: Glasscheibe für Doppelverglasung
$b = 125$ cm; $h = 225$ cm

Gesucht: handelsübliche Glasdicke in mm
1) für Gebäudehöhe von 6 m
2) für Gebäudehöhe von 24 m
3) für Gebäudehöhe von 30 m

Lösung: 1) aus Diagramm:
Glasdickengrundwert
2,9 mm ≈ **3 mm**

2+3)
20 m ... 100 m:
⇒ Faktor 1,49
2,9 mm · 1,49 = 4,321 mm ≈ **5 mm**

154.2

Für die Aufgabe werden die Maße aus den zuvor im Technischen Zeichnen individuell angefertigten Zeichnungen benötigt. Deshalb werden hierfür keine Lösungen angeboten.

154.3

Siehe Anmerkung zu Aufgabe 154.2.

154.4

Siehe Anmerkung zu Aufgabe 154.2.

154.5

Siehe Anmerkung zu Aufgabe 154.2.

155.1 (3′)

Gegeben: quadratische Scheiben in Haustürelement:
$l = 0{,}612$ m; $n = 6$

Gesucht: Gesamtfläche A

Lösung:
$A = l^2 \cdot n$
$= (0{,}612 \text{ m})^2 \cdot 6$
$= \mathbf{2{,}25\ m^2}$

155.2 (12′)

Gegeben: Türelement aus Metallprofilen:
Anzahl $n = 2$
2 Reihen: $z = 2$
$l_1 = 1{,}35$ m; $l_2 = 0{,}57$ m
je 4 Scheiben außen:
$z_a = 4$; $b_a = 0{,}420$ m
je 3 Scheiben innen:
$z_i = 3$; $b_i = 0{,}325$ m

Gesucht: Dichtungsprofile in m

Lösung: Profile aufrecht:
$l_a = (l_1 + l_2) \cdot 2(z_a + z_i) \cdot n$
$= (1{,}35 \text{ m} + 0{,}57 \text{ m}) \cdot 2 \cdot 7 \cdot 2$
$= 53{,}76$ m

Profile quer:
$l_q = \text{ba} \cdot 4z_a \cdot \text{n} + b_i \cdot 4z_i \cdot n$
$= 0{,}42 \text{ m}\ \ 4 \cdot 4 \cdot 2 + 0{,}325 \text{ m} \cdot 4 \cdot 3 \cdot 2$
$= 13{,}44 \text{ m} + 7{,}80 \text{ m}$
$= 21{,}24$ m

Profile gesamt:
$l = l_a + l_q$
$= 53{,}76 \text{ m} + 21{,}24 \text{ m}$
$= \mathbf{75{,}00\ m}$

155.3 (24′)

Gegeben: bogenförmige Scheiben:
Anzahl $n = 2$
$d_1 = 5{,}00$ m; $d_2 = 5{,}01$ m
$h = 2{,}80$ m

Gesucht:
a) Fläche A einer Scheibe in m²
b) Länge l der Versiegelung innen und außen in m

Lösung: Glasbreite innen:
$b_i = d_1 \cdot \pi \cdot \frac{1}{4}$
$= 5{,}00 \text{ m} \cdot \pi \cdot \frac{1}{4}$
$= 3{,}927$ m

Glasbreite außen:
$b_a = d_2 \cdot \pi \cdot \frac{1}{4}$
$= 5{,}01 \text{ m} \cdot \pi \cdot \frac{1}{4}$
$= 3{,}935$ m

a) Fläche der Scheibe:
$A = h \cdot b_a$
$= 2{,}80 \text{ m} \cdot 3{,}935 \text{ m}$
$= \mathbf{11{,}02\ m^2}$

b) Versiegelung außen:
$l = (b_a + h) \cdot 2 \cdot n$
$= (3{,}935 \text{ m} + 2{,}80 \text{ m}) \cdot 2 \cdot 2$
$= \mathbf{26{,}94\ m}$

Versiegelung innen:
$l = (b_i \cdot h) \cdot 2 \cdot n$
$= (3{,}927 \text{ m} + 2{,}80 \text{ m}) \cdot 2 \cdot 2$
$= \mathbf{26{,}91\ m}$

Versiegelung gesamt:
$l = 26{,}94 \text{ m} + 26{,}91 \text{ m}$
$= \mathbf{53{,}85\ m}$

155.4 (9′)

Gegeben: Scheibenanzahl $n = 36$
beidseitig: $z = 2$
$l = b = 165$ cm
Querschnitt Versiegelung
$A_V = 0{,}32$ cm²
Kartuschenvolumen $V_K = 660$ ml

Gesucht: Anzahl n_K der nötigen Kartuschen

Lösung: Volumen der Versiegelung:
$V_V = A_V \cdot 4l \cdot z \cdot n$
$= 0{,}32 \text{ cm}^2 \cdot 4 \cdot 165 \text{ cm} \cdot 2 \cdot 36$
$= 15\,206{,}4 \text{ cm}^3$

Kartuschenzahl:
$n_K = \frac{V_V}{V_K}$
$= \frac{15\,206{,}4 \text{ cm}^3}{660 \text{ cm}^3}$
$= 23{,}04 \approx \mathbf{24}$

155.5

(12′)

Gegeben: Maueranschlussabdichtung:
Fensterzahl $n = 8$
Rahmen: $l = 173$ cm; $b = 148$ cm
Dichtungsfuge: $b_F = 1{,}5$ cm
$t_F = 1{,}2$ cm
Kartuschenvolumen $V_K = 310$ ml

Gesucht: a) Länge Hinterfüllmaterial l_H in m
b) V_F der Fugen in cm³
c) Anzahl n_K der Kartuschen

Lösung: a) $l_H = 2(l + b) \cdot n \cdot f_Z$
$= 2 \cdot (1{,}73\text{ m} + 1{,}48\text{ m}) \cdot 8 \cdot 2$
$= \mathbf{102{,}72\text{ m}}$

b) $V_F = 2(l + b) \cdot n \cdot A_F$
$= 2(l + b) \cdot n \cdot b_F \cdot t_F$
$= 2 \cdot (173\text{ cm} + 148\text{ cm}) \cdot 8 \cdot 1{,}5\text{ cm} \cdot 1{,}2\text{ cm}$
$= \mathbf{9\,244{,}8\text{ cm}^3}$

c) $n_K = \frac{V_F}{V_K}$
$= \frac{9\,244{,}8\text{ cm}^3}{310\text{ ml}} = 29{,}82$
$\approx \mathbf{30}$

155.6

(21′)

Gegeben: Glaslieferung
Lkw Nutzlast $m_N = 1{,}7$ t
Dichte Glas $\rho = 2{,}5$ kg/dm³
Zuschlag für Distanzprofile: 5 %
⇒ Zuschlagfaktor $f_Z = 1{,}05$
Lieferung:

	Stück	Dicke in mm	$l \cdot b$ in dm²
1.	23	4 + 4	12,0 × 16,6
2.	30	8 + 4	9,3 × 10,2
3.	18	6 + 6	9,3 × 17,7
4.	–	8	8600

Gesucht: a) Gesamtmasse m in kg
b) Anzahl n der Fahrten für den Lkw

Lösung: a) Volumen:
$V = l \cdot b \cdot d \cdot n \cdot f_Z$
$V_1 = 16{,}60\text{ dm} \cdot 12{,}00\text{ dm} \cdot 0{,}08\text{ dm} \cdot 23 \cdot 1{,}05$
$= 384{,}854\text{ dm}^3$
$V_2 = 10{,}20\text{ dm} \cdot 9{,}30\text{ dm} \cdot 0{,}12\text{ dm} \cdot 30 \cdot 1{,}05$
$= 358{,}571\text{ dm}^3$
$V_3 = 17{,}70\text{ dm} \cdot 9{,}30\text{ dm} \cdot 0{,}12\text{ dm} \cdot 18 \cdot 1{,}05$
$= 373{,}335\text{ dm}^3$
$V_4 = 8\,600\text{ dm}^2 \cdot 0{,}08\text{ dm}$
$= 688{,}000\text{ dm}^3$
$V_{ges} = V_1 + V_2 + V_3 + V_4$
$= 1\,804{,}760\text{ dm}^3$

Gesamtmasse:
$m = V \cdot \rho$
$= 1\,804{,}760\text{ dm}^3 \cdot 2{,}5\text{ kg/dm}^3$
$= 4\,511{,}9\text{ kg} \cdot \frac{1\text{ t}}{1\,000\text{ kg}}$
$= \mathbf{4{,}512\text{ t}}$

b) $n = \frac{m}{m_N}$
$= \frac{4{,}512\text{ t}}{1{,}7\text{ t}}$
$= 2{,}65 \approx \mathbf{3}$

155.7

(9′)

Gegeben: Schallschutzfenster:
Anzahl $n = 62$
Scheiben: $l = 1{,}45$ m; $b = 0{,}82$ m
Masse $m_1 = 35$ kg/m²
Nutzlast Lkw $m_N = 2{,}5$ t

Gesucht: a) Masse m einer Scheibe in kg
b) Anzahl n_1 Scheiben pro Lkw

Lösung: a) $m = A \cdot m_1$
$= l \cdot b \cdot m_1$
$= 1{,}45\text{ m} \cdot 0{,}82\text{ m} \cdot 35\text{ kg/m}^2$
$= \mathbf{41{,}615\text{ kg}}$

b) $n_1 = \frac{2{,}5\text{ t}}{41{,}615\text{ kg}} \cdot \frac{1\,000\text{ kg}}{1\text{ t}}$
$= 60{,}074$
$\approx \mathbf{60}$

8.7 Glas und Dichtstoffe

156.1 (7′)

Gegeben: Mehrscheiben-Isolierglas:
$b = 92$ cm; $l = 147$ cm
Anzahl $n = 32$
Preis: 69,– €/m²

Gesucht: a) Maße für die Berechnung
b) Materialkosten in €

Lösung: a) Berechnungsmaße:
$b = 93$ cm; $l = 147$ cm

b) Materialkosten
$= l \cdot b \cdot n \cdot \text{Preis}$
$= 1{,}47\ \text{m} \cdot 0{,}93\ \text{m} \cdot 32 \cdot 69{,}00\ \frac{€}{\text{m}^2}$
$= \mathbf{3018{,}56\ €}$

156.2 (14′)

Gegeben: bogenförmige Mehrscheiben-Isolierverglasung:
$l_1 = 173$ cm
$l_2 = 1{,}74$ m
$b = 123$ cm
Aufschlag: 140 %
⇒ Aufschlagfaktor $f_A = 2{,}40$
Preis: 67,50 €/m²

Gesucht: a) Fertigmenge A in m²
b) Rohmenge A_R mit Aufschlag
c) Scheibenkosten in €

Lösung: a) $A = A_1 \cdot A_2$
$= l_2 \cdot b + d^2 \cdot \frac{\pi}{4} \cdot 0{,}5$
$= \left(1{,}74\ \text{m} - \frac{1{,}23}{2}\text{m}\right) \cdot 1{,}23\ \text{m}$
$+ (1{,}23\ \text{m})^2 \cdot \frac{\pi}{4} \cdot 0{,}5$
$= 1{,}384\ \text{m}^2 + 0{,}594\ \text{m}^2$
$= \mathbf{1{,}98\ m^2}$

b) $A_P = l \cdot b \cdot f_A$
$= 1{,}74\ \text{m} \cdot 1{,}23\ \text{m} \cdot 2{,}4$
$= \mathbf{5{,}14\ m^2}$

c) Scheibenkosten
$= A_P \cdot \text{Preis}$
$= 5{,}14\ \text{m}^2 \cdot 67{,}50\ €/\text{m}^2$
$= \mathbf{346{,}95\ €}$

156.3 (12′)

Gegeben: Mehrscheiben-Isolierverglasung in Trapezform:
Anzahl $n = 4$
$l_1 = 185$ cm; $l_2 = 124$ cm
$b = 132$ cm
Aufschlag: 40 %
⇒ Aufschlagfaktor $f_A = 1{,}40$

Gesucht: a) Maße für Preisberechnung
b) Fertigmenge A_F einer Scheibe in m²
c) Rohmenge A_R aller Scheiben in m²

Lösung: a) $l_1 = 186$ cm; $l_2 = 126$ cm; $b = 132$ cm — siehe 8.7.2

b) $A_F = \frac{l_1 \cdot l_2}{2} \cdot b$
$= \frac{1{,}86\ \text{m} + 1{,}26\ \text{m}}{2} \cdot 1{,}32\ \text{m}$
$= \mathbf{2{,}06\ m^2}$

c) $A_R = l_1 \cdot b \cdot n \cdot f_A$
$= 1{,}86\ \text{m} \cdot 1{,}32\ \text{m} \cdot 4 \cdot 1{,}4$
$= \mathbf{13{,}75\ m^2}$

156.4 (11′)

Gegeben: 3 Schaufenster aus Stahlfadenverbundglas:
Anzahl $n = 3$
$l_1 = 0{,}70\ \text{m} \Rightarrow l_{P1} = 0{,}72\ \text{m}$
$l_2 = 0{,}90\ \text{m} \Rightarrow l_{P2} = 0{,}90\ \text{m}$
$b = 0{,}55\ \text{m} \Rightarrow b_P = 0{,}57\ \text{m}$
Bogenhöhe $h = 0{,}10$ m
Materialpreis: 179,40 €/m²
Aufschlag: 2 · 60 % = 120 %
⇒ Aufschlagfaktor $f_A = 2{,}20$

Gesucht: a) Fläche A_P in m² für Preisberechnung einschließlich Aufschlag
b) Preis bezogen auf die Formatfläche A in €/m²

Lösung: a) Formatfläche:
$A = \left(l_{P1} \cdot b_P + 2 \cdot b_P \cdot h \cdot \frac{2}{3}\right) \cdot n$
$= \left(0{,}72\ \text{m} \cdot 0{,}57\ \text{m} + 2 \cdot 0{,}57\ \text{m} \cdot 0{,}10\ \text{m} \cdot \frac{2}{3}\right) \cdot 3$
$= 1{,}46\ \text{m}^2$

Fläche einschließlich Aufschlag:
$A_P = l_{P2} \cdot b_P \cdot f_A \cdot n$
$= 0{,}9\ \text{m} \cdot 0{,}57\ \text{m} \cdot 2{,}2 \cdot 3$
$= \mathbf{3{,}39\ m^2}$

b) Gesamtkosten
$= A_P \cdot \text{Preis}$
$= 3{,}39\ \text{m}^2 \cdot 179{,}40\ €/\text{m}^2$
$= \mathbf{608{,}17\ €}$
Quadratmeterpreis
$= \dfrac{\text{Gesamtkosten}}{A}$
$= \dfrac{608{,}17\ €}{1{,}46\ \text{m}^2}$
$= \mathbf{416{,}55\ €/m^2}$

156.5 (15′)

Gegeben: Treppenhausfenster in Halbkreisform:
Anzahl $n_F = 6$
$d = 0{,}925$ m; $d_1 = 0{,}930$ m
Abstand Halbkreise: 0,150 m
$\dfrac{d'}{2} = 0{,}39$ m
Materialkosten: 1231,61 €
Aufschlag: 140 %
⇒ Aufschlagfaktor $f_A = 2{,}40$

Gesucht: a) Fläche für 1 Scheibe A_{F1} in m²
b) Preis pro Scheibe in €
c) Preis mit Aufschlag in €/m²

Lösung: a) 1 Fenster:
$A = A_1 - A_2$
$= d^2 \cdot \dfrac{\pi}{4} - l \cdot b$
$= (0{,}93\ \text{m})^2 \cdot \dfrac{\pi}{4} - 0{,}93\ \text{m} \cdot 0{,}15\ \text{m}$
$= 0{,}68\ \text{m}^2 - 0{,}14\ \text{m}^2$
$= 0{,}54\ \text{m}^2$
1 Scheibe:
$A_{F1} = 0{,}54\ \text{m}^2 : 2$
$= \mathbf{0{,}27\ m^2}$

b) Preis pro Scheibe:
$\text{Kosten} = \dfrac{\text{Gesamtkosten}}{n}$
$= \dfrac{1231{,}61\ €}{12}$
$= \mathbf{102{,}63\ €}$

c) $A_P = l \cdot b \cdot n \cdot f_A$
$= 0{,}93\ \text{m} \cdot 0{,}39\ \text{m} \cdot 12 \cdot 2{,}4$
$= 10{,}45\ \text{m}^2$
$\text{Preis} = \dfrac{\text{Gesamtkosten}}{A_P}$
$= \dfrac{1231{,}61\ €}{10{,}45\ \text{m}^2}$
$= 117{,}86\ €/\text{m}^2$
Aufschlag:
$= \dfrac{\text{Preis} \cdot 140\ \%}{240\ \%}$
$= \dfrac{117{,}86\ €/\text{m}^2 \cdot 140\ \%}{240\ \%}$
$= \mathbf{68{,}75\ €/m^2}$

156.6 (10′)

Gegeben: Scheibe für Haustür:
$h = 1{,}86$ m
$b = 0{,}68\ \text{m} \Rightarrow b_P = 0{,}69$ m
$h_B = 0{,}12$ m
Preis: 43,55 €/m²
Preisaufschlag: 60 %
⇒ Aufschlagfaktor $f_A = 1{,}60$

Gesucht: a) Fläche A der Scheibe
b) Preis der Scheibe in €

Lösung: a) $A = A_1 + A_2$
$= h \cdot b + b \cdot h_B \cdot \dfrac{2}{3}$
$= 1{,}86\ \text{m} \cdot 0{,}69\ \text{m}$
$+ 0{,}69\ \text{m} \cdot 0{,}12\ \text{m} \cdot \dfrac{2}{3}$
$= 1{,}283\ \text{m}^2 + 0{,}055\ \text{m}^2$
$= \mathbf{1{,}338\ m^2}$

b) Fläche für Preisberechnung:
$A_P = l \cdot b$
$= 1{,}98\ \text{m} \cdot 0{,}69\ \text{m}$
$= 1{,}37\ \text{m}^2$
Preis/Scheibe
$= A_P \cdot f_A \cdot \text{Preis}$
$= 1{,}37\ \text{m}^2 \cdot 1{,}6 \cdot 43{,}55\ €/\text{m}^2$
$= \mathbf{95{,}46\ €}$

8.7.2 Berechnung der Glasflächen für die Preisermittlung

157.1 (5′)

Gegeben: Glasfachböden in Viertelkreisform:
Anzahl $n = 5$
Aufschlag: 60 %
$\Rightarrow$ Aufschlagfaktor $f_A = 1{,}60$
$r_1 = 0{,}452\ \text{m} \Rightarrow r_{P1} = 0{,}48\ \text{m}$

Gesucht: Gesamtfläche A_P für Kostenberechnung in m²

Lösung: Formatfläche:
$$A = \frac{1}{4} \cdot d^2 \cdot \frac{\pi}{4} \cdot n$$
$$= \frac{1}{4} \cdot (0{,}96\ \text{m})^2 \cdot \frac{\pi}{4} \cdot 5$$
$$= 0{,}91\ \text{m}^2$$
Fläche für die Preisberechnung:
$$A_P = l^2 \cdot n$$
$$= (0{,}48\ \text{m})^2 \cdot 5$$
$$= \mathbf{1{,}15\ m^2}$$

157.2 (9′)

Gegeben: elliptische Spiegel:
Anzahl $n = 8$
$D_1 = 1{,}15\ \text{m} \Rightarrow D_{P1} = 1{,}17\ \text{m}$
$d_1 = 0{,}65\ \text{m} \Rightarrow d_{P1} = 0{,}66\ \text{m}$
Preisaufschlag: 60 %
$\Rightarrow$ Aufschlagfaktor $f_A = 1{,}60$

Gesucht:
a) Fläche eines Spiegels A_F in m²
b) Fläche A_P für Preisberechnung pro Spiegel
c) Länge l in m für Kantenbearbeitung

Lösung:
a) $$A_F = D_2 \cdot d_2 \cdot \frac{\pi}{4}$$
$$= 1{,}17\ \text{m} \cdot 0{,}66\ \text{m} \cdot \frac{\pi}{4}$$
$$= \mathbf{0{,}61\ m^2}$$

b) $$A_{Pr} = D_2 \cdot d_2 \cdot f_A$$
$$= 1{,}17\ \text{m} \cdot 0{,}66\ \text{m} \cdot 1{,}6$$
$$= \mathbf{1{,}24\ m^2}$$

c) $$l = \left(\frac{D_2 + d_2}{2}\right) \cdot \pi \cdot n$$
$$= \frac{1{,}17\ \text{m} + 0{,}66\ \text{m}}{2} \cdot \pi \cdot 8$$
$$= \mathbf{23\ m}$$

157.3 (8′)

Gegeben: Spiegel für Schlafzimmerschrank:
$l = 1{,}85\ \text{m} \Rightarrow l_P = 1{,}86\ \text{m}$
$b = 0{,}55\ \text{m} \Rightarrow b_P = 0{,}57\ \text{m}$
Preis: 58,– €/m²
Preisaufschlag Ausschnitt: 8,5 %
$\Rightarrow$ Aufschlagfaktor $f_{P1} = 1{,}085$
Preisaufschlag Kanten: 35 %
$\Rightarrow$ Aufschlagfaktor $f_{P2} = 1{,}35$
$\Rightarrow$ Aufschlagfaktor $f_{Pges} = 1{,}435$

Gesucht: Preis in €/m²

Lösung: Fläche zur Preisermittlung:
$$A = l_P \cdot b_P$$
$$= 1{,}86\ \text{m} \cdot 0{,}57\ \text{m}$$
$$= 1{,}06\ \text{m}^2$$
Kosten pro Spiegel:
$$A \cdot f_{Pges} \cdot \text{Preis}$$
$$= 1{,}06\ \text{m}^2 \cdot 1{,}435 \cdot 58{,}00\ €/\text{m}^2$$
$$= 88{,}22\ €$$
$$\text{Preis} = \frac{\text{Kosten/Spiegel}}{A}$$
$$= \frac{88{,}22\ €}{1{,}06\ \text{m}^2}$$
$$= \mathbf{83{,}23\ €/m^2}$$

157.4 (18′)

Gegeben: Rahmentüren:
Anzahl $n = 6$
3 Scheiben pro Tür: $z = 3$
Falztiefe $t_F = 12\ \text{mm}$
Luft $t_L = 2\ \text{mm}$
$\Rightarrow$ Glaseinstand $t_G = 10\ \text{mm}$
Tür: $h = 1{,}979\ \text{m}$; $b = 0{,}839\ \text{m}$
Rahmenbreiten:
aufrecht: $2 \cdot 0{,}08\ \text{m}$
quer: $3 \cdot 0{,}08\ \text{m} + 0{,}10\ \text{m}$
Verschnitt Glasleisten: 12 %
$\Rightarrow$ Zuschlagfaktor $f_V = 1{,}12$
Preis Glas: 62,30 €/m²

Gesucht:
a) Scheibenformat
b) Gesamtfläche A der Scheiben in m²
c) Länge l der Glasleisten in m
d) Glaskosten in €

Lösung: a) lichte Höhe:

$l_h = \frac{1{,}979\ m - 0{,}34\ m}{3}$
$= 0{,}546\ m$

Glashöhe:
$h_1 = l_h + 2 \cdot t_G$
$= 0{,}546\ m + 0{,}02\ m$
$= 0{,}566\ m$
$\Rightarrow h_{P1} = 0{,}57\ m$

Glasleistenlänge:
$h_L = l_h + 2 \cdot t_F$
$= 0{,}546\ m + 0{,}024\ m$
$= 0{,}570\ m$

lichte Breite:
$l_b = 0{,}839\ m - 2 \cdot 0{,}08\ m$
$= 0{,}679\ m$

Glasbreite:
$b_1 = l_b + 2 \cdot t_G$
$= 0{,}679\ m + 0{,}02\ m$
$= 0{,}699\ m$

Glasleistenlänge:
$b_L = l_b + 2 \cdot t_F$
$= 0{,}679\ m + 0{,}024\ m$
$= 0{,}703\ m$

Scheibenformat:
$A_S = b_1 - h_1$
$= \mathbf{0{,}699\ m \times 0{,}567\ m}$

b) Scheibengesamtfläche:
$A = b_{P1} + h_{P1} \cdot z \cdot n$
$= 0{,}72\ m \cdot 0{,}57\ m \cdot 3 \cdot 6$
$= \mathbf{7{,}39\ m^2}$

c) $l = 2(b_L \cdot h_L) \cdot z \cdot n \cdot f_V$
$= 2(0{,}703\ m + 0{,}570\ m) \cdot 3 \cdot 6 \cdot 1{,}12$
$= (0{,}703\ m + 0{,}570\ m) \cdot 36 \cdot 1{,}12$
$= \mathbf{51{,}33\ m}$

d) Glaskosten
$= A \cdot$ Preis
$= 7{,}39\ m^2 \cdot 62{,}30$ €/m²
$=$ **460,40 €**

157.5 (9′)

Gegeben: Glasplatte für Verkaufstheke:
$l = 1{,}85\ m \Rightarrow l_P = 1{,}86\ m$
$b = 0{,}40\ m;\ b_0 = 0{,}60\ m;$
$h_1 = 0{,}20\ m$
Glaspreis: 190,– €/m²
Preisaufschlag: 60 %
$\Rightarrow$ Aufschlagfaktor $f_P = 1{,}60$

Gesucht: Materialkosten in €

Lösung: Fläche für die Preisberechnung:
$A = l_P \cdot b_0$
$= 1{,}86\ m \cdot 0{,}60\ m$
$= 1{,}12\ m^2$

Materialkosten
$= A \cdot f_P \cdot$ Preis
$= 1{,}12\ m^2 \cdot 1{,}6 \cdot 190{,}00$ €/m²
$=$ **340,48 €**

157.6 (6′)

Gegeben: Falzmaße:
$h = 1{,}995\ m;\ b = 1{,}002\ m$
Anzahl $n = 124$
Einbauzeit $t_1 = 7{,}5$ min
Nebenzeiten: 15 %
$\Rightarrow$ Zuschlagfaktor $f_Z = 1{,}15$

Gesucht: a) Gesamtlänge l der Dämpfungsprofile in m

b) Arbeitszeit t in Stunden

Lösung: a) $l = (2 \cdot h + b) \cdot n$
$= (2 \cdot 1{,}995\ m + 1{,}002\ m) \cdot 124$
$= \mathbf{619{,}00\ m}$

b) $t = t_1 \cdot n \cdot f_Z$
$= 7{,}5\ min \cdot 124 \cdot 1{,}15$
$= 1069{,}5\ min \cdot \frac{1\ h}{60\ min}$
$= 17{,}83$ Std. $\approx$ **18 Std.**

8.7.4 Zuschnittformen und Aufschläge in Prozent

Hinweis zu Seite 152 und 153 im Aufgabenbuch:

Die Darstellungen von 8.7.4.1 – Flachgläser, einscheibig, 8.7.4.2 – Spiegel und 8.7.4.3 – Mehrscheiben-Isoliergläser können für eigene Aufgabenstellungen mit selbst gewählten Maßen genutzt werden.

8.8 Materialliste

159.1

MATERIALLISTE für die Vorkalkulation

Gegenstand: Hängeregal in Kiefer — Auftraggeber: IDEA

Stückzahl: 4 Stück — Auftragnummer: 159.1

lfd. Nr.	Verwendung	Material	Stück	Fertigmaße Länge in mm	Fertigmaße Breite in mm	Flächeninhalt in m²	Rohdicke/Fertigdicke in mm	Nettomenge in m² in m	Verschnitt in %	Menge mit Verschnitt in m² in m	Preis je Einheit in €	errechneter Preis in €
1	Regalseite, li.	Ki	4	450	150	0,270	16/20					
2	Regalseite, re.	Ki	4	450	150	0,270	16/20					
3	Oberboden	Ki	4	550	142	0,312	16/20					
4	Unterboden	Ki	4	550	150	0,330	16/20					
5	Fachboden	Ki	4	518	142	0,294	16/20	1,476	55	2,29		
6	Bettbeschlag,	St	8		max. 12							
	Lochteil											
7	Holzschrauben	St	16	25			3,5	DIN 97				
8	Wandschraube	St	8	50			5	DIN 95				
9	Mauerdübel	PVC	8	50			5					
10	Bodenträger	St	16	20			Ø5	verchromt				

8.8 Materialliste

159.2

MATERIALLISTE für die Vorkalkulation

Gegenstand: Hängeschränkchen | Auftraggeber: Fa. Müller Möbel-Marketing

Stückzahl: 2 Stück | Auftragnummer: 159.2

lfd. Nr.	Verwendung	Mate-rial	Stück	Fertigmaße Länge in mm	Fertigmaße Breite in mm	Flächen-inhalt in m²	Roh-dicke/Fertig-dicke in mm	Netto-menge in m² in m	Ver-schnitt in %	Menge mit Ver-schnitt in m² in m	Preis je Einheit in €	errech-neter Preis in €
1	Korpusseite, li.	Ei	2	800	300	0,480	18/23					
2	Korpusseite, re.	Ei	2	800	300	0,480	18/23					
3	Unterer Boden	Ei	2	600	300	0,360	18/23					
4	Oberer Boden	Ei	2	578	300	0,347	18/23					
5	Fachboden	Ei	2	578	293	0,339	18/23					
6	Türbrett	Ei	20	378	62	0,469	20/23	2,475	55	3,84		
7	Gratleiste	Ei	8	262	40	0,084	25/30	0,084	55	0,13		
8	Staubleiste	Ei	4	380	20	0,030	8/10	0,030	55	0,05		
9	Rückwand	VP	2	400	584	0,467	6	0,467	20	0,56		
10	Bettbeschlag		4									
11	Einsteckschloss		2									
12	Riegel		2									
13	Schrauben		24									

8.8 Materialliste

159.3

MATERIALLISTE für die Vorkalkulation

Gegenstand: Flurschränkchen — Auftraggeber: Fam. Holzner

Stückzahl: 1 Stück — Auftragnummer: 159.3

lfd. Nr.	Verwendung	Material	Stück	Fertigmaße Länge in mm	Fertigmaße Breite in mm	Flächeninhalt in m²	Rohdicke/ Fertigdicke in mm	Nettomenge in m² in m	Verschnitt in %	Menge mit Verschnitt in m² in m	Preis je Einheit in €	errechneter Preis in €
1	Seite, links	Ki	1	600	420	0,252	22/25					
2	Seite, rechts	Ki	1	600	420	0,252	22/25					
3	Oberboden	Ki	1	1000	420	0,420	22/25					
4	Unterboden	Ki	1	1000	420	0,420	22/25					
5	Sockel, längs	Ki	2	950	180	0,342	22/25					
6	Sockel, quer	Ki	2	380	180	0,137	22/25					
7	Türfries, aufrecht	Ki	18	460	62	0,513	22/25					
8	Türfries, quer	Ki	2	506	76	0,077	22/25					
9	Türfries, quer	Ki	2	500	76	0,076	22/25					
10	Mittelwand	Ki	1	556	412	0,229	22/25					
11	Fachboden	Ki	2	467	402	0,375	20/23	3,093	55	4,79		
12	Rückwand	VP	1	584	984	0,575	8	0,575	20	0,69		
13	Nutklötze	Ki	8	40	40		20					
14	Bodenträger	St	verchromt Ø5, Länge: 10 mm									
15	gerades Band	MS	4	60	18							
16	Schraube	MS	24		3,0/16	DIN 97 – 32 Stück für Rückwand						
17	Einsteckschloss	MS	– Stulp, Dornmaß = 25									
18	Schraube	MS	2		3,0/20							
19	Schließblech + 2 Schrauben											
20	Schlüsselbuchse											
21	Riegel mit Anschlägen und Schrauben											

9 Kräfte

9.1 Darstellen und 9.2 Zusammensetzen und Zerlegen von Kräften

9.1 Darstellen von Kräften

160.1 (8′)

Gegeben: Tabellenwerte

Gesucht: Darstellen von F_1, F_2, F_3, F_4

Lösung:

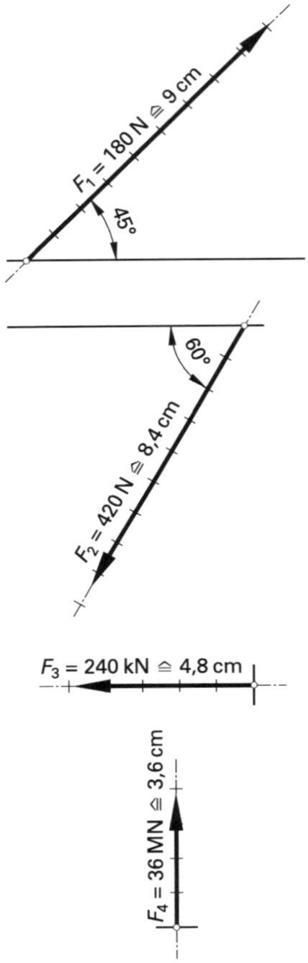

9.2 Zusammensetzen und Zerlegen von Kräften

163.1 (8′)

Gegeben: Kopfbänder eines Dachstuhles nach Skizze:
$F_1 = F_2 = 42$ kN (54 kN)
$M_K = 10$ kN/cm

Gesucht: resultierende Kraft F_R

Lösung: Skizze erstellen

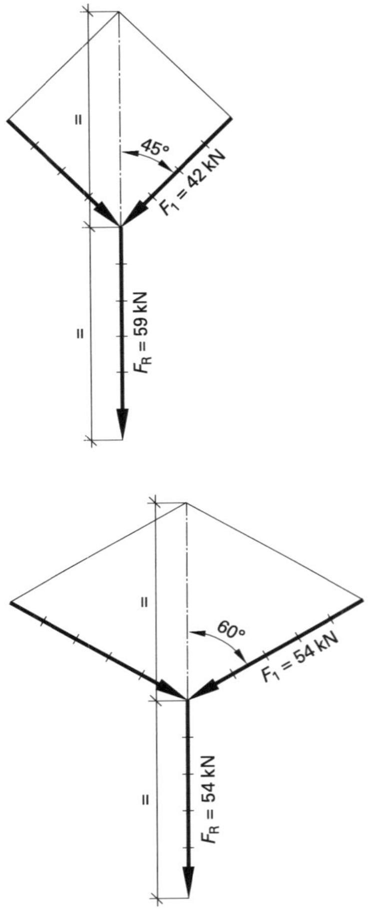

9 Kräfte

9.2 Zusammensetzen und Zerlegen von Kräften

163.2

(8′)

Gegeben: Kräfte $F_1 = F_2 = 150$ N (240 N) wirken im Winkel von 90° zueinander

Gesucht: resultierende Kraft F_R in *N*

Lösung: Maßstab festlegen:
$M_K = 20$ N/cm

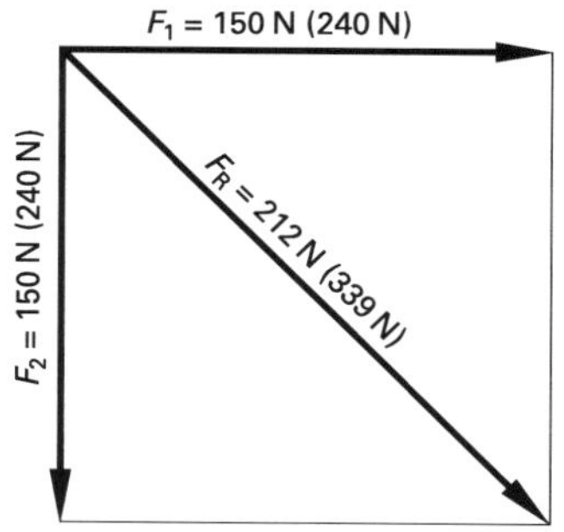

163.3

(11′)

Fall 1:

Gegeben: $F_1 = 250$ N; $F_2 = 456$ N; $\alpha = 30°$

Gesucht: resultierende Kraft F_R in *N*

Lösung: Maßstab festlegen:
$M_K = 50$ N/cm

Länge der Vektoren errechnen:

$$l_1 = \frac{F_1}{M_K} = \frac{250\ \text{N}}{50\ \text{N/cm}} = 5\ \text{cm}$$

$$l_2 = \frac{F_2}{M_K} = \frac{456\ \text{N}}{50\ \text{N/cm}} = 9{,}12\ \text{cm}$$

Vektoren zeichnen und Resultierende messen:

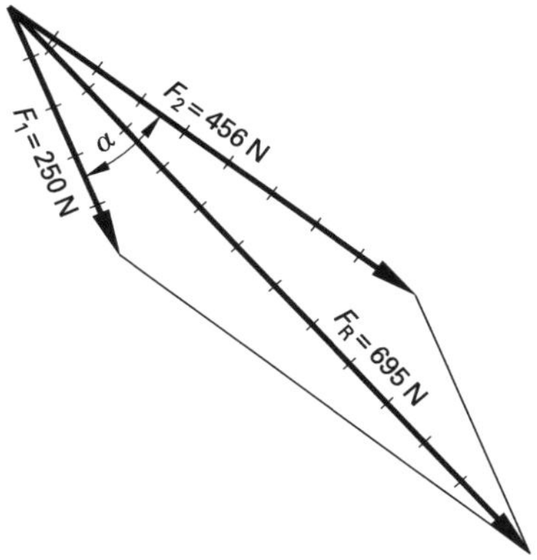

$F_R = l_R \cdot M_K$
$= 13{,}9\ \text{cm} \cdot 50\ \text{N/cm}$
$=$ **695 N**

Fall 2:

(8′)

Gegeben: $F_1 = 1\,500$ N; $F_2 = 975$ N; $\alpha = 45°$

Gesucht: resultierende Kraft F_R in N

Lösung: Maßstab festlegen:
$M_K = 200$ N/cm

Länge der Vektoren errechnen:

$$l_1 = \frac{F_1}{M_K} = \frac{1\,500\ \text{N}}{200\ \text{N/cm}} = 7{,}5\ \text{cm}$$

$$l_2 = \frac{F_2}{M_K} = \frac{975\ \text{N}}{200\ \text{N/cm}} = 4{,}88\ \text{cm}$$

Vektoren zeichnen und Resultierende messen:

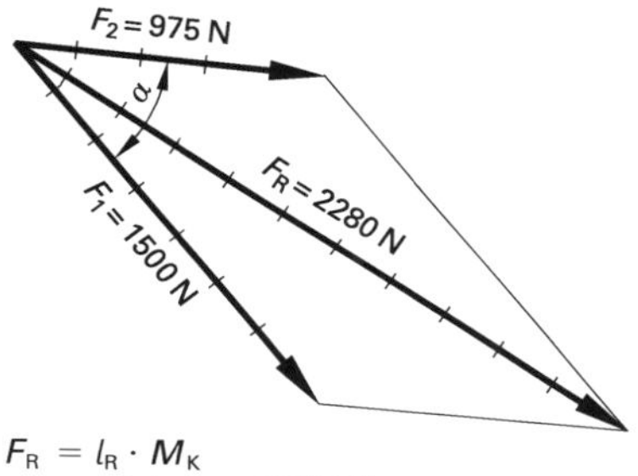

$F_R = l_R \cdot M_K$
$= 11{,}4\ \text{cm} \cdot 200\ \text{N/cm}$
$=$ **2280 N**

Fall 3:

(8′)

Gegeben: $F_1 = 2\,450$ N; $F_2 = 1\,450$ N; $\alpha = 60°$

Gesucht: resultierende Kraft F_R in N

Lösung: Maßstab festlegen:
$M_K = 300$N/cm

Länge der Vektoren errechnen:

$$l_1 = \frac{F_1}{M_K} = \frac{2\,450\ \text{N}}{300\ \text{N/cm}} = 8{,}2\ \text{cm}$$

$$l_2 = \frac{F_2}{M_K} = \frac{1\,450\ \text{N}}{300\ \text{N/cm}} = 4{,}8\ \text{cm}$$

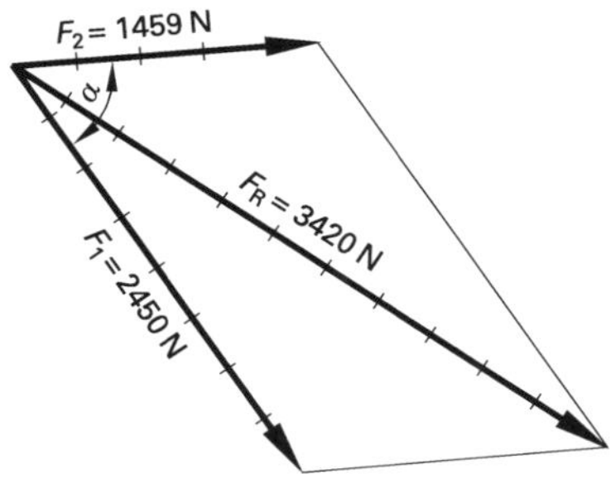

$F_R = l_K \cdot M_K$
$= 11{,}4\ \text{cm} \cdot 300\ \text{N/cm}$
$=$ **3420 N**

Fall 4: (7′)

Gegeben: $F_1 = 178$ N; $F_2 = 266$ N; $\alpha = 90°$

Gesucht: resultierende Kraft F_R in N

Lösung: Maßstab festlegen:
$M_K = 30$ N/cm
Länge der Vektoren errechnen:

$$l_1 = \frac{F_1}{M_K} = \frac{178\ \text{N}}{30\ \text{N/cm}} = 5{,}9\ \text{cm}$$

$$l_2 = \frac{F_2}{M_K} = \frac{266\ \text{N}}{30\ \text{N/cm}} = 8{,}9\ \text{cm}$$

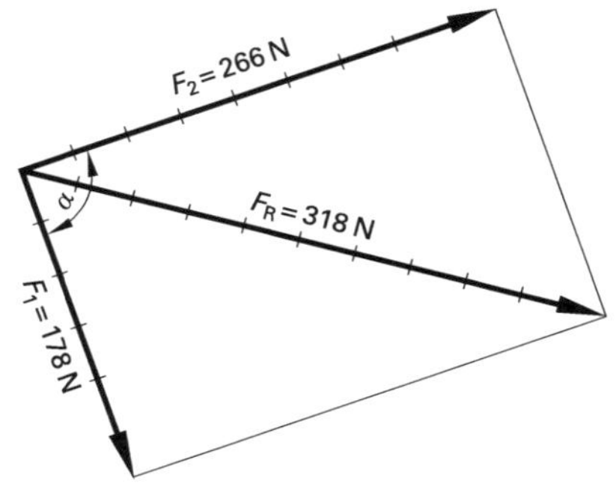

$$F_R = l_K \cdot M_K$$
$$= 10{,}6\ \text{cm} \cdot 30\ \text{N/cm}$$
$$= \mathbf{318\ N}$$

163.4 (10′)

Gegeben: Galgen mit Hebezeug:
Kragarm: $l = 2{,}40$ m
$F_a = 2\,500$N
$\alpha = 30°$

Gesucht: Kräfte im Zug- und Druckstab

Lösung:

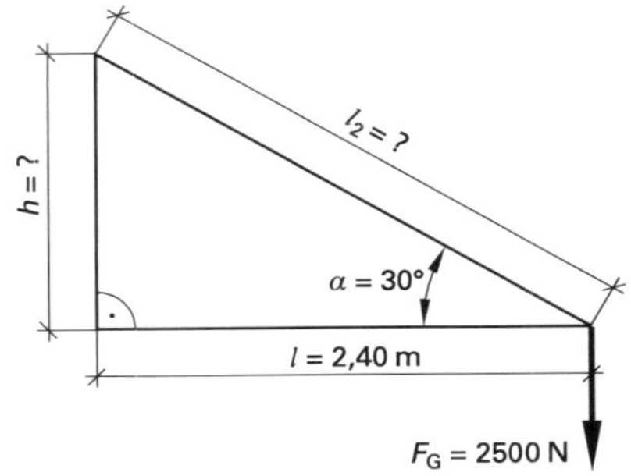

$$\cos \alpha = \frac{\text{Ankathete}}{\text{Hypotenuse}} = \frac{l}{l_2}$$

$$l_2 = \frac{l}{\cos \alpha} = \frac{2{,}40\ \text{m}}{\cos 30°} = 2{,}77\ \text{m}$$

$$h = l \cdot \tan \alpha$$
$$= 2{,}40\ \text{m} \cdot \tan 30°$$
$$= 1{,}385\ \text{m}$$

$1{,}385\ \text{m} \triangleq 2\,500\ \text{N}$

$1{,}000\ \text{m} \triangleq \frac{2\,500\ \text{N}}{1{,}385} = 1\,805\ \text{N}$

$2{,}400\ \text{m} \triangleq 1\,805\ \text{N} \cdot 2{,}4 = 4\,322\ \text{N}$

$2{,}770\ \text{m} \triangleq 1\,805\ \text{N} \cdot 2{,}77 = 5\,000\ \text{N}$

$F_D = 4\,322$ N

$F_Z =$ **5000 N**

163.5 (15′)

Gegeben: Kraft $F_R = 380\,N$
$\alpha = 30°$
$M_K = 100\,N/cm$

Gesucht: Vertikalkraft F_v
Horizontalkraft F_h

Lösung: zeichnerisch:

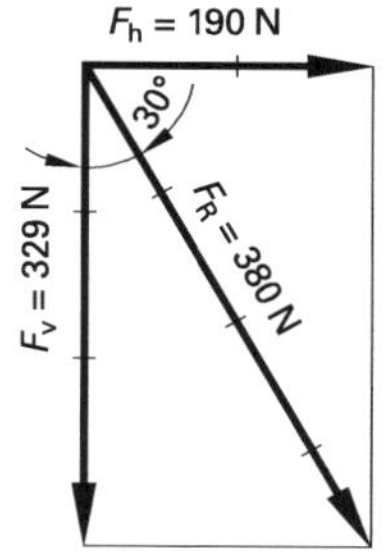

rechnerisch:

$$\sin\alpha = \frac{F_h}{F_R}$$

$$F_h = \sin\alpha \cdot F_R = \sin 30° \cdot 380\,N = 0{,}5 \cdot 380\,N = 190\,N$$

$$\cos\alpha = \frac{F_v}{F_R}$$

$$F_v = \cos\alpha \cdot F_R = \cos 30° \cdot 380\,N = 0{,}866 \cdot 380\,N = \mathbf{329\,N}$$

163.6 (18′)

Gegeben: Doppelkette wird eingesetzt;
max. Belastung: $F = 12\,kN$
Lastzugwinkel:
$\alpha_1 = 90°$; $\alpha_2 = 120°$
$M_K = 2\,kN/cm$

Gesucht: mögliches Gewicht der Last
F_{G1}; F_{G2}

Lösung: Vektorenlänge l errechnen:

$$l = \frac{F_h}{M_K} = \frac{12\,kN}{2\,kN/cm} = 6\,cm$$

Kräfteparallelogramme zeichnen und Resultierende abmessen:

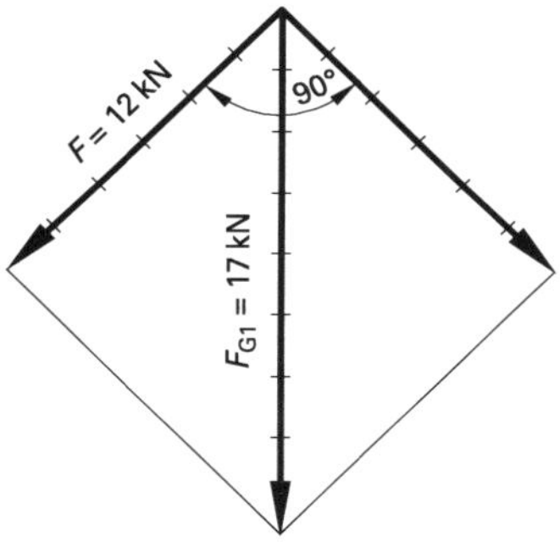

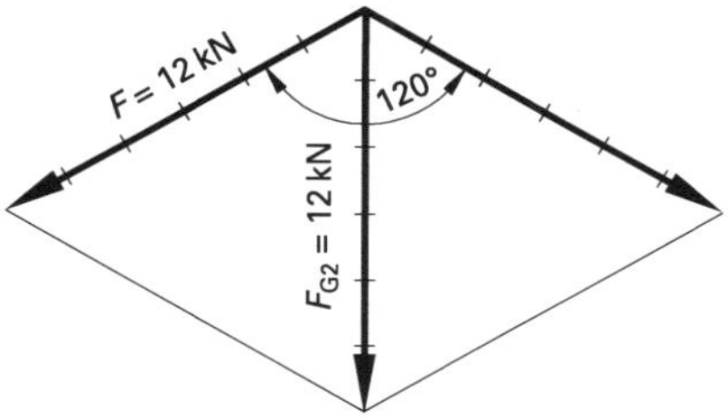

bei $\alpha_1 = 90°$:

$$F_{G1} = l \cdot M_K = 8{,}5\,cm \cdot 2\,kN/cm = \mathbf{17\,kN}$$

bei $\alpha_2 = 120°$:

$$F_{G2} = l \cdot M_K = 6\,cm \cdot 2\,kN/cm = \mathbf{12\,kN}$$

9.2 Zusammensetzen und Zerlegen von Kräften

163.7

(11′)

Gegeben: Aus Strebe wirkt Kraft aus dem Dach auf Deckenbalken:
$F = 25\ \text{kN};\ \alpha = 45°$

Gesucht: Horizontalkraft F_h und Vertikalkraft F_v

Lösung: $M_K = 5\ \text{kN/cm}$
Länge der Resultierenden:

$$l = \frac{F}{M_K} = \frac{25\ \text{kN}}{5\ \text{kN/cm}} = 5\ \text{cm}$$

Zur Resultierenden Kräfteparallelogramm zeichnen und Vektorenlänge messen:

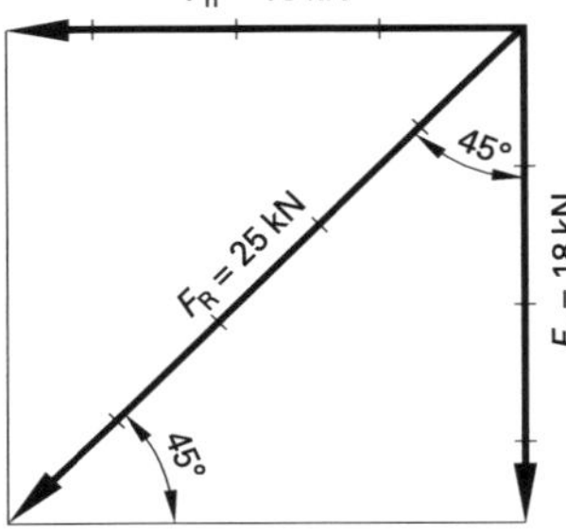

$$F_v = F_h = l_v \cdot M_K = l_h \cdot M_K$$
$$= 3{,}6\ \text{cm} \cdot 5\ \text{kN/cm}$$
$$= \mathbf{18\ kN}$$

163.8

(12′)

Gegeben: Aus Strebe wirkt Kraft aus dem Dach auf Deckenbalken:
$F = 25\ \text{kN};\ \alpha = 60°$

Gesucht: Horizontalkraft F_h und Vertikalkraft F_v

Lösung: $M_K = 5\ \text{kN/cm}$
Länge der Resultierenden:

$$l = \frac{F}{M_K} = \frac{25\ \text{kN}}{5\ \text{kN/cm}} = 5\ \text{cm}$$

Zur Resultierenden Kräfteparallelogramm zeichnen und Vektorenlänge messen:

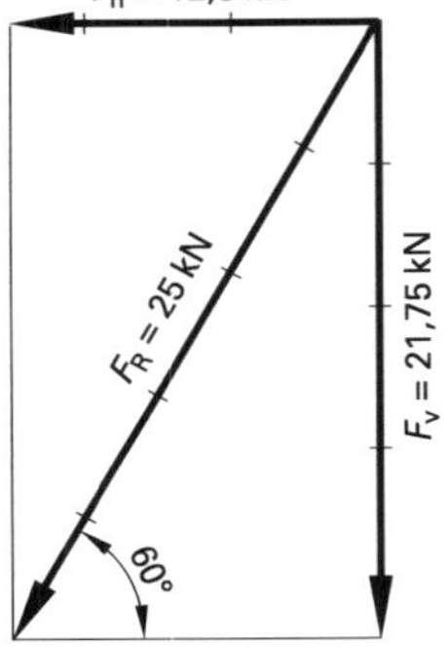

$$F_h = l_h \cdot M_K$$
$$= 2{,}50\ \text{cm} \cdot 5\ \text{kN/cm}$$
$$= \mathbf{12{,}5\ kN}$$
$$F_v = l_v \cdot M_K$$
$$= 4{,}35\ \text{cm} \cdot 5\ \text{kN/cm}$$
$$= \mathbf{21{,}75\ kN}$$

10.1 Einseitiger Hebel, zweiseitiger Hebel, Winkelhebel

165.1

(5′)

Gegeben: Spreizzange für Leimklammern:
$F_1 = 14$ daN
$l_1 = 19$ cm; $l_2 = 4{,}5$ cm

Gesucht: Spreizkraft F_2 in daN

Lösung:
$$F_2 = \frac{F_1 \cdot l_1}{l_2} = \frac{14\ \text{daN} \cdot 19{,}0\ \text{cm}}{4{,}5\ \text{cm}} = \mathbf{59{,}11\ daN}$$

165.2

(4′)

Gegeben: Beißzange:
$F_1 = 15$ daN
$l_1 = 16{,}5$ cm; $l_2 = 3{,}2$ cm

Gesucht: Kraft F_2 in daN

Lösung:
$$F_2 = \frac{F_1 \cdot l_1}{l_2} = \frac{15\ \text{daN} \cdot 16{,}5\ \text{cm}}{3{,}2\ \text{cm}} = \mathbf{77{,}34\ daN}$$

165.3

(9′)

Gegeben: Gabelstapler mit Masse von 2 t im Schwerpunkt:
Buchenholz:
Rohdichte $\rho = 0{,}75$ kg/dm³
$l_1 = 1{,}50$ m; $l_2 = 0{,}80$ m

Gesucht: V in m³ Buchenholz

Lösung: Gewichtskraft:
$$F_2 = \frac{F_1 \cdot l_1}{l_2} = \frac{2{,}0\ \text{t} \cdot 1{,}50\ \text{m}}{0{,}80\ \text{m}} = 3{,}75\ \text{t} = 3750\ \text{kg}$$

Volumen:
$$V = \frac{m}{\rho} = \frac{3750\ \text{kg} \cdot \text{dm}^3}{0{,}75\ \text{kg}} \cdot \frac{1\ \text{m}^3}{1000\ \text{dm}^3} = \mathbf{5{,}0\ m^3}$$

165.4

(12′)

Gegeben: Drehmomente:

Teilaufgabe	1	2	3	4	5
Kraft F_1 in N	2000	860	?	240	?
Kraftarm l_1 in m	0,52	?	2,4	0,12	0,28
Last F_2 in N	?	4150	6200	?	4000
Lastarm l_2 in m	0,082	0,26	0,35	0,86	0,04

Gesucht: fehlende Tabellenwerte

Lösung:

1. $$F_2 = \frac{F_1 \cdot l_1}{l_2} = \frac{2000\ \text{N} \cdot 0{,}52\ \text{m}}{0{,}082\ \text{m}} = \mathbf{12683\ N = 12{,}683\ kN}$$

2. $$l_1 = \frac{F_2 \cdot l_2}{F_1} = \frac{4150\ \text{N} \cdot 0{,}26\ \text{m}}{860\ \text{N}} = \mathbf{1{,}25\ m}$$

3. $$F_1 = \frac{F_2 \cdot l_2}{l_1} = \frac{6200\ \text{N} \cdot 0{,}35\ \text{m}}{2{,}40\ \text{m}} = \mathbf{904\ N}$$

4. $$F_2 = \frac{F_1 \cdot l_1}{l_2} = \frac{240\ \text{N} \cdot 0{,}12\ \text{m}}{0{,}86\ \text{m}} = \mathbf{33{,}5\ N}$$

5. $$F_1 = \frac{F_2 \cdot l_2}{l_1} = \frac{4000\ \text{N} \cdot 0{,}04\ \text{m}}{0{,}28\ \text{m}} = \mathbf{571\ N}$$

10 Hebel

10.1 Einseitiger Hebel, zweiseitiger Hebel, Winkelhebel

165.5 (4′)

Gegeben: Last (Hobelmaschine):
$m = 0{,}55\ \text{t} \Rightarrow F_2 = 550\ \text{daN}$
$l_1 = 2{,}80\ \text{m} - 0{,}25\ \text{m} = 2{,}55\ \text{m}$
$l_2 = 0{,}25\ \text{m}$

Gesucht: Kraft F_1 in daN

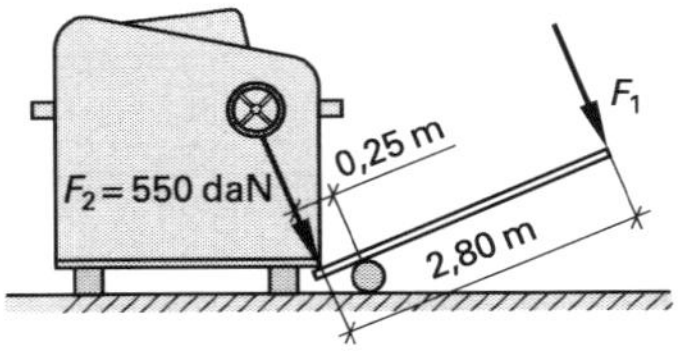

Lösung:

$$F_1 = \frac{F_2 \cdot l_2}{l_1} = \frac{550\ \text{daN} \cdot 0{,}25\ \text{m}}{2{,}55\ \text{m}} = \mathbf{54\ daN}$$

165.6 (7′)

Gegeben: zweiseitiger Hebel:

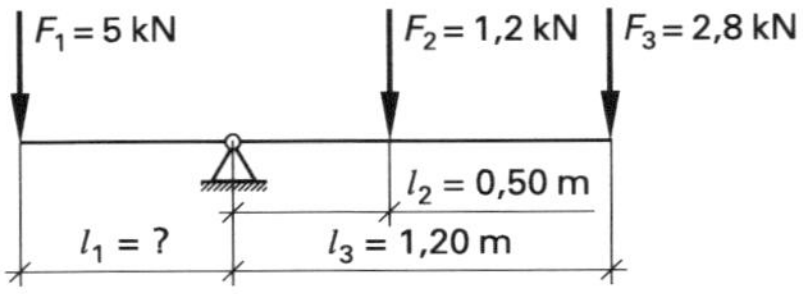

Gesucht: Länge des Hebelarmes l_1

Lösung:

$$l_1 = \frac{l_2 \cdot F_2 + l_3 \cdot F_3}{F_1} = \frac{0{,}50\ \text{m} \cdot 1{,}2\ \text{kN} + 1{,}20\ \text{m} \cdot 2{,}8\ \text{kN}}{5\ \text{kN}} = \frac{0{,}6\ \text{kNm} + 3{,}36\ \text{kNm}}{5\ \text{kN}} = \mathbf{0{,}79\ m}$$

165.7 (10′)

Gegeben: Tabellenwerte:

Teilaufgabe	1	2	3	4	5
Kraft F_1 in N	500	2400	380	?	850
Kraftarm l_1 in mm	2500	1800	?	4500	2400
Last F_2 in N	850	?	4800	3200	?
Lastarm l_2 in mm	?	400	850	1800	800

Gesucht: fehlende Tabellenwerte

Lösung:

1. $$l_2 = \frac{F_1 \cdot l_1}{F_2} = \frac{500\ \text{N} \cdot 2500\ \text{mm}}{850\ \text{N}} = \mathbf{1471\ mm}$$

2. $$F_2 = \frac{F_1 \cdot l_1}{l_2} = \frac{2400\ \text{N} \cdot 1800\ \text{mm}}{400\ \text{mm}} = \mathbf{10\,800\ N}$$

3. $$l_1 = \frac{F_2 \cdot l_2}{F_1} = \frac{4800\ \text{N} \cdot 850\ \text{mm}}{380\ \text{N}} = \mathbf{10\,737\ mm}$$

4. $$F_1 = \frac{F_2 \cdot l_2}{l_1} = \frac{3200\ \text{N} \cdot 1800\ \text{mm}}{4500\ \text{mm}} = \mathbf{1280\ N}$$

5. $$F_2 = \frac{F_1 \cdot l_1}{l_2} = \frac{850\ \text{N} \cdot 2400\ \text{mm}}{800\ \text{mm}} = \mathbf{2550\ N}$$

165.8 (3′)

Gegeben: Winkelhebel:
$F_1 = 365\ \text{N}$
$l_1 = 0{,}62\ \text{m};\ l_2 = 0{,}195\ \text{m}$

Gesucht: Kraft F_2

Lösung:

$$F_2 = \frac{F_1 \cdot l_1}{l_2} = \frac{365\ \text{N} \cdot 0{,}62\ \text{m}}{0{,}195\ \text{m}} = \mathbf{1161\ N}$$

10.2 Drehmoment – Auflagerkräfte

167.1

(3′)

Gegeben: Drehmomentschlüssel:
Grifflänge $l = 0{,}35$ m
Einstellung $M = 250$ Nm

Gesucht: Wirkkraft F in daN

Lösung:

$$M = F \cdot l$$

$$F = \frac{M}{l} = \frac{250\ \text{Nm}}{0{,}35\ \text{m}} \cdot \frac{1\ \text{daN}}{10\ \text{N}} = \mathbf{71{,}429\ daN}$$

167.2

(16′)

Gegeben: belasteter Träger: $l = 5{,}40$ m
a) Einzellast mittig $F = 12{,}7$ kN
b) Einzellast 1 m nach A gerückt

Gesucht: a) Auflagerkräfte F_A und F_B in kN
b) Auflagerkräfte F_A und F_B in kN, wenn Einzellast 1,00 m nach Auflager *A* gerückt wird

Lösung: a)

$$F_A \cdot l = F \cdot \frac{l}{2}$$

$$F_A = \frac{F \cdot l}{l \cdot 2} = \frac{F}{2} = \frac{12{,}7\ \text{kN}}{2} = 6{,}350\ \text{kN}$$

$$F_B = \frac{F}{2} = \mathbf{6{,}350\ kN}$$

b)

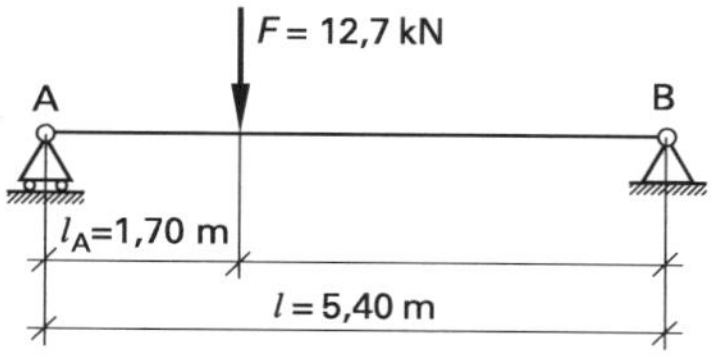

$$F_A \cdot l = F \cdot l_B = F \cdot (l - l_A)$$

$$F_A = \frac{F \cdot (l - l_A)}{l} = \frac{12{,}7\ \text{kN}\ (5{,}40\ \text{m} - 1{,}70\ \text{m})}{5{,}40\ \text{m}} = \mathbf{8{,}702\ kN}$$

$$F_B \cdot l = F \cdot l_A$$

$$F_B = \frac{F \cdot l_A}{l} = \frac{12{,}7\ \text{kN} \cdot 1{,}70\ \text{m}}{5{,}40\ \text{m}} = \mathbf{3{,}998\ kN}$$

Kontrolle: $F = F_A \cdot F_B = 8{,}702\ \text{kN} \cdot 3{,}998\ \text{kN} = 12{,}700\ \text{kN}$ ✓

167.3

(12′)

Gegeben: Träger belastet mit 2 Einzellasten

Gesucht: Auflagerkräfte F_A und F_B in kN

Lösung:

$$F_A \cdot l = F_1 \cdot l_1 + F_2 \cdot l_2$$

$$F_A = \frac{F_1 \cdot l_1 + F_2 \cdot l_2}{l} = \frac{18\ \text{kN} \cdot 3{,}80\ \text{m} + 13\ \text{kN} \cdot 2{,}20\ \text{m}}{7{,}00\ \text{m}} = \mathbf{13{,}857\ kN}$$

$$F_B \cdot l = F_1 \cdot (l - l_1) + F_2 \cdot (l - l_2)$$

$$F_B = \frac{F_1 \cdot (l - l_1) + F_2 \cdot (l - l_2)}{l} = \frac{18\ \text{kN} \cdot 3{,}20\ \text{m} + 13\ \text{kN} \cdot 4{,}80\ \text{m}}{7{,}00\ \text{m}} = \mathbf{17{,}143\ kN}$$

Kontrolle: $F_A + F_B = 13{,}857\ \text{kN} + 17{,}143\ \text{kN} = 31{,}000\ \text{kN}$ ✓

167.4 (32′)

Gegeben: Träger auf zwei Stützen:
Einzellast $F_1 = 8{,}6$ kN
$l = 4{,}80$ m
l_1 in 6 Positionen

Gesucht: Auflagerkräfte F_A und F_B in kN

Teil-aufg.	l_1 in m	F_A in kN	F_B in kN	$F_A + F_B$ in kN
a)	0,80	7,167	1,434	8,6
b)	2,20	4,659	3,942	8,6
c)	1,20	6,450	2,150	8,6
d)	3,00	3,225	5,375	8,6
e)	1,80	5,375	3,225	8,6
f)	3,20	2,867	5,734	8,6

Lösung: $F_A \cdot l = F_1 \cdot (l - l_1)$

$$F_A = \frac{F_1 \cdot (l - l_1)}{l}$$

a) $F_A = \dfrac{8{,}6\text{ kN} \cdot (4{,}80\text{ m} - 0{,}80\text{ m})}{4{,}80\text{ m}} = \mathbf{7{,}167\ kN}$

b) $F_A = \dfrac{8{,}6\text{ kN} \cdot (4{,}80\text{ m} - 2{,}20\text{ m})}{4{,}80\text{ m}} = \mathbf{4{,}658\ kN}$

c) $F_A = \dfrac{8{,}6\text{ kN} \cdot (4{,}80\text{ m} - 1{,}20\text{ m})}{4{,}80\text{ m}} = \mathbf{6{,}450\ kN}$

d) $F_A = \dfrac{8{,}6\text{ kN} \cdot (4{,}80\text{ m} - 3{,}00\text{ m})}{4{,}80\text{ m}} = \mathbf{3{,}225\ kN}$

e) $F_A = \dfrac{8{,}6\text{ kN} \cdot (4{,}80\text{ m} - 1{,}80\text{ m})}{4{,}80\text{ m}} = \mathbf{5{,}375\ kN}$

f) $F_A = \dfrac{8{,}6\text{ kN} \cdot (4{,}80\text{ m} - 3{,}20\text{ m})}{4{,}80\text{ m}} = \mathbf{2{,}867\ kN}$

$F_B \cdot l = F_1 \cdot l1$

$$F_B = \frac{F_1 \cdot l_1}{l}$$

a) $F_B = \dfrac{8{,}6\text{ kN} \cdot 0{,}80\text{ m}}{4{,}80\text{ m}} = \mathbf{1{,}433\ kN}$

b) $F_B = \dfrac{8{,}6\text{ kN} \cdot 2{,}20\text{ m}}{4{,}80\text{ m}} = \mathbf{3{,}942\ kN}$

c) $F_B = \dfrac{8{,}6\text{ kN} \cdot 1{,}20\text{ m}}{4{,}80\text{ m}} = \mathbf{2{,}150\ kN}$

d) $F_B = \dfrac{8{,}6\text{ kN} \cdot 3{,}00\text{ m}}{4{,}80\text{ m}} = \mathbf{5{,}375\ kN}$

e) $F_B = \dfrac{8{,}6\text{ kN} \cdot 1{,}80\text{ m}}{4{,}80\text{ m}} = \mathbf{3{,}225\ kN}$

f) $F_B = \dfrac{8{,}6\text{ kN} \cdot 3{,}20\text{ m}}{4{,}80\text{ m}} = \mathbf{5{,}733\ kN}$

167.5 (8′)

Gegeben: Kantholz auf 2 Auflagern

Gesucht: angreifende Kräfte F_A und F_B in daN

Lösung: $F_A \cdot l = F_1 \cdot a$

$$F_A = \frac{F_1 \cdot a}{l} = \frac{400\text{ N} \cdot 0{,}20\text{ m}}{0{,}60\text{ m}} = 133\text{ N} \cdot \frac{1\text{ daN}}{10\text{ N}} = \mathbf{13{,}3\ daN}$$

$F_B \cdot l = F_1 \cdot (l - l_1)$

$$F_B = \frac{F_1 \cdot (l - l_1)}{l} = \frac{400\text{ N} \cdot (0{,}60\text{ m} - 0{,}20\text{ m})}{0{,}60\text{ m}} = 267\text{N} \cdot \frac{1\text{ daN}}{10\text{ N}} = \mathbf{26{,}7\ daN}$$

167.6 (5′)

Gegeben: Verleimvorrichtung für Leisten:

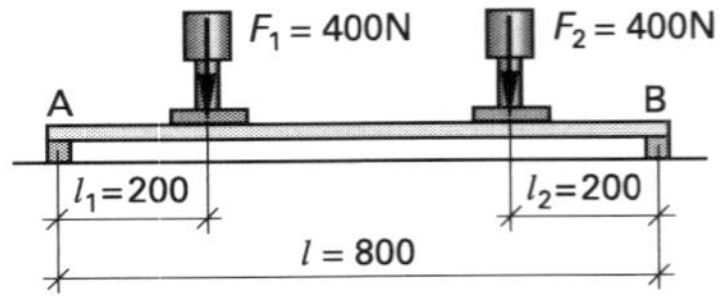

Gesucht: Größe der Kräfte F_A und F_B in N

Lösung: $F_A \cdot l = F_1 \cdot (l - l_2) + F_2 \cdot l_2$

$$F_A = \frac{F_1 \cdot (l - l_2) + F_2 \cdot l_2}{l} = \frac{400\text{ N} \cdot 0{,}60\text{ m} + 400\text{ N} \cdot 0{,}20\text{ m}}{0{,}80\text{ m}} = \mathbf{400\ N}$$

Symmetrie:
$F_B = F_A$

11.1 Mechanische Arbeit und mechanische Energie

169.1 (5′)

Gegeben: $F_G = 3000$ N
Hubhöhe $s = 2{,}80$ m

Gesucht: Arbeit W in kNm

Lösung:
$$W = F_G \cdot s$$
$$= 3000\ \text{N} \cdot 2{,}80\ \text{m}$$
$$= 8{,}400\ \text{Nm} \cdot \frac{1\ \text{kN}}{1000\ \text{N}}$$
$$= \mathbf{8{,}400\ kNm}$$

169.2 (7′)

Gegeben: $F_{G1} = 45$ kg
$h = s = 5{,}50$ m (6,30 m)
Körpergewicht $F_{G2} = 750$ N

Gesucht:
a) Arbeit W in Nm für Türtransport
b) Arbeit W in Nm einschließlich Transport des eigenen Körpers

Lösung:
a) $W = F_{G1} \cdot s$
$$= 45\ \text{daN} \cdot 5{,}50\ \text{m} \cdot \frac{10\ \text{N}}{1\ \text{daN}}$$
$= \mathbf{2475\ Nm}$ (2835 Nm)

b) $W = (F_{G1} + F_{G2}) \cdot h$
$= (450\ \text{N} + 750\ \text{N}) \cdot 5{,}50\ \text{m}$
$= \mathbf{6600\ Nm}$ (7560 Nm)

169.3 (3′)

Gegeben: $m = 125\ \text{kg} \Rightarrow F_G = 1250$ N
$h = s = 1{,}30$ m

Gesucht: Hubarbeit W in Nm

Lösung:
$$W = F_G \cdot s$$
$$= 1250\ \text{N} \cdot 1{,}30\ \text{m}$$
$$= 1625\ \text{Nm}$$

169.4 (3′)

Gegeben: Anzahl $n = 50$
$m = 5{,}2\ \text{kg} \Rightarrow F_G = 52$ N
$h = s = 0{,}85$ m

Gesucht: Hubarbeit W in Nm

Lösung:
$$W = F_G \cdot n \cdot s$$
$$= 52\ \text{N} \cdot 50 \cdot 0{,}85\ \text{m}$$
$$= \mathbf{2210\ Nm}$$

169.5 (3′)

Gegeben: $F_G = 85$ kN
$W = 175$ kNm

Gesucht: Hubhöhe s in m

Lösung:
$$W = F_G \cdot s$$
$$s = \frac{W}{F_G}$$
$$= \frac{175\ \text{kNm}}{85\ \text{kN}}$$
$$= \mathbf{2{,}06\ m}$$

169.6 (8′)

Gegeben: Kanthölzer werden hochgezogen:
Anzahl $n = 20$
Querschnitt $b \times d = 1{,}2\ \text{dm} \times 0{,}8$ dm
Länge $l = 2{,}20$ m
Fichte: Rohdichte $\rho = 0{,}47\ \text{kg/dm}^3$

Gesucht: Hubarbeit W in daNm

Lösung:
Masse:
$$m = V \cdot \rho \cdot n$$
$$= l \cdot b \cdot d \cdot \rho \cdot n$$
$$= 22\ \text{dm} \cdot 1{,}2\ \text{dm} \cdot 0{,}8\ \text{dm} \cdot 0{,}47\ \text{kg/dm}^3 \cdot 20$$
$$= 199\ \text{kg}$$
$$\Rightarrow F_G = 199\ \text{daN}$$
Hubarbeit:
$$W = F_G \cdot s$$
$$= 199\ \text{daN} \cdot 12\ \text{m}$$
$$= \mathbf{2388\ daNm}$$

169.7 (4′)

Gegeben: Hubarbeit eines Staplers
$W = 20$ kNm
$s = 2{,}20$ m

Gesucht: Gewichtskraft F_G
Masse m

Lösung:
$$F_G = \frac{W}{s}$$
$$= \frac{20\ \text{kNm}}{2{,}20\ \text{m}}$$
$$= \mathbf{9{,}091\ kN}$$
$$m = \mathbf{909{,}1\ kg}$$

169.8 (3′)

Gegeben: Vorschubzylinder:
Arbeitsleistung $W = 240$ Nm
$s = 280$ mm

Gesucht: Vorschubkraft F in daN

Lösung:
$$F = \frac{W}{s} = \frac{240 \text{ Nm}}{0{,}28 \text{ m}} = 857 \text{ N} \cdot \frac{1 \text{ daN}}{10 \text{ N}} = \mathbf{85{,}7\ daN}$$

169.9 (18′)

Gegeben: Hubarbeit verringert von
$W_1 = 15\,000$ Nm/Tag auf
$W_2 = 1950$ Nm/Tag;
Anzahl der Werkstücke $n = 1000$
Masse $m = 1{,}5$ kg pro Stück

Gesucht: a) Hubhöhe s_{alt} und s_{neu} in m
b) Einsparung in %

Lösung: a)
$$s = \frac{W}{F \cdot n} = \frac{W}{m \cdot g \cdot n}$$
$$s_{alt} = \frac{W_1}{m \cdot g \cdot n} = \frac{15\,000 \text{ Nm}}{1{,}5 \text{ kg} \cdot 10 \text{ N/kg} \cdot 1000} = \mathbf{1{,}00\ m}$$
$$s_{neu} = \frac{W_2}{m \cdot g \cdot n} = \frac{1950 \text{ Nm}}{1{,}5 \text{ kg} \cdot 10 \text{ N/kg} \cdot 1000} = \mathbf{0{,}13\ m}$$

b) Einsparung
$$= \frac{W_1 - W_2}{W_1} = \frac{15\,000 \text{ Nm} - 1950 \text{ Nm}}{15\,000 \text{ Nm}} \cdot 100\ \% = \mathbf{87}\ \%$$

169.10 (3′)

Gegeben: Festigkeitstest Sandsackmasse:
$m = 50 \text{ kg} \Rightarrow F_G = 500$ N
Fallhöhe $s = 1{,}20$ m

Gesucht: mechanische Energie W_p in Nm

Lösung:
$$W_p = F_G \cdot s = 500 \text{ N} \cdot 1{,}2 \text{ m} = \mathbf{600\ Nm}$$

11.2.1 Die schiefe Ebene

171.1 (4′)

Gegeben: Schrägaufzug:
$s = 8{,}50$ m
$F_G = 2{,}4$ kN
$h = 3{,}25$ m

Gesucht: Zugkraft F in kN

Lösung:
$$F = \frac{F_G \cdot h}{s} = \frac{2{,}4 \text{ kN} \cdot 3{,}25 \text{ m}}{8{,}50 \text{ m}} = \mathbf{0{,}918\ kN}$$

171.2 (18′)

Gegeben: Tonne wird auf Rampe gerollt:
$s = 5{,}20$ m (3,80 m)
$F = 850$ N
$h = 1{,}30$ m

Gesucht: Normalkraft F_N und Gewicht F_G in kN zeichnerisch und rechnerisch

Lösung: zeichnerisch:
$M = 400$ N/cm

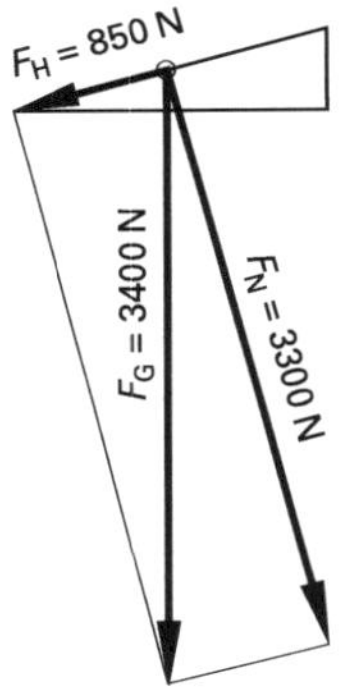

rechnerisch:
$$F_N^2 = F_G^2 - F_H^2 = (3{,}4 \text{ kN})^2 - (0{,}850 \text{ kN})^2$$
$$F_N = \sqrt{10{,}838 \text{ kN}^2} = \mathbf{3{,}292\ kN}\ (2{,}335 \text{ kN})$$

171.3 (8′)

Gegeben: Transport von Eichenholz:
$V = 3{,}000\ m^3$
$m_W = 200\ kg$
Rohdichte $\rho = 0{,}70\ kg/dm^3$
$s = 18{,}00\ m$; $h = 1{,}20\ m$

Gesucht: Kraft F in kN

Lösung: Gewichtskraft:

$$m = V \cdot \rho + m_W$$
$$= 3{,}000\ m^3 \cdot 0{,}70\ kg/dm^3 \cdot \frac{1000\ dm^3}{1\ m^3} + 200\ kg$$
$$= 2300\ kg$$
$$\Rightarrow F_G = 23\ kN$$

Kraft:

$$F = \frac{F_G \cdot h}{s} = \frac{23\ kN \cdot 1{,}20\ m}{18{,}00\ m} = \mathbf{1{,}533\ kN}$$

171.4 (4′)

Gegeben: Schrägaufzug $s = 12{,}00\ m$
$F = 20\ kN$
$h_1 = 3{,}00\ m$; $h_2 = 4{,}20\ m$

Gesucht: maximale Gewichtskraft F_{G1}; F_{G2} in kN

Lösung:

$$F_G = \frac{F \cdot s}{h}$$
$$F_{G1} = \frac{20\ kN \cdot 12{,}00\ m}{3{,}00\ m} = \mathbf{80{,}000\ kN}$$
$$F_{G2} = \frac{20\ kN \cdot 12{,}00\ m}{4{,}20\ m} = \mathbf{57{,}143\ kN}$$

11.2.2 Keil

171.5 (4′)

Gegeben: Pfosten wird hochgekeilt:
$F_G = 18\ kN$
$h = 12\ mm$; $s = 60\ mm$

Gesucht: Kraft F in kN

Lösung:

$$F = \frac{F_G \cdot h}{s} = \frac{18\ kN \cdot 12{,}00\ mm}{60\ mm} = \mathbf{3{,}600\ kN}$$

171.6 (4′)

Gegeben: Keil:
Keilschräge: 1 : 7
Kraft $F = 300\ N$

Gesucht: Gewichtskraft F_G in N

Lösung:

$$F_G = \frac{F \cdot s}{h} = \frac{300\ N \cdot 7}{1} = \mathbf{2100\ N}$$

11.2.3 Schraube

171.7 (6′)

Gegeben: Vorderzange einer Hobelbank:
Spannkraft $F_2 = 14\ kN$
Spannhebellänge: 320 mm
Handwegdurchmesser $d = 640\ mm$
Spindelsteigung $p = 5\ mm$

Gesucht: Spannkraft F_1 in daN

Lösung:

$$F_1 \cdot \pi \cdot d = F_2 \cdot p$$
$$F_1 = \frac{F_2 \cdot p}{\pi \cdot d} = \frac{14\ kN \cdot 5\ mm}{\pi \cdot 640\ mm} = 0{,}035\ kN \cdot \frac{100\ daN}{1\ kN} = \mathbf{3{,}5\ daN}$$

171.8 (10′)

Gegeben: Furnierspindelpresse:
Handraddurchmesser $d = 500\ mm$
Steigung $p = 8\ mm$
a) Handkraft $F_1 = 120\ N$
b) Presskraft $F_2 = 18000\ N$

Gesucht: a) Presskraft F_2 in N
b) F_1 in N

Lösung:

a) $$F_2 = \frac{F_1 \cdot \pi \cdot d}{p} = \frac{120\ N \cdot \pi \cdot 500\ mm}{8\ mm} = \mathbf{23562\ N}$$

b) $$F_1 = \frac{F_2 \cdot p}{\pi \cdot d} = \frac{18000\ N \cdot 8\ mm}{\pi \cdot 500\ mm} = \mathbf{91{,}67\ N}$$

11.2.4 Rollen- und Flaschenzüge

172.1 (6′)

Gegeben: Werkzeugkiste:
$F_G = 700$ N
Rollenzahl $n = 2$
$h_1 = 5{,}50$ m; $h_2 = 6{,}40$ m
Gewichtskraft $F_{G\,\text{lose Rolle}} = 150$ N

Gesucht: a) Kraft F in N
b) Kraftweg s in m

Lösung: a) $F = \frac{F_G \cdot F_{G\,\text{lose Rolle}}}{n}$
$= \frac{700\text{ N} + 150\text{ N}}{2}$
$= \mathbf{425\ N}$

b) $s_1 = n \cdot h_1$
$= 2 \cdot 5{,}50$ m
$= \mathbf{11{,}00\ m}$

alternativ:
$s_2 = n \cdot h_2$
$= 2 \cdot 6{,}40$ m
$= \mathbf{12{,}80\ m}$

172.2 (6′)

Gegeben: Rollenflaschenzug:
Dachbalken: $F_G = 1800$ N
$F_{G\,\text{lose Rollen}} = 140$ N
Rollenzahl $n = 4$
Reibungsverlust: 15 %
$\Rightarrow$ Verlustfaktor: $f_R = 1{,}15$
Hubhöhe $h = 4{,}80$ m

Gesucht: a) Kraft F am Zugseil in N
b) Kraftweg s am Zugseil in m

Lösung: a) $F = \frac{(F_G + F_{G\,\text{lose Rollen}}) \cdot f_R}{n}$
$= \frac{(1800\text{ N} + 140\text{ N}) \cdot 1{,}15}{4}$
$= \mathbf{557{,}75\ N}$

b) $s = h \cdot n$
$= 4{,}80\text{ m} \cdot 4$
$= \mathbf{19{,}20\ m}$

172.3 (9′)

Gegeben: Rollenflaschenzug:
Last: $F_G = 4800$ N
$F_{G\,\text{lose Rollen}} = 250$ N
Rollenzahl $n = 6$
Reibungsverlust = 10 %
$\Rightarrow$ Verlustfaktor: $f_R = 1{,}1$
Hubhöhe $h = 3{,}75$ m
1 Arbeiter $F = 70$ kg

Gesucht: a) Kraft F am Zugseil in daN
b) Genügt 1 Arbeiter?
c) Kraftweg s in m

Lösung: a) $F = \frac{(F_G \cdot F_{G\,\text{lose Rollen}}) \cdot f_R}{n}$
$= \frac{(4800\text{ N} + 250\text{ N}) \cdot 1{,}1}{6}$
$= 925{,}834 \cdot \frac{1\text{ daN}}{10\text{ N}}$
$= \mathbf{92{,}583\ daN}$

b) Es wären **2** Arbeiter nötig.

c) $s = 6 \cdot h$
$= 6 \cdot 3{,}75$ m
$= \mathbf{22{,}50\ m}$

11.3 Mechanische Leistung

173.1 (10′)

Gegeben: Hubstapler:
Brettstapel:
$l = 3{,}20$ m
$h = 1{,}20$ m
$b = 0{,}80$ m
Rohdichte $\rho = 0{,}47$ kg/dm³
Hubhöhe $s = 1{,}80$ m
Zeit $t = 5{,}2$ s

Gesucht: Leistung P in kW

Lösung: Gewichtskraft:
$m = V \cdot \rho$
$= l \cdot b \cdot h \cdot \rho$
$= 32\text{ dm} \cdot 8\text{ dm} \cdot 12\text{ dm} \cdot 0{,}47\text{ kg/dm}^3$
$= 1443{,}8$ kg
$\Rightarrow F_G = 14438$ N

Leistung:
$P = \frac{F_G \cdot s}{t}$
$= \frac{14{,}438\text{ kN} \cdot 1{,}80\text{ m}}{5{,}2\text{ s}} \cdot \frac{\text{kW} \cdot \text{s}}{\text{kNm}}$
$= \mathbf{4{,}998}$ kW

11.4 Reibung und Wirkungsgrad

173.2 (3′)

Gegeben: Baukran:
Last $F_G = 12$ kN
Hubhöhe $s = 18{,}00$ m
Zeit $t = 30$ s

Gesucht: Leistung P in kW

Lösung:
$$P = \frac{F_G \cdot s}{t} = \frac{12 \text{ kN} \cdot 18{,}00 \text{ m}}{30 \text{ s}} = \mathbf{7{,}2} \text{ kW}$$

173.3 (7′)

Gegeben: Geselle trägt Brett:
$m = 15$ kg $\Rightarrow F_G = 150$ N
$s = 5{,}00$ m
$t = 30$ s
Körpergewicht
$m_K = 75$ kg $\Rightarrow F_K = 75$ daN

Gesucht: a) Arbeit W in Nm
b) Leistung P in W

Lösung: a)
$$W = F_G \cdot s = (15 \text{ daN} + 75 \text{ daN}) \cdot 5{,}00 \text{ m} = \mathbf{450\ daNm}$$

b)
$$P = \frac{W}{s} = \frac{450 \text{ daNm}}{30 \text{ s}} \cdot \frac{10 \text{ N}}{1 \text{ daN}} = \mathbf{150\ W}$$

173.4 (5′)

Gegeben: Baukran:
Leistung $P = 7500$ W
Last $F_G = 12$ kN

Gesucht: Hubgeschwindigkeit v in m/s

Lösung: Leistung:
$$P = \frac{F \cdot s}{t} \Rightarrow \frac{s}{t} = \frac{P}{F}$$
Hubgeschwindigkeit:
$$v = \frac{s}{t} = \frac{P}{F_G} = \frac{7{,}500 \text{ kW}}{12 \text{ kN}} \cdot \frac{\text{Nm}}{\text{Ws}} = \mathbf{0{,}625\ m/s}$$

173.5 (5′)

Gegeben: Leistung eines Arbeiters:
Flaschenzug: $n = 4$
$F_G + F_{G \text{ lose Rollen}} = 2800$ N
Hubhöhe $s = 4{,}50$ m
Zeit $t = 45$ s

Gesucht: Leistung P in W

Lösung: Kraft:
$$F = \frac{F_G}{n} = \frac{2800 \text{ N}}{4} = 700 \text{ N}$$
Leistung:
$$P = \frac{F \cdot s \cdot n}{t} = \frac{700 \text{ N} \cdot 4{,}50 \text{ m} \cdot 4}{45 \text{ s}} = \mathbf{280\ W}$$

11.4.1 Reibung

175.1 (3′)

Gegeben: Materialstapel:
$F_G = 2500$ N
Reibungszahl $\mu = 0{,}06$

Gesucht: Reibungskraft F_R in N

Lösung:
$$F_R = \mu \cdot F_N = 0{,}06 \cdot 2500 \text{ N} = \mathbf{150\ N}$$

175.2 (6')

Gegeben: Plattenstapel:
Plattenzahl $n = 5$
$l = 1{,}80$ m; $b = 5{,}20$ m
d = 0,19 dm; $\rho = 0{,}70$ kg/dm^3
Reibungszahl $\mu = 0{,}6$

Gesucht: Reibungskraft F_R in N

Lösung: Gewichtskraft:

$$m = V \cdot \rho \cdot n$$
$$= l \cdot b \cdot d \cdot n \cdot \rho$$
$$= 18\text{ dm} \cdot 52\text{ dm} \cdot 0{,}19\text{ dm} \cdot 5 \cdot 0{,}70\text{ kg/dm}^3$$
$$= 622{,}44\text{ kg}$$
$$F_G = F_N = 622{,}44\text{ kg} \cdot \frac{10\text{ N}}{1\text{ kg}}$$
$$= 6224{,}4\text{ N}$$

Reibungskraft:

$$F_R = \mu \cdot F_N$$
$$= 0{,}6 \cdot 6224{,}4\text{ N}$$
$$= \mathbf{3734{,}64\text{ N}}$$

175.3 (8')

Gegeben: Verschiebung von Werkstücken:
$F_G = F_N = 250$ N
Haftreibungszahl $\mu_0 = 0{,}6$
Gleitreibungszahl $\mu = 0{,}2$
Rollreibungszahl $\mu_R = 0{,}04$

Gesucht:
a) Reibungskraft F_{R0} bei Haftreibung
b) Reibungskraft F_R bei Gleitreibung
c) Reibungskraft F_{RR} bei Rollreibung

Lösung:

a) $F_{R0} = \mu_0 \cdot F_N = 0{,}6 \cdot 250\text{ N} = \mathbf{150\text{ N}}$

b) $F_R = \mu \cdot F_N = 0{,}2 \cdot 250\text{ N} = \mathbf{50\text{ N}}$

c) $F_{RR} = \mu_R \cdot F_N = 0{,}04 \cdot 250\text{ N} = \mathbf{10\text{ N}}$

175.4 (13')

Gegeben: Kartonbeförderung:
$F_G = 250$ N
$\alpha = 30°$ (25°)
Reibungszahl $\mu = 0{,}7$

Gesucht:
a) Normalkraft F_N in N
b) Reibungskraft F_R
c) Rückhaltekraft F_H

Lösung:

a) $\cos\alpha = \frac{F_N}{F_G} = \frac{\text{Ankathete}}{\text{Hypotenuse}}$

$$F_N = \cos\alpha \cdot F_G$$
$$= \cos 30° \cdot 250\text{ N}$$
$$= \mathbf{216{,}6\text{ N}}\ (226{,}6\text{ N})$$

b) $F_R = F_N \cdot \mu$
$$= 216{,}5\text{ N} \cdot 0{,}7$$
$$= 151{,}55\text{ N}\ (158{,}62\text{ N})$$

c) $F_H^2 = (F_G)^2 - (F_N)^2$
$$= (250\text{ N})^2 - (216{,}5\text{ N})^2$$
$$F_H = \sqrt{15627{,}75\text{ N}^2}$$
$$= \mathbf{125\text{ N}}\ (106\text{ N})$$

11.4.2 Wirkungsgrad

175.5 (3')

Gegeben: Elektromotor:
Eingangsleistung $P_{zu} = 26{,}4$ kW
Ausgangsleistung $P_{ab} = 24{,}3$ kW

Gesucht: Wirkungsgrad η

Lösung:

$$\eta = \frac{P_{ab}}{P_{zu}} = \frac{P_2}{P_1} = \frac{24{,}3\text{ kW}}{26{,}4\text{ kW}} = \mathbf{0{,}92}$$

175.6 (3')

Gegeben: Maschinenzuschnitt:
Ausgangsleistung $P_{ab} = 8{,}4$ kW
Wirkungsgrad $\eta = 75\,\% = 0{,}75$

Gesucht: P_{zu} in kW

Lösung:

$$P_{zu} = \frac{P_{ab}}{\eta} = \frac{8{,}4\text{ kW}}{0{,}75} = \mathbf{11{,}2\text{ kW}}$$

175.7 (5′)

Gegeben: Schraubzwinge:
Reibungsverlust: 35 %
$F_1 = 1800$ daN

Gesucht: a) Wirkungsgrad η der Schraubzwinge
b) effektive Spannkraft F_2 in kN

Lösung: a) $\eta = 100\,\% - 35\,\%$
$= \mathbf{65}\,\% = 0{,}65$

b) $F_2 = \eta \cdot F_1$
$= 0{,}65 \cdot 1800$ daN
$= \mathbf{1170\ daN = 11{,}7\ kN}$

175.8 (10′)

Gegeben: Kreisförderer:
$v = 5000$ m/h
Zugkraft am Seil $F = 6000$ N
Getriebe:
Wirkungsgrad $\eta_G = 85\,\% = 0{,}85$
Motor:
Wirkungsgrad $\eta_M = 87\,\% = 0{,}87$

Gesucht: Eingangsleistung $P_{M\,zu}$ des Motors in kW

Lösung: Ausgangsleistung Kreisförderer:

$$P_{K\,ab} = 5000\,\frac{\text{m}}{\text{h}} \cdot 6000\ \text{N} \cdot \frac{1\ \text{h}}{60 \cdot 60\ \text{s}}$$
$$= 8333\ \text{Nm/s} \cdot \frac{1\ \text{kW}}{1000\ \text{Nm/s}}$$
$$= 8{,}333\ \text{kW}$$

Eingangsleistung Getriebe:

$$P_{G\,zu} = \frac{P_{K\,ab}}{\eta_G}$$
$$= \frac{8{,}333\ \text{kW}}{0{,}85}$$
$$= 9{,}804\ \text{kW} = P_{M\,ab}$$

Eingangsleistung Motor:

$$P_{M\,zu} = \frac{P_{M\,ab}}{\eta_M}$$
$$= \frac{9{,}804\ \text{kW}}{0{,}87}$$
$$= \mathbf{11{,}269\ kW}$$

12.1 Druckspannung und Zugspannung

176.1

(4′)

Gegeben: quadratische Pfosten:
$l = 160$ mm
Druckkraft $F = 6500$ N

Gesucht: Druckspannung σ_D in N/mm²

Lösung:

$$\sigma_D = \frac{F}{A} = \frac{F}{l^2} = \frac{6500\ \text{N}}{(160\ \text{mm})^2} = \mathbf{0{,}254\ \frac{N}{mm^2}}$$

176.2

(3′)

Gegeben: Holzsäule $d = 250$ mm
Druckkraft $F = 10\,500$ N

Gesucht: Druckspannung σ_D in N/mm²

Lösung:

$$\sigma_D = \frac{F}{A} = \frac{F}{d^2 \cdot \frac{\pi}{4}} = \frac{10\,500\ \text{N}}{(250\ \text{mm})^2 \cdot \frac{\pi}{4}} = \mathbf{0{,}214\ \frac{N}{mm^2}}$$

176.3

(4′)

Gegeben: Schraubenbolzen:
Durchmesser $d = 8$ mm
zul. Zugspannung $\sigma_Z = 168$ N/mm²

Gesucht: max. Zugkraft F_Z in N

Lösung:

$$F_Z = \sigma_Z \cdot A = \sigma_Z \cdot d^2 \cdot \frac{\pi}{4} = 168\ \text{N/mm}^2 \cdot (8\ \text{mm})^2 \cdot \frac{\pi}{4} = \mathbf{8444{,}6\ N}$$

176.4

(3′)

Gegeben: Zuganker aus Stahl:
Durchmesser $d = 25$ mm
Zugkraft $F_Z = 12\,500$ N

Gesucht: Zugspannung σ_Z in N/mm²

Lösung:

$$\sigma_Z = \frac{F}{A} = \frac{F}{d^2 \cdot \frac{\pi}{4}} = \frac{12\,500\ \text{N}}{(25\ \text{mm})^2 \cdot \frac{\pi}{4}} = \mathbf{25{,}46\ \frac{N}{mm^2}}$$

176.5

(3′)

Gegeben: quadratischer Holzpfosten:
$l = 120$ mm
$\sigma_{D\ zul} = 8{,}5$ N/mm²

Gesucht: Druckkraft F_D in N

Lösung:

$$F_D = \sigma_{D\ zul} \cdot A = \sigma_{D\ zul} \cdot l^2 = 8{,}5\ \text{N/mm}^2 \cdot (120\ \text{mm})^2 = \mathbf{122\,400\ N}$$

12.2 Flächenpressung

177.1

(4′)

Gegeben: Gewichtskraft $F_G = 24{,}2$ kN
Pfosten: $l = 16{,}0$ cm; $b = 16{,}0$ cm
Schwelle: $l = 40{,}0$ cm; $b = 18{,}0$ cm

Gesucht: Flächenpressung p_{Pf} unter Pfosten und p_{Sch} unter Schwelle in daN/cm²

Lösung:

$$p_{Pf} = \frac{F}{A} = \frac{F}{l \cdot b} = \frac{24{,}2\ \text{kN}}{16{,}0\ \text{cm} \cdot 16{,}0\ \text{cm}} \cdot \frac{100\ \text{daN}}{1\ \text{kN}} = \mathbf{9{,}453\ \frac{daN}{cm^2}}$$

$$p_{Sch} = \frac{24{,}2\ \text{kN}}{40{,}0\ \text{cm} \cdot 18{,}0\ \text{cm}} \cdot \frac{100\ \text{daN}}{1\ \text{kN}} = \mathbf{3{,}361\ \frac{daN}{cm^2}}$$

177.2 (5′)

Gegeben: Leimfuge:
$l = 80$ cm; $d = 2$ cm
Pressdruck $p = 4$ daN/cm²
Anzahl der Schraubknechte $n = 3$

Gesucht: Kraft F eines jeden Knechtes in daN

Lösung:
$$p = \frac{F}{A}$$
$$F = p \cdot A = p \cdot \frac{l \cdot d}{3} = 4\ \text{daN/cm}^2 \cdot \frac{80\ \text{cm} \cdot 2\ \text{cm}}{3} = \mathbf{213{,}33\ daN}$$

177.3 (5′)

Gegeben: Druck beim Furnieren:
Pressdruck $p = 3{,}5$ daN/cm²
Fläche $A_1 = b_1 \cdot l_1 = 75\ \text{cm} \cdot 75\ \text{cm}$
$A_2 = b_2 \cdot l_2 = 25\ \text{cm} \cdot 80\ \text{cm}$

Gesucht: Druckkraft F in kN

Lösung:
$$F_1 = p \cdot A_1 = 3{,}5\ \text{daN/cm}^2 \cdot 75\ \text{cm} \cdot 75\ \text{cm} = 19\,688\ \text{daN} \cdot \frac{1\ \text{kN}}{100\ \text{daN}} = \mathbf{196{,}88\ kN}$$
$$F_2 = 70\ \text{kN}$$

177.4 (6′)

Gegeben: Furnierpresse:
Pressdruck $p_1 = 3{,}0$ daN/cm²
Pressfläche:
$A_1 = l_1 \cdot b_1 = 210\ \text{cm} \cdot 100\ \text{cm}$
$A_2 = l_2 \cdot b_2 = 125\ \text{cm} \cdot 45\ \text{cm}$

Gesucht: Pressdruck p_2 in daN/cm²

Lösung: Kraft:
$$F = p_1 \cdot A_1 = p_1 \cdot l_1 \cdot b_1 = 3{,}0\ \text{daN/cm}^2 \cdot 210\ \text{cm} \cdot 100\ \text{cm} = 63\,000\ \text{daN}$$
Pressdruck:
$$p_2 = \frac{F}{A_2} = \frac{F}{l_2 \cdot b_2} = \frac{63\,000\ \text{daN}}{125\ \text{cm} \cdot 45\ \text{cm}} = \mathbf{11{,}2\ \frac{daN}{cm^2}}$$

12.3 Hydraulik – Druck in eingeschlossenen Flüssigkeiten

179.1 (5′)

Gegeben: Druckkolben:
$A_1 = 125$ cm²
Arbeitskolben:
$A_2 = 750$ cm²
$s_2 = 10$ cm

Gesucht: Weg des Druckkolbens s_1 in cm

Lösung:
$$A_1 \cdot s_1 = A_2 \cdot s_2$$
$$s_1 = \frac{A_2 \cdot s_2}{A_1} = \frac{750\ \text{cm}^2 \cdot 10\ \text{cm}}{125\ \text{cm}^2} = \mathbf{60{,}0\ cm}$$

179.2 (4′)

Gegeben: Druckkolben: $d_1 = 3$ cm
Arbeitskolben: $d_2 = 18$ cm
Weg des Druckkolbens $s_1 = 12$ cm

Gesucht: Weg des Arbeitskolbens s_2 in mm

Lösung:
$$A_1 \cdot s_1 = A_2 \cdot s_2$$
$$s_2 = \frac{A_1 \cdot s_1}{A_2} = \frac{(d_1)^2 \cdot \frac{\pi}{4} \cdot s_1}{(d_2)^2 \cdot \frac{\pi}{4}} = \frac{(3\ \text{cm})^2 \cdot 12\ \text{cm}}{(18\ \text{cm})^2} = 0{,}333\ \text{cm} \cdot \frac{10\ \text{mm}}{1\ \text{cm}} = \mathbf{3{,}33\ mm}$$

179.3 (4′)

Gegeben: Druckkolben: $d_1 = 3$ cm
Arbeitskolben: $d_2 = 5$ cm
Kraft $F_2 = 3\,500$ N

Gesucht: F_1 in N

Lösung:
$$\frac{F_1}{F_2} = \frac{d_1^2}{d_2^2}$$
$$F_1 = \frac{d_1^2 \cdot F_2}{d_2^2} = \frac{(3\ \text{cm})^2 \cdot 3\,500\ \text{N}}{(5\ \text{cm})^2} = \mathbf{1\,260\ N}$$

12.3 Hydraulik – Druck in eingeschlossenen Flüssigkeiten

179.4

(16′)

Gegeben: Pressvorrichtung mit Handhebelbedienung:
Handkraft $F_H = 100$ N
Druckkolben: $A_1 = 30\ \text{cm}^2$
Arbeitskolben: $A_2 = 150\ \text{cm}^2$
Hub des Arbeitskolbens $s_2 = 4{,}5$ cm

Gesucht: a) Weg des Druckkolbens s_1 in mm
b) Kraft F_2 des Arbeitskolbens in daN

Lösung: a)
$$\frac{s_1}{s_2} = \frac{A_2}{A_1}$$
$$s_1 = \frac{A_2 \cdot s_2}{A_1} = \frac{150\ \text{cm}^2 \cdot 4{,}5\ \text{cm}}{30\ \text{cm}^2} = \mathbf{225\ mm}$$

b) Kraft des Druckkolbens:
$$F_H \cdot l_1 = F_1 \cdot l_2$$
$$F_1 = \frac{F_H \cdot l_1}{l_2} = \frac{100\ \text{N} \cdot 40\ \text{cm}}{10\ \text{cm}} = 400\ \text{N}$$

Kraft des Arbeitskolbens:
$$\frac{F_1}{F_2} = \frac{A_1}{A_2}$$
$$F_2 = \frac{F_1 \cdot A_2}{A_1} = \frac{400\ \text{N} \cdot 150\ \text{cm}^2}{30\ \text{cm}^2} = 2000\ \text{N} \cdot \frac{1\ \text{daN}}{10\ \text{N}} = \mathbf{200\ daN}$$

179.5

(30′)

Gegeben: Tabellenwerte

Gesucht: Kräfte, Durchmesser, Kolbenwege

Lösung: a)
$$F_2 = \frac{F_1 \cdot d_2^2}{d_1^2} = \frac{120\ \text{N} \cdot (6{,}0\ \text{cm})^2}{2{,}4\ \text{cm} \cdot 2{,}4\ \text{cm}} = \mathbf{750\ N}$$
$$s_2 = \frac{s_1 \cdot A_1}{A_2} = \frac{s_1 \cdot d_1^2 \cdot \frac{\pi}{4}}{d_2^2 \cdot \frac{\pi}{4}} = \frac{0{,}8\ \text{cm} \cdot (2{,}4\ \text{cm})^2 \cdot \frac{\pi}{4}}{6{,}0\ \text{cm} \cdot 6{,}0\ \text{cm} \cdot \frac{\pi}{4}} = 0{,}128\ \text{cm} \cdot \frac{10\ \text{mm}}{1\ \text{cm}} = \mathbf{1{,}28\ mm}$$

b)
$$d_2^2 = \frac{d_1^2 \cdot F_2}{F_1} = \frac{(50\ \text{mm})^2 \cdot 2\,400\ \text{N}}{800\ \text{N}}$$
$$d_2 = \sqrt{7\,500\ \text{mm}^2} = \mathbf{86{,}6\ mm}$$
$$s_2 = \frac{s_1 \cdot A_1}{A_2} = \frac{s_1 \cdot d_1^2 \cdot \frac{\pi}{4}}{d_2^2 \cdot \frac{\pi}{4}} = \frac{20\ \text{mm} \cdot (50\ \text{mm})^2}{(86{,}6\ \text{mm})^2} = \mathbf{6{,}7\ mm}$$

c)
$$F_1 = \frac{d_1^2 \cdot F_2}{d_2^2} = \frac{(20\ \text{mm})^2 \cdot 125\ \text{N}}{(60\ \text{mm})^2} = \mathbf{13{,}889\ N}$$
$$s_1 = \frac{d_2^2 \cdot s_2}{d_1^2} = \frac{(60\ \text{mm})^2 \cdot 5\ \text{mm}}{(20\ \text{mm})^2} = \mathbf{45\ mm}$$

d) $d_1^2 = \frac{F_1 \cdot d_2^2}{F_2}$

$= \frac{300\ \text{N} \cdot (280\ \text{mm})^2}{750\ \text{N}}$

$d_1 = \sqrt{31360\ \text{mm}^2}$

$= \mathbf{177\ mm}$

$s_1 = \frac{d_2^2 \cdot s_2}{d_1^2}$

$= \frac{(280\ \text{mm})^2 \cdot 18\ \text{mm}}{(177\ \text{mm})^2}$

$= \mathbf{45\ mm}$

e) $d_2^2 = \frac{d_1^2 \cdot F_2}{F_1}$

$= \frac{(80\ \text{mm})^2 \cdot 900\ \text{N}}{150\ \text{N}}$

$d_2 = \sqrt{38400\ \text{mm}^2}$

$= \mathbf{196\ mm}$

$s_1 = \frac{d_2^2 \cdot s_2}{d_1^2}$

$= \frac{38400\ \text{mm}^2 \cdot 25\ \text{mm}}{(80\ \text{mm})^2}$

$= \mathbf{150\ mm}$

f) $F_1 = \frac{d_1^2 \cdot F_2}{d_2^2}$

$= \frac{(15\ \text{mm})^2 \cdot 360\ \text{N}}{(60\ \text{mm})^2}$

$= \mathbf{22{,}5\ N}$

$s_2 = \frac{s_1 \cdot d_1^2}{d_2^2}$

$= \frac{28\ \text{mm} \cdot (15\ \text{mm})^2}{(60\ \text{mm})^2}$

$= \mathbf{1{,}8\ mm}$

179.6 (6′)

Gegeben: Hydraulikzylinder:
$p_e = 40$ bar
$d_1 = 7{,}0$ cm; $d_2 = 10{,}0$ cm

Gesucht: a) Kraft F_1 in kN
b) Kraft F_2 in kN

Lösung: a) $F_1 = p_e \cdot A_1$

$= p_e \cdot d_1^2 \cdot \frac{\pi}{4}$

$= 40\ \frac{\text{daN}}{\text{cm}^2} \cdot (7{,}0\ \text{cm})^2 \cdot \frac{\pi}{4}$

$= 1539{,}4\ \text{daN} \cdot \frac{1\ \text{kN}}{100\ \text{daN}}$

$= \mathbf{15{,}394\ kN}$

b) $F_2 = p_e \cdot A_2$

$= 40\ \frac{\text{daN}}{\text{cm}^2} \cdot (10{,}0\ \text{cm})^2 \cdot \frac{\pi}{4}$

$= 3142\ \text{daN} \cdot \frac{1\ \text{kN}}{100\ \text{daN}}$

$= \mathbf{31{,}42\ kN}$

179.7 (5′)

Gegeben: Hydraulische Presse:
Druckkolben: $d_1 = 25$ mm
$F_1 = 150$ N; $F_2 = 6250$ N

Gesucht: Durchmesser Arbeitszylinder d_2 in mm

Lösung: $d_2^2 = \frac{d_1^2 \cdot F_2}{F_1}$

$= \frac{(25\ \text{mm})^2 \cdot 6250\ \text{N}}{150\ \text{N}}$

$d_2 = \sqrt{26041{,}667\ \text{mm}^2}$

$= \mathbf{161\ mm}$

12.4 Pneumatik – Druck in eingeschlossenen Gasen

181.1 (9′)

Gegeben: Überdruckwerte
a) $p_e = 1{,}5$ bar
b) $p_e = 12$ daN/cm^2
c) $p_e = 400\,000$ Pa

Gesucht: p_{abs} in bar und Pa

Lösung: a) $p_{abs} = p_e \cdot p_{amb}$

$= 1{,}5\ \text{bar} + 1\ \text{bar}$

$= 2{,}5\ \text{bar} \cdot \frac{100\,000\ \text{Pa}}{1\ \text{bar}}$

$= \mathbf{250\,000\ Pa}$

b) $p_{abs} = 12\ daN/cm^2 + p_{amb}$
$= 12\ bar + 1\ bar$
$= 13\ bar \cdot \frac{100\,000\ Pa}{1\ bar}$
$= \mathbf{1\,300\,000\ Pa}$

c) $p_{abs} = 40\,000\ Pa + p_{amb}$
$= 40\,000\ Pa + 100\,000\ Pa$
$= 140\,000\ Pa \cdot \frac{1\ bar}{100\,000\ Pa}$
$= \mathbf{1{,}4\ bar}$

181.2 (6′)

Gegeben: Tabellenwerte
a) $p_e = 16\ daN/cm^2$
b) $p_{abs} = 1{,}8\ bar$
c) $p_e = 450\,000\ Pa$
d) $p_{abs} = 0{,}86\ bar$

Gesucht: alle Werte in p_e in bar

Lösung:
a) $p_e = 16\ daN/cm^2$
$= \mathbf{16\ bar}$

b) $p_e = p_{abs} - p_{amb}$
$= 1{,}8\ bar - 1\ bar$
$= \mathbf{0{,}8\ bar}$

c) $p_e = 450\,000\ Pa \cdot \frac{1\ bar}{100\,000\ Pa}$
$= \mathbf{4{,}5\ bar}$

d) $p_e = p_{abs} - p_{amb}$
$= 0{,}86\ bar - 1\ bar$
$= \mathbf{-\,0{,}14\ bar}$ (Unterdruck)

181.3 (3′)

Gegeben: $p_e = 8{,}5\ bar$

Gesucht: p_{abs} in Pa

Lösung: $p_{abs} = p_e + p_{amb}$
$= (8{,}5\ bar + 1\ bar) \cdot \frac{100\,000\ Pa}{1\ bar}$
$= \mathbf{950\,000\ Pa}$

181.4 (15′)

Gegeben: $p_{amb} = 1\ bar$
$V_1 = 9\ dm^3$
$p_1 = 1\ bar$
a) $V_2 = 4{,}5\ dm^3$
b) $V_2 = 3{,}0\ dm^3$
c) $V_2 = 2{,}25\ dm^3$
d) $V_2 = 1{,}8\ dm^3$
e) $V_2 = 1{,}5\ dm^3$
f) $V_2 = 1{,}286\ dm^3$

Gesucht: p_2 in bar

Lösung: $p_1 \cdot V_1 = p_2 \cdot V_2$
$p_2 = \frac{p_1 \cdot V_1}{V_2}$

a) $p_2 = \frac{1\ bar \cdot 9\ dm^3}{4{,}5\ dm^3}$
$= \mathbf{2\ bar}$

b) $p_2 = \frac{1\ bar \cdot 9\ dm^3}{3{,}0\ dm^3}$
$= \mathbf{3\ bar}$

c) $p_2 = \frac{1\ bar \cdot 9\ dm^3}{2{,}25\ dm^3}$
$= \mathbf{4\ bar}$

d) $p_2 = \frac{1\ bar \cdot 9\ dm^3}{1{,}8\ dm^3}$
$= \mathbf{5\ bar}$

e) $p_2 = \frac{1\ bar \cdot 9\ dm^3}{1{,}5\ dm^3}$
$= \mathbf{6\ bar}$

f) $p_2 = \frac{1\ bar \cdot 9\ dm^3}{1{,}286\ dm^3}$
$= \mathbf{7\ bar}$

Wertetabelle:

	Volumen V in dm^3	Druck p in bar
	9	1
a)	4,5	2
b)	3	3
c)	2,25	4
d)	1,8	5
e)	1,5	6
f)	1,286	7

12.4 Pneumatik – Druck in eingeschlossenen Gasen

181.5

(4′)

Gegeben: Wertetabelle aus Aufgabe 181.4

Gesucht: Diagramm auf mm-Papier

Lösung:

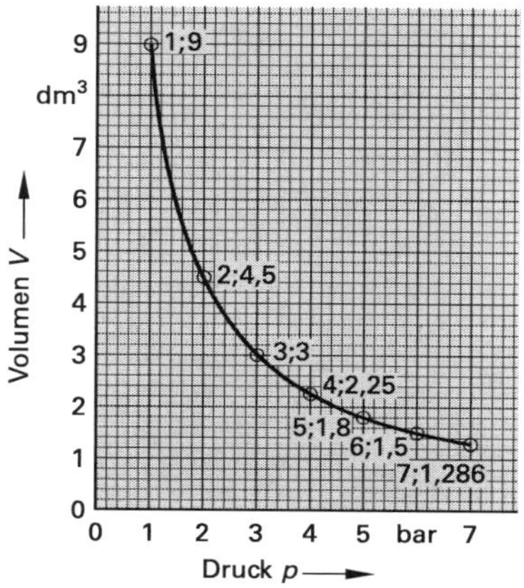

181.6

(3′)

Gegeben: $p_1 = 2{,}5$ bar; $p_2 = 10$ bar
$V_1 = 0{,}8\ \text{m}^3$

Gesucht: V_2 in m^3

Lösung: $p_1 \cdot V_1 = p_2 \cdot V_2$

$$V_2 = \frac{V_1 \cdot p_1}{p_2} = \frac{0{,}8\ \text{m}^3 \cdot 2{,}5\ \text{bar}}{10\ \text{bar}} = \mathbf{0{,}2\ m^3}$$

181.7

(9′)

Gegeben: Tabellenwerte:

	a)	b)	c)
p_1	3 bar	1,6 bar	15 bar
V_1	4,2 m³	14 l	180 dm³
p_2	?	18 bar	2,4 bar
V_2	0,8 m³	?	?

Gesucht: fehlende Werte

Lösung: $p_1 \cdot V_1 = p_2 \cdot V_2$

a) $$p_2 = \frac{V_1 \cdot p_1}{V_2} = \frac{4{,}2\ \text{m}^3 \cdot 3\ \text{bar}}{0{,}8\ \text{m}^3} = \mathbf{15{,}750\ bar}$$

b) $$V_2 = \frac{V_1 \cdot p_1}{p_2} = \frac{14\ \text{dm}^3 \cdot 1{,}6\ \text{bar}}{18\ \text{bar}} = \mathbf{1{,}244\ l}$$

c) $$V_2 = \frac{V_1 \cdot p_1}{p_2} = \frac{180\ \text{dm}^3 \cdot 15\ \text{bar}}{2{,}4\ \text{bar}} = \mathbf{1\,125\ dm^3}$$

181.8

(5′)

Gegeben: Verdichter:
$V_1 = 1\,250$ l
Druckkessel:
$V_2 = 180$ l
$p_{abs1} = 1$ bar

Gesucht: p_e

Lösung:

$$p_{abs2} = \frac{V_1 \cdot p_1}{p_2} = \frac{1\,250\ \text{l} \cdot 1\ \text{bar}}{180\ \text{l}} = 6{,}944\ \text{bar}$$

$$p_e = p_{abs} - p_{amb} = 6{,}944\ \text{bar} - 1\ \text{bar} = 5{,}944\ \text{bar} \approx \mathbf{6\ bar}$$

181.9

(6′)

Gegeben: Luftverbrauch eines Betriebes:
$V_1 = 2\,500$ l
$p_{e1} = 0$ bar $\Rightarrow p_{abs1} = 1$ bar
$p_{e2} = 8$ bar $\Rightarrow p_{abs2} = 9$ bar

Gesucht: V_2 in l

Lösung:

$$V_2 = \frac{V_1 \cdot p_1}{p_2} = \frac{2\,500\ \text{l} \cdot 1\ \text{bar}}{9\ \text{bar}} = \mathbf{277{,}778\ l}$$

181.10

(4′)

Gegeben: Luftbedarf für Druckkessel:
$V_2 = 250$ l
$p_{e\,2} = 8{,}5$ bar $\Rightarrow p_{abs2} = 9{,}5$ bar
$p_1 = 1$ bar

Gesucht: V_1 in m³

Lösung:

$$V_1 = \frac{V_2 \cdot p_2}{p_1} = \frac{250\ \text{l} \cdot 9{,}5\ \text{bar}}{1\ \text{bar}} \cdot \frac{1\ \text{m}^3}{1000\ \text{l}} = \mathbf{2{,}375\ m^3}$$

12.5 Kolbenkraft

183.1

(4′)

Gegeben: Kolbenfläche $A = 8{,}0\ \text{cm}^2$
$\eta = 0{,}88$
$p_e = 5\ \text{bar} = 5\ \text{daN/cm}^2$

Gesucht: Kolbenkraft F in N

Lösung:
$$F = p_e \cdot A \cdot \eta = 5\ \frac{\text{daN}}{\text{cm}^2} \cdot 8{,}0\ \text{cm}^2 \cdot 0{,}88 = 35{,}2\ \text{daN} \cdot \frac{10\ \text{N}}{1\ \text{daN}} = \mathbf{352\ N}$$

183.2

(10′)

Gegeben: Tabellenwerte
$\eta = 0{,}9$

Gesucht: fehlende Werte

Lösung:

a) $$p_e = \frac{F}{A \cdot \eta} = \frac{F}{D^2 \cdot \frac{\pi}{4} \cdot \eta} = \frac{120\ \text{daN}}{(6{,}5\ \text{cm})^2 \cdot \frac{\pi}{4} \cdot 0{,}9} = 4{,}02\ \frac{\text{daN}}{\text{cm}^2} = \mathbf{4\ bar}$$

b) $$A = \frac{F}{p_e \cdot \eta} = \frac{750\ \text{N}}{60\ \text{N/cm}^2 \cdot 0{,}9} = 13{,}89\ \text{cm}^2$$
$$A = D^2 \cdot \frac{\pi}{4}$$
$$D^2 = \frac{4A}{\pi} = \frac{4 \cdot 13{,}89\ \text{cm}^2}{\pi}$$
$$D = \sqrt{17{,}694\ \text{cm}^2} = 4{,}206\ \text{cm} = \mathbf{42\ mm}$$

c) $$F = p_e \cdot A \cdot \eta = p_e \cdot D^2 \cdot \frac{\pi}{4} \cdot \eta = 5{,}5\ \text{daN/cm}^2 \cdot (3\ \text{cm})^2 \cdot \frac{\pi}{4} \cdot 0{,}9 = 35{,}0\ \text{daN} = \mathbf{350\ N}$$

183.3

(11′)

Gegeben: $p_e = 6\ \text{bar};\ \eta = 0{,}85$
$d_1 = 4{,}0\ \text{cm};\ d_2 = 5{,}0\ \text{cm}$
$d_3 = 6{,}5\ \text{cm};\ d_4 = 8{,}0\ \text{cm}$

Gesucht: Kolbenkräfte F in daN

Lösung: Flächen:
$$A_1 = d_1^2 \cdot \frac{\pi}{4} = (4{,}0\ \text{cm})^2 \cdot \frac{\pi}{4} = 12{,}57\ \text{cm}^2$$
$A_2 = 19{,}63\ \text{cm}^2$
$A_3 = 33{,}18\ \text{cm}^2$
$A_4 = 50{,}27\ \text{cm}^2$

Kräfte:
$$F = p_e \cdot A \cdot \eta$$
$$F_1 = 6\ \text{bar} \cdot 12{,}57\ \text{cm}^2 \cdot 0{,}85 = \mathbf{64{,}1\ daN}$$
$F_2 = \mathbf{100{,}1\ daN}$
$F_3 = \mathbf{169{,}2\ daN}$
$F_4 = \mathbf{256{,}4\ daN}$

183.4

(9′)

Gegeben: doppelt wirkender Zylinder:
$D = 5\ \text{cm}$
Kolbenstange:
$d = 1{,}2\ \text{cm}$
$p_e = 5{,}5\ \text{bar} = 5{,}5\ \text{daN/cm}^2$
$\eta = 88\,\% = 0{,}88$

Gesucht: Kolbenkräfte F_1 und F_2 in N

Lösung: Kolbenkraft:
$$F_1 = p_e \cdot A \cdot \eta = p_e \cdot d^2 \cdot \frac{\pi}{4} \cdot \eta = 5{,}5\ \frac{\text{daN}}{\text{cm}^2} \cdot (5\ \text{cm})^2 \cdot \frac{\pi}{4} \cdot 0{,}88 = 95\ \text{daN} \cdot \frac{10\ \text{N}}{1\ \text{daN}} = \mathbf{950\ N}$$

Kolbenfläche:
$$A_2 = (D^2 - d^2) \cdot \frac{\pi}{4} = [(5\ \text{cm})^2 - (1{,}2\ \text{cm})^2] \cdot \frac{\pi}{4} = 18{,}50\ \text{cm}^2$$

Kolbenkraft:
$$F_2 = p_e \cdot A_2 \cdot \eta = 5{,}5\ \frac{\text{daN}}{\text{cm}^2} \cdot 18{,}50\ \text{cm}^2 \cdot 0{,}88 = 89{,}54\ \text{daN} \cdot \frac{10\ \text{N}}{1\ \text{daN}} = \mathbf{895{,}4\ N}$$

183.5

Gegeben: doppelt wirkender Zylinder:
p_{e0} = 5 bar = 5 daN/cm²
$\eta = 0{,}95$

	a)	b)	c)
p_e in bar	12	6	5,5
D in mm	50	40	70
d in mm	12	10	18

Gesucht: Kolbenkräfte F_1 in N
Rückstellkräfte F_2 in N

Lösung: a) Flächen: (14′)

$$A = d^2 \cdot \frac{\pi}{4}$$
$$A_1 = (5{,}0\text{ cm})^2 \cdot \frac{\pi}{4} = 19{,}635\text{ cm}^2$$
$$A_2 = (D^2 - d^2) \cdot \frac{\pi}{4} = [(5{,}0\text{ cm})^2 - (1{,}2\text{ cm})^2] \cdot \frac{\pi}{4} = 18{,}50\text{ cm}^2$$
$$F_1 = p_e \cdot A_1 \cdot \eta = 12\,\frac{\text{daN}}{\text{cm}^2} \cdot 19{,}635\text{ cm}^2 \cdot 0{,}95 = 223{,}84\text{ daN} = \mathbf{2238{,}4\ N}$$
$$F_2 = p_e \cdot A_2 \cdot \eta = 12\,\frac{\text{daN}}{\text{cm}^2} \cdot 18{,}50\text{ cm}^2 \cdot 0{,}95 = 210{,}90\text{ daN} = \mathbf{2109{,}0\ N}$$

b)
$$A_1 = (4{,}0\text{ cm})^2 \cdot \frac{\pi}{4} = 12{,}57\text{ cm}^2$$
$$A_2 = [(4{,}0\text{ cm})^2 - (1{,}0\text{ cm})^2] \cdot \frac{\pi}{4} = 11{,}775\text{ cm}^2$$
$$F_1 = p_e \cdot A_1 \cdot \eta = 6\,\frac{\text{daN}}{\text{cm}^2} \cdot 12{,}57\text{ cm}^2 \cdot 0{,}95 = 71{,}65\text{ daN} = \mathbf{716{,}5\ N}$$
$$F_2 = p_e \cdot A_2 \cdot \eta = 6\,\frac{\text{daN}}{\text{cm}^2} \cdot 11{,}775\text{ cm}^2 \cdot 0{,}95 = 67{,}12\text{ daN} = \mathbf{671{,}2\ N}$$

c)
$$A_1 = (7{,}0\text{ cm})^2 \cdot \frac{\pi}{4} = 38{,}485\text{ cm}^2$$
$$A_2 = [(7{,}0\text{ cm})^2 - (1{,}8\text{ cm})^2] \cdot \frac{\pi}{4} = 35{,}94\text{ cm}^2$$
$$F_1 = p_e \cdot A_1 \cdot \eta = 5{,}5\,\frac{\text{daN}}{\text{cm}^2} \cdot 38{,}485\text{ cm}^2 \cdot 0{,}95 = 201{,}1\text{ daN} = \mathbf{2011\ N}$$
$$F_2 = p_e \cdot A_2 \cdot \eta = 5{,}5\,\frac{\text{daN}}{\text{cm}^2} \cdot 35{,}94\text{ cm}^2 \cdot 0{,}95 = 187{,}8\text{ daN} = \mathbf{1878\ N}$$

183.6 (6′)

Gegeben: Rahmenpresse:
Zylinderzahl $n = 2$
$p_e = 12\text{ bar} = 12\,\frac{\text{daN}}{\text{cm}^2}$
$F_{1/1\text{ Zylinder}} = 1200\text{ N}$
$\eta = 0{,}8$

Gesucht: d in mm

Lösung:
$$A = \frac{F}{p_e \cdot \eta} = \frac{120\text{ daN}}{12\text{ daN/cm}^2 \cdot 0{,}8} = 12{,}5\text{ cm}^2$$
$$A = d^2 \cdot \frac{\pi}{4}$$
$$d^2 = \frac{4A}{\pi} = \frac{4 \cdot 12{,}5\text{ cm}^2}{\pi}$$
$$d = \sqrt{15{,}924\text{ cm}^2} = 3{,}99\text{ cm}\,\frac{10\text{ mm}}{1\text{ cm}} = \mathbf{40\ mm}$$

183.7 (7′)

Gegeben: Spannvorrichtung:
$d = 2{,}2$ cm
$\eta = 0{,}88$
p_e = 5,6 bar = 5,6 daN/cm²
Kolbenkraft F_1 in N wird mit Hebel übertragen mit 2,5 : 1

Gesucht: a) Kolbenkraft F_1 in N
b) Spannkraft F_2 in N

Lösung: a)
$$F_1 = p_e \cdot A \cdot \eta = 5{,}6\,\frac{\text{daN}}{\text{cm}^2} \cdot (2{,}2\text{ cm})^2 \cdot \frac{\pi}{4} \cdot 0{,}88 = \mathbf{18{,}73\ N}$$

b) $F_1 \cdot l_1 = F_2 \cdot l_2$

$$F_2 = \frac{F_1 \cdot l_1}{l_2}$$

$$= \frac{18{,}73\ \text{N} \cdot 2{,}5}{1}$$

$$= \mathbf{46{,}83\ N}$$

183.8 (19′)

Gegeben: Spannvorrichtung:
$F = 2\,500\ \text{N} = 250\ \text{daN}$
$p_e = 6{,}5\ \text{bar} = 6{,}5\ \text{daN/cm}^2$
$\eta = 0{,}8$
mögliche Zylinderdurchmesser:
3,0; 3,5; 4,0; 5,0; 7,0 und 10,0 cm

Gesucht: kleinstmöglicher Zylinderdurchmesser d in mm

Lösung: Fläche:

$$A = \frac{F}{p_e \cdot \eta}$$

$$= \frac{250\ \text{daN}}{6{,}5\ \text{daN/cm}^2 \cdot 0{,}8}$$

$$= 48{,}077\ \text{cm}^2$$

Durchmesser:

$$A = d^2 \cdot \frac{\pi}{4}$$

$$d^2 = \frac{4A}{\pi}$$

$$= \frac{4 \cdot 48{,}077\ \text{cm}^2}{\pi}$$

$$d = \sqrt{61{,}245\ \text{cm}^2}$$

$$= \mathbf{7{,}824\ cm}$$

Es ist ein Durchmesser von 10 cm zu wählen.

Probe:

$$F = 6{,}5\ \text{daN/cm}^2 \cdot (10\ \text{cm})^2 \cdot \frac{\pi}{4} \cdot 0{,}8$$

$$= 408{,}4\ \text{daN} \cdot \frac{10\ \text{N}}{1\ \text{daN}}$$

$$= \mathbf{4\,084\ N}$$

183.9 (5′)

Gegeben: Furnierpresse:
Zylinderanzahl $n = 4$
$d = 9{,}0\ \text{cm}$
Manometerdruck
$p = 350\ \text{bar} = 350\ \text{daN/cm}^2$
$\eta = 0{,}9$

Gesucht: maximale Pressenkraft F_{max} in kN

Lösung:

$$F_{max} = p \cdot A \cdot \eta \cdot n$$

$$= 350\ \frac{\text{daN}}{\text{cm}^2} \cdot (9\ \text{cm})^2 \cdot \frac{\pi}{4} \cdot 0{,}9 \cdot 4$$

$$= 80\,158\ \text{daN} \cdot \frac{1\ \text{kN}}{100\ \text{daN}}$$

$$= \mathbf{801{,}58\ kN}$$

13.1 Vorschubgeschwindigkeit – gleichförmige geradlinige Bewegung

185.1
(4′)

Gegeben: $s = 3{,}60$ m; $t = 48$ s

Gesucht: Vorschubgeschwindigkeit v_f in m/min

Lösung:
$$v_f = \frac{s}{t} = \frac{3{,}60\ \text{m}}{48\ \text{s}} \cdot \frac{60\ \text{s}}{1\ \text{min}} = \mathbf{4{,}5\ \frac{m}{min}}$$

185.2
(4′)

Gegeben: Profilstäbe:
Anzahl $n = 125$
$l = 2{,}25$ m; $v_f = 10$ m/min
Nebenzeiten t_N: + 20 %
⇒ Zeitzuschlag $f_Z = 1{,}2$

Gesucht: Belegungszeit t in min

Lösung:
$$t = n \cdot \frac{s}{v_f} \cdot f_Z = 125 \cdot \frac{2{,}25\ \text{m}}{10\ \text{m/min}} \cdot 1{,}2 = \mathbf{33{,}75\ min}$$

185.3
(7′)

Gegeben: Türbekleidungen:
$n = 250$ Stück
$l = 2{,}10$ m
Vorschubgeschwindigkeiten
a) $v_f = 5$ m/min
b) $v_f = 7{,}50$ m/min
c) $v_f = 10$ m/min
d) $v_f = 15$ m/min

Gesucht: Bearbeitungszeiten t in min

Lösung:
a) $$t = n \cdot \frac{s}{v_f} = 250 \cdot \frac{2{,}10\ \text{m}}{5{,}00\ \text{m/min}} = \mathbf{105\ min}$$
b) $t = \mathbf{70\ min}$
c) $t = \mathbf{52{,}5\ min}$
d) $t = \mathbf{35\ min}$

185.4
(4′)

Gegeben: Fahrstrecke $s = 64$ km
Fahrzeit $t = 48$ min

Gesucht: Durchschnittsgeschwindigkeit v in km/h

Lösung:
$$v = \frac{s}{t} = \frac{64\ \text{km}}{48\ \text{min}} \cdot \frac{60\ \text{min}}{1\ \text{h}} = \mathbf{80\ \frac{km}{h}}$$

185.5
(7′)

Gegeben: Rahmenholz: $s = 350$m
Vorschubgeschw. $v_f = 8$ m/min
Umrüstzeiten $t_R = 3 \cdot 48$ min
Nebenzeiten t_N: +24%
⇒ Zeitzuschlag $f_Z = 1{,}24$

Gesucht: gesamte Nutzungszeit t in h

Lösung:
$$t = \frac{s}{v_f} \cdot f_Z + t_R = \frac{350{,}00\ \text{m}}{8{,}00\ \text{m/min}} \cdot 1{,}24 + 3 \cdot 48\ \text{min} = (54{,}25\ \text{min} + 144\ \text{min}) \cdot \frac{1\text{h}}{60\ \text{min}} = \mathbf{3{,}30\ h}$$

13 Maschinelle Holzbearbeitung

13.1 Vorschubgeschwindigkeit – gleichförmige geradlinige Bewegung

185.6

Gegeben: 8 Vorschubgeschwindigkeiten

Gesucht: Weg-Zeit-Diagramm, Zeitwert für 13 m

Lösung: a) (13′)

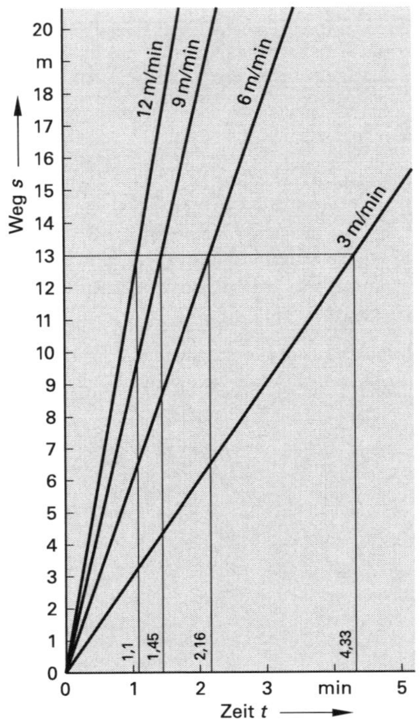

b) (13′)

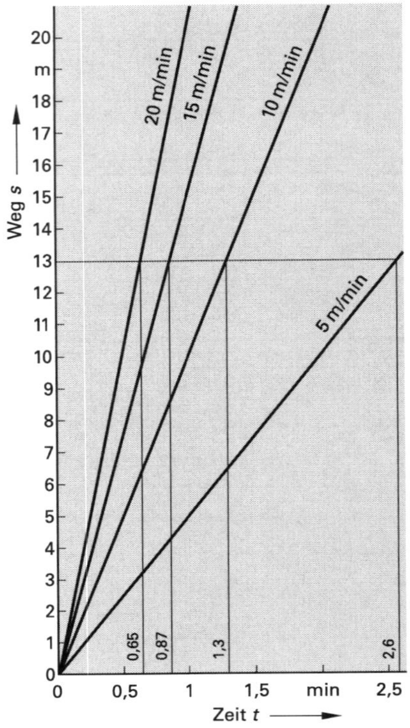

185.7 (8′)

Gegeben: Vollholzfüllungen:
$l = 0{,}55$ m; $b = 0{,}38$ m
$v_{f1} = 3{,}00$ m/min
$v_{f2} = 8{,}00$ m/min
Anzahl $n = 12$

Gesucht: Fräszeit t in min

Lösung: Fräszeit Hirnholz:

$$t_1 = \frac{2b}{v_{f1}} \cdot n = \frac{2 \cdot 0{,}38\text{ m}}{3{,}00\text{ m/min}} \cdot 12 = 3{,}04\text{ min}$$

Fräszeit Langholz:

$$t_2 = \frac{2l}{v_{f2}} \cdot n = \frac{2 \cdot 0{,}55\text{ m}}{8{,}00\text{ m/min}} \cdot 12 = 1{,}65\text{ min}$$

gesamte Fräszeit:

$$t_{ges} = t_1 + t_2 = 3{,}04\text{ min} + 1{,}65\text{ min} = \mathbf{4{,}69\ min}$$

185.8 (3′)

Gegeben: Gabelstapler:
Hubhöhe $s = 1{,}85$ m
Hubzeit $t = 8$ s

Gesucht: Hubgeschwindigkeit v_f in m/min

Lösung:

$$v_f = \frac{s}{t} = \frac{1{,}85\text{ m}}{8\text{ s}} \cdot \frac{60\text{ s}}{1\text{ min}} = \mathbf{13{,}875\ \frac{m}{min}}$$

185.9 (7′)

Gegeben: Förderband: $s = 10{,}50$ m
Werkstückauflage: $\Delta t = 7$ s
$v_f = 15$ m/min

Gesucht: a) Abstand e der Werkstücke in m
b) Zeit t eines Werkstückes auf dem Band in min

Lösung: a)

$$e = v_f \cdot \Delta t = 15\,\frac{\text{m}}{\text{min}} \cdot 7\text{ s} \cdot \frac{1\text{ min}}{60\text{ s}} = \mathbf{1{,}75\ m}$$

b)

$$t = \frac{s}{v_f} = \frac{10{,}50\text{ m}}{15{,}00\text{ m/min}} = \mathbf{0{,}7\ min}$$

13.2 Schnittgeschwindigkeit – gleichförmige Kreisbewegung

187.1 (3′)

Gegeben: Hobelwelle:
$n = 4500\ ^1/_{min}$
$d = 0{,}125$ m

Gesucht: Schnittgeschwindigkeit v_c in m/s

Lösung:

$$v_c = d \cdot \pi \cdot n = 0{,}125\text{ m} \cdot \pi \cdot 4500\,\frac{1}{\text{min}} \cdot \frac{1\text{ min}}{60\text{ s}} = \mathbf{29{,}45\ \frac{m}{s}}$$

187.2 (3′)

Gegeben: Fräser:
$n = 6000\ ^1/_{min}$
$d = 0{,}12$ m

Gesucht: Schnittgeschwindigkeit v_c in m/s

Lösung:

$$v_c = d \cdot \pi \cdot n = 0{,}12\text{ m} \cdot \pi \cdot 6000\,\frac{1}{\text{min}} \cdot \frac{1\text{ min}}{60\text{ s}} = \mathbf{37{,}7\ \frac{m}{s}}$$

187.3 (4′)

Gegeben: Fräser:
$v_c = 40$ m/s
$d = 0{,}125$ m

Gesucht: Drehfrequenz n in $^1/_{min}$

Lösung:

$$n = \frac{v_c}{d \cdot \pi} = \frac{40\text{ m/s}}{0{,}125\text{ m} \cdot \pi} \cdot \frac{60\text{ s}}{1\text{ min}} = \mathbf{6112\ ^1/_{min}}$$

187.4 (13′)

Gegeben: Starrfräse:
$n_1 = 3000\ ^1/_{min}$; $n_2 = 4500\ ^1/_{min}$;
$n_3 = 6000\ ^1/_{min}$; $n_4 = 9000\ ^1/_{min}$;
$n_5 = 12000\ ^1/_{min}$; $n_6 = 18000\ ^1/_{min}$
$d = 0{,}1$ m
$v_c = 60$ m/s

Gesucht: a) Schnittgeschwindigkeit v_c in m/s
b) Drehfrequenz n in $^1/_{min}$

Lösung: a) $v_c = d \cdot \pi \cdot n$

$v_{c1} = 0{,}1\ \text{m} \cdot \pi \cdot 3000\ ^1/_{min}$

$= 342{,}5\ \frac{\text{m}}{\text{min}} \cdot \frac{1\ \text{min}}{60\ \text{s}}$

$= \mathbf{15{,}7\ \frac{m}{s}}$

$v_{c2} = \mathbf{23{,}56\ \frac{m}{s}}$

$v_{c3} = \mathbf{31{,}42\ \frac{m}{s}}$

$v_{c4} = \mathbf{47{,}13\ \frac{m}{s}}$

$v_{c5} = \mathbf{62{,}84\ \frac{m}{s}}$

$v_{c6} = \mathbf{94{,}25\ \frac{m}{s}}$

b) $n = \frac{v_c}{d \cdot \pi}$

$= \frac{60\ \text{m/s}}{0{,}1\ \text{m} \cdot \pi} \cdot \frac{60\ \text{s}}{1\ \text{min}}$

$= 11465\ ^1/_{min}$

richtige Drehfrequenz:
$n_{60} = \mathbf{9000\ ^1/_{min}}$

187.5 (6′)

Gegeben: Kreissägeblatt:
$v_c = 55$ m/s
$d = 0{,}35$ m

Gesucht: a) Drehfrequenz n in $^1/_{min}$
b) Umfangsgeschwindigkeit in km/h

Lösung: a) $n = \frac{v_c}{d \cdot \pi}$

$= \frac{55{,}00\ \text{m/s}}{0{,}35\ \text{m} \cdot \pi} \cdot \frac{60\ \text{s}}{1\ \text{min}}$

$= 3001\ ^1/_{min} \approx 3000\ ^1/_{min}$

b) $v_c = 55\ \frac{\text{m}}{\text{s}} \cdot \frac{60 \cdot 60\ \text{s}}{1\ \text{h}} \cdot \frac{1\ \text{km}}{1000\ \text{m}}$

$= \mathbf{198\ \frac{km}{h}}$

187.6 (9′)

Gegeben: Fräswerkzeuge ohne Stempel:
$v_{c\,max} = 40$ m/s
a) $d = 0{,}12$ m
b) $d = 0{,}145$ m
c) $d = 0{,}18$ m
d) $d = 0{,}280$ m

Gesucht: maximale Drehfrequenzen n in $^1/_{min}$

Lösung: $n = \frac{v_c}{d \cdot \pi}$

a) $n = \frac{40\ \text{m/s}}{0{,}12\ \text{m} \cdot \pi} \cdot \frac{60\ \text{s}}{1\ \text{min}}$
$= \mathbf{6366\ ^1/_{min}}$

b) $n = \frac{40\ \text{m/s}}{0{,}145\ \text{m} \cdot \pi} \cdot \frac{60\ \text{s}}{1\ \text{min}}$
$= \mathbf{5269\ ^1/_{min}}$

c) $n = \frac{40\ \text{m/s}}{0{,}18\ \text{m} \cdot \pi} \cdot \frac{60\ \text{s}}{1\ \text{min}}$
$= \mathbf{4244\ ^1/_{min}}$

d) $n = \frac{40\ \text{m/s}}{0{,}28\ \text{m} \cdot \pi} \cdot \frac{60\ \text{s}}{1\ \text{min}}$
$= \mathbf{2728\ ^1/_{min}}$

187.7 (24′)

Gegeben: Diagramm:
x: $n = 0 \ldots 9000\ ^1/_{min}$
y: $v_c = 0 \ldots 60$ m/s

Gesucht: Gerade für
a) $d = 0{,}10$ m
b) $d = 0{,}15$ m
c) $d = 0{,}20$ m
d) $d = 0{,}25$ m
e) $d = 0{,}30$m

Lösung: $v_c = d \cdot \pi \cdot n$

$= d \cdot \pi \cdot \frac{100}{\text{s}}$ für $n = 6000\ ^1/_{min}$

a) $v = 0{,}10\ \text{m} \cdot \pi \cdot 100\ ^1/_s = 31{,}4$ m/s
b) $v = 0{,}15\ \text{m} \cdot \pi \cdot 100\ ^1/_s = 47{,}1$ m/s
c) $v = 0{,}20\ \text{m} \cdot \pi \cdot 100\ ^1/_s = 62{,}8$ m/s
d) $v = 0{,}25\ \text{m} \cdot \pi \cdot 100\ ^1/_s = 78{,}5$ m/s
e) $v = 0{,}30\ \text{m} \cdot \pi \cdot 100\ ^1/_s = 94{,}2$ m/s

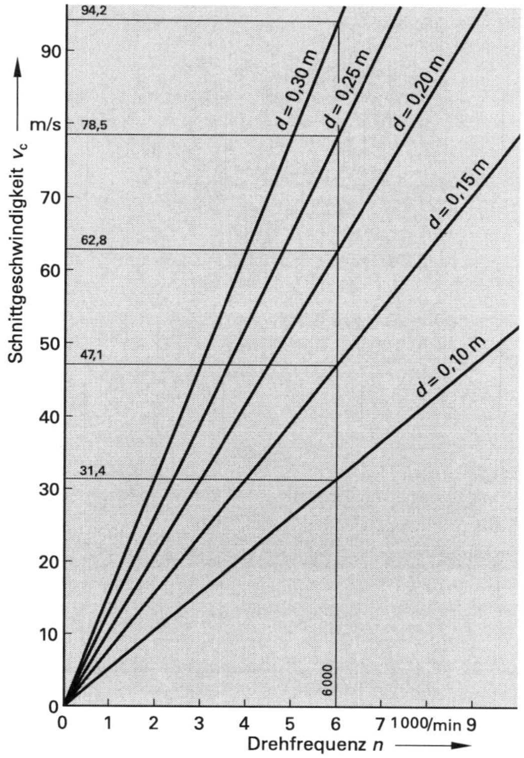

187.8

(6′)

Gegeben: Schleifscheibe $d = 0{,}18$ m

a) Handvorschub: $v_{c\,max} = 25$ m/s

b) masch. Vorschub: $v_{c\,max} = 35$ m/s

Gesucht: Drehfrequenzen n in $^1/_{min}$

Lösung: Drehfrequenz:

$$n = \frac{v_c}{d \cdot \pi}$$

a) Handvorschub:

$$n = \frac{25\ \text{m/s}}{0{,}18\ \text{m} \cdot \pi} \cdot \frac{60\ \text{s}}{1\ \text{min}}$$
$$= \mathbf{2653\ ^1/_{min}}$$

b) masch. Vorschub:

$$n = \frac{35\ \text{m/s}}{0{,}18\ \text{m} \cdot \pi} \cdot \frac{60\ \text{s}}{1\ \text{min}}$$
$$= \mathbf{3714\ ^1/_{min}}$$

187.9

(10′)

Gegeben: Tabellenwerte:

	a)	b)	c)
d in mm	150	200	?
n in 1/min	6000	?	4000
v_c in m/s	?	40	55

Gesucht: fehlende Werte

Lösung: a) $v_c = d \cdot \pi \cdot n$

$$= 0{,}15\text{m} \cdot \pi \cdot 6000\ \frac{1}{\text{min}} \cdot \frac{\text{min}}{60\ \text{s}}$$
$$= \mathbf{47{,}1\ \frac{m}{s}}$$

b) $n = \dfrac{v_c}{d \cdot \pi}$

$$= \frac{40\text{m/s}}{0{,}20\text{m} \cdot \pi} \cdot \frac{60\ \text{s}}{1\ \text{min}}$$
$$= \mathbf{3820\ ^1/_{min}}$$

c) $d = \dfrac{v_c}{\pi \cdot n}$

$$= \frac{55\ \text{m/s}}{\pi \cdot 4000\ ^1/_{min}} \cdot \frac{60\ \text{s}}{1\ \text{min}} \cdot \frac{1000\ \text{mm}}{1\ \text{m}}$$
$$= \mathbf{263\ mm}$$

13.3 Schnittgüte – Zahnvorschub

189.1

(4′)

Gegeben: Abrichte:
Schneidenzahl $z = 2$
Drehfrequenz $n = 4500\ ^1/_{min}$
Zahnvorschub $f_z = 0{,}5$ mm

Gesucht: Vorschubgeschwindigkeit v_f in m/min

Lösung: $v_f = z \cdot n \cdot f_z$

$$= 2 \cdot 4500\ ^1/_{min} \cdot 0{,}5\ \text{mm} \cdot \frac{1\ \text{m}}{1000\ \text{mm}}$$
$$= \mathbf{4{,}5\ \frac{m}{min}}$$

189.2 (5′)

Gegeben: Fräser:
Schneidenzahl $z = 3$
Drehfrequenz $n = 6000\ ^1/_{min}$
Vorschubgeschwindigkeit $v_f = 4{,}5\ \frac{m}{min}$

Gesucht: Zahnvorschub f_z in mm

Lösung:
$$f_z = \frac{v_f}{z \cdot n} = \frac{4{,}5\ m/min}{3 \cdot 6000\ ^1/_{min}} \cdot \frac{1000\ mm}{1\ m} = \mathbf{0{,}25\ mm}$$

Beurteilung:
⇒ ungünstig, Brandgefahr!

189.3 (3′)

Gegeben: Dickenhobelmaschine:
Zahnvorschub $f_z = 0{,}5$ mm
Schneidenzahl $z = 2$
Drehfrequenz $n = 6000\ ^1/_{min}$

Gesucht: Vorschubgeschwindigkeit v_f in $\frac{m}{min}$

Lösung:
$$v_f = z \cdot n \cdot f_z = 2 \cdot 6000\ ^1/_{min} \cdot 0{,}5\ mm \cdot \frac{1\ m}{1000\ mm} = \mathbf{6{,}00\ \frac{m}{min}}$$

189.4 (3′)

Gegeben: Werkzeug:
Schneidenzahl $z = 4$
Vorschubgeschwindigkeit $v_f = 9$ m/min
Zahnvorschub $f_z = 0{,}5$ mm

Gesucht: Drehfrequenz n in $^1/_{min}$

Lösung:
$$n = \frac{v_f}{z \cdot f_z} = \frac{9\ m/min}{4 \cdot 0{,}5\ mm} \cdot \frac{1000\ mm}{1\ m} = \mathbf{4500\ ^1/_{min}}$$

189.5 (6′)

Gegeben: Fräser:
Schneidenzahl $z = 2$
Drehfrequenz $n = 10000\ ^1/_{min}$
mögliche v_f in m/min:
a) 2,5 b) 4,5 c) 8 d) 12

Gesucht: Zahnvorschub f_z in mm

Lösung:
$$f_z = \frac{v_f}{z \cdot n}$$
a) $f_z = \frac{2{,}5\ m/min}{2 \cdot 10000\ ^1/_{min}} \cdot \frac{1000\ mm}{1\ m} = \mathbf{0{,}125\ mm}$
b) $f_z = \mathbf{0{,}225\ mm}$
c) $f_z = \mathbf{0{,}400\ mm}$
d) $f_z = \mathbf{0{,}600\ mm}$

189.6 (5′)

Gegeben:
1) Drehfrequenz $n = 8000\ ^1/_{min}$
Vorschubgeschwindigkeit
$v_f = 8$ m/min
Schneidenzahl $z = 2$
2) Drehfrequenz $n = 10000\ ^1/_{min}$
Vorschubgeschwindigkeit
$v_f = 12$ m/min
Schneidenzahl $z = 4$

Gesucht: Zahnvorschub f_z in mm nach Diagramm

Lösung:
1) Zahnvorschub bei $n = 8000\ ^1/_{min}$
$8000\ ^1/_{min} \cdot 2 = 16000\ ^1/_{min}$
Ergebnis nach Diagramm:
$f_z = \mathbf{0{,}5\ mm}$
2) Zahnvorschub bei $n = 10000\ ^1/_{min}$
$10000\ ^1/_{min} \cdot 4 = 40000\ ^1/_{min}$
Ergebnis nach Diagramm:
$f_z = \mathbf{0{,}3\ mm}$

13 Maschinelle Holzbearbeitung

13.4 Riementrieb und Zahnradtrieb

13.4.1 Flachriementrieb – einfache Übersetzung

192.1 (9′)

Gegeben: Elektromotor:
Drehfrequenz $n_1 = 1440\ ^1/_{min}$
Riemenscheibe: $d_1 = 180$ mm
getriebene Scheibe: $d_2 = 80$ mm

Gesucht: a) Drehfrequenz n_2 in $^1/_{min}$
b) Übersetzungsverhältnis i

Lösung: a) $n_2 = \frac{n_1 \cdot d_1}{d_2}$
$= \frac{1440\ ^1/_{min} \cdot 180\ \text{mm}}{80\ \text{mm}}$
$= \mathbf{3240\ ^1/_{min}}$

b) $i = n_1 : n_2$
$= 1440 : 3240$
$= \mathbf{1 : 2,25}$
⇒ Übersetzung ins Schnelle

192.2 (15′)

Gegeben: Tischfräse mit Stufenscheibenantrieb:
$d_{1.1} = 90$ mm
$d_{1.2} = 150$ mm
$d_{1.3} = 180$ mm
Drehfrequenz $n_1 = 2880\ ^1/_{min}$
geforderte Drehfrequenzen:
$n_{2.1} = 2250\ ^1/_{min}$
$n_{2.2} = 4500\ ^1/_{min}$
$n_{2.3} = 6000\ ^1/_{min}$

Gesucht: a) Durchmesser d_2 bei den einzelnen Drehfrequenzen
b) Übersetzungsverhältnisse i_1, i_2 und i_3

Lösung: a) $n_1 \cdot d_1 = n_2 \cdot d_2$

$d_{2.1} = \frac{n_1 \cdot d_{1.1}}{n_{2.1}}$
$= \frac{2880\ ^1/_{min} \cdot 90\ \text{mm}}{2250\ ^1/_{min}}$
$= \mathbf{115\ mm}$

$d_{2.2} = \frac{2880\ ^1/_{min} \cdot 150\ \text{mm}}{4500\ ^1/_{min}}$
$= \mathbf{96\ mm}$

$d_{2.3} = \frac{2880\ ^1/_{min} \cdot 180\ \text{mm}}{6000\ ^1/_{min}}$
$= \mathbf{86\ mm}$

b) $i = n_1 : n_2$
$i_1 = 2880 : 2250$
$= \mathbf{1 : 0,78}$
⇒ Übersetzung ins Langsame
$i_2 = 2880 : 4500$
$= \mathbf{1 : 1,56}$
⇒ Übersetzung ins Schnelle
$i_3 = 2880 : 6000$
$= \mathbf{1 : 2,08}$
⇒ Übersetzung ins Schnelle

192.3 (5′)

Gegeben: Kreissäge:
$n_1 = 1440\ ^1/_{min}$
$n_2 = 3600\ ^1/_{min}$
$d_1 = 0,24$ m

Gesucht: a) Durchmesser d_2
b) Übersetzungsverhältnis i

Lösung: a) $d_2 = \frac{n_1 \cdot d_1}{n_2}$
$= \frac{1440\ ^1/_{min} \cdot 0,24\ \text{m}}{3600\ ^1/_{min}}$
$= \mathbf{0,096\ m}$

b) $i = n_1 : n_2$
$= 1440 : 3600$
$= \mathbf{1 : 2,5}$
⇒ Übersetzung ins Schnelle

192.4 (14′)

Gegeben: Tabellenwerte:

	a)	b)	c)
d_1 in mm	180	165	120
d_2 in mm	120	?	185
n_1 in 1/min	1440	2880	?
n_2 in 1/min	?	4500	850
i	?	?	?

Gesucht: fehlende Werte

Lösung: a) $n_2 = \frac{n_1 \cdot d_1}{d_2}$
$= \frac{1440\ ^1/_{min} \cdot 0,18\ \text{m}}{0,12\ \text{m}}$
$= \mathbf{2160\ ^1/_{min}}$

$i = n_1 : n_2$
$= 1440 : 2160$
$= \mathbf{1 : 1,5}$
⇒ Übersetzung ins Schnelle

b) $d_2 = \frac{n_1 \cdot d_1}{n_2}$

$= \frac{2880\ ^1/_{min} \cdot 165\ mm}{4500\ ^1/_{min}}$

$= \mathbf{106\ mm}$

$i = n_1 : n_2$

$= 2880 : 4500$

$= \mathbf{1 : 1{,}563}$

⇒ Übersetzung ins Schnelle

c) $n_1 = \frac{n_2 \cdot d_2}{d_1}$

$= \frac{850\ ^1/_{min} \cdot 185\ mm}{120\ mm}$

$= \mathbf{1310\ ^1/_{min}}$

$i = n_1 : n_2$

$= 1310 : 850$

$= \mathbf{1 : 0{,}649}$

⇒ Übersetzung ins Langsame

192.5 (3′)

Gegeben: Bandsägemotor:
$n_1 = 2880\ ^1/_{min}$
$d_1 = 125\ mm$
$d_2 = 400\ mm$

Gesucht: Drehfrequenz der Bandsägerolle n_2 in $^1/_{min}$

Lösung: $n_2 = \frac{n_1 \cdot d_1}{d_2}$

$= \frac{2880\ ^1/_{min} \cdot 125\ mm}{400\ mm}$

$= \mathbf{900\ ^1/_{min}}$

192.6 (9′)

Gegeben: Schleifstein:
$d = 0{,}20\ m$
$v_c = 30\ m/s$
Motor:
$d_1 = 0{,}16\ m$
$n_1 = 1440\ ^1/_{min}$

Gesucht: a) Drehfrequenz n_2 der Schleifsteinwelle in $^1/_{min}$
b) d_2 der Riemenscheibe Schleifstein

Lösung: a) $v_c = d \cdot \pi \cdot n$

$n_2 = \frac{v_c}{d \cdot \pi}$

$= \frac{30\ m/s}{0{,}20\ m \cdot \pi} \cdot \frac{60\ s}{1\ min}$

$= \mathbf{2865\ ^1/_{min}}$

b) $d_2 = \frac{n_1 \cdot d_1}{n_2}$

$= \frac{1440\ ^1/_{min} \cdot 160\ mm}{2866\ ^1/_{min}}$

$= \mathbf{80\ mm}$

13.4.1 Flachriementrieb – mehrfache Übersetzung

192.7 (′)

Gegeben: doppelter Riementrieb:
$n_1 = 1500\ ^1/_{min}$
$d_1 = 0{,}12\ m$; $d_2 = 0{,}20\ m$;
$d_3 = 0{,}15\ m$; $d_4 = 0{,}18\ m$

Gesucht: Drehfrequenz n_4 in $^1/_{min}$

Lösung: Drehfrequenz Scheibe 2 und 3:

$n_2 = \frac{n_1 \cdot d_1}{d_2}$

$= \frac{1500\ ^1/_{min} \cdot 0{,}12\ m}{0{,}20\ m}$

$n_3 = n_2 = \mathbf{900\ ^1/_{min}}$

Drehfrequenz Scheibe 4:

$n_4 = \frac{n_3 \cdot d_3}{d_4}$

$= \frac{900\ ^1/_{min} \cdot 0{,}15\ m}{0{,}18\ m}$

$= \mathbf{750\ ^1/_{min}}$

192.8

Gegeben: doppelter Riementrieb:
$d_1 = 0{,}10\ m$; $d_2 = 0{,}40\ m$;
$d_3 = 0{,}08\ m$; $d_4 = 0{,}36\ m$
$n_4 = 65\ ^1/_{min}$

Gesucht: a) Drehfrequenz n_1 in $^1/_{min}$
b) Übersetzungsverhältnis i

Lösung: a) Drehfrequenz Scheibe 3 und 2:

$n_2 = n_3 = \frac{n_4 \cdot d_4}{d_3}$

$= \frac{65\ ^1/_{min} \cdot 0{,}36\ m}{0{,}08\ m}$

$= 292{,}5\ ^1/_{min}$

Drehfrequenz Scheibe 1:

$n_1 = \frac{n_2 \cdot d_2}{d_1}$

$= \frac{292{,}5\ ^1/_{min} \cdot 0{,}40\ m}{0{,}10\ m}$

$= \mathbf{1170\ ^1/_{min}}$

b) $i = n_1 : n_4$
$= 1170 : 65$
$= \mathbf{1 : 0,056}$
$\Rightarrow$ Übersetzung ins Langsame

13.4.2 Keilriementrieb

193.1

(13')

Gegeben: Förderband:
Normalkeilriemen:
$d_{w1} = 90$ mm
$d_{w2} = 360$ mm
$b_0 = 17$ mm
$\Rightarrow$ Korrekturwert $c = 3,5$ mm
(aus Aufgabenbuch, S. 191, Tab. 1)
Motor: $n_1 = 800\ ^1/_{min}$

Gesucht: a) Außendurchmesser d_1 und d_2 der Keilriemenscheiben
b) Drehfrequenz n_2 der getriebenen Scheibe in $^1/_{min}$
c) Übersetzungsverhältnis i

Lösung: a) $d_w = d - 2c$
$d = d_w + 2c$
$d_1 = 90\text{ mm} + 2 \cdot 3,5\text{ mm}$
$= \mathbf{97\ mm}$
$d_2 = 360\text{ mm} + 2 \cdot 3,5\text{ mm}$
$= \mathbf{367 mm}$

b) $n_2 = \dfrac{d_{w1} \cdot n_1}{d_{w2}}$
$= \dfrac{90\text{ mm} \cdot 800\ ^1/_{min}}{360\text{ mm}}$
$= \mathbf{200\ ^1/_{min}}$

c) $i = n_1 : n_2$
$= 800 : 200$
$= \mathbf{1 : 0,25}$
$\Rightarrow$ Übersetzung ins Langsame

193.2

(10')

Gegeben: Holzbearbeitungsmaschinen, Antrieb mit Normalkeilriemen:
$b_0 = 10$
$\Rightarrow$ Korrekturwert $c = 1,6$ mm
(aus Aufgabenbuch, S. 191, Tab. 1)
treibende Scheibe:
Außendurchmesser $d = 184$ mm
Motordrehzahl $n_1 = 1440\ ^1/_{min}$
Drehfrequenz Arbeitswelle
$n_2 = 3000\ ^1/_{min}$

Gesucht: a) wirksame Durchmesser d_{w1} und d_{w2} der Keilriemenscheiben
b) Übersetzungsverhältnis i

Lösung: a) $d_w = d - 2c$
wirksamer Durchmesser Scheibe 1:
$d_{w1} = 184\text{ mm} - 2 \cdot 1,6\text{ mm}$
$= \mathbf{180,8\ mm}$
wirksamer Durchmesser Scheibe 2:
$d_{w2} = \dfrac{d_{w1} \cdot n_1}{n_2}$
$= \dfrac{180,8\text{ mm} \cdot 1440\ ^1/_{min}}{3000\ ^1/_{min}}$
$= \mathbf{86,8\ mm}$

b) $i = n_1 : n_2$
$= 1440 : 3000$
$= \mathbf{1 : 2,08}$
$\Rightarrow$ Übersetzung ins Schnelle

13.4.3 Zahnradtrieb

193.3

(5')

Gegeben: Zahnradtrieb:
$n_1 = 720\ ^1/_{min}$
$z_1 = 18$ Zähne
$z_2 = 48$ Zähne

Gesucht: a) Drehfrequenz n_2 in $^1/_{min}$
b) Übersetzungsverhältnis i

Lösung: a) $n_2 = \dfrac{n_1 \cdot z_1}{z_2}$
$= \dfrac{720\ ^1/_{min} \cdot 18}{48}$
$= \mathbf{270\ ^1/_{min}}$

b) $i = n_1 : n_2$
$= 720 : 270$
$= \mathbf{1 : 0{,}375}$
⇒ Übersetzung ins Langsame

193.4 (13′)

Gegeben: Tabellenwerte:

	a)	b)	c)
z_1	18	?	?
z_2	46	24	24
n_1 in $\frac{1}{min}$	350	720	?
n_2 in $\frac{1}{min}$	?	2450	1850
i	?	?	2,4

Gesucht: fehlende Werte

Lösung: a) $n_2 = \frac{z_1 \cdot n_1}{z_2}$
$= \frac{18 \cdot 350 \; ^1/_{min}}{46}$
$= \mathbf{137 \; ^1/_{min}}$
$i = n_1 : n_2$
$= 350 : 137$
$= \mathbf{1 : 0{,}39}$
⇒ Übersetzung ins Langsame

b) $z_1 = \frac{z_2 \cdot n_2}{n_1}$
$= \frac{24 \cdot 2450 \; ^1/_{min}}{720 \; ^1/_{min}}$
$= \mathbf{82}$
$i = n_1 : n_2$
$= 720 : 2450$
$= \mathbf{1 : 3{,}403}$
⇒ Übersetzung ins Schnelle

c) $i = n_1 : n_2$
$n_1 = i \cdot n_2$
$= 2{,}4 \cdot 1850 \; ^1/_{min}$
$= \mathbf{4440 \; ^1/_{min}}$
$z_1 = \frac{z_2 \cdot n_2}{n_1}$
$= \frac{24 \cdot 1850 \; ^1/_{min}}{4440 \; ^1/_{min}}$
$= \mathbf{10}$

193.5 (9′)

Gegeben: Zahnradübersetzung
$i = 1{,}2$
$z_1 = 80$
$d_2 = 120$ mm
a) Anzahl der Zähne z_2 des getriebenen Rades
b) Achsabstand e der beiden Räder

Lösung: a) Durchmesser Rad 1:
$i = \frac{d_2}{d_1}$
$d_1 = \frac{d_2}{i}$
$= \frac{120 \text{ mm}}{1{,}2}$
$= 100$ mm
Zähne getriebenes Rad:
$\frac{d_1}{d_2} = \frac{z_1}{z_2}$
$z_2 = \frac{z_1 \cdot d_2}{d_1}$
$= \frac{80 \cdot 120 \text{ mm}}{100 \text{ mm}}$
$= 96$

b) $e = \frac{d_1 + d_2}{2}$
$= \frac{100 \text{ mm} + 120 \text{ mm}}{2}$
$= \mathbf{110 \text{ mm}}$

193.6 (4′)

Gegeben: Handbohrmaschine:
$n_1 = 2880 \; ^1/_{min}$
$z_1 = 9$
$z_2 = 36$

Gesucht: a) Drehfrequenz n_2 in $^1/_{min}$
b) Übersetzungsverhältnis i

Lösung: a) $n_2 = \frac{z_1 \cdot n_1}{z_2}$
$= \frac{9 \cdot 2880 \; ^1/_{min}}{36}$
$= \mathbf{720 \; ^1/_{min}}$
b) $i = n_1 : n_2$
$= 2880 : 720$
$= \mathbf{1 : 0{,}25}$
⇒ Übersetzung ins Langsame

193.7 (7′)

Gegeben: Vorschubapparat:
$n_1 = 720\ ^1/_{min}$
$z_1 = 6$
$z_2 = 96$
Gummiwalze: $d = 60$ mm

Gesucht: a) Drehfrequenz n_2 der Gummiwalze in $^1/_{min}$
b) Vorschubgeschwindigkeit v_f in m/min

Lösung: a) $n_2 = \dfrac{z_1 \cdot n_1}{z_2}$
$= \dfrac{6 \cdot 720\ ^1/_{min}}{96}$
$= \mathbf{45\ ^1/_{min}}$

b) $v_f = d \cdot \pi \cdot n$
$= 0{,}06\ \text{m} \cdot \pi \cdot 45\ \dfrac{\text{m}}{\text{min}}$
$= \mathbf{8{,}48\ \dfrac{m}{min}}$

193.8 (5′)

Gegeben: Zahnradtrieb:
$n_1 = 400\ ^1/_{min}$
$z_1 = 50$
$z_2 = 80$

Gesucht: a) Drehfrequenz n_2 in $^1/_{min}$
b) Übersetzungsverhältnis i

Lösung: a) $n_2 = \dfrac{z_1 \cdot n_1}{z_2}$
$= \dfrac{50 \cdot 400\ ^1/_{min}}{80}$
$= \mathbf{250\ ^1/_{min}}$

b) $i = n_1 : n_2$
$= 400 : 250$
$= \mathbf{1 : 0{,}625}$
⇒ Übersetzung ins Langsame

14 Elektrotechnik

14.1 Das ohmsche Gesetz – 14.2 Leiterwiderstand

14.1 Das ohmsche Gesetz

194.1 (3′)

Gegeben: Glühlampe:
$U = 230$ V
$R = 350\ \Omega$

Gesucht: Stromstärke I in A

Lösung:

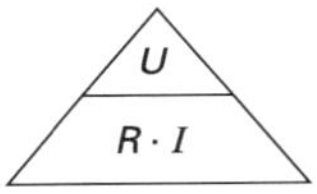

(Das Gesuchte abdecken!)

$$I = \frac{U}{R} = \frac{230\text{ V}}{350\ \Omega} = \mathbf{0{,}657\ A}$$

194.2 (2′)

Gegeben: Gleichstrom:
$U = 230$ V
$R = 5\ \Omega$

Gesucht: Stromstärke I in A

Lösung: $$I = \frac{U}{R} = \frac{230\text{ V}}{5\ \Omega} = \mathbf{46\ A}$$

194.3 (2′)

Gegeben: Elektrischer Verbraucher:
$I = 8{,}5$ A
$U = 230$ V

Gesucht: Widerstand R in Ω

Lösung: $$R = \frac{U}{I} = \frac{230\text{ V}}{8{,}5\text{ A}} = \mathbf{27{,}059\ \Omega}$$

194.4 (2′)

Gegeben: Heizschiene:
$R = 40\ \Omega$
$U = 230$ V

Gesucht: Stromstärke I in A

Lösung: $$I = \frac{U}{R} = \frac{230\text{ V}}{40\ \Omega} = \mathbf{5{,}75\ A}$$

194.5 (2′)

Gegeben: Elektroheizplatte:
$U = 230$ V
$R = 88\ \Omega$

Gesucht: Stromstärke I in A

Lösung: $$I = \frac{U}{R} = \frac{230\text{ V}}{88\ \Omega} = \mathbf{2{,}6\ A}$$

194.6 (2′)

Gegeben: Stromkreis:
$U = 400$ V
$I = 0{,}76$ A

Gesucht: Widerstand R in Ω

Lösung: $$R = \frac{U}{I} = \frac{400\text{ V}}{0{,}76\text{ A}} = \mathbf{526\ \Omega}$$

14.2 Leiterwiderstand

195.1 (5′)

Gegeben: Kupferdraht: $l = 36{,}00$ m
Querschnittsfläche $A = 1{,}8\text{ mm}^2$

Gesucht: Elektrischer Widerstand R in Ω

Lösung: $$R = \frac{\rho \cdot l}{A} = \frac{0{,}0178\ \frac{\Omega \cdot \text{mm}^2}{\text{m}} \cdot 36{,}00\text{m}}{1{,}8\text{ mm}^2} = \mathbf{0{,}356\ \Omega}$$

195.2 (4′)

Gegeben: Freileitung:
Material: Al
$l = 32$ km $= 32\,000$ m
$A = 35\text{ mm}^2$

Gesucht: Widerstand R in Ω

Lösung: $$R = \frac{\rho \cdot l}{A} = \frac{0{,}028\ \frac{\Omega \cdot \text{mm}^2}{\text{m}} \cdot 32\,000\text{ m}}{35\text{ mm}^2} = \mathbf{25{,}6\ \Omega}$$

195.3 (6′)

Gegeben: Spule aus CnNi44:
$\rho = 0{,}49 \frac{\Omega \cdot mm^2}{m}$
$d = 0{,}45$ mm
$R = 120\ \Omega$

Gesucht: Länge l

Lösung: Querschnittsfläche:
$A = d^2 \cdot \frac{\pi}{4}$
$= (0{,}45\ mm)^2 \cdot \frac{\pi}{4}$
$= 0{,}16\ mm^2$
Länge:
$l = \frac{R \cdot A}{\rho}$
$= \frac{120\ \Omega \cdot 0{,}16\ mm^2}{0{,}49 \frac{\Omega \cdot mm^2}{m}}$
$= \mathbf{39\ m}$

195.4 (4′)

Gegeben: Widerstand:
Material: Al
$l = 260$ m
$R = 1{,}65\ \Omega$

Gesucht: Querschnittsfläche A des Drahtes in mm^2

Lösung: $A = \frac{\rho \cdot l}{R}$
$= \frac{0{,}028 \frac{\Omega \cdot mm^2}{m} \cdot 260\ m}{1{,}65\ \Omega}$
$= \mathbf{4{,}4\ mm^2}$

195.5 (5′)

Gegeben: Elektrische Leitungen:
Material: Cu
$l = 6800$ m
$d = 0{,}6$ mm

Gesucht: Widerstand R in Ω

Lösung: $A = d^2 \cdot \frac{\pi}{4}$
$= (0{,}6\ mm)^2 \cdot \frac{\pi}{4}$
$= 0{,}283\ mm^2$

$R = \frac{\rho \cdot l}{A}$
$= \frac{0{,}0178 \frac{\Omega \cdot mm^2}{m} \cdot 6800\ m}{0{,}283 mm^2}$
$= \mathbf{428\ \Omega}$

14.3 Reihen- und Parallelschaltung

197.1 (9′)

Gegeben: Reihenschaltung Widerstände:
$R_1 = 80\ \Omega$; $R_2 = 60\ \Omega$
$U = 230$ V

Gesucht: I, R, U_1 und U_2

Lösung: $R = R_1 + R_2$
$= 80\ \Omega + 60\ \Omega$
$= \mathbf{140\ \Omega}$
$I = \frac{U}{R}$
$= \frac{230\ V}{140\ \Omega}$
$= \mathbf{1{,}643\ A}$
$U_1 = I \cdot R_1$
$= 1{,}643\ A \cdot 80\ \Omega$
$= \mathbf{131{,}44\ V}$
$U_2 = I \cdot R_2$
$= 1{,}643\ A \cdot 60\Omega$
$= \mathbf{98{,}58\ V}$

Probe: $U = U_1 + U_2$
$= 131{,}44\ V + 98{,}58\ V$
$= 230{,}02\ V$ ✓

197.2 (3′)

Gegeben: Reihenschaltung:
$R_1 = 800\ \Omega$; $R_2 = 25\ \Omega$;
$R = 1600\ \Omega$

Gesucht: Widerstand R_3 in Ω

Lösung: $R_3 = R - R_1 - R_2$
$= 1600\ \Omega - 800\ \Omega - 25\ \Omega$
$= \mathbf{775\ \Omega}$

197.3 (8′)

Gegeben: Reihenschaltung:
$R_1 = 350\ \Omega$; $R_2 = 420\ \Omega$
$U = 230$ V
$R = 1000\ \Omega$

Gesucht: a) R_3
b) I
c) U_1, U_2, U_3

Lösung: a) $R_3 = R - R_1 - R_2$
$= 1000\ \Omega - 350\ \Omega - 420\ \Omega$
$= \mathbf{230\ \Omega}$
b) $I = \frac{U}{R}$
$= \frac{230\ \Omega}{1000\ \Omega}$
$= \mathbf{0{,}23\ A}$

c) $U_1 = I \cdot R_1$
$= 0{,}23\ \text{A} \cdot 350\ \Omega$
$= \mathbf{80{,}5\ V}$
$U_2 = I \cdot R_2$
$= 0{,}23\ \text{A} \cdot 420\ \Omega$
$= \mathbf{96{,}6\ V}$
$U_3 = I \cdot R_3$
$= 0{,}23\ \text{A} \cdot 230\ \Omega$
$= \mathbf{52{,}9\ V}$

Probe: $U = U_1 + U_2 + U_3$
$= 80{,}5\ \text{V} + 96{,}6\ \text{V} + 52{,}9\ \text{V}$
$= 230\ \text{V}$ ✓

197.4 (9′)

Gegeben: Parallelschaltung:
$R_1 = 30\ \Omega$; $R_2 = 20\ \Omega$
$U = 230\ \text{V}$

Gesucht: a) R
b) I
c) I_1, I_2

Lösung: a) $\frac{1}{R} = \frac{1}{R_1} + \frac{1}{R_2}$
$= \frac{1}{30\ \Omega} + \frac{1}{20\ \Omega}$
$= \frac{2+3}{60\ \Omega}$
$= \frac{1}{12\ \Omega}$
$R = \mathbf{12\ \Omega}$

b) $I = \frac{U}{R}$
$= \frac{230\ \text{V}}{12\ \Omega}$
$= \mathbf{19{,}167\ A}$

c) $I_1 = \frac{U}{R_1}$
$= \frac{230\ \text{V}}{30\ \Omega}$
$= \mathbf{7{,}667\ A}$

$I_2 = \frac{U}{R_2}$
$= \frac{230\ \text{V}}{20\ \text{V}}$
$= \mathbf{11{,}5\ A}$

Probe: $I = I_1 + I_2$
$= 7{,}667\ \text{A} + 11{,}5\ \text{A}$
$= \mathbf{19{,}167\ A}$ ✓

197.5 (12′)

Gegeben: Parallelschaltung:
$R_1 = 1\,000\ \Omega$; $R_2 = 400\ \Omega$;
$R_3 = 100\ \Omega$; $R_4 = 2\,000\ \Omega$
$U = 115\ \text{V}$

Gesucht: a) R, b) I, c) I_1, I_2, I_3, I_4

Lösung: a) $\frac{1}{R} = \frac{1}{R_1} + \frac{1}{R_2} + \frac{1}{R_3} + \frac{1}{R_4}$
$= \frac{1}{1\,000\ \Omega} + \frac{1}{400\ \Omega}$
$+ \frac{1}{100\ \Omega} + \frac{1}{2\,000\ \Omega}$
$= \frac{2+5+20+1}{2\,000\ \Omega}$
$= \frac{28}{2\,000\ \Omega}$
$= \frac{1}{71{,}429\ \Omega}$
$R = \mathbf{71{,}429\ \Omega}$

b) $I = \frac{U}{R}$
$= \frac{115\ \text{V}}{71{,}429\ \Omega}$
$= \mathbf{1{,}61\ A}$

c) $I_1 = \frac{U}{R_1}$
$= \frac{115\ \text{V}}{1\,000\ \Omega}$
$= \mathbf{0{,}115\ A}$

$I_2 = \frac{U}{R_2}$
$= \frac{115\ \text{V}}{400\ \Omega}$
$= \mathbf{0{,}288\ A}$

$I_3 = \frac{U}{R_3}$
$= \frac{115\ \text{V}}{100\ \Omega}$
$= \mathbf{1{,}15\ A}$

$I_4 = \frac{U}{R_4}$
$= \frac{115\ \text{V}}{2\,000\ \Omega}$
$= \mathbf{0{,}0575\ A}$

Probe: $I = 0{,}115\ \text{A} + 0{,}288\ \text{A}$
$+ 1{,}15\ \text{A} + 0{,}0575\ \text{A}$
$= 1{,}61\ \text{A}$ ✓

197.6 (9′)

Gegeben: Parallelschaltung:
$U = 115$ V
$I_1 = 5{,}50$ A; $I_2 = 2{,}75$ A

Gesucht: R_1 und R_2

Lösung: Gesamtstrom:
$I = I_1 + I_2$
$= 5{,}50\text{ A} + 2{,}75\text{ A}$
$= 8{,}25$ A

Gesamtwiderstand:
$R = \frac{U}{I}$
$= \frac{115\text{ V}}{8{,}25\text{ A}}$
$= 13{,}334\ \Omega$

Teilwiderstand 1:
$I_1 = \frac{U}{R_1}$
$R_1 = \frac{U}{I_1}$
$= \frac{115\text{ V}}{5{,}50\text{ A}}$
$= \mathbf{21\ \Omega}$

Teilwiderstand 2:
$R_2 = \frac{U}{I_2}$
$= \frac{115\text{ V}}{2{,}75\text{ A}}$
$= \mathbf{42\ \Omega}$

Probe:
$\frac{1}{R} = \frac{1}{R_1} + \frac{1}{R_2}$
$= \frac{1}{21\ \Omega} + \frac{1}{42\ \Omega}$
$= \frac{2 + 1}{42\ \Omega}$
$= \frac{3}{42\ \Omega}$
$= \frac{1}{14\ \Omega}$
$R = 14\ \Omega$ ✓

14.4 Elektrische Leistung

198.1 (3′)

Gegeben: Gleichstrommotor:
$U = 230$ V
$I = 70$ A

Gesucht: zugeführte elektrische Leistung P_1 in kW

Lösung: $P = U \cdot I$
$= 230\text{ V} \cdot 70\text{ A} \cdot \frac{1\text{ kW}}{1000\text{ W}}$
$= \mathbf{16{,}1\ kW}$

199.1 (3′)

Gegeben: Halogenlampe:
$U = 12$ V
$I = 5{,}0$ A

Gesucht: Betriebswiderstand R und Nennleistung P

Lösung: $R = \frac{U}{I}$
$= \frac{12\text{ V}}{5{,}0\text{ A}}$
$= \mathbf{2{,}4\ \Omega}$
$P = U \cdot I$
$= 12\text{ V} \cdot 5{,}0\text{ A}$
$= \mathbf{60\ W}$

199.2 (2′)

Gegeben: Lötkolben:
Leistung $P = 50$ W
Stromstärke $I = 0{,}227$ A

Gesucht: Netzspannung U in V

Lösung: $U = \frac{P}{I}$
$= \frac{50\text{ W}}{0{,}227\text{ A}}$
$= \mathbf{220\ V}$

199.3 (2′)

Gegeben: Heizplatte:
$P = 1500$ W
$U = 230$ V

Gesucht: Stromstärke I in A

Lösung: $I = \frac{P}{U}$
$= \frac{1500\text{ W}}{230\text{ V}}$
$= \mathbf{6{,}5\ A}$

Antwort: Die Angabe auf dem Leistungsschild ist richtig.

14.4 Elektrische Leistung

199.4 (5′)

Gegeben: Gleichstrommotor:
$U = 230$ V
$I = 55$ A
$P_2 = 10$ kW

Gesucht: zugeführte elektrische Leistung P_1 und Wirkungsgrad η

Lösung:
$$P_1 = U \cdot I = 230\ \text{V} \cdot 55\ \text{A} = 12\,650\ \text{W} \cdot \frac{1\ \text{kW}}{1000\ \text{W}} = \mathbf{12{,}65}\ \text{kW}$$
$$\eta = \frac{P_2}{P_1} = \frac{10\ \text{kW}}{12{,}65\ \text{kW}} = \mathbf{0{,}79}$$

200.1 (4′)

Gegeben: Wechselstromverbraucher:
$U = 230$ V
$\cos\varphi = 0{,}8$
$P_1 = 100$ W

Gesucht: Stromaufnahme I in A

Lösung:
$$I = \frac{P}{U \cdot \cos\varphi} = \frac{100\ \text{W}}{230\ \text{V} \cdot 0{,}8} = \mathbf{0{,}543\ A}$$

200.2 (4′)

Gegeben: Wechselstrommotor:
$U = 230$ V
$I = 2{,}4$ A
$\cos\varphi = 0{,}9$

Gesucht: entnommene Leistung P_1 in kW und Wirkungsgrad η

Lösung:
$$P_1 = U \cdot I \cdot \cos\varphi = 230\ \text{V} \cdot 2{,}4\ \text{A} \cdot 0{,}9 \cdot \frac{1\ \text{kW}}{1000\ \text{W}} = \mathbf{0{,}497\ kW}$$
$$\eta = \frac{P_2}{P_1} = \frac{0{,}43\ \text{kW}}{0{,}497\ \text{kW}} = \mathbf{0{,}87}$$

200.3 (5′)

Gegeben: Wechselstrommotor:
$U = 230$ V
$I = 20$ A
$\cos\varphi = 0{,}85$
$\eta = 0{,}86$

Gesucht: zugeführte Leistung P_1 in kW
abgegebene Leistung P_2 in kW

Lösung:
$$P_1 = U \cdot I \cdot \cos\varphi = 230\ \text{V} \cdot 20\ \text{A} \cdot 0{,}85 \cdot \frac{1\ \text{kW}}{1000\ \text{W}} = \mathbf{3{,}91}\ \text{kW}$$
$$\eta = \frac{P_2}{P_1}$$
$$P_2 = \eta \cdot P_1 = 0{,}86 \cdot 3{,}91\ \text{kW} = \mathbf{3{,}36\ kW}$$

200.4 (4′)

Gegeben: Wechselstrommotor:
$\cos\varphi = 0{,}72$
$I = 0{,}7$ A
$P = 6$ W

Gesucht: Spannung U in V

Lösung:
$$U = \frac{P}{I \cdot \cos\varphi} = \frac{6\ \text{W}}{0{,}7\ \text{A} \cdot 0{,}72} = \mathbf{11{,}9\ V}$$

200.5 (4′)

Gegeben: Drehstrommotor:
$U = 400$ V
$I = 30$ A
$\cos\varphi = 0{,}78$

Gesucht: Leistung P_1 in kW

Lösung:
$$P_1 = \sqrt{3} \cdot U \cdot I \cdot \cos\varphi = \sqrt{3} \cdot 400\ \text{V} \cdot 30\ \text{A} \cdot 0{,}78 = 16\,212\ \text{W} = \mathbf{16{,}2\ kW}$$

200.6 (4′)

Gegeben: Drehstrommotor:
$U = 400$ V
$I = 18$ A
$\cos \varphi = 0{,}85$
$P_2 = 7{,}5$ kW

Gesucht: aufgenommene Leistung P_1 in kW

Lösung:
$$P_1 = \sqrt{3} \cdot U \cdot I \cdot \cos \varphi$$
$$= 1{,}732 \cdot 400 \text{ V} \cdot 18 \text{ A} \cdot 0{,}85$$
$$= 10\,600 \text{ W} \cdot \frac{1 \text{ kW}}{1000 \text{ W}}$$
$$= \mathbf{10{,}6\ kW}$$
$$\eta = \frac{P_2}{P_1}$$
$$= \frac{7{,}5 \text{ kW}}{10{,}6 \text{ kW}}$$
$$= \mathbf{0{,}71}$$

200.7 (4′)

Gegeben: Drehstrommotor:
$U = 400$ V
$P_2 = 8{,}5$ kW
$\cos \varphi = 0{,}87$
$\eta = 0{,}86$

Gesucht: Stromstärke I in A

Lösung:
$$P_1 = \frac{P_2}{\eta}$$
$$= \frac{8{,}5 \text{ kW}}{0{,}86}$$
$$= \mathbf{9{,}88\ kW}$$
$$I = \frac{P_1}{\sqrt{3} \cdot U \cdot \cos \varphi}$$
$$= \frac{9{,}88 \text{ kW}}{\sqrt{3} \cdot 400 \text{ V} \cdot 0{,}87} \cdot \frac{1000 \text{ W}}{1 \text{ kW}}$$
$$= \mathbf{16{,}4\ A}$$

200.8 (4′)

Gegeben: Drehstrommotor:
$U = 400$ V
$I = 18$ A
$\cos \varphi = 0{,}83$
$\eta = 0{,}90$

Gesucht: aufgenommene Leistung P_1 in kW
abgegebene Leistung P_2 in kW

Lösung:
$$P_1 = \sqrt{3} \cdot U \cdot I \cdot \cos \varphi$$
$$= 1{,}732 \cdot 400 \text{ V} \cdot 18 \text{ A} \cdot 0{,}83$$
$$= 10\,351 \text{ W} \cdot \frac{1 \text{ kW}}{1000 \text{ W}}$$
$$= \mathbf{10{,}351\ kW}$$
$$P_2 = \eta \cdot P_1$$
$$= 0{,}9 \cdot 10{,}351 \text{ kW}$$
$$= \mathbf{9{,}32\ kW}$$

200.9 (5′)

Gegeben: Drehstrommotor:
$U = 400$ V
$\eta = 0{,}85$
$\cos \varphi = 0{,}88$
$P_2 = 16$ kW

Gesucht: Stromstärke I in A

Lösung: aufgenommene Leistung:
$$P_1 = \frac{P_2}{\eta}$$
$$= \frac{16 \text{ kW}}{0{,}85}$$
$$= 18{,}824 \text{ kW}$$
Stromstärke:
$$I = \frac{P_1}{\sqrt{3} \cdot U \cdot \cos \varphi}$$
$$= \frac{18{,}824 \text{ kW}}{1{,}732 \cdot 400 \text{ V} \cdot 0{,}88} \cdot \frac{1000 \text{ W}}{1 \text{ kW}}$$
$$= \mathbf{31\ A}$$

14.5 Elektrische Arbeit

201.1 (3′)

Gegeben: Furnierpresse:
$P = 12{,}5$ kW
Heizzeit $t = 5{,}5$ h

Gesucht: elektrische Arbeit W

Lösung:
$$W = P \cdot t$$
$$= 12{,}5 \text{ kW} \cdot 5{,}5 \text{ h}$$
$$= \mathbf{68{,}75\ kWh}$$

14.5 Elektrische Arbeit

201.2

(8′)

Gegeben: Wechselstrommotor:
monatl. Betriebszeit $t = 120$ h
Strompreis $K_A = 0{,}12$ €/kWh
$U = 230$ V
$I = 16$ A
$\cos\varphi = 0{,}85$

Gesucht: elektrische Arbeit W
Kosten pro Monat in €

Lösung: aufgenommene Leistung:

$$P_1 = U \cdot I \cdot \cos\varphi$$
$$= 230\ \text{V} \cdot 16\ \text{A} \cdot 0{,}85 \cdot \frac{1\ \text{kW}}{1000\ \text{W}}$$
$$= 3{,}128\ \text{kW}$$

elektrische Arbeit:

$$W = P \cdot t$$
$$= 3{,}128\ \text{kW} \cdot 120\ \text{h}$$
$$= \mathbf{375{,}36\ kWh}$$

Kosten:

$$K = W \cdot K_A$$
$$= 375{,}36\ \text{kWh} \cdot 0{,}12\ \text{€/kWh}$$
$$= \mathbf{45{,}04\ €}$$

201.3

(6′)

Gegeben: Werksleuchten:
Anzahl $n = 4$
je 2 Glühlampen: $z = 2$
$P = 100$ W
tägl. Brenndauer $t = 7$ h
Strompreis $K_A = 0{,}12$ €/kWh

Gesucht: a) elektrische Arbeit W
b) Kosten der Hofbeleuchtung K_J im Jahr

Lösung: a)

$$W = P \cdot t$$
$$= 4 \cdot 2 \cdot 100\ \text{W} \cdot 7\ \text{h} \cdot \frac{1\ \text{kW}}{1000\ \text{W}}$$
$$= \mathbf{5{,}6\ kWh}$$

b)

$$K_J = W \cdot t \cdot K_A$$
$$= 5{,}6\ \text{kWh} \cdot 365 \cdot 0{,}12 \frac{€}{\text{kWh}}$$
$$= \mathbf{245{,}28\ €}$$

201.4

(6′)

Gegeben: Drehstrommotor:
$t = 6{,}5$ h
$U = 400$ V
$I = 18$ A
$\cos\varphi = 0{,}80$
$P_2 = 8{,}5$ kW

Gesucht: elektrische Arbeit W

Lösung: aufgenommene Leistung:

$$P_1 = U \cdot I \cdot \cos\varphi \cdot \sqrt{3}$$
$$= 400\ \text{V} \cdot 18\ \text{A} \cdot 0{,}8 \cdot 1{,}732$$
$$= 9\,977\ \text{W} \cdot \frac{1\ \text{kW}}{1000\ \text{W}}$$
$$= 9{,}977\ \text{kW}$$

Arbeit:

$$W = P \cdot t$$
$$= 9{,}977\ \text{kW} \cdot 6{,}5\ \text{h}$$
$$= \mathbf{64{,}9\ kWh}$$

201.5

(5′)

Gegeben: Drehstrommotor:
Laufzeit $t = 5{,}5$ h
Strompreis $K_A = 0{,}14$ €/kWh
$U = 400$ V
$I = 25$ A
$\cos\varphi = 0{,}88$

Gesucht: Stromkosten in €

Lösung: aufgenommene Leistung:

$$P_1 = U \cdot I \cdot \cos\varphi \cdot \sqrt{3}$$
$$= 400\ \text{V} \cdot 25\ \text{A} \cdot 0{,}88 \cdot 1{,}732$$
$$= 15\,242\ \text{W} \cdot \frac{1\ \text{kW}}{1000\ \text{W}}$$
$$= 15{,}242\ \text{kW}$$

Kosten:

$$K = P_1 \cdot t \cdot K_A$$
$$= 15{,}242\ \text{kW} \cdot 5{,}5\ \text{h} \cdot 0{,}14 \frac{€}{\text{kWh}}$$
$$= \mathbf{11{,}74\ €}$$

15 Holztrocknung

15.1 Holzfeuchte – Luftfeuchte

15.1.2 Bestimmung der Holzfeuchte

205.1 (8′)

Gegeben: Holzprobe:
Nassmasse $m_u = 475$ g
darrgetrocknet: − 22 %
⇒ Trocknungsfaktor $f_{Tr} = 0{,}78$

Gesucht: a) Wassermasse m_W in g
b) Holzfeuchte u in %

Lösung: a) Darrmasse:
$m_0 = m_u \cdot f_{Tr}$
$= 475\ \text{g} \cdot 0{,}78$
$= 370{,}5\ \text{g}\ (\triangleq 100\ \%)$
Wassermasse:
$m_W = m_u - m_0$
$= 475\ \text{g} - 370{,}5\ \text{g}$
$= \mathbf{104{,}5\ g}$

b) $u = \dfrac{m_W \cdot 100\ \%}{m_0}$
$= \dfrac{104{,}5\text{g} \cdot 100\ \%}{370{,}5\ \text{g}}$
$= \mathbf{28\ \%}$

205.2 (5′)

Gegeben: Holzprobe:
Darrmasse $m_0 = 345$ g
Holzfeuchte $u_1 = 28$ %
⇒ Feuchtefaktor $f_f = 1{,}28$

Gesucht: Masse im Nasszustand m_u

Lösung: $m_u = m_0 \cdot f_f$
$= 345\ \text{g} \cdot 1{,}28$
$= \mathbf{442\ g}$

205.3 (8′)

Gegeben: Holzprobe:
Nassmasse $m_{u1} = 185$ g
Holzfeuchte $u_1 = 18$ %
Nassmasse $m_{u2} = 169$ g

Gesucht: a) Darrmasse m_0 in g
b) Holzfeuchte u_2 von Probe b in %

Lösung: a) Nassmasse = 118 %
$m_0 = \dfrac{m_{u1} \cdot 100\ \%}{100\ \% + u_1}$
$= \dfrac{185\ \text{g} \cdot 100\ \%}{118\ \%}$
$= \mathbf{157\ g}$

b) Nassmasse $m_{u2} = 169$ g
$u_2 = \dfrac{(m_{u2} - m_0) \cdot 100\ \%}{m_0}$
$= \dfrac{(169\ \text{g} - 157\ \text{g}) \cdot 100\ \%}{157\ \text{g}}$
$= \mathbf{8\ \%}$

205.4 (5′)

Gegeben: elektrische Holzfeuchtemessung:
HF Eichenbohle = 17 %
Nassmasse $m_u = 134$ g
Darrmasse $m_0 = 109$ g

Gesucht: richtiges Messergebnis

Lösung: Wassergehalt:
$m_0 = 109\ \text{g} \triangleq 100\%$
$m_W = m_u - m_0$
$= 134\ \text{g} - 109\ \text{g}$
$= 25\ \text{g}$
Holzfeuchte:
$u = \dfrac{m_W \cdot 100\ \%}{m_0}$
$= \dfrac{25\ \text{g} \cdot 100\ \%}{109\ \text{g}}$
$= \mathbf{23\ \%}$

Antwort: Messergebnis ist zu niedrig!

205.5 (5′)

Gegeben: Eichenbohlen für Blockrahmen Haustür:
$m_u = 115$ g
$m_0 = 95\ \text{g} = 100\ \%$

Gesucht: Holzfeuchte u in %

Lösung: Wassergehalt:
$m_W = m_u - m_0$
$= 115\ \text{g} - 95\ \text{g}$
$= 20\ \text{g}$
Holzfeuchte:
$u = \dfrac{m_W \cdot 100\ \%}{m_0}$
$= \dfrac{20\ \text{g} \cdot 100\ \%}{95\ \text{g}}$
$= \mathbf{21\ \%}$
Außentüren HF = 12 % bis 15 %

Antwort: Holz ist zu feucht!

15 Holztrocknung

15.1 Holzfeuchte – Luftfeuchte

205.6 (6′)

Gegeben: Buchenbohlen für Innenausbau:
$m_u = 54{,}6$ g
$m_0 = 47{,}2$ g

Gesucht: a) Holzfeuchte u in %
b) Ist Holz geeignet?

Lösung: a) Wassergehalt:
$m_W = m_u - m_0 = 54{,}6\text{ g} - 47{,}2\text{ g} = 7{,}4\text{ g}$

Holzfeuchte:

$$u = \frac{m_W \cdot 100\,\%}{m_0} = \frac{7{,}4\text{ g} \cdot 100\,\%}{47{,}2\text{ g}} = \mathbf{15{,}7\,\%}$$

b) Sollfeuchte in ofenbeheizten Räumen: 10 ... 12 %
Sollfeuchte in dauerbeheizten Räumen: 7 ... 10 %
⇒ Holz ist zu feucht!

205.7 (12′)

Gegeben: Trockenkammer:
Holzmasse $m = 2{,}7\text{ t} \mathrel{\hat{=}} 175\,\%$
Anfangsfeuchte $u_a = 75\,\%$
Endfeuchte $u_e = 8\,\%$

Gesucht: a) Wassermasse m_{Wa} des nassen Holzes in l
b) Wassermasse m_W des entzogenen Wassers in l
c) Masse m_t des getrockneten Holzes in t

Lösung: a) Holzfeuchtedichte:
$\triangle u = u_a - u_e = 75\,\% - 8\,\% = 67\,\%$

Wassermasse:

$$m_{Wa} = \frac{m \cdot u_a}{100\,\% + u_a} = \frac{2{,}7\text{ t} \cdot 75\,\%}{175\,\%} = 1{,}157 \cdot \frac{1000\text{ l}}{1\text{ t}} = \mathbf{1157\text{ l}}$$

b) $$m_W = \frac{m \cdot \triangle u}{(100\,\% + u_a)} \cdot \frac{1000\text{ l}}{1\text{ t}} = \frac{2{,}7\text{ t} \cdot 67\,\%}{175\,\%} = \mathbf{1033{,}7\text{ l}}$$

c) $$m_t = \frac{m_u \cdot 108\,\%}{100\,\% + 75\,\%} = \frac{2{,}7\text{ t} \cdot 108\,\%}{175\,\%} = \mathbf{1{,}666\text{ t}}$$

Kontrolle: $m = m_W + m_t = 1{,}033\text{ t} + 1{,}666\text{ t} = 2{,}7\text{ t}$

15.1.3 Luftfeuchte

205.8 (3′)

Gegeben: 1 m³ Luft
Aufgabenbuch, Diagramm Bild 204/1

Gesucht: Grund für die Wasseraufnahmefähigkeit von Luft

Lösung: Von 0 °C – 100 °C steigt die Wasseraufnahmefähigkeit stark an.

205.9 (1′)

Antwort: vgl. Aufgabe 205.8:
von der Temperatur der Luft.

205.10 (2′)

Gegeben: 1 m³ Luft bei 20 °C
Aufgabenbuch, Diagramm Bild 204/1

Gesucht: Wasseraufnahmemöglichkeit $f_{sätt}$ in g

Lösung: $f_{sätt} = \mathbf{17{,}2\text{ g/m}^3}$

205.11 (4′)

Gegeben: abs. Luftfeuchte $f_{abs} = 8{,}6\text{ g/m}^3$
Luft bei 20 °C

Gesucht: relative Luftfeuchte φ in %

Lösung:

$$\varphi = \frac{f_{abs}}{f_{sätt}} \cdot 100\,\% = \frac{8{,}6\text{ g/m}^3}{17{,}2\text{ g/m}^3} \cdot 100\,\% = \mathbf{50}\,\%$$

205.12 (3′)

Gegeben: Luftfeuchte $\varphi = 48\,\%$
Lufttemperatur: 17°
Aufgabenbuch, Diagramm Bild 204/2

Gesucht: Holzfeuchtegleichgewicht u_{gl}

Lösung: $u_{gl} = \mathbf{9{,}2}\,\%$

15 Holztrocknung

15.1 Holzfeuchte – Luftfeuchte

205.13

(4′)

Gegeben: rel. Luftfeuchte $\varphi = 30$ %
Temperatur: 28 °C

Gesucht: a) Holzfeuchtegleichgewicht u_{gl}
b) Ist Trockenmethode richtig?
c) Welche Gefahr besteht?

Lösung: a) $u_{gl} = \mathbf{5{,}8}$ %
b) Nur für getrocknetes Holz ist Lagerung im Heizraum möglich.
c) Feuchtes oder nasses Holz würde im Heizraum reißen.

205.14

(9′)

Gegeben: Feuchtediagramm (Bild 204/2)

Gesucht: fehlende Werte

Lösung: Ablesung aus Diagramm

	a)	b)	c)	d)	e)
Lufttemperatur in °C	15	20	25	**15**	40
rel. Luftfeuchte in %	55	**48**	70	85	**82**
Holzfeuchte u_{gl} in %	**10,2**	9	**12,7**	20	15

205.15

(12′)

Gegeben: Deckenverkleidung:
Profilbretter mit liegenden Jahresringen:
Deckbreite $b_D = 90$ mm
Brettbreite $b = 96$ mm
Schattenfugenverbreiterung:
Schwindmaß $b_\beta = 3$ mm
rel. Luftfeuchte $\varphi = 45$ %
Lufttemperatur = 20 °C

Gesucht: a) Holzfeuchtegleichgewicht u_{gl}
b) Holzfeuchte u bei Montage in %

Lösung: a) Tabelle 204/2, Aufgabenbuch:
u_{gl} (20 °C; 45 %) = **8,2 %**

b) Schwindmaß:#

$$\beta = \frac{b_\beta \cdot 100\ \%}{b} = \frac{3\ \text{mm} \cdot 100\ \%}{90\ \text{mm}} = 3{,}3\ \%$$

Tabelle 207/1: Fl, tangential
$q_t = 0{,}39$ %

Holzfeuchtedifferenz:

$$\triangle u = \frac{\beta}{q_t} = \frac{3{,}3\ \%}{0{,}39\ \%} = 8{,}5\ \%$$

$$u_{Montage} = u_{gl} + \triangle u = 8{,}2\ \% + 8{,}5\ \% = \mathbf{16{,}7\ \%}$$

15.2 Holzschwund

15.2.3 Schwundberechnungen

209.1

Nein, Schwund ist abhängig von der Lage der Jahresringe im Brett.

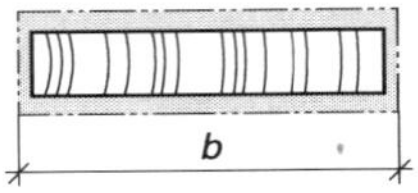

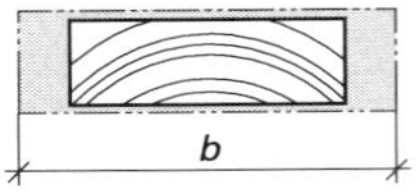

209.2 (12′)

Gegeben: Seitenbrett: $b = 180$ mm
Holzfeuchte $u_a = 15$ %
Endfeuchte $u_e = 8$ %
max. Schwund $\beta_{max} = 9$ %

Gesucht: Schwindmaß b_β in mm und Schwund β in %

Lösung: Schwund pro % Holzfeuchteänderung:

$$\frac{q}{100\,\%_{\triangle u}} = \frac{\beta_{max} \cdot 100\,\%}{\triangle u_{max}} = \frac{9\,\% \cdot 100\,\%}{30\,\%} = 30\,\%$$

$$\frac{q}{1\,\%_{\triangle u}} = \frac{30\,\%}{100\,\%} = \frac{0{,}30\,\%}{1\,\%}$$

Holzfeuchtedifferenz:

$$\triangle u = u_a - u_e = 15\,\% - 8\,\% = 7\,\%$$

Schwindmaß:

$$b_\beta = \frac{b \cdot \triangle u \cdot \frac{q}{1\,\%}}{100\,\%} = \frac{180\text{ mm} \cdot 7\,\% \cdot \frac{0{,}30\,\%}{1\,\%}}{100\,\%} = \mathbf{3{,}8\text{ mm}}$$

Schwund:

$$\beta = \frac{q}{1\,\%} \cdot \triangle u = \frac{30\,\%}{1\,\%} \cdot 7\,\% = \mathbf{2{,}1\,\%}$$

oder

$$\beta = \frac{b_\beta \cdot 100\,\%}{b} = \frac{3{,}8\text{ mm} \cdot 100\,\%}{180\text{ mm}} = \mathbf{2{,}1\,\%}$$

209.3 (8′)

Gegeben: Bohle mit Kern:
$u_a = 18{,}5$ %
$b = 320$ mm
$u_e = 10$ %
max. Schwund $\beta = 4$ % bei Feuchtedifferenz $\triangle u_{max} = 28$ %

Gesucht: Schwund b_β in mm

Lösung: Schwund pro % Holzfeuchteänderung:

$$\frac{q}{1\,\%_{\triangle u}} = \frac{\beta}{\triangle u_{max}} = \frac{4\,\%}{28\,\%} = \frac{0{,}14\,\%}{1\,\%}$$

Holzfeuchtedifferenz:

$$\triangle u = u_a - u_e = 18{,}5\,\% - 10\,\% = \mathbf{8{,}5\,\%}$$

Schwindmaß:

$$b_\beta = \frac{b \cdot \triangle u \cdot \frac{q}{1\,\%}}{100\,\%} = \frac{320\text{ mm} \cdot 8{,}5\,\% \cdot \frac{0{,}14\,\%}{1\,\%}}{100\,\%} = 3{,}8\text{ mm} \approx \mathbf{4\text{ mm}}$$

209.4 (8′)

Gegeben: $u_a = 9$ %
$u_e = 3$ %
max. Schwund $\beta_t = 11{,}8$ %
$b = 85$ mm
angenommene $\triangle u_{max} = 30$ %

Gesucht: tatsächlicher Holzschwund b_β in mm

Lösung: Schwund pro % Holzfeuchteänderung:

$$\frac{q}{1\,\%_{\triangle u}} = \frac{\beta}{\triangle u_{max}} = \frac{11{,}8\,\%}{30\,\%} = \frac{0{,}39\,\%}{1\,\%}$$

Holzfeuchtedifferenz:

$$\triangle u = u_a - u_e = 9\,\% - 3\,\% = 6\,\%$$

Schwindmaß:

$$b_\beta = \frac{b \cdot \triangle u \cdot \frac{q}{1\,\%}}{100\,\%} = \frac{85\text{ mm} \cdot 6\,\% \cdot \frac{0{,}39\,\%}{1\,\%}}{100\,\%} = \mathbf{2\text{ mm}}$$

15 Holztrocknung

15.2 Holzschwund

209.5

(6′)

Gegeben: Ahorn Vollholz-Kernbretter:
$b = 850\text{mm}$
$u_a = 12\,\%$
$u_e = 7{,}5\,\%$
Tabelle 207/1, Aufgabenbuch:
AH, radial: $q_r = 0{,}21\,\%$
AH, tangential: $q_t = 0{,}30\,\%$

Gesucht: a) Schwund b_β in mm
b) Schwund b_β bei Seitenbrettern in mm

Lösung: a)
$$b_\beta = \frac{b \cdot \triangle u \cdot \frac{q_r}{1\,\%}}{100\,\%} = \frac{b \cdot (u_a - u_e) \cdot \frac{q_r}{1\,\%}}{100\,\%} = \frac{850\text{ mm} \cdot (12\% - 7{,}5\%) \cdot \frac{0{,}21\,\%}{1\,\%}}{100\,\%}$$
$= \mathbf{8\ mm}$

b)
$$b_\beta = \frac{b \cdot \triangle u \cdot \frac{q_t}{1\,\%}}{100\,\%} = \frac{b \cdot (u_a - u_e) \cdot \frac{q_t}{1\,\%}}{100\,\%} = \frac{850\text{ mm} \cdot (12\,\% - 7{,}5\,\%) \cdot \frac{0{,}30\,\%}{1\,\%}}{100\,\%}$$
$= \mathbf{11{,}5\ mm}$

209.6

(8′)

Gegeben: Fußbodendielen:
Holzart Kiefer
$b = 130\text{ mm}$
Schwindmaß $b_\beta = 4\text{ mm}$
$u_{gl} = 7\,\%$
Annahme: liegende Jahresringe
Tabelle 207/1, Aufgabenbuch:
KI, tangential:
differenzielles Schwindmaß
$q_t = 0{,}36\,\%$

Gesucht: Holzfeuchte u_a beim Einbau

Lösung: Schwindmaß:
$$b_\beta = \frac{b \cdot \triangle u \cdot \frac{q_t}{1\,\%}}{100\,\%}$$
Holzfeuchtedifferenz:
$$\triangle u = \frac{b_\beta \cdot 100\,\%}{b \cdot \frac{q_t}{1\,\%}} = \frac{4\text{ mm} \cdot 100\,\%}{130\text{ mm} \cdot \frac{0{,}36\,\%}{1\,\%}}$$
$= 8{,}5\,\%$

Holzfeuchte beim Einbau:
$u_a = u_{gl} + \triangle u$
$= 7\,\% + 8{,}5\,\%$
$= \mathbf{15{,}5\,\%}$

209.7

(15′)

Gegeben: Buche, Mittelbretter:
diagonaler Faserverlauf
$u_a = 12\,\%$
$u_e = 7\,\%$
$b = 115\text{ mm}$
$l = 380\text{ mm}$
$d = 14\text{ mm}$

Gesucht: Schwindmaß b_β in mm oben und seitlich

Lösung: Schwund pro % Holzfeuchteänderung:
$$\frac{q}{1\,\%_{\triangle u}} = \frac{q_r + q_t}{2} = \frac{0{,}2\,\% + 0{,}41\,\%}{2}$$
$= 0{,}3\,\%$

Schwindmaße:
Schwund oben:
$$b_\beta = \frac{b \cdot \triangle u \cdot \frac{q}{1\,\%}}{100\,\%} = \frac{115\text{ mm} \cdot (12\,\% - 7\,\%) \cdot \frac{0{,}3\,\%}{1\,\%}}{100\,\%}$$
$= \mathbf{1{,}7\ mm}$

Schwund seitlich:
$$d_\beta = \frac{b \cdot \triangle u \cdot \frac{q}{1\,\%}}{100\,\%} = \frac{14\text{ mm} \cdot (12\,\% - 7\,\%) \cdot \frac{0{,}3\,\%}{1\,\%}}{100\,\%}$$
$= \mathbf{0{,}2\ mm}$

insgesamt also **0,4 mm**

210.1

(6′)

Gegeben: Rahmenstück aus Eiche, Kernbereich:
$u_a = 15\,\%$
$u_e = 8\,\%$
$b = 210\text{ mm}$

Gesucht: Breitenschwindmaß b_β in mm

Lösung: Tabelle 207/1, Aufgabenbuch:
Eiche radial:
diff. Schwindmaß $q_r = 0{,}16\%$
Feuchteänderung:
$\triangle u = u_a - u_e$
$= 15\,\% - 8\,\%$
$= 7\,\%$

Schwindmaß:
$$b_\beta = \frac{b \cdot \triangle u \cdot \frac{q_r}{1\,\%}}{100\,\%} = \frac{210\text{ mm} \cdot 7\,\% \cdot \frac{0{,}16\,\%}{1\,\%}}{100\,\%}$$
$= \mathbf{2{,}4\ mm}$

15 Holztrocknung

15.2 Holzschwund

210.2
(4′)

Gegeben: Vollholzfüllung:
$b = 654$ mm
Eiche, Seitenbretter:
$u_a = 15$ %
$u_e = 8$ %
Tabelle 207/1, Aufgabenbuch:
Eiche tangential:
diff. Schwindmaß $q_t = 0{,}36$ %

Gesucht: Schwindmaß b_β in mm

Lösung:
$$b_\beta = \frac{b \cdot \triangle u \cdot \frac{q_t}{1\,\%}}{100\,\%}$$
$$= \frac{654\text{ mm} \cdot (15\,\% - 8\,\%) \cdot \frac{0{,}36\,\%}{1\,\%}}{100\,\%}$$
$$= \mathbf{16{,}5\text{ mm}}$$

210.3
(12′)

Gegeben: Rahmentür, Seitenbretter:
$b = 124$ mm
Schwindmaß $b_\beta = 1{,}4$ mm
$u_e = 8$ %
Tabelle 207/1, Aufgabenbuch:
Fichte, tangential:
diffenzielles Schwindmaß $q_t = 0{,}39$ %

Gesucht:
a) Breitenschwund β in %
b) Holzfeuchte u bei der Herstellung in %

Lösung:
a)
$$\beta = \frac{b_\beta \cdot 100\,\%}{b}$$
$$= \frac{1{,}4\text{ mm} \cdot 100\,\%}{124\text{ mm}}$$
$$= \mathbf{1{,}13\,\%}$$

b) Holzfeuchteänderung:
$$\triangle u = \frac{\beta}{q_t}$$
$$= \frac{1{,}13\,\%}{0{,}39\,\%}$$
$$= 2{,}9\,\% \approx 3\,\%$$

Holzfeuchte bei Herstellung:
$$u = u_e + \triangle u$$
$$= 8\,\% + 3\,\%$$
$$= \mathbf{11\,\%}$$

210.4
(4′)

Gegeben: Deckenverkleidung: $l = 5{,}50$ m
Fugenbreite $b_\beta = 1$ mm

Gesucht: Schwund β in %

Lösung:
$$\beta = \frac{b_\beta \cdot 100\,\%}{l}$$
$$= \frac{1\text{ mm} \cdot 100\,\%}{5500\text{ mm}}$$
$$= \mathbf{0{,}018\,\%}$$
$$= \mathbf{0{,}02\,\%}$$

210.5
(13′)

Gegeben: Wandverkleidung:
Wandlänge $l = 12{,}80$ m
Brettbreite $b = 115$ mm
Schwund $\beta = 2{,}8$ %

Gesucht:
a) Anzahl n der erforderlichen Bretter
b) Schwund/Brett b_β in mm
c) Anzahl der Bretter n bei richtigem Trockengrad

Lösung:
a)
$$n = \frac{l}{b_D}$$
$$= \frac{12\,800\text{ mm}}{115\text{ mm}}$$
$$= \mathbf{112\text{ Stück}}$$

b) Schwindmaß:
$$b_\beta = \frac{\beta \cdot b}{100\,\%}$$
$$= \frac{2{,}8\,\% \cdot 115\text{ mm}}{100\,\%}$$
$$= \mathbf{3{,}2\text{ mm}}$$

c)
$$n = \frac{l}{b_D - b_\beta}$$
$$= \frac{12\,800\text{ mm}}{115\text{ mm} - 3{,}2\text{ mm}}$$
$$= \frac{12\,800\text{ mm}}{111{,}8\text{ mm}}$$
$$= \mathbf{115\text{ Stück}}$$

210.6 (9′)

Gegeben: Rahmenteile aus Buche:
$u_{soll} = 6\ \%$
Toleranz: $\pm$ 0,2 mm
$b = 50$ mm
$u_e = 10{,}5\ \%$
Schwindmaß $q = 0{,}33\ \%$

Gesucht: Schwindmaß b_β in mm und Schwund β in %

Lösung: Schwindmaß:

$$b_\beta = \frac{b \cdot \triangle u \cdot \frac{q}{1\ \%}}{100\ \%} = \frac{50\ \text{mm} \cdot (10{,}5\ \% - 6\ \%) \cdot \frac{0{,}33\ \%}{1\ \%}}{100\ \%} = \mathbf{0{,}74\ mm}$$

Schwund:

$$\beta = \triangle u \cdot \frac{q}{1\ \%} = (10{,}5\ \% - 6\ \%) \cdot \frac{0{,}33\ \%}{1\ \%} = \mathbf{1{,}5\ \%}$$

16.1 Längenänderung infolge von Temperatureinflüssen

211.1 (5′)

Längendifferenz:

$$\triangle l = \alpha \cdot l_1 \cdot \triangle T = 0{,}01\ \frac{\text{mm}}{\text{m} \cdot \text{K}}\ 5{,}8\ \text{m} \cdot 80\ \text{K} = \mathbf{4{,}6\ mm}$$

Längenänderung:

$$l_{ges} = l_1 - \triangle l = 5{,}8\ \text{m} - 0{,}0046\ \text{m} = \mathbf{5{,}795\ m}$$

212.1 (6′)

Längenänderung Kupfer:

$$\triangle l_1 = \alpha_K \cdot l \cdot \triangle T = 0{,}017\ \frac{\text{mm}}{\text{m} \cdot \text{K}} \cdot 3{,}75\ \text{m} \cdot 100\ \text{K} = \mathbf{6{,}4\ mm}$$

Längenänderung Mauerwerk:

$$\triangle l_2 = \alpha_M \cdot l \cdot \triangle T = 0{,}006\ \frac{\text{mm}}{\text{m} \cdot \text{K}} \cdot 3{,}75\ \text{m} \cdot 40\ \text{K} = \mathbf{0{,}9\ mm}$$

Differenz der Längenänderungen:

$$\triangle l = \triangle l_1 - \triangle l_2 = 6{,}4\ \text{mm} - 0{,}9\ \text{mm} = \mathbf{5{,}5\ mm}$$

212.2 (5′)

Längenänderung in der Höhe:

$$\triangle l_1 = \alpha \cdot h \cdot \triangle T = 0{,}024\ \frac{\text{mm}}{\text{m} \cdot \text{K}} \cdot 1{,}45\ \text{m} \cdot 110\ \text{K} = \mathbf{3{,}8\ mm}$$

Längenänderung in der Breite:

$$\triangle l_2 = \alpha \cdot b \cdot \triangle T = 0{,}024\ \frac{\text{mm}}{\text{m} \cdot \text{K}} \cdot 0{,}95\ \text{m} \cdot 110\ \text{K} = \mathbf{2{,}5\ mm}$$

16.2 Wärmeschutz

217.1

(6′)

Wärmedurchlasswiderstand bei d = 10 cm:

$$R = \frac{d}{\lambda} = \frac{0{,}1\ \text{m}}{2{,}0\ \text{W/(m}\cdot\text{K)}} = \mathbf{0{,}050\ \frac{m^2 \cdot K}{W}}$$

Wärmedurchlasswiderstand bei d = 14 cm:

$$R = \frac{d}{\lambda} = \frac{0{,}14\ \text{m}}{2{,}0\ \text{W/(m}\cdot\text{K)}} = \mathbf{0{,}070\ \frac{m^2 \cdot K}{W}}$$

Wärmedurchlasswiderstand bei d = 25 cm:

$$R = \frac{d}{\lambda} = \frac{0{,}25\ \text{m}}{2{,}0\ \text{W/(m}\cdot\text{K)}} = \mathbf{0{,}125\ \frac{m^2 \cdot K}{W}}$$

217.2

(6′)

Wärmedurchlasswiderstand bei d = 17,5 cm:

$$R = \frac{d}{\lambda} = \frac{0{,}175\ \text{m}}{0{,}21\ \text{W/(m}\cdot\text{K)}} = \mathbf{0{,}833\ \frac{m^2 \cdot K}{W}}$$

Wärmedurchlasswiderstand bei d = 24 cm:

$$R = \frac{d}{\lambda} = \frac{0{,}24\ \text{m}}{0{,}21\ \text{W/(m}\cdot\text{K)}} = \mathbf{1{,}143\ \frac{m^2 \cdot K}{W}}$$

Wärmedurchlasswiderstand bei d = 36,5 cm:

$$R = \frac{d}{\lambda} = \frac{0{,}365\ \text{m}}{0{,}21\ \text{W/(m}\cdot\text{K)}} = \mathbf{1{,}738\ \frac{m^2 \cdot K}{W}}$$

217.3

(3′)

$$d = R \cdot \lambda = 0{,}271\ \frac{\text{m}^2\cdot\text{K}}{\text{W}} \cdot 0{,}14\ \frac{\text{W}}{\text{m}\cdot\text{K}} = \mathbf{0{,}038\ m}$$

217.4

(3′)

$$\lambda = \frac{d}{R} = \frac{0{,}12\ \text{m}\cdot\text{W}}{3{,}43\ \text{m}^2\cdot\text{K}} = \mathbf{0{,}035\ \frac{W}{m \cdot K}}$$

217.5

(4′)

a) $$R = \frac{d}{\lambda} = \frac{0{,}30\ \text{m}}{0{,}19\ \text{W/(m}\cdot\text{K)}} = \mathbf{1{,}579\ \frac{m^2 \cdot K}{W}}$$

b) $$d = R \cdot \lambda = 1{,}579\ \frac{\text{m}^2\cdot\text{K}}{\text{W}} \cdot 0{,}99\ \frac{\text{W}}{\text{m}\cdot\text{K}} = \mathbf{1{,}563\ m}$$

217.6

(6′)

a) $$R = \frac{d_1}{\lambda_1} + \frac{d_2}{\lambda_2} + R_g + \frac{d_4}{\lambda_4} = \frac{0{,}24\ \text{m}}{0{,}70\ \text{W/(m}\cdot\text{K)}} + \frac{0{,}06\ \text{m}}{0{,}04\ \text{W/(m}\cdot\text{K)}} + 0{,}16\ \frac{\text{m}^2\cdot\text{K}}{\text{W}} + \frac{0{,}115\ \text{m}}{0{,}96\ \text{W/(m}\cdot\text{K)}} = \mathbf{2{,}123\ \frac{m^2 \cdot K}{W}}$$

b) $$U = \frac{1}{R_{si} + R + R_{se}} = \frac{1}{0{,}13\ \frac{\text{m}^2\cdot\text{K}}{\text{W}} + 2{,}123\ \frac{\text{m}^2\cdot\text{K}}{\text{W}} + 0{,}04\ \frac{\text{m}^2\cdot\text{K}}{\text{W}}} = \mathbf{0{,}436\ \frac{W}{m^2 \cdot K}}$$

217.7

(6′)

Wand aus Porenbetonstein:
Tabelle 213/1, Aufgabenbuch:
$\lambda = 0{,}19\ \mathrm{W/(m \cdot K)}$

Wärmedurchlasswiderstand:

$$R_P = \frac{d}{\lambda} = \frac{0{,}24\ \mathrm{m}}{0{,}19\ \mathrm{W/(m \cdot K)}} = 1{,}263\ \frac{\mathrm{m^2 \cdot K}}{\mathrm{W}}$$

Wand aus Normalbeton:
Tabelle 213/1, Aufgabenbuch:
$\lambda = 2{,}0\ \mathrm{W/(m \cdot K)}$

Wärmedurchlasswiderstand:

$$R_N = \frac{d}{\lambda} = \frac{0{,}24\ \mathrm{m}}{2{,}0\ \mathrm{W/(m \cdot K)}} = 0{,}120\ \frac{\mathrm{m^2 \cdot K}}{\mathrm{W}}$$

Dämmschicht:
Wärmedurchlasswiderstand:

$$R_D = R_P - R_N = 1{,}263\ \frac{\mathrm{m^2 \cdot K}}{\mathrm{W}} - 0{,}120\ \frac{\mathrm{m^2 \cdot K}}{\mathrm{W}} = 1{,}143\ \frac{\mathrm{m^2 \cdot K}}{\mathrm{W}}$$

Dämmschichtdicke:

$$d = R_D \cdot \lambda = 1{,}143\ \frac{\mathrm{m^2 \cdot K}}{\mathrm{W}} \cdot 0{,}04\ \frac{\mathrm{W}}{\mathrm{m \cdot K}} = \mathbf{0{,}046\ m = 4{,}6\ cm}$$

217.8

(10′)

$$d = R \cdot \lambda$$

Eiche:

$$d = 0{,}15\ \frac{\mathrm{m^2 \cdot K}}{\mathrm{W}} \cdot 0{,}18\ \frac{\mathrm{W}}{\mathrm{m \cdot K}} = 0{,}027\ \mathrm{m} = \mathbf{27\ mm}$$

Tanne:

$$d = 0{,}15\ \frac{\mathrm{m^2 \cdot K}}{\mathrm{W}} \cdot 0{,}13\ \frac{\mathrm{W}}{\mathrm{m \cdot K}} = 0{,}020\ \mathrm{m} = \mathbf{20\ mm}$$

Sperrholzplatte:

$$d = 0{,}15\ \frac{\mathrm{m^2 \cdot K}}{\mathrm{W}} \cdot 0{,}17\ \frac{\mathrm{W}}{\mathrm{m \cdot K}} = 0{,}026\ \mathrm{m} = \mathbf{26\ mm}$$

Holzspanplatte:

$$d = 0{,}15\ \frac{\mathrm{m^2 \cdot K}}{\mathrm{W}} \cdot 0{,}14\ \frac{\mathrm{W}}{\mathrm{m \cdot K}} = 0{,}021\ \mathrm{m} = \mathbf{21\ mm}$$

Holzfaserplatte hart, HB:

$$d = 0{,}15\ \frac{\mathrm{m^2 \cdot K}}{\mathrm{W}} \cdot 0{,}18\ \frac{\mathrm{W}}{\mathrm{m \cdot K}} = 0{,}027\ \mathrm{m} = \mathbf{27\ mm}$$

Holzfaserplatte porös, SB:

$$d = 0{,}15\ \frac{\mathrm{m^2 \cdot K}}{\mathrm{W}} \cdot 0{,}07\ \frac{\mathrm{W}}{\mathrm{m \cdot K}} = 0{,}011\ \mathrm{m} = \mathbf{11\ mm}$$

217.9

(4′)

a) $$R = \frac{d}{\lambda} = \frac{0{,}02\ \mathrm{m}}{0{,}035\ \mathrm{W/(m \cdot K)}} = \mathbf{0{,}57\ \frac{m^2 \cdot K}{W}}$$

b) $$d = R \cdot \lambda = 0{,}57\ \frac{\mathrm{m^2 \cdot K}}{\mathrm{W}} \cdot 0{,}54\ \frac{\mathrm{W}}{\mathrm{m \cdot K}} = \mathbf{0{,}308\ m}$$

217.10 (6′)

a) $\text{erf } R = 0{,}900 \dfrac{\text{m}^2 \cdot \text{K}}{\text{W}}$

$\text{vorh } R = \dfrac{d}{\lambda} = \dfrac{0{,}2 \text{ m}}{2{,}0 \text{ W/(m} \cdot \text{K)}} = 0{,}100 \dfrac{\text{m}^2 \cdot \text{K}}{\text{W}}$

fehlender Wärmedurchlasswiderstand:

$R = 0{,}800 \dfrac{\text{m}^2 \cdot \text{K}}{\text{W}}$

$d = R \cdot \lambda = 0{,}800 \dfrac{\text{m}^2 \cdot \text{K}}{\text{W}} \cdot 0{,}035 \dfrac{\text{W}}{\text{m} \cdot \text{K}} = \mathbf{0{,}028\ m}$

b) $U = \dfrac{1}{R_{si} + R + R_{se}} = \dfrac{1}{0{,}17 \frac{\text{m}^2 \cdot \text{K}}{\text{W}} + 0{,}90 \frac{\text{m}^2 \cdot \text{K}}{\text{W}} \cdot 0{,}17 \frac{\text{m}^2 \cdot \text{K}}{\text{W}}} = \mathbf{0{,}81 \dfrac{W}{m^2 \cdot K}}$

217.11 (7′)

a) $R = \dfrac{d_1}{\lambda_1} + \dfrac{d_2}{\lambda_2} + R_g + \dfrac{d_4}{\lambda_4}$

$= \dfrac{0{,}02 \text{ m}}{0{,}70 \text{ W/(m} \cdot \text{K)}} + \dfrac{0{,}24 \text{ m}}{0{,}50 \text{ W/(m} \cdot \text{K)}} + 0{,}18 \dfrac{\text{m}^2 \cdot \text{K}}{\text{W}} + \dfrac{0{,}02 \text{ m}}{0{,}17 \text{ W/(m} \cdot \text{K)}}$

$= \mathbf{0{,}807 \dfrac{m^2 \cdot K}{W}}$

b) $U = \dfrac{1}{R_{si} + R + R_{se}} = \dfrac{1}{0{,}13 \frac{\text{m}^2 \cdot \text{K}}{\text{W}} + 0{,}807 \frac{\text{m}^2 \cdot \text{K}}{\text{W}} \cdot 0{,}04 \frac{\text{m}^2 \cdot \text{K}}{\text{W}}} = \mathbf{1{,}024 \dfrac{W}{m^2 \cdot K}}$

217.12 (4′)

$R = \dfrac{d}{\lambda}$

Glas 4 mm:

$R = \dfrac{0{,}004 \text{ m}}{1{,}0 \text{ W/(m} \cdot \text{K)}} = \mathbf{0{,}004 \dfrac{m^2 \cdot K}{W}}$

Glas 5 mm:

$R = \dfrac{0{,}005 \text{ m}}{1{,}0 \text{ W/(m} \cdot \text{K)}} = \mathbf{0{,}005 \dfrac{m^2 \cdot K}{W}}$

Glas 8 mm:

$R = \dfrac{0{,}008 \text{ m}}{1{,}0 \text{ W/(m} \cdot \text{K)}} = \mathbf{0{,}008 \dfrac{m^2 \cdot K}{W}}$

217.13 (15′)

Wärmedurchlasswiderstand Glas:

$R_G = \dfrac{d_1}{\lambda_1} + R_g + \dfrac{d_3}{\lambda_3} = \dfrac{0{,}004 \text{ m}}{1{,}0 \text{ W/(m} \cdot \text{K)}} + 0{,}18 \dfrac{\text{m}^2 \cdot \text{K}}{\text{W}} + \dfrac{0{,}004 \text{ m}}{1{,}0 \text{ W/(m} \cdot \text{K)}} = \mathbf{0{,}188 \dfrac{m^2 \cdot K}{W}}$

Wärmedurchgangskoeffizient Glas:

$U_G = \dfrac{1}{R_{si} + R + R_{se}} = \dfrac{1}{0{,}13 \frac{\text{m}^2 \cdot \text{K}}{\text{W}} + 0{,}188 \frac{\text{m}^2 \cdot \text{K}}{\text{W}} + 0{,}04 \frac{\text{m}^2 \cdot \text{K}}{\text{W}}} = \mathbf{2{,}793 \dfrac{W}{m^2 \cdot K}}$

Wärmedurchlasswiderstand Rahmen:

$R_G = \dfrac{d}{\lambda} = \dfrac{0{,}088 \text{ m}}{0{,}13 \text{ W/(m} \cdot \text{K)}} = \mathbf{0{,}677 \dfrac{m^2 \cdot K}{W}}$

Wärmedurchgangskoeffizient Rahmen:

$U_R = \dfrac{1}{R_{si} + R + R_{se}} = \dfrac{1}{0{,}13 \frac{\text{m}^2 \cdot \text{K}}{\text{W}} + 0{,}677 \frac{\text{m}^2 \cdot \text{K}}{\text{W}} + 0{,}04 \frac{\text{m}^2 \cdot \text{K}}{\text{W}}} = \mathbf{1{,}18 \dfrac{W}{m^2 \cdot K}}$

Mittelwert Wärmedurchgangskoeffizient:

$U_m = U_G \cdot 0{,}83 + U_R \cdot 0{,}17$

$= 2{,}793 \dfrac{\text{W}}{\text{m}^2 \cdot \text{K}} \cdot 0{,}83 + 1{,}18 \dfrac{\text{W}}{\text{m}^2 \cdot \text{K}} \cdot 0{,}17$

$= \mathbf{2{,}519 \dfrac{W}{m^2 \cdot K}}$

217.14 (6′)

Wärmedurchlasswiderstand:

$$R = \frac{d_1}{\lambda_1} + R_g + \frac{d_3}{\lambda_3}$$

$$= \frac{0{,}004\ \text{m}}{1{,}0\ \text{W/(m} \cdot \text{K)}} + 0{,}16\ \frac{\text{m}^2 \cdot \text{K}}{\text{W}} + \frac{0{,}004\ \text{m}}{1{,}0\ \text{W/(m} \cdot \text{K)}}$$

$$= \mathbf{0{,}168\ \frac{m^2 \cdot K}{W}}$$

Wärmedurchgangskoeffizient:

$$U = \frac{1}{R_{si} + R + R_{se}}$$

$$= \frac{1}{0{,}13\ \frac{\text{m}^2 \cdot \text{K}}{\text{W}} + 0{,}168\ \frac{\text{m}^2 \cdot \text{K}}{\text{W}} + 0{,}04\ \frac{\text{m}^2 \cdot \text{K}}{\text{W}}}$$

$$= \mathbf{3{,}00\ \frac{W}{m^2 \cdot K}}$$

16.3 Anforderungen an den Wärmeschutz

16.3.1 Anforderungen nach DIN 4108

229.1 (10')

Bauteile	erf R $\frac{m^2 \cdot K}{W}$
a) Außenwand mit hinterlüfteter Außenhaut b) Decke über einer Durchfahrt c) Kellerdecke	1,20 1,75 0,90
d) Decke unter einer Terrasse e) Decke unter einem nicht ausgebauten Dachraum f) Außenwand ohne hinterlüftete Außenhaut	1,20 0,90 1,20

229.2 (10')

Bauteile	flächenbezogene Masse kg/m²	erf R $\frac{m^2 \cdot K}{W}$
a) Außenwand, nicht hinterlüftet	90	1,75
b) Außenwand, hinterlüftet	75	1,75
c) Decke unter nicht ausgebautem Dachraum	80	1,75
d) Rollladenkasten	–	1,00
e) Nichttransparenter Teil einer Fensterausfachung (60 %)	–	1,20

229.3 Fensterbrüstung

(30')

(1) Ermittlung von Rohdichte, Wärmeleitfähigkeit und flächenbezogener Masse:

Bauteilschichten	Rohdichte	Wärmeleitfähigkeit	flächenbezogene Masse
Gipsputz	1200 kg/m³	0,51 W/(m · K)	18,0 kg/m²
Leichtbeton-Vollstein	1200 kg/m³	0,54 W/(m · K)	138,0 kg/m²
Polystyrol	20 kg/m³	0,04 W/(m · K)	0,8 kg/m²
Kalkputz	1800 kg/m³	1,00 W/(m · K)	36,0 kg/m²
			192,8 kg/m²

(2) Feststellung der zutreffenden Tabelle:
Die flächenbezogene Masse liegt mit 192,8 kg/m² über 100 kg/m².
Somit gelten die Dämmwerte der Tabelle 1, Seite 218 in Holztechnik – Mathematik.

(3.1) Mindestwert des Wärmedurchlasswiderstandes erf $R = 1{,}20\ \text{m}^2 \cdot \text{K/W}$.

(3.2) Höchstwert des Wärmedurchgangskoeffizienten: keine Anforderung

(4.1) Berechnung des Wärmedurchlasswiderstandes:

$$\text{vorh } R = \frac{d_1}{\lambda_1} + \frac{d_2}{\lambda_2} + \frac{d_3}{\lambda_3} + \frac{d_4}{\lambda_4}$$

$$= \frac{0{,}015\ \text{m}}{0{,}51\ \text{W/(m} \cdot \text{K)}} + \frac{0{,}115\ \text{m}}{0{,}54\ \text{W/(m} \cdot \text{K)}} + \frac{0{,}04\ \text{m}}{0{,}04\ \text{W/(m} \cdot \text{K)}} + \frac{0{,}02\ \text{m}}{1{,}00\ \text{W/(m} \cdot \text{K)}}$$

$$= \mathbf{1{,}262\ \frac{m^2 \cdot K}{W}}$$

$$\text{vorh } R = 1{,}262\ \frac{\text{m}^2 \cdot \text{K}}{\text{W}} > \text{erf } R = 1{,}20\ \frac{\text{m}^2 \cdot \text{K}}{\text{W}}$$

⇒ Der Wärmeschutz ist ausreichend.

(4.2) Ermittlung der Wärmeübergangswiderstände:

$$R_{si} = 0{,}13\ \frac{\text{m}^2 \cdot \text{K}}{\text{W}},\ R_{se} = 0{,}04\ \frac{\text{m}^2 \cdot \text{K}}{\text{W}}$$

(4.3) Berechnung des Wärmedurchgangskoeffizienten:

$$\text{vorh } U = \frac{1}{R_{si} + R + R_{se}}$$

$$= \frac{1}{0{,}13\ \frac{\text{m}^2 \cdot \text{K}}{\text{W}} + 1{,}262\ \frac{\text{m}^2 \cdot \text{K}}{\text{W}} + 0{,}04\ \frac{\text{m}^2 \cdot \text{K}}{\text{W}}}$$

$$= \mathbf{0{,}70\ \frac{W}{m^2 \cdot K}}$$

$$\text{vorh } U = 0{,}70\ \frac{\text{W}}{\text{m}^2 \cdot \text{K}} < \text{erf } U = 1{,}28\ \frac{\text{W}}{\text{m}^2 \cdot \text{K}}$$

229.4 Außenwand

(45')

a) **Gefahrbereich** (Bereich A)

(1) Ermittlung von Rohdichte, Wärmeleitfähigkeit und der Schichtdicke:

Bauteilschichten	Rohdichte	Wärmeleitfähigkeit	Schichtdicke
Kalkputz	1800 kg/m³	1,00 W/(m · K)	0,020 m
Porenbeton-Mauerwerk	800 kg/m³	0,19 W/(m · K)	0,365 m
Mineralfasermatte	10 kg/m³	0,04 W/(m · K)	0,040 m
Dampfsperre	–	–	–
Tischlerplatte	800 kg/m³	0,17 W/(m · K)	0,016 m

(2) Feststellung der zutreffenden Tabelle:
Da es sich um die Erneuerung einer Außenwand handelt, gilt nach der Energieeinsparungsverordnung die Tabelle 1, Seite 220 in Holztechnik – Mathematik.

(3) Höchstwert des Wärmedurchgangskoeffizienten erf $U = 0{,}45\ \text{W/(m}^2 \cdot \text{K)}$.

(4.1) Berechnung des Wärmedurchlasswiderstandes:

$$\text{vorh } R = \frac{d_1}{\lambda_1} + \frac{d_2}{\lambda_2} + \frac{d_3}{\lambda_3} + \frac{d_4}{\lambda_4}$$

$$= \frac{0{,}02\ \text{m}}{1{,}00\ \text{W/(m} \cdot \text{K)}} + \frac{0{,}365\ \text{m}}{0{,}19\ \text{W/(m} \cdot \text{K)}} + \frac{0{,}04\ \text{m}}{0{,}04\ \text{W/(m} \cdot \text{K)}} + \frac{0{,}016\ \text{m}}{0{,}17\ \text{W/(m} \cdot \text{K)}}$$

$$= \mathbf{3{,}035\ \frac{m^2 \cdot K}{W}}$$

(4.2) Ermittlung der Wärmeübergangswiderstände:

$$R_{si} = 0{,}13\ \frac{\text{m}^2 \cdot \text{K}}{\text{W}},\ R_{se} = 0{,}04\ \frac{\text{m}^2 \cdot \text{K}}{\text{W}}$$

(4.3) Berechnung des Wärmedurchgangskoeffizienten:

$$\text{vorh } U = \frac{1}{R_{si} + R + R_{se}}$$

$$= \frac{1}{0{,}13\ \frac{\text{m}^2 \cdot \text{K}}{\text{W}} + 3{,}035\ \frac{\text{m}^2 \cdot \text{K}}{\text{W}} + 0{,}04\ \frac{\text{m}^2 \cdot \text{K}}{\text{W}}}$$

$$= \mathbf{0{,}31\ \frac{W}{m^2 \cdot K}}$$

$$\text{vorh } U = 0{,}31\ \frac{\text{W}}{\text{m}^2 \cdot \text{K}} < \text{erf } U = 0{,}45\ \frac{\text{W}}{\text{m}^2 \cdot \text{K}}$$

⇒ Der Wärmeschutz ist ausreichend.

b) **Ungünstige Stelle** (Bereich B)

(1) Ermittlung von Wärmeleitfähigkeit und der Schichtdicke:

Bauteilschichten	Wärmeleitfähigkeit	Schichtdicke
Kalkputz	1,00 W/(m · K)	0,020 m
Porenbeton-Mauerwerk	0,19 W/(m · K)	0,365 m
Dämmstreifen	0,04 W/(m · K)	0,020 m
Unterkonstruktion	0,13 W/(m · K)	0,030 m
Tischlerplatte	0,17 W/(m · K)	0,016 m

(2) Feststellung der zutreffenden Tabelle:
Auch für ungünstige Stellen sind die Dämmwerte der Tabelle 1, Seite 220 in Holztechnik – Mathematik maßgebend.

(3) Höchstwert des Wärmedurchgangskoeffizienten erf U = 0,45 W/(m² · K).

(4.1) Berechnung des Wärmedurchlasswiderstandes:

$$\text{vorh } R = \frac{d_1}{\lambda_1} + \frac{d_2}{\lambda_2} + \frac{d_3}{\lambda_3} + \frac{d_4}{\lambda_4} + \frac{d_5}{\lambda_5}$$

$$= \frac{0{,}02\ \text{m}}{1{,}00\ \text{W/(m}\cdot\text{K)}} + \frac{0{,}365\ \text{m}}{0{,}19\ \text{W/(m}\cdot\text{K)}} + \frac{0{,}02\ \text{m}}{0{,}04\ \text{W/(m}\cdot\text{K)}} + \frac{0{,}03\ \text{m}}{0{,}13\ \text{W/(m}\cdot\text{K)}} + \frac{0{,}016\ \text{m}}{0{,}17\ \text{W/(m}\cdot\text{K)}}$$

$$= \mathbf{2{,}766\ \frac{m^2 \cdot K}{W}}$$

(4.2) Ermittlung der Wärmeübergangswiderstände:

$$R_{si} = 0{,}13\ \frac{\text{m}^2 \cdot \text{K}}{\text{W}},\ R_{se} = 0{,}04\ \frac{\text{m}^2 \cdot \text{K}}{\text{W}}$$

(4.3) Berechnung des Wärmedurchgangskoeffizienten:

$$\text{vorh } U = \frac{1}{R_{si} + R + R_{se}}$$

$$= \frac{1}{0{,}13\ \frac{\text{m}^2 \cdot \text{K}}{\text{W}} + 2{,}766\ \frac{\text{m}^2 \cdot \text{K}}{\text{W}} + 0{,}04\ \frac{\text{m}^2 \cdot \text{K}}{\text{W}}}$$

$$= \mathbf{0{,}34\ \frac{W}{m^2 \cdot K}}$$

$$\text{vorh } U = 0{,}34\ \frac{\text{W}}{\text{m}^2 \cdot \text{K}} \approx \text{erf } U = 0{,}45\ \frac{\text{W}}{\text{m}^2 \cdot \text{K}}$$

⇒ Der Wärmeschutz ist ausreichend.

229.5 Haustür

(30′)

Gefahrbereich (Bereich A)

(1) Berechnung des Wärmedurchlasswiderstandes:

$$R_A = \frac{d_1}{\lambda_1} + \frac{d_2}{\lambda_2} + \frac{d_3}{\lambda_3} + \frac{d_4}{\lambda_4}$$

$$= \frac{0{,}016\ \text{m}}{0{,}14\ \text{W/(m}\cdot\text{K)}} + \frac{0{,}035\ \text{m}}{0{,}035\ \text{W/(m}\cdot\text{K)}} + \frac{0{,}016\ \text{m}}{0{,}14\ \text{W/(m}\cdot\text{K)}} + \frac{0{,}019\ \text{m}}{0{,}14\ \text{W/(m}\cdot\text{K)}}$$

$$= \mathbf{1{,}364\ \frac{m^2 \cdot K}{W}}$$

(2) Ermittlung der Wärmeübergangswiderstände:

$$R_{si} = 0{,}13\ \frac{\text{m}^2\cdot\text{K}}{\text{W}},\ R_{se} = 0{,}04\ \frac{\text{m}^2\cdot\text{K}}{\text{W}}$$

(3) Berechnung des Wärmedurchgangskoeffizienten:

$$U_A = \frac{1}{R_{si} + R_A + R_{se}}$$

$$= \frac{1}{0{,}13\ \frac{\text{m}^2\cdot\text{K}}{\text{W}} + 1{,}364\ \frac{\text{m}^2\cdot\text{K}}{\text{W}} + 0{,}04\ \frac{\text{m}^2\cdot\text{K}}{\text{W}}}$$

$$= \mathbf{0{,}65\ \frac{W}{m^2 \cdot K}}$$

Rahmenbereich (Bereich B)

(1) Berechnung des Wärmedurchlasswiderstandes:

$$R_B = \frac{s_1}{\lambda_1} + \frac{s_2}{\lambda_2} + \frac{s_3}{\lambda_3} + \frac{s_4}{\lambda_4}$$

$$= \frac{0{,}016\ \text{m}}{0{,}14\ \text{W/(m}\cdot\text{K)}} + \frac{0{,}035\ \text{m}}{0{,}13\ \text{W/(m}\cdot\text{K)}} + \frac{0{,}016\ \text{m}}{0{,}14\ \text{W/(m}\cdot\text{K)}} + \frac{0{,}019\ \text{m}}{0{,}14\ \text{W/(m}\cdot\text{K)}}$$

$$= \mathbf{0{,}633\ \frac{m^2 \cdot K}{W}}$$

(2) Ermittlung der Wärmeübergangswiderstände:

$$R_{si} = 0{,}13\ \frac{\text{m}^2\cdot\text{K}}{\text{W}},\ R_{se} = 0{,}04\ \frac{\text{m}^2\cdot\text{K}}{\text{W}}$$

(3) Berechnung des Wärmedurchgangskoeffizienten:

$$U_B = \frac{1}{R_{si} + R_B + R_{se}}$$

$$= \frac{1}{0{,}13\ \frac{\text{m}^2\cdot\text{K}}{\text{W}} + 0{,}633\ \frac{\text{m}^2\cdot\text{K}}{\text{W}} + 0{,}04\ \frac{\text{m}^2\cdot\text{K}}{\text{W}}}$$

$$= \mathbf{1{,}25\ \frac{W}{m^2 \cdot K}}$$

Berechnung des mittleren Wärmedurchgangskoeffizienten:

$$U_m = U_A \cdot 0{,}55 + U_B \cdot 0{,}45$$

$$= 0{,}65\ \frac{\text{W}}{\text{m}^2\cdot\text{K}} \cdot 0{,}55 + 1{,}25\ \frac{\text{W}}{\text{m}^2\cdot\text{K}} \cdot 0{,}45$$

$$= \mathbf{0{,}92\ \frac{W}{m^2 \cdot K}}$$

16.3 Anforderungen an den Wärmeschutz

230.1 Haustür

(30')

Gefachbereich (Bereich A)

(1) Berechnung des Wärmedurchlasswiderstandes:

$$R_A = \frac{d_1}{\lambda_1} + \frac{d_2}{\lambda_2} + \frac{d_3}{\lambda_3}$$
$$= \frac{0{,}01\ \text{m}}{0{,}20\ \text{W/(m}\cdot\text{K)}} + \frac{0{,}035\ \text{m}}{0{,}04\ \text{W/(m}\cdot\text{K)}} + \frac{0{,}022\ \text{m}}{0{,}18\ \text{W/(m}\cdot\text{K)}}$$
$$= \mathbf{1{,}047\ \frac{m^2 \cdot K}{W}}$$

(2) Ermittlung der Wärmeübergangswiderstände:

$$R_{si} = 0{,}13\ \frac{\text{m}^2\cdot\text{K}}{\text{W}},\ R_{se} = 0{,}04\ \frac{\text{m}^2\cdot\text{K}}{\text{W}}$$

(3) Berechnung des Wärmedurchgangskoeffizienten:

$$U_A = \frac{1}{R_{si} + R_A + R_{se}}$$
$$= \frac{1}{0{,}13\ \frac{\text{m}^2\cdot\text{K}}{\text{W}} + 1{,}047\ \frac{\text{m}^2\cdot\text{K}}{\text{W}} + 0{,}04\ \frac{\text{m}^2\cdot\text{K}}{\text{W}}}$$
$$= \mathbf{0{,}82\ \frac{W}{m^2 \cdot K}}$$

Rahmenbereich (Bereich B)

(1) Berechnung des Wärmedurchlasswiderstandes:

$$R_B = \frac{d_1}{\lambda_1} + \frac{d_2}{\lambda_2}$$
$$= \frac{0{,}063\ \text{m}}{0{,}18\ \text{W/(m}\cdot\text{K)}} + \frac{0{,}022\ \text{m}}{0{,}18\ \text{W/(m}\cdot\text{K)}}$$
$$= \mathbf{0{,}472\ \frac{m^2 \cdot K}{W}}$$

(2) Ermittlung der Wärmeübergangswiderstände:

$$R_{si} = 0{,}13\ \frac{\text{m}^2\cdot\text{K}}{\text{W}},\ R_{se} = 0{,}04\ \frac{\text{m}^2\cdot\text{K}}{\text{W}}$$

(3) Berechnung des Wärmedurchgangskoeffizienten:

$$U_B = \frac{1}{R_{si} + R_B + R_{se}}$$
$$= \frac{1}{0{,}13\ \frac{\text{m}^2\cdot\text{K}}{\text{W}} + 0{,}472\ \frac{\text{m}^2\cdot\text{K}}{\text{W}} + 0{,}04\ \frac{\text{m}^2\cdot\text{K}}{\text{W}}}$$
$$= \mathbf{1{,}56\ \frac{W}{m^2 \cdot K}}$$

Berechnung des mittleren Wärmedurchgangskoeffizienten:

$$U_m = U_A \cdot 0{,}46 + U_B \cdot 0{,}54$$
$$= 0{,}82\ \frac{\text{W}}{\text{m}^2\cdot\text{K}} \cdot 0{,}46 + 1{,}56\ \frac{\text{W}}{\text{m}^2\cdot\text{K}} \cdot 0{,}54$$
$$= \mathbf{1{,}22\ \frac{W}{m^2 \cdot K}}$$

230.2 Außenwandelement in Leichtbauweise (50′)

a) **Gefachbereich** (Bereich A)

(1) Ermittlung von Rohdichte, Wärmeleitfähigkeit und flächenbezogener Masse:

Bauteilschichten	Rohdichte	Wärmeleitfähigkeit	flächenbezogene Masse
Gipskartonplatte	800 kg/m³	0,25 W/(m · K)	10,0 kg/m²
stehende Luftschicht	–	$R_g = 0{,}17\ \text{m}^2 \cdot \text{K/W}$	–
Dämmschicht	20 kg/m³	0,04 W/(m · K)	1,6 kg/m²
Holzspanplatte	600 kg/m³	0,14 W/(m · K)	11,4 kg/m²
schwach belüftete Luftschicht	–	$R_g = \frac{0{,}18}{2} = 0{,}09\ \text{m}^2 \cdot \text{K/W}$	–
Faserzementplatte	2000 kg/m³	0,58 W/(m · K)	12,0 kg/m²
			35,0 kg/m²

(2) Feststellung der zutreffenden Tabelle:
Die flächenbezogene Masse liegt mit 35,0 kg/m² unter 100 kg/m².
Somit gelten die Dämmwerte der Tabelle 2, Seite 65, Holztechnik – Formeln und Tabellen.

(3) Höchstwert des Wärmedurchlasswiderstandes erf $R_A = 1{,}75\ \text{m}^2 \cdot \text{K/W}$.

(4) Berechnung des Wärmedurchlasswiderstandes:

$$\text{vorh } R_A = \frac{d_1}{\lambda_1} + R_g + \frac{d_3}{\lambda_3} + \frac{d_4}{\lambda_4} + R_g + \frac{d_6}{\lambda_6}$$

$$= \frac{0{,}0125\ \text{m}}{0{,}25\ \text{W/(m} \cdot \text{K)}} + 0{,}17\ \frac{\text{m}^2 \cdot \text{K}}{\text{W}} + \frac{0{,}08\ \text{m}}{0{,}04\ \text{W/(m} \cdot \text{K)}} + \frac{0{,}019\ \text{m}}{0{,}14\ \text{W/(m} \cdot \text{K)}}$$

$$+ 0{,}09\ \frac{\text{m}^2 \cdot \text{K}}{\text{W}} + \frac{0{,}006\ \text{m}}{0{,}58\ \text{W/(m} \cdot \text{K)}}$$

$$= \mathbf{2{,}456\ \frac{m^2 \cdot K}{W}}$$

$$\text{vorh } R_A = 2{,}456\ \frac{\text{m}^2 \cdot \text{K}}{\text{W}} > \text{erf } R = 1{,}75\ \frac{\text{m}^2 \cdot \text{K}}{\text{W}}$$

⇒ Der Wärmeschutz ist ausreichend.

b) **Ungünstige Stelle** (Bereich B)

(1) Ermittlung von Wärmeleitfähigkeit und der Schichtdicke:

Bauteilschichten	Wärmeleitfähigkeit	Schichtdicke
Gipskartonplatte	0,25 W/(m · K)	1,25 cm
Rahmenholz	0,13 W/(m · K)	10,00 cm
Holzspanplatte	0,14 W/(m · K)	1,90 cm
schwach belüftete Luftschicht	$R_g = \frac{0{,}18}{2} = 0{,}09\ \text{m}^2 \cdot \text{K/W}$	–
Faserzementplatte	0,58 W/(m · K)	0,60 cm

(2) Feststellung der zutreffenden Tabelle:
Für ungünstige Stellen sind die Dämmwerte der Tabelle 2, Seite 65 in Holztechnik – Formeln und Tabellen maßgebend.

(3) Mindestwert des Wärmedurchlasswiderstandes erf $R_m = 1{,}00\ \text{m}^2 \cdot \text{K/W}$ für das gesamte Bauteil.

(4) Berechnung des Wärmedurchlasswiderstandes:

$$\text{vorh } R_B = \frac{d_1}{\lambda_1} + \frac{d_2}{\lambda_2} + \frac{d_3}{\lambda_3} + R_g + \frac{d_5}{\lambda_5}$$

$$= \frac{0{,}0125 \text{ m}}{0{,}25 \text{ W/(m} \cdot \text{K)}} + \frac{0{,}10 \text{ m}}{0{,}13 \text{ W/(m} \cdot \text{K)}} + \frac{0{,}019 \text{ m}}{0{,}14 \text{ W/(m} \cdot \text{K)}} + 0{,}09 \frac{\text{m}^2 \cdot \text{K}}{\text{W}} + \frac{0{,}006 \text{ m}}{0{,}58 \text{ W/(m} \cdot \text{K)}}$$

$$= \mathbf{1{,}055 \frac{m^2 \cdot K}{W}}$$

c) **Berechnung des Mittelwerts R_m:**

Wird ein Wärmedurchlasswiderstand als Mittelwert aus dem Gefachbereich und dem Bereich der ungünstigen Stelle gefordert, müssen diese beiden Wärmedurchlasswiderstände vorh R_A und vorh R_B in die Wärmedurchlasskoeffizienten Λ_A und Λ_B umgerechnet werden.

Dabei ist $\Lambda = \frac{1}{R}$. Die Wärmedurchlasskoeffizienten können dann mit dem entsprechenden Flächenanteil multipliziert werden.

Ist der Mittelwert Λ_m errechnet, wird er wieder in $R_m = \frac{1}{\Lambda_m}$ umgerechnet.

Lösung:

vorh $R_A = 2{,}456 \frac{\text{m}^2 \cdot \text{K}}{\text{W}}$, Anteil des Gefachbereichs = 90 %

vorh $R_B = 1{,}055 \frac{\text{m}^2 \cdot \text{K}}{\text{W}}$, Anteil des Bereichs Unterkonstruktion = 10 %

$$\text{vorh } \Lambda_A = \frac{1}{R_A} = \frac{1}{2{,}456 \text{ W/(m}^2 \cdot \text{K)}} = 0{,}407 \frac{\text{W}}{\text{m}^2 \cdot \text{K}}$$

$$\text{vorh } \Lambda_B = \frac{1}{R_B} = \frac{1}{1{,}055 \text{ W/(m}^2 \cdot \text{K)}} = 0{,}948 \frac{\text{W}}{\text{m}^2 \cdot \text{K}}$$

$$\text{vorh } \Lambda_m = \Lambda_A \cdot 90\,\% + \Lambda_B \cdot 10\,\%$$

$$= 0{,}407 \frac{\text{W}}{\text{m}^2 \cdot \text{K}} \cdot 0{,}90 + 0{,}948 \frac{\text{W}}{\text{m}^2 \cdot \text{K}} \cdot 0{,}10$$

$$= 0{,}461 \frac{\text{W}}{\text{m}^2 \cdot \text{K}}$$

$$\text{vorh } R_m = \frac{1}{\Lambda_m}$$

$$= \frac{1}{0{,}461 \text{ W/(m}^2 \cdot \text{K)}}$$

$$= \mathbf{2{,}169 \frac{m^2 \cdot K}{W}}$$

$$\text{vorh } R_m = 2{,}169 \frac{\text{m}^2 \cdot \text{K}}{\text{W}} > \text{erf } R_m = 1{,}0 \frac{\text{m}^2 \cdot \text{K}}{\text{W}}$$

⇒ Der Wärmeschutz ist ausreichend.

230.3 Kellerwand

(20′)

1 Ermittlung von Rohdichte und Wärmeleitfähigkeit:

Bauteilschichten	Rohdichte	Wärmeleitfähigkeit
Kalkputz Betonwand	1800 kg/m³ 2400 kg/m³	1,0 W/(m · K) 2,0 W/(m · K)

2 Feststellung der zutreffenden Tabelle:
Die Anforderungen an den Wärmeschutz für eine Kellerwand sind in der Tabelle 1, Seite 218 in Holztechnik – Mathematik enthalten.

3 Mindestwert des Wärmedurchlasswiderstandes erf $R = 1{,}20\ \text{m}^2 \cdot \text{K/W}$.

4 Berechnung des Wärmedurchlasswiderstandes:

$$\text{vorh } R = \frac{d_1}{\lambda_1} + \frac{d_2}{\lambda_2}$$
$$= \frac{0{,}015\ \text{m}}{1{,}0\ \text{W/(m} \cdot \text{K)}} + \frac{0{,}30\ \text{m}}{2{,}0\ \text{W/(m} \cdot \text{K)}}$$
$$= \mathbf{0{,}165\ \frac{m^2 \cdot K}{W}}$$

5 Mindestwert Wärmedurchlasswiderstand:

$$\text{erf } R = 1{,}20\ \frac{\text{m}^2 \cdot \text{K}}{\text{W}}$$

Wärmedurchlasswiderstand:

$$\text{vorh } R = 0{,}165\ \frac{\text{m}^2 \cdot \text{K}}{\text{W}}$$

fehlender Wärmedurchlasswiderstand:

$$R = 1{,}035\ \frac{\text{m}^2 \cdot \text{K}}{\text{W}}$$

Dicke der Dämmschicht:

$$d = R \cdot \lambda$$
$$= 1{,}035\ \frac{\text{m}^2 \cdot \text{K}}{\text{W}} \cdot 0{,}04\ \frac{\text{W}}{\text{m} \cdot \text{K}}$$
$$= \mathbf{0{,}041\ m \approx 4\ cm}$$

230.4 Decke unter einem nicht ausgebauten Dachraum (20')

a) **Gefachbereich** (Bereich A)

(1) Ermittlung von Rohdichte, Wärmeleitfähigkeit und flächenbezogener Masse:

Bauteilschichten	Rohdichte	Wärmeleitfähigkeit	flächenbezogene Masse
Riemenfußboden	500 kg/m³	0,13 W/(m · K)	11,0 kg/m²
Mineralfaserfilz	70 kg/m³	0,04 W/(m · K)	2,1 kg/m²
Stahlbetondecke	2 400 kg/m³	2,00 W/(m · K)	336,0 kg/m²
Gipskalkputz	1 400 kg/m³	0,70 W/(m · K)	21,0 kg/m²
			370,1 kg/m²

(2) Feststellung der zutreffenden Tabelle:
Die flächenbezogene Masse liegt mit 370,1 kg/m² über 100 kg/m². Somit gelten die Dämmwerte der Tabelle 1, Seite 218 in Holztechnik – Mathematik.

(3.1) Mindestwert des Wärmedurchlasswiderstandes erf $R = 0{,}90\ \text{m}^2 \cdot \text{K/W}$.

(3.2) Höchstwert des Wärmedurchgangskoeffizienten: keine Anforderung

(4.1) Berechnung des Wärmedurchlasswiderstandes:

$$\text{vorh } R_A = \frac{d_1}{\lambda_1} + \frac{d_2}{\lambda_2} + \frac{d_3}{\lambda_3} + \frac{d_4}{\lambda_4} + \frac{d_5}{\lambda_5}$$

$$= \frac{0{,}022\ \text{m}}{0{,}13\ \text{W/(m} \cdot \text{K)}} + \frac{0{,}03\ \text{m}}{0{,}04\ \text{W/(m} \cdot \text{K)}} + \frac{0{,}14\ \text{m}}{2{,}0\ \text{W/(m} \cdot \text{K)}} + \frac{0{,}015\ \text{m}}{0{,}70\ \text{W/(m} \cdot \text{K)}}$$

$$= \mathbf{1{,}010\ \frac{m^2 \cdot K}{W}}$$

$$\text{vorh } R_A = 1{,}010\ \frac{\text{m}^2 \cdot \text{K}}{\text{W}} > \text{erf } R = 0{,}90\ \frac{\text{m}^2 \cdot \text{K}}{\text{W}}$$

⇒ Der Wärmeschutz ist ausreichend.

(4.2) Ermittlung der Wärmeübergangswiderstände:
$R_{si} = 0{,}10\ \text{m}^2 \cdot \text{K/W}$, $R_{se} = 0{,}04\ \text{m}^2 \cdot \text{K/W}$

(4.3) Berechnung des Wärmedurchgangskoeffizienten:

$$\text{vorh } U_A = \frac{1}{R_{si} + R + R_{se}}$$

$$= \frac{1}{0{,}10\ \frac{\text{m}^2 \cdot \text{K}}{\text{W}} + 1{,}010\ \frac{\text{m}^2 \cdot \text{K}}{\text{W}} + 0{,}04\ \frac{\text{m}^2 \cdot \text{K}}{\text{W}}}$$

$$= \mathbf{0{,}87\ \frac{W}{m^2 \cdot K}}$$

b) **Ungünstige Stelle** (Bereich B)

(1) Ermittlung von Wärmeleitfähigkeit und der Schichtdicke:

Bauteilschichten	Wärmeleitfähigkeit	Schichtdicke
Riemenfußboden	0,13 W/(m · K)	2,2 cm
Kanthölzer	0,13 W/(m · K)	3,0 cm
Mineralfaserstreifen	0,04 W/(m · K)	2,0 cm
Stahlbetondecke	2,00 W/(m · K)	14,0 cm
Gipskalkputz	0,70 W/(m · K)	1,5 cm

(2) Feststellung der zutreffenden Tabelle:
Für ungünstige Stellen sind die Dämmwerte der Tabelle 1, Seite 218 in Holztechnik – Mathematik maßgebend.

(3.1) Mindestwert des Wärmedurchlasswiderstandes erf $R = 0{,}90\ \mathrm{m^2 \cdot K/W}$.

(3.2) Höchstwert des Wärmedurchgangskoeffizienten: keine Anforderung

(4.1) Berechnung des Wärmedurchlasswiderstandes:

$$\text{vorh } R_B = \frac{d_1}{\lambda_1} + \frac{d_2}{\lambda_2} + \frac{d_3}{\lambda_3} + \frac{d_4}{\lambda_4}$$

$$= \frac{0{,}022\ \mathrm{m}}{0{,}13\ \mathrm{W/(m \cdot K)}} + \frac{0{,}03\ \mathrm{m}}{0{,}13\ \mathrm{W/(m \cdot K)}} + \frac{0{,}02\ \mathrm{m}}{0{,}04\ \mathrm{W/(m \cdot K)}} + \frac{0{,}14\ \mathrm{m}}{2{,}00\ \mathrm{W/(m \cdot K)}} + \frac{0{,}015\ \mathrm{m}}{0{,}70\ \mathrm{W/(m \cdot K)}}$$

$$= \mathbf{0{,}991\ \frac{m^2 \cdot K}{W}}$$

$$\text{vorh } R_B = 0{,}991\ \frac{\mathrm{m^2 \cdot K}}{\mathrm{W}} > \text{erf } R = 0{,}90\ \frac{\mathrm{m^2 \cdot K}}{\mathrm{W}}$$

⇒ Der Wärmeschutz ist ausreichend.

(4.2) Ermittlung der Wärmeübergangswiderstände:

$$R_{si} = 0{,}10\ \frac{\mathrm{m^2 \cdot K}}{\mathrm{W}},\ R_{se} = 0{,}04\ \frac{\mathrm{m^2 \cdot K}}{\mathrm{W}}$$

(4.3) Berechnung des Wärmedurchgangskoeffizienten:

$$\text{vorh } U = \frac{1}{R_{si} + R + R_{se}}$$

$$= \frac{1}{0{,}10\ \frac{\mathrm{m^2 \cdot K}}{\mathrm{W}} + 0{,}991\ \frac{\mathrm{m^2 \cdot K}}{\mathrm{W}} + 0{,}04\ \frac{\mathrm{m^2 \cdot K}}{\mathrm{W}}}$$

$$= \mathbf{0{,}88\ \frac{W}{m^2 \cdot K}}$$

c) **Berechnung des Mittelwertes:**

(1) Flächenanteile von Gefachbereich und ungünstigen Stellen an der gesamten Fußbodenfläche:
Anteil des Gefachbereichs = 92 %, Anteil der ungünstigen Stellen (Kanthölzer) = 8 %.

(2) Berechnung des Mittelwerts:

$$\text{vorh } U_m = \text{vorh } U_A \cdot 0{,}92 + \text{vorh } U_B \cdot 0{,}08$$

$$= 0{,}87\ \frac{\mathrm{W}}{\mathrm{m^2 \cdot K}} \cdot 0{,}92 + 0{,}88\ \frac{\mathrm{W}}{\mathrm{m^2 \cdot K}} \cdot 0{,}08$$

$$= \mathbf{0{,}87\ \frac{W}{m^2 \cdot K}}$$

231.3 Decke über offener Durchfahrt

(60′)

(1) Ermittlung von Rohdichte und Wärmeleitfähigkeit:

Bauteilschichten	Rohdichte	Wärmeleitfähigkeit
Eiche-Parkett	700 kg/m³	0,18 W/(m · K)
Zementestrich	2000 kg/m³	1,40 W/(m · K)
Mineralfaserplatte	70 kg/m³	0,04 W/(m · K)
Stahlbetondecke	2400 kg/m³	2,00 W/(m · K)
Mehrschicht-Leichtbauplatte (Dämmschicht)	20 kg/m³	0,04 W/(m · K)
Kalkputz	1800 kg/m³	1,00 W/(m · K)

(2) Feststellung der zutreffenden Tabelle:
Für Decken, die Aufenthaltsräume nach unten gegen die Außenluft abgrenzen, gilt die Tabelle 1, Seite 218 in Holztechnik – Mathematik.

(3.1) Mindestwert des Wärmedurchlasswiderstandes erf $R = 1{,}75\ \text{m}^2 \cdot \text{K/W}$.

(3.2) Höchstwert des Wärmedurchgangskoeffizienten: keine Anforderung

(4.1) Berechnung des Wärmedurchlasswiderstandes:

$$\text{vorh } R = \frac{d_1}{\lambda_1} + \frac{d_2}{\lambda_2} + \frac{d_3}{\lambda_3} + \frac{d_4}{\lambda_4} + \frac{d_5}{\lambda_5} + \frac{d_6}{\lambda_6}$$

$$= \frac{0{,}008\ \text{m}}{0{,}18\ \text{W/(m} \cdot \text{K)}} + \frac{0{,}04\ \text{m}}{1{,}40\ \text{W/(m} \cdot \text{K)}} + \frac{0{,}02\ \text{m}}{0{,}04\ \text{W/(m} \cdot \text{K)}} + \frac{0{,}16\ \text{m}}{2{,}0\ \text{W/(m} \cdot \text{K)}}$$

$$+ \frac{0{,}05\ \text{m}}{0{,}04\ \text{W/(m} \cdot \text{K)}} + \frac{0{,}02\ \text{m}}{1{,}0\ \text{W/(m} \cdot \text{K)}}$$

$$= \mathbf{1{,}923\ \frac{m^2 \cdot K}{W}}$$

$$\text{vorh } R = 1{,}923\ \frac{\text{m}^2 \cdot \text{K}}{\text{W}} > \text{erf } R = 1{,}75\ \frac{\text{m}^2 \cdot \text{K}}{\text{W}}$$

⇒ Der Wärmeschutz ist ausreichend.

(4.2) Ermittlung der Wärmeübergangswiderstände:

$R_{si} = 0{,}17\ \frac{\text{m}^2 \cdot \text{K}}{\text{W}}$, $R_{se} = 0{,}04\ \frac{\text{m}^2 \cdot \text{K}}{\text{W}}$

(4.3) Berechnung des Wärmedurchgangskoeffizienten:

$$\text{vorh } U = \frac{1}{R_{si} + R + R_{se}}$$

$$= \frac{1}{0{,}17\ \frac{\text{m}^2 \cdot \text{K}}{\text{W}} + 1{,}923\ \frac{\text{m}^2 \cdot \text{K}}{\text{W}} + 0{,}04\ \frac{\text{m}^2 \cdot \text{K}}{\text{W}}}$$

$$= \mathbf{0{,}47\ \frac{W}{m^2 \cdot K}}$$

231.2 Kellerfußboden

(20′)

(1) Ermittlung von Rohdichte und Wärmeleitfähigkeit:

Bauteilschichten	Rohdichte	Wärmeleitfähigkeit
Parkettfußboden	700 kg/m³	0,18 W/(m · K)
Zementestrich	2000 kg/m³	1,40 W/(m · K)
PUR-Dämmschicht	30 kg/m³	0,03 W/(m · K)

(2) Feststellung der zutreffenden Tabelle:
Bei unteren Abschlüssen nicht unterkellerter Aufenthaltsräume, die unmittelbar an das Erdreich grenzen, gilt Tabelle 1, Seite 218 in Holztechnik – Mathematik enthalten.

(3) Mindestwert des Wärmedurchlasswiderstandes erf $R = 0{,}90\ \mathrm{m^2 \cdot K/W}$.

(4.1) Berechnung des Wärmedurchlasswiderstandes von Fußboden und Estrich:

$$\text{vorh } R = \frac{d_1}{\lambda_1} + \frac{d_2}{\lambda_2}$$

$$= \frac{0{,}022\ \mathrm{m}}{0{,}18\ \mathrm{W/(m \cdot K)}} + \frac{0{,}04\ \mathrm{m}}{1{,}40\ \mathrm{W/(m \cdot K)}}$$

$$= \mathbf{0{,}151\ \frac{m^2 \cdot K}{W}}$$

(4.2) Mindestwert Wärmedurchlasswiderstand:

$$\text{erf } R = 0{,}90\ \frac{\mathrm{m^2 \cdot K}}{\mathrm{W}}$$

Wärmedurchlasswiderstand:

$$\text{vorh } R = 0{,}151\ \frac{\mathrm{m^2 \cdot K}}{\mathrm{W}}$$

fehlender Wärmedurchlasswiderstand:

$$R = 0{,}749\ \frac{\mathrm{m^2 \cdot K}}{\mathrm{W}}$$

Dicke der erforderlichen Dämmschicht:

$$d = R \cdot \lambda$$

$$= 0{,}749\ \frac{\mathrm{m^2 \cdot K}}{\mathrm{W}} \cdot 0{,}03\ \frac{\mathrm{W}}{\mathrm{m \cdot K}}$$

$$= \mathbf{0{,}022\ m}$$

231.3 Belüftetes Flachdach (Kaltdach)

(20′)

a) **Gefachbereich** (Bereich A)

(1) Ermittlung von Rohdichte, Wärmeleitfähigkeit und flächenbezogener Masse:

Bauteilschichten	Rohdichte	Wärmeleitfähigkeit	flächenbezogene Masse
Gipskartonplatte Holzschalung Mineralfaserplatte Mineralfasermatte	800 kg/m³ 500 kg/m³ 70 kg/m³ 20 kg/m³	0,25 W/(m · K) 0,13 W/(m · K) 0,04 W/(m · K) 0,04 W/(m · K)	10,0 kg/m² 11,0 kg/m² 2,1 kg/m² 2,0 kg/m²
			25,1 kg/m²

(2) Feststellung der zutreffenden Tabelle:
Die flächenbezogene Masse von 25,1 kg/m² liegt unter 100 kg/m².
Somit gelten die Dämmwerte der Tabelle 2, Seite 218 in Holztechnik – Mathematik.

(3.1) Mindestwert des Wärmedurchlasswiderstandes erf $R = 1{,}75\ \mathrm{m^2 \cdot K/W}$.

(4.1) Höchstwert des Wärmedurchgangskoeffizienten: keine Anforderung
Berechnung des Wärmedurchlasswiderstandes:

$$\text{vorh } R_A = \frac{d_1}{\lambda_1} + \frac{d_2}{\lambda_2} + \frac{d_3}{\lambda_3} + \frac{d_4}{\lambda_4}$$

$$= \frac{0{,}0125\ \mathrm{m}}{0{,}25\ \mathrm{W/(m \cdot K)}} + \frac{0{,}022\ \mathrm{m}}{0{,}13\ \mathrm{W/(m \cdot K)}} + \frac{0{,}03\ \mathrm{m}}{0{,}04\ \mathrm{W/(m \cdot K)}} + \frac{0{,}10\ \mathrm{m}}{0{,}04\ \mathrm{W/(m \cdot K)}}$$

$$= \mathbf{3{,}469\ \frac{m^2 \cdot K}{W}}$$

$$\text{vorh } R_A = 3{,}469\ \frac{\mathrm{m^2 \cdot K}}{\mathrm{W}} > \text{erf } R = 1{,}75\ \frac{\mathrm{m^2 \cdot K}}{\mathrm{W}}$$

⇒ Der Wärmeschutz ist ausreichend.

(4.2) Ermittlung der Wärmeübergangswiderstände:

$$R_{si} = 0{,}10\ \frac{\mathrm{m^2 \cdot K}}{\mathrm{W}},\ R_{se} = 0{,}04\ \frac{\mathrm{m^2 \cdot K}}{\mathrm{W}}$$

(4.3) Berechnung des Wärmedurchgangskoeffizienten:

$$\text{vorh } U_A = \frac{1}{R_{si} + R + R_{se}}$$

$$= \frac{1}{0{,}10\ \frac{\mathrm{m^2 \cdot K}}{\mathrm{W}} + 3{,}469\ \frac{\mathrm{m^2 \cdot K}}{\mathrm{W}} + 0{,}04\ \frac{\mathrm{m^2 \cdot K}}{\mathrm{W}}}$$

$$= \mathbf{0{,}28\ \frac{W}{m^2 \cdot K}}$$

b) **Ungünstige Stelle** (Bereich B)

(1) Ermittlung von Wärmeleitfähigkeit und der Schichtdicke:

Bauteilschichten	Wärmeleitfähigkeit	Schichtdicke
Gipskartonplatte	0,25 W/(m · K)	1,25 cm
Holzschalung	0,13 W/(m · K)	2,20 cm
Mineralfaserplatte	0,04 W/(m · K)	3,00 cm
Dachbalken	0,13 W/(m · K)	10,00 cm

(Die Dachbalken werden wärmeschutztechnisch nur bis zur Oberkante der Dämmschicht berücksichtigt.)

(2) Feststellung der zutreffenden Tabelle:
Für ungünstige Stellen sind die Dämmwerte der Tabelle 2, Seite 218 in Holztechnik – Mathematik maßgebend.

(3.1) Mindestwert des Wärmedurchlasswiderstandes erf $R = 1{,}75\ \mathrm{m^2 \cdot K/W}$.

(3.2) Höchstwert des Wärmedurchgangskoeffizienten: keine Anforderung

(4.1) Berechnung des Wärmedurchlasswiderstandes:

$$\text{vorh } R_B = \frac{d_1}{\lambda_1} + \frac{d_2}{\lambda_2} + \frac{d_3}{\lambda_3} + \frac{d_4}{\lambda_4}$$
$$= \frac{0{,}0125\ \mathrm{m}}{0{,}25\ \mathrm{W/(m \cdot K)}} + \frac{0{,}022\ \mathrm{m}}{0{,}13\ \mathrm{W/(m \cdot K)}} + \frac{0{,}03\ \mathrm{m}}{0{,}04\ \mathrm{W/(m \cdot K)}} + \frac{0{,}10\ \mathrm{m}}{0{,}13\ \mathrm{W/(m \cdot K)}}$$
$$= \mathbf{1{,}738\ \frac{m^2 \cdot K}{W}}$$

$$\text{vorh } R_B = 1{,}738\ \frac{\mathrm{m^2 \cdot K}}{\mathrm{W}} < \text{erf } R = 1{,}75\ \frac{\mathrm{m^2 \cdot K}}{\mathrm{W}}$$

⇒ Der Wärmeschutz ist ausreichend, da der geringe Fehlbetrag von $0{,}006\ \mathrm{m^2 \cdot K/W}$ bei dieser kleinen Fläche toleriert werden kann.

(4.2) Ermittlung der Wärmeübergangswiderstände:
$R_{si} = 0{,}10\ \frac{\mathrm{m^2 \cdot K}}{\mathrm{W}}$, $R_{se} = 0{,}04\ \frac{\mathrm{m^2 \cdot K}}{\mathrm{W}}$

(4.3) Berechnung des Wärmedurchgangskoeffizienten:

$$\text{vorh } U_B = \frac{1}{R_{si} + R + R_{se}}$$
$$= \frac{1}{0{,}10\ \frac{\mathrm{m^2 \cdot K}}{\mathrm{W}} + 1{,}738\ \frac{\mathrm{m^2 \cdot K}}{\mathrm{W}} + 0{,}04\ \frac{\mathrm{m^2 \cdot K}}{\mathrm{W}}}$$
$$= \mathbf{0{,}53\ \frac{W}{m^2 \cdot K}}$$

c) **Berechnung des Mittelwertes:**

(1) Flächenanteile von Gefachbereich und ungünstigen Stellen an der gesamten Dachfläche: Anteil des Gefachbereichs: 84 %, Anteil der Dachbalken: 16 %.

(2) Berechnung des Mittelwertes:

$$\text{vorh } U_m = \text{vorh } U_A \cdot 0{,}84 + \text{vorh } U_B \cdot 0{,}16$$
$$= 0{,}28\ \frac{\mathrm{W}}{\mathrm{m^2 \cdot K}} \cdot 0{,}84 + 0{,}53\ \frac{\mathrm{W}}{\mathrm{m^2 \cdot K}} \cdot 0{,}16$$
$$= \mathbf{0{,}32\ \frac{W}{m^2 \cdot K}}$$

17.2 Materialeinzelkosten

235.1

(10′)

Holzpreisumrechnung von Kubikmeterpreis in Quadratmeterpreis:

Preis/m² = Preis/m³ · Rohdicke
= 447,50 €/m³ · 0,025 m
= 11,19 €/m² bei Rohdicke 25 mm

MATERIALLISTE für die Vorkalkulation

Gegenstand: Reißbrett in Pappel/Buche — Auftraggeber:

Stückzahl: 1 Stück — Auftragnummer: 235.1

lfd. Nr.	Verwendung	Mate-rial	Stück	Fertigmaße Länge in mm	Fertigmaße Breite in mm	Flächen-inhalt in m²	Roh-dicke/ Fertig-dicke in mm	Netto-menge in m² in m	Ver-schnitt in %	Menge mit Ver-schnitt in m² in m	Preis je Einheit in €	errech-neter Preis in €
1	Zeichenplatte	PA	1	700	500	0,350	25/18	0,350	30	0,455	11,19	5,09
2	Gratleisten	BU	2	470	41	0,039	25/18	0,039	40	0,055	12,25	0,67
3	Moosgummistreifen		2	440				0,880	5	0,924	1,60	1,48
Σ	Summe		5									7,24

235.2

(15′)

Holzpreis:
20 mm: 975 €/m³ ≙ 975 €/m³ · 0,02 m = 19,50 €/m²

MATERIALLISTE für die Vorkalkulation

Gegenstand: Tablett in Eiche — Auftraggeber:

Stückzahl: 10 Stück — Auftragnummer: 235.2

lfd. Nr.	Verwendung	Mate-rial	Stück	Fertigmaße Länge in mm	Fertigmaße Breite in mm	Flächen-inhalt in m²	Roh-dicke/ Fertig-dicke in mm	Netto-menge in m² in m	Ver-schnitt in %	Menge mit Ver-schnitt in m² in m	Preis je Einheit in €	errech-neter Preis in €
1	Rahmen, längs	EI	20	480	45	0,432	20/15					
2	Rahmen, quer	EI	20	360	45	0,324	20/15	0,756	70	1,285	19,50	25,06
3	Platte mit Griffen	VP	10	344	570	1,961	8	1,961	20	2,353	6,60	15,53
4	Furnier	EI	20	570	344	3,922		3,922	50	5,883	7,10	41,77
Σ	Summe		70									82,36

235.3

(30′)

Holzpreis:
38 mm: 1200 €/m³ ≙ 1200 €/m³ · 0,038 m = 45,60 €/m²
30 mm: 1200 €/m³ ≙ 1200 €/m³ · 0,030 m = 36,00 €/m²

KB KIRSCHBAUM
(PRAV Prunus avium)

MATERIALLISTE für die Vorkalkulation
Gegenstand: Satztische in Kirschbaum — Auftraggeber:
Stückzahl: 1 Stück — Auftragnummer: 235.3

lfd. Nr.	Verwendung	Material	Stück	Fertigmaße Länge in mm	Fertigmaße Breite in mm	Flächeninhalt in m²	Rohdicke/Fertigdicke in mm	Nettomenge in m² in m	Verschnitt in %	Menge mit Verschnitt in m² in m	Preis je Einheit in €	errechneter Preis in €
1	Füße Tisch 1	KB	4	520	34	0,071	38/34	0,071	80	0,127	45,60	5,80
2	Füße Tisch 2	KB	4	470	32	0,060	38/32	0,060	80	0,108	45,60	4,94
3	Füße Tisch 3	KB	4	422	30	0,051	38/30	0,051	80	0,091	45,60	4,16
4	Zarge Tisch 1	KB	2	682	40	0,055	30/25	0,055	80	0,098	36,00	3,54
5	Zarge Tisch 1	KB	2	332	40	0,027	30/25	0,027	80	0,048	36,00	1,72
6	Zarge Tisch 2	KB	2	586	38	0,045	30/25	0,045	80	0,080	36,00	2,89
7	Zarge Tisch 2	KB	2	306	38	0,023	30/25	0,023	80	0,042	36,00	1,51
8	Zarge Tisch 3	KB	2	490	36	0,035	30/25	0,035	80	0,064	36,00	2,29
9	Zarge Tisch 3	KB	2	280	36	0,020	30/25	0,020	80	0,036	36,00	1,31
10	Platte Tisch 1	P2	1	740	390	0,289	10	0,289	15	0,332	3,30	1,10
11	Platte Tisch 2	P2	1	640	360	0,230	10	0,230	15	0,265	3,30	0,87
12	Platte Tisch 3	P2	1	540	330	0,178	10	0,178	15	0,205	3,30	0,68
13	Furnier Tisch 1	KB	2	740	390	0,577		0,577	85	1,068	9,15	9,77
14	Furnier Tisch 2	KB	2	640	360	0,461		0,461	85	0,852	9,15	7,80
15	Furnier Tisch 3	KB	2	540	330	0,356		0,356	85	0,659	9,15	6,03
16	Dübel		48								0,03	1,44
Σ	Summe		81									55,83

236.1

(45′)

Holzpreis: NB, 25 mm: 1945 €/m³ ≙ 48,63 €/m²
10 mm: 1945 €/m³ ≙ 19,45 €/m²
AH, 35 mm: 925 €/m³ ≙ 32,38 €/m²
10 mm: 925 €/m³ ≙ 18,50 €/m²

17 Kostenrechnen, Kalkulation

17.2 Materialeinzelkosten

MATERIALLISTE für die Vorkalkulation

Gegenstand: Hängeschränkchen in Nussbaum — Auftraggeber:

Stückzahl: 2 Stück — Auftragnummer: 236.1

lfd. Nr.	Verwendung	Mate-rial	Stück	Fertigmaße Länge in mm	Fertigmaße Breite in mm	Flächen-inhalt in m²	Roh-dicke/ Fertig-dicke in mm	Netto-menge in m² in m	Ver-schnitt in %	Menge mit Ver-schnitt in m² in m	Preis je Einheit in €	errech-neter Preis in €
1	Schrankseite	ST	4	320	420	0,538	19	0,538	20	0,645	9,10	5,87
2	Boden	ST	4	320	840	1,075	19	1,075	20	1,290	9,10	11,74
3	Fachboden	ST	2	275	800	0,440	16	0,440	20	0,528	9,10	4,80
4	Tür, links	P2	2	421	391	0,329	10	0,329	15	0,379	2,90	1,10
5	Tür, rechts	P2	2	421	391	0,329	10	0,329	15	0,379	2,90	1,10
6	Rückwand	VP	2	825	405	0,668	6	0,668	20	0,802	4,60	3,69
7	Anleimer, Korpus	NB	1	5040	5	0,025	25/20	0,025	100	0,050	25,00	1,26
8	Türanleimer, quer	NB	2	842	10	0,017	25/15	0,017	100	0,034	25,00	0,84
9	Türanleimer, aufr.	NB	4	384	10	0,015	25/15	0,015	100	0,031	25,00	0,77
10	Türanleimer, aufr.	NB	4	384	10	0,015	10/5	0,015	100	0,031	19,45	0,60
11	Nutleisten, quer	AH	2	800	13	0,021	35/28	0,021	100	0,042	32,38	1,35
12	Nutleisten, aufr.	AH	4	380	8	0,012	35/28	0,012	100	0,024	32,38	0,79
13	Fachbodenanleimer	AH	2	800	5	0,008	20/16	0,008	100	0,016	18,50	0,30
14	Furnier, Seite	NB	4	420	320	0,538		0,538	90	1,021	9,15	9,35
15	Furnier, Boden	NB	4	840	320	1,075		1,075	90	2,043	9,15	18,69
16	Furnier, Tür	NB	4	421	384	0,647		0,647	90	1,229	9,15	11,24
17	Furnier, Tür	NB	4	421	384	0,647		0,647	90	1,229	9,15	11,24
18	Furnier, Seite	AH	4	420	320	0,538		0,538	70	0,914	3,80	3,47
19	Furnier, Boden	AH	4	840	320	1,075		1,075	70	1,828	3,80	6,95
20	Furnier, Rückw.	AH	4	825	405	1,337		1,337	70	2,272	3,80	8,63
21	Furnier, Fachboden	AH	4	800	275	0,880		0,880	70	1,496	3,80	5,68
22	Winkeldübel		24								0,04	0,96
23	Rollgleiter		8								0,90	7,20
24	Laufschiene		4								0,65	2,60
25	Bodenträgerhülsen		32								0,02	0,64
26	Bodenträgerstecker		8								0,06	0,48
27	Bettbeschläge		4								0,60	2,40
28	Muschelgriffe		4								1,42	5,68
29	Kleinmaterial											2,25
Σ	Summe		151									131,67

NB Nussbaum (DIN EN 13556 = Juglan regia JGRG)

AH Ahorn (DIN EN 13556 = Acer pseudoplatanus ACPS, oder Acer campestre ACCM, oder Acer saccharum ACSC)

17.2 Materialeinzelkosten

236.2

(45′)

Holzpreis:
16 mm: 825 €/m^3 ≙ 13,20 €/m^2; 25 mm: 825 €/m^3 ≙ 20,63 €/m^2

MATERIALLISTE für die Vorkalkulation

Gegenstand: Nähtisch in Rüster — Auftraggeber:

Stückzahl: 1 Stück — Auftragnummer: 236.2

lfd. Nr.	Verwendung	Material	Stück	Fertigmaße Länge in mm	Fertigmaße Breite in mm	Flächeninhalt in m^2	Rohdicke/ Fertigdicke in mm	Nettomenge in m^2 in m	Verschnitt in %	Menge mit Verschnitt in m^2 in m	Preis je Einheit in €	errechneter Preis in €
1	Seite	P2	2	415	195	0,162	16					
2	Boden	P2	1	516	415	0,214	16					
3	Längsseite	P2	1	516	160	0,083	16	0,459	15	0,528	5,88	3,10
4	Deckelklappe	P2	1	516	410	0,212	19	0,212	15	0,244	6,60	1,61
5	Rückwand	VP	1	183	538	0,098	5	0,098	15	0,113	4,90	0,55
6	Griffleiste	RU	1	516	50	0,026	16/10					
7	Schubkasten, Seiten	RU	2	250	35	0,018	16/10					
8	", Vorder-, Hinterstück	RU	2	250	35	0,018	16/10					
9	Führungsleiste	RU	2	392	15	0,012	16/7					
10	Distanzleiste, links	RU	2	540	20	0,022	16/10					
11	Distanzleiste, quer	RU	2	400	20	0,016	16/10	0,112	65	0,185	13,20	2,44
12	Umleimer, Seite	RU	2	620	5	0,006	25/16					
13	" , Boden	RU	1	516	5	0,003	25/16					
14	" , Längsseite	RU	1	516	5	0,003	25/16					
15	" , Deckel, längs	RU	3	516	5	0,008	25/19					
16	" , Deckel, quer	RU	2	390	5	0,004	25/19					
17	Stollen	RU	4	290	40	0,046	25/20					
18	Zargen, längs	RU	2	510	40	0,041	25/20					
19	Zargen, quer	RU	2	420	40	0,034	25/20	0,145	65	0,239	20,63	4,93
20	Schubkastenboden	VP	1	242	242	0,058	4	0,058	15	0,066	3,35	0,22
21	Furnier, Seite	RU	4	200	420	0,336						
22	Furnier, Boden	RU	2	516	420	0,433						
23	Furnier, Längsseite	RU	2	516	148	0,153						
24	Furnier, Deckel	RU	2	516	415	0,428						
25	Furnier, Rückwand	RU	2	538	183	0,197		1,689	70	2,871	6,35	18,23
26	Dübel	BU	32				Ø8				0,05	1,60
27	Scharniere		2								1,93	3,86
28	Kleinmaterial											2,00
Σ	Summe											38,54

RU Rüster (lat.: UlMi Ulmus minor) BU Buche (lat.: FASY Fagus sylvatica)

17.2 Materialeinzelkosten

237.1

(15′)

Holzpreis:
KI, 26 mm: 790 €/m³ ≙ 20,54 €/m²

MATERIALLISTE für die Vorkalkulation
Gegenstand: Regal in Kiefer — Auftraggeber:
Stückzahl: 1 Stück — Auftragnummer: 237.1

lfd. Nr.	Verwendung	Material	Stück	Fertigmaße Länge in mm	Fertigmaße Breite in mm	Flächeninhalt in m²	Rohdicke/Fertigdicke in mm	Nettomenge in m² in m	Verschnitt in %	Menge mit Verschnitt in m² in m	Preis je Einheit in €	errechneter Preis in €
1	Seite	KI	2	820	300	0,492	26/22					
2	Boden	KI	3	648	290	0,564	26/22					
3	Sockelblende	KI	1	636	70	0,045	26/22	1,101	45	1,596	20,54	32,78
4	Rückwand	VP	1	603	666	0,402	6	0,402	15	0,462	6,40	2,96
5	Furnier	KI	2	666	603	0,803		0,803	35	1,084	7,90	8,56
6	Furnierleim		2	666	603	0,803		0,803			0,23	0,18
Σ	Summe											44,48

237.2

(15′)

MATERIALLISTE für die Vorkalkulation
Gegenstand: Regal in Kiefer — Auftraggeber:
Stückzahl: 1 Stück — Auftragnummer: 237.2

lfd. Nr.	Verwendung	Material	Stück	Fertigmaße Länge in mm	Fertigmaße Breite in mm	Flächeninhalt in m²	Rohdicke/Fertigdicke in mm	Nettomenge in m² in m	Verschnitt in %	Menge mit Verschnitt in m² in m	Preis je Einheit in €	errechneter Preis in €
1	Seite	KI	2	1600	300	0,960	26/22					
2	Boden	KI	6	648	290	1,128	26/22					
3	Sockelblende	KI	1	636	70	0,045	26/22	2,133	45	3,093	20,54	63,53
4	Rückwand	VP	1	1383	666	0,921	6	0,921	15	1,059	6,40	6,78
5	Furnier	KI	2	666	1383	1,842		1,842	35	2,487	7,90	19,65
6	Furnierleim		2	666	1383	1,842		1,842			0,23	0,42
Σ	Summe											90,38

KI Kiefer (lat.: PNSY Pinus sylvestris)

237.3

(20′)

Holzpreis:
EI, 50 mm: 1625 €/m³ ≙ 81,25 €/m²
EI, 30 mm: 1625 €/m³ ≙ 48,75 €/m²

MATERIALLISTE für die Vorkalkulation

Gegenstand: Zimmertürblatt in Eiche — Auftraggeber:

Stückzahl: 1 Stück — Auftragnummer: 237.3

lfd. Nr.	Verwendung	Material	Stück	Fertigmaße Länge in mm	Fertigmaße Breite in mm	Flächeninhalt in m²	Rohdicke/Fertigdicke in mm	Nettomenge in m² in m	Verschnitt in %	Menge mit Verschnitt in m² in m	Preis je Einheit in €	errechneter Preis in €
1	aufrechtes Fries	EI	2	2 030	135	0,548	50/45					
2	Querfries, unten	EI	1	630	200	0,126	50/45					
3	Querfries, oben	EI	1	630	135	0,085	50/45	0,759	60	1,214	81,25	98,64
4	Füllungsleisten	EI	1	4 650	12	0,056	30/26	0,056	60	0,090	48,75	4,39
5	Füllung	VP	1	628	1 693	1,063	10	1,063	15	1,222	6,90	8,43
6	Furnier	EI	2	1 693	630	2,126		2,126	50	3,189	8,40	26,79
7	Türbänder		2								4,15	8,30
8	Aufsteckhülsen	MS	2								1,10	2,20
9	Einsteckschloss		1								11,40	11,40
10	Drückergarnitur		1								19,30	19,30
11	Dübel	BU	10								0,12	1,20
Σ	Summe											180,65

EI Eiche (lat.: QCXE Quercus petraea)

17.2 Materialeinzelkosten

237.4 (25')

MATERIALLISTE für die Vorkalkulation

Gegenstand: Zimmertürblätter in Eiche — Auftraggeber:

Stückzahl: 2 Stück, 760 + 1 000 mm breit — Auftragnummer: 237.4

lfd. Nr.	Verwendung	Material	Stück	Fertigmaße Länge in mm	Fertigmaße Breite in mm	Flächeninhalt in m²	Rohdicke/ Fertigdicke in mm	Nettomenge in m² in m	Verschnitt in %	Menge mit Verschnitt in m² in m	Preis je Einheit in €	errechneter Preis in €
1	aufrechtes Fries	EI	4	2030	135	1,096	50/45					
2	Querfries, unten	EI	1	490	200	0,098	50/45					
3	Querfries, unten	EI	1	730	200	0,146	50/45					
4	Querfries, oben	EI	1	490	135	0,066	50/45					
5	Querfries, oben	EI	1	730	135	0,099	50/45	1,505	60	2,408	81,25	195,65
6	Füllungsleisten	EI	1	4370	12	0,052	30/26					
7	Füllungsleisten	EI	1	4850	12	0,058	30/26	0,110	60	0,176	48,25	8,49
8	Füllung	VP	1	488	1693	0,826	10					
9	Füllung	VP	1	728	1693	1,233	10	2,059	15	2,368	6,90	16,34
10	Furnier	EI	2	1693	488	1,652						
11	Furnier	EI	2	1693	728	2,466		4,118	50	6,177	8,40	51,88
12	Türbänder		4								4,15	16,60
13	Aufsteckhülsen	MS	4								1,10	4,40
14	Einsteckschloss		2								11,40	22,80
15	Drückergarnitur		2								19,30	38,60
16	Dübel	BU	20								0,12	2,40
Σ	Summe											357,16

237.5

(8′)

Holzpreis:
KI, 75 mm: 760 €/m³ ≙ 57,00 €/m²
MAC, 22 mm: 925 €/m³ ≙ 20,35 €/m²

MATERIALLISTE für die Vorkalkulation

Gegenstand: Rahmenhölzer/Glashalteleisten — Auftraggeber:

Stückzahl: 250 Stück — Auftragnummer: 237.5

lfd. Nr.	Verwendung	Mate-rial	Stück	Fertigmaße Länge in mm	Fertigmaße Breite in mm	Flächeninhalt in m²	Roh-dicke/Fertig-dicke in mm	Netto-menge in m² in m	Ver-schnitt in %	Menge mit Ver-schnitt in m² in m	Preis je Einheit in €	errech-neter Preis in €
1	Rahmenholz	KI	250	2050	120	61,50	75/68	61,50	65	101,475	57,00	5784,08
2	Glashalteleisten	MAC	1	1000000	28	28,00	22/18	28,00	100	56,00	20,35	1139,60
Σ	Summe											6923,68

KI Kiefer (lat.: PNSY Pinus sylvestris)
MAC Macoré (lat.: TGHC Tieghemella heckelii)

17.3 Lohnarten

241.1 (5′)

Gegeben: Stundenlohn:
16,77 € (1); 17,04 € (2); 18,43 € (3); 17,83 € (4)

Gesucht: Wochenlohn in €

Lösung: Zeitlohn
= Stundenzahl · Stundenlohn
$\overset{(1)}{=}$ 38 h · 16,77 €/h = **637,26 €**
$\overset{(2)}{=}$ 38 h · 17,04 €/h = **647,52 €**
$\overset{(3)}{=}$ 38 h · 18,43 €/h = **700,34 €**
$\overset{(4)}{=}$ 38 h · 17,83 €/h = **677,54 €**

241.2 (4′)

Gegeben: Ecklohn: 16,43 €/h
neuer Ecklohn: 16,77 €/h

Gesucht: Prozentsatz p der Erhöhung

Lösung: Erhöhung = 16,77 €/h − 16,43 €/h
= 0,54 €/h

$$p\,\% = \frac{\text{Erhöhung} \cdot 100\,\%}{\text{Ecklohn}} = \frac{0{,}54\ \text{€/h} \cdot 100\,\%}{16{,}43\ \text{€/h}} = \mathbf{3{,}29\,\%}$$

241.3 (6′)

Gegeben: Arbeitszeiten:
Mo: 8,5 h
Di: 9,0 h
Mi: 6,0 h
Do: 9,0 h
Fr: 5,5 h
Stundenlohn: 17,33 €/h (1)
18,43 €/h (2)

Gesucht: Wochenlohn in €

Lösung: Stundenzahl
= 8,5 h + 9 h + 6 h + 9 h + 5,5 h
= 38 h

Zeitlohn
= Stundenzahl · Stundenlohn
$\overset{(1)}{=}$ 38 h · 17,33 €/h = **658,54 €**
$\overset{(2)}{=}$ 38 h · 18,43 €/h = **700,34 €**

241.4 (18′)

Gegeben: Tabellenwerte:

Name	Lohn €/h	Arbeitszeit in Std. pro Tag Mo	Di	Mi	Do	Fr
Schnell	18,43	8,5	8,5	8,5	8,5	5,5
Kurz	17,33	8,0	8,5	9,0	8,0	5,5
Lang	17,04	8,5	8,0	9,0	8,5	4,5
Klein	16,77	9,0	8,5	9,0	8,0	5,0

Gesucht: Wochenlöhne,
gesamte Lohnsumme

Lösung: Zeitlohn
= Stundenzahl · Stundenlohn

Name	Wochenarbeitszeit	Wochenlohn
Schnell	39,5 h	**727,99 €**
Kurz	39,0 h	**675,87 €**
Lang	38,5 h	**656,04 €**
Klein	39,5 h	**662,42 €**
Summe		**2722,32 €**

241.5 (9′)

Gegeben: Wochenarbeitszeiten im November:
44. Woche: 10 h
45. Woche: 38 h
46. Woche: 40 h
47. Woche: 38 h
48. Woche: 39 h
Tariflohn: 19,17 €/h (1)
18,43 €/h (2)

Gesucht: Lohn im Monat November in €

Lösung: Arbeitszeit
= (10 + 38 + 40 + 38 + 39) h
= 165 h

Zeitlohn
= Stundenzahl · Stundenlohn
$\overset{(1)}{=}$ 165 h · 19,17 €/h
= **3163,05 €**

$\overset{(2)}{=}$ 165 h · 18,43 €/h
= **3040,95 €**

241.6 (14′)

Gegeben: Tabellenwerte:

	lfd. Nr.	Lohngruppe	h
Mitarbeiter	1	3	32
Mitarbeiter	2	3	34
Mitarbeiter	3	5	37
Mitarbeiter	4	5	40
Mitarbeiter	5	5	39
Mitarbeiter	6	7	40

Gesucht: einzelne Löhne, Lohnsumme in €

Lösung:

lfd. Nr.	h	Tariflohn €/h	Wochenlohn €
1	32	15,02	480,64
2	34	15,02	510,68
3	37	16,50	610,50
4	40	16,50	660,00
5	39	16,50	643,50
6	40	20,63	825,20
			3 249,88

241.7 (7′)

Gegeben: Tariflöhne:
18,23 €/h (1)
18,68 €/h (2)
19,78 €/h (3)
20,12 €/h (4)

Gesucht: Geldfaktoren (Minutenfaktoren)

Lösung: Geldfaktor

$$= \frac{\text{Tariflohn} + \text{Zuschlag}}{60\ \text{min}} \cdot \frac{100\ ¢}{€}$$

$$\overset{(1)}{=} \frac{18{,}23\ € \cdot 1{,}15}{60\ \text{min}} \cdot \frac{100\ ¢}{€} = \mathbf{34{,}94\ ¢/min}$$

$$\overset{(2)}{=} \frac{18{,}68\ € \cdot 1{,}15}{60\ \text{min}} \cdot \frac{100\ ¢}{€} = \mathbf{35{,}80\ ¢/min}$$

$$\overset{(3)}{=} \frac{19{,}78\ € \cdot 1{,}15}{60\ \text{min}} \cdot \frac{100\ ¢}{€} = \mathbf{37{,}91\ ¢/min}$$

$$\overset{(4)}{=} \frac{20{,}12\ € \cdot 1{,}15}{60\ \text{min}} \cdot \frac{100\ ¢}{€} = \mathbf{38{,}56\ ¢/min}$$

241.8 (8′)

Gegeben: Zeitakkord: 0,8 min/Stück
Fertigung/Woche:
3 360 Stück (1)
3 100 Stück (2)
Geldfaktor:
34,04 ¢/min (1)
37,57 ¢/min (2)

Gesucht: Zeitakkordlohn in €

Lösung: Zeitakkordlohn
= Vorgabezeit · Geldfaktor · Menge

$$\overset{(1)}{=} 0{,}8\ \frac{\text{min}}{\text{Stück}} \cdot 34{,}04\ \frac{¢}{\text{min}} \cdot 3360\ \text{Stück} \cdot \frac{1\ €}{100\ ¢} = \mathbf{915{,}00\ €}$$

$$\overset{(2)}{=} 0{,}8\ \frac{\text{min}}{\text{Stück}} \cdot 37{,}57\ \frac{¢}{\text{min}} \cdot 3100\ \text{Stück} \cdot \frac{1\ €}{100\ ¢} = \mathbf{931{,}74\ €}$$

241.9 (9′)

Gegeben:

Namen	Vorgabezeit min/Stück	Geldfaktor ¢/min	Produktionsmenge Stück/Wo.
Holzwarth	0,8	32,97	3250
Schreiner	1,2	34,04	2200
Bretterle	5,0	37,57	520
Drechsler	1,8	36,16	1560

Gesucht: Wochenlöhne in €

Lösung: Zeitakkordlohn = Vorgabezeit · Geldfaktor · Menge

Lohn Holzwarth:

$$= 0{,}8\,\frac{\text{min}}{\text{Stück}} \cdot 32{,}97\,\frac{¢}{\text{min}} \cdot 3250\text{ Stück} \cdot \frac{1\text{ €}}{100\text{ ¢}}$$

= **857,22 €**

Lohn Schreiner:

$$= 1{,}2\,\frac{\text{min}}{\text{Stück}} \cdot 34{,}04\,\frac{¢}{\text{min}} \cdot 2200\text{ Stück} \cdot \frac{1\text{ €}}{100\text{ ¢}}$$

= **898,66 €**

Lohn Bretterle:

$$= 5{,}0\,\frac{\text{min}}{\text{Stück}} \cdot 37{,}57\,\frac{¢}{\text{min}} \cdot 520\text{ Stück} \cdot \frac{1\text{ €}}{100\text{ ¢}}$$

= **976,82 €**

Lohn Drechsler:

$$= 1{,}8\,\frac{\text{min}}{\text{Stück}} \cdot 36{,}16\,\frac{¢}{\text{min}} \cdot 1560\text{ Stück} \cdot \frac{1\text{ €}}{100\text{ ¢}}$$

= **1015,37 €**

241.10 (17′)

Gegeben: Tabellenwerte:

Namen	Vorgabezeit min/Stück	gebrauchte Zeit h	Produktionsmenge Stück/Woche	gebrauchte Zeit min/Stück
Holzwarth	0,8	38	3250	0,702
Schreiner	1,2	38	2200	1,036
Bretterle	5,0	38	520	4,385
Drechsler	1,8	38	1560	1,462

Gesucht: Zeitgrad in %

Lösung:

1. Errechnen der letzten Spalte in der obigen Übersicht:

   gebrauchte Zeit

   $$= \frac{38\text{ h}}{\text{Stückzahl}} \cdot 60\,\frac{\text{min}}{\text{h}} = \frac{38\text{ h}}{3250\text{ Stück}} \cdot \frac{60\text{ min}}{\text{h}}$$

   = 0,702 min/Stück

2. Zeitgrad

   $$= \frac{\text{Vorgabezeit/Stück} \cdot 100\,\%}{\text{gebrauchte Zeit/Stück}}$$

   Zeitgrad Holzwarth

   $$= \frac{0{,}8\text{ min/Stück} \cdot 100\,\%}{0{,}702\text{ min/Stück}} = \mathbf{114\,\%}$$

   Zeitgrad Schreiner: 116 %
   Zeitgrad Bretterle: 114 %
   Zeitgrad Drechsler: 123 %

241.11 (6′)

Gegeben: Fertigung/Woche: 1580 Teile
Vorgabe: 1,8 min/Stück
Arbeitszeit: 40 h

Gesucht: Zeitgrad in %

Lösung: gebrauchte Zeit

$$= \frac{40\text{ h}}{1580\text{ Stück}} \cdot \frac{60\text{ min}}{1\text{ h}}$$

= 1,5 min/Stück

Zeitgrad

$$= \frac{\text{Vorgabezeit/Stück} \cdot 100\,\%}{\text{gebrauchte Zeit/Stück}} = \frac{1{,}8\text{ min/Stück} \cdot 100\,\%}{1{,}5\text{ min/Stück}}$$

= **120 %**

241.12 (4′)

Gegeben: Geldakkordsatz: 1,15 €/Stück
Arbeitsleistung: 940 Stück/Woche

Gesucht: Geldakkordlohn in €/Woche

Lösung: Geldakkordlohn
= Geldakkordsatz · Leistung
= 1,15 €/Stück · 940 Stück/Woche
= **1 081,00 €/Woche**

241.13 (17′)

Gegeben: Vorgabezeit: 1,2 min/Stück
Tariflohn: 18,76 €/h (1)
19,65 €/h (2)
Akkordzuschlag: 15 %
Arbeitsleistung:
2 450 Stück/Woche (1)
2 520 Stück/Woche (2)

Gesucht: a) Akkordrichtsatz in €/h
b) Geldakkordlohn in €

Lösung: a) Akkordrichtsatz
= Tariflohn + Zuschlag
$\overset{(1)}{=}$ 18,76 €/h · 1,15
= **21,57 €/h**
$\overset{(2)}{=}$ 19,65 €/h · 1,15
= **22,60 €/h**

b) Geldakkordsatz

$= \frac{\text{Akkordrichtsatz}}{\text{Einheiten/h}}$

= Akkordrichtsatz · Vorgabezeit

$\overset{(1)}{=} 21{,}57\,\frac{€}{h} \cdot 1{,}2\,\frac{min}{Stück} \cdot \frac{1\,h}{60\,min}$

= **0,43 €/Stück**

$\overset{(2)}{=} 22{,}60\,\frac{€}{h} \cdot 1{,}2\,\frac{min}{Stück} \cdot \frac{1\,h}{60\,min}$

= **0,45 €/Stück**

Geldakkordlohn
= Mengenleistung · Geldakkordsatz

$\overset{(1)}{=} 2\,450\,\frac{Stück}{Woche} \cdot 0{,}43\,\frac{€}{Stück}$

= **1 053,50 €/Woche**

$\overset{(2)}{=} 2\,520\,\frac{Stück}{Woche} \cdot 0{,}45\,\frac{€}{Stück}$

= **1 134,00 €/Woche**

17.4 Lohnzuschläge, Zulagen, Lohnabzüge

243.1 (7′)

Gegeben: Wochenarbeitszeit: 44 h
Grundlohn:
38 h zu 18,43 €/h
Mehrarbeitsstunden:
4 h mit 25 % Zuschlag
2 h mit 50 % Zuschlag

Gesucht: Bruttowochenlohn in €

Lösung: Lohn = Stundenlohn · Stunden

Grundlohn:	
18,43 €/h · 38 h	700,34 €
Lohn mit 25 % Zuschlag:	
18,43 €/h · 1,25 · 4 h	92,15 €
Lohn mit 50 % Zuschlag:	
18,43 €/h · 1,50 · 2 h	55,29 €
Wochenlohn	**847,78 €**

243.2 (8′)

Gegeben: Arbeitsstunden:

Tag	Gh	Üh>8 25 %	Üh>10 60 %	Üh>11 50 %
Mo	8 h	2 h		
Di	8 h	2 h		
Mi	8 h	2 h		
Do	8 h	2 h	2 h	
Fr	6 h	1 h		1 h
Σ	38 h	9 h	2 h	1 h

Tariflohn: 19,17 €/h

Gesucht: Brutto-Wochenlohn einschließlich der tariflichen Zuschläge in €

Lösung:

Grundlohn:	
38 h · 19,17 €/h	728,46 €
Überstunden > 8 h/Tag:	
9 h · 19,17 €/h · 1,25	215,66 €
Überstunden > 10 h/Tag:	
2 h · 19,17 €/h · 1,60	61,34 €
Überstunden > 11 h/Woche:	
1 h · 19,17 €/h · 1,50	28,76 €
Bruttowochenlohn	**1 026,22 €**

243.3 (10′)

Gegeben: Grundarbeitszeit: 19 × 8 h = 152 h
Mehrarbeit > 10 h: 2 × 2 h = 4 h
Mehrarbeit > 8 h: 12 × 2 h = 24 h
Stundenlohn: 18,78 €/h
Weihnachtsgratifikation: 675,– €

Gesucht: Gesamt-Bruttolohn in €

Lösung:

Grundlohn:	
152 h · 18,78 €/h	2854,56 €
Überstunden > 10 h/Tag:	
4 h · 18,78 €/h · 1,60	120,19 €
Überstunden > 8 h/Tag:	
24 h · 18,78 €/h · 1,25	563,40 €
Weihnachtsgratifikation:	675,00 €
Bruttomonatslohn	**4213,15 €**

243.4 (14′)

Gegeben: Tabellenwerte

Gesucht: Lohn und Zulagen in €

Lösung: Leicht:
Lohn
= 38 h · 18,43 €/h
+ 4 h · 18,43 €/h · 1,25
+ 2 h · 18,43 €/h · 1,5
= 700,34 € + 92,15 € + 55,29 €
= **847,78 €**

Meißner:
Lohn
= 18,78 €/h · 38 h
+ 18,78 €/h · 4 h · 1,25
+ 18,78 €/h · 4 h · 1,5
= 713,64 € · 93,90 € + 112,68 €
= **920,22 €**

243.5 (24′)

Gegeben: Lohn im Monat März für einen Arbeitnehmer:

Std.	Zuschlag	Zuschlagfaktor
101	–	–
12	25 %	1,25
10	50 %	1,50
57	40 %	1,40

Stundenlohn: 19,17 €/h (1)
18,78 €/h (2)

Gesucht: Gesamtbruttolohn in €

Lösung: Bruttolohn
= Stundenlohn · Arbeitsstunden

$\overset{(1)}{=}$ 19,17 €/h · 101 h
+ 19,17 €/h · 12 h · 1,25
+ 19,17 €/h · 10 h · 1,50
+ 19,17 €/h · 57 h · 1,40
= 1936,17 €
+ 287,55 €
+ 287,55 €
+ 1529,77 €
= **4041,04 €**

$\overset{(2)}{=}$ 18,78 €/h · 101 h
+ 18,78 €/h · 12 h · 1,25
+ 18,78 €/h · 10 h · 1,50
+ 18,78 €/h · 57 h · 1,40
= 1896,78 €
+ 281,70 €
+ 281,70 €
+ 1498,64 €
= **3958,82 €**

17.4 Lohnzuschläge, Zulagen, Lohnabzüge

243.6 (18′)

Gegeben: Grundgehalt: Bt = 3825,– €
Lohnsteuer Kl. IV: LSt = 815,04 €
Solidaritätszuschlag: Soli = 5,5 % · LSt
Kirchensteuer: KiSt = 8 % · LSt
Krankenversicherung: KV = 6,5 % · Bt
Rentenversicherung: RV = 9,65 % · Bt
Arbeitslosenvers.: AV = 3,25 % · Bt
Pflegeversicherung: PV = 0,85 % · Bt
Bausparkasse: VWL = 62,50 €
Vorschuss: NtV = 25,– €

Gesucht: Nettogehalt in €

Lösung:

Bruttogehalt	3825,00 €
Lohnsteuer	– 815,04 €
Solidaritätszuschlag 815,04 € · 5,5 %	– 44,83 €
Kirchensteuer 815,04 € · 8 %	– 65,20 €
Krankenversicherung 3825,00 € · 6,5 %	– 248,63 €
Rentenversicherung 3825,00 € · 9,65 %	– 369,11 €
Arbeitslosenversicherung 3825,00 € · 3,25 %	– 124,31 €
Pflegeversicherung 3825,00 € · 0,85 %	– 32,51 €
Bausparkassenbeitrag	– 62,50 €
Vorschuss	– 25,00 €
Nettogehalt	**2037,87 €**

243.7 (34′)

Gegeben: Lohnberechnung für Juni:

Std.	Zuschlag	Zuschlagfaktor
142	–	–
15	25 %	1,25
8	50 %	1,50

Stundenlohn: 18,78 €/h
Urlaubsgeld: BtU = 475,– €
Lohnsteuer Kl. I: LSt = 18,2 % · Bt
Solidaritätszuschlag: Soli = 5,5 % · LSt
Kirchensteuer: KiSt = 8 % · LSt
Krankenversicherung: KV = 6,5 % · Bt
Rentenversicherung: RV = 9,65 % · Bt
Arbeitslosenvers.: AV = 3,25 % · Bt
Pflegeversicherung: PV = 0,85 % · Bt

Gesucht: Nettolohn in €

Lösung:

Grundgehalt 18,78 €/h · 142 h	2666,76 €
Überstunden (25 % Zuschl.): 18,78 €/h · 15 h · 1,25	352,13 €
Überstunden (50 % Zuschl.): 18,78 €/h · 8 h · 1,50	225,36 €
Urlaubsgeld:	475,00 €
Bruttolohn	3719,25 €
Lohnsteuer 3719,25 € · 18,2 %	– 676,90 €
Solidaritätszuschlag 676,90 € · 5,5 %	– 37,23 €
Kirchensteuer 676,90 € · 8 %	– 34,15 €
Krankenversicherung 3719,25 € · 6,5 %	– 241,75 €
Rentenversicherung 3719,25 € · 9,65 %	– 358,91 €
Arbeitslosenversicherung 3719,25 € · 3,25 %	– 120,88 €
Pflegeversicherung 3719,25 € · 0,85 %	– 31,61 €
Abzüge	– 1521,43 €

Nettolohn
3719,25 € – 1521,43 € = 2197,82 €

17.4 Lohnzuschläge, Zulagen, Lohnabzüge

243.7 (20′)

Gegeben: Gehalt: $Bt_{alt} = 3825,- €$
$Bt_{neu} = 4025,- €$
Lohnsteuer: $LSt_{alt} = 18,0\ \% \cdot Bt_{alt}$
$LSt_{neu} = 18,5\ \% \cdot Bt_{neu}$
Solidaritätszuschlag: Soli = 5,5 % · LSt
Kirchensteuer: KiSt = 9 % · LSt
Krankenversicherung: KV = 6,5 % · Bt
Rentenversicherung: RV = 9,65 % · Bt
Arbeitslosenvers.: AV = 3,25 % · Bt
Pflegeversicherung: PV = 0,85 % · Bt

Gesucht: a) Prozentsatz der Gehaltserhöhung in € und in %
b) Gehaltserhöhung netto in € und %

Lösung: a) Gehaltserhöhung:

$\triangle Bt = 4025{,}00\ € - 3825{,}00\ € = \mathbf{200{,}00\ €}$

$$\triangle Bt\ \% = \frac{\triangle Bt \cdot 100\ \%}{Bt_{alt}} = \frac{200{,}00\ € \cdot 100\ \%}{3825{,}00\ €} = \mathbf{5{,}23\ \%}$$

b)

Bruttogehalt alt	3825,00 €
Lohnsteuer 3825,00 € · 18,0 %	− 688,50 €
Solidaritätszuschlag 688,50 € · 5,5 %	− 37,87 €
Kirchensteuer 688,50 € · 9 %	− 61,97 €
Krankenversicherung 3825,00 € · 6,5 %	− 248,63 €
Rentenversicherung 3825,00 € · 9,65 %	− 369,11 €
Arbeitslosenvers. 3825,00 € · 3,25 %	− 124,31 €
Pflegeversicherung 3825,00 € · 0,85 %	− 32,51 €
Nettogehalt alt	**2262,10 €**

Bruttogehalt neu	4025,00 €
Lohnsteuer 4025,00 € · 18,5 %	− 744,63 €
Solidaritätszuschlag 744,63 € · 5,5 %	− 40,95 €
Kirchensteuer 744,63 € · 9 %	− 67,02 €
Krankenversicherung 4025,00 € · 6,5 %	− 261,63 €
Rentenversicherung 4025,00 € · 9,65 %	− 388,41 €
Arbeitslosenvers. 4025,00 € · 3,25 %	− 130,81 €
Pflegeversicherung 4025,00 € · 0,85 %	− 34,21 €
Nettogehalt neu	**2357,34 €**

Gehaltserhöhung Netto:

$\triangle Nt = 2357{,}34\ € - 2262{,}10\ € = \mathbf{95{,}24\ €}$

$$\triangle Nt_{\%} = \frac{\triangle Nt \cdot 100\ \%}{Nt_{alt}} = \frac{95{,}24\ € \cdot 100\ \%}{2262{,}10\ €} = \mathbf{4{,}21\ \%}$$

243.9 (105′)

Gegeben: Tabellenwerte:

Arbeitnehmer	Arbeitszeit (h)				Lohn
Namen	April	Mai	Juni	Juli	€/h
Walter	180	160	175	158	18,40
Kraft	175	165	172	158	18,78
Werner	178	182	173	168	19,17
Klein	182	184	172	180	19,60
Behnert	170	168	170	171	19,33
Graf	172	170	168	173	19,78

Lohnsteuer: LSt = 18,2 % · Bt
Solidaritätszuschlag: Soli = 5,5 % · LSt
Kirchensteuer: KiSt = 9 % · LSt
Sozialversicherung: SV = 20,25 % · Bt

Gesucht: Nettolöhne/Monat

Tipp: Das Aufgabenschema eignet sich für ein Lösungsverfahren mithilfe eines Tabellenkalkulationsprogrammes.

17.4 Lohnzuschläge, Zulagen, Lohnabzüge

Lösung: Bruttolöhne:
Bt = Stunden · Stundenlöhne

AN	Bruttolöhne (€)			
Namen	April	Mai	Juni	Juli
Walter	3312,00	2944,00	3220,00	2907,20
Kraft	3286,50	3098,70	3230,16	2967,24
Werner	3412,26	3488,94	3316,41	3220,56
Klein	3567,20	3606,40	3371,20	3528,00
Behnert	3286,10	3247,44	3286,10	3305,43
Graf	3402,16	3362,60	3323,04	3421,94

Lohnsteuer:
LSt = 18,2 % · Bt

AN	Lohnsteuer (€)			
Namen	April	Mai	Juni	Juli
Walter	602,78	535,81	586,04	529,11
Kraft	598,14	563,96	587,89	540,04
Werner	621,03	634,99	603,59	586,14
Klein	649,23	656,36	613,56	642,10
Behnert	598,07	591,03	598,07	601,59
Graf	619,19	611,99	604,79	622,79

Solidaritätszuschlag:
Soli = 5,5 % · LSt

AN	Lohnsteuer (€)			
Namen	April	Mai	Juni	Juli
Walter	33,15	29,47	32,23	29,10
Kraft	32,90	31,02	32,33	29,70
Werner	34,16	34,92	33,20	32,24
Klein	35,70	36,10	33,75	35,32
Behnert	32,89	32,51	32,89	33,09
Graf	34,06	33,66	33,26	34,25

Kirchensteuer:
KiSt = 9 % · LSt

AN	Kirchensteuer (€)			
Namen	April	Mai	Juni	Juli
Walter	54,25	48,22	52,74	47,62
Kraft	53,83	50,76	52,91	48,60
Werner	55,89	57,15	54,32	52,75
Klein	58,43	59,07	55,22	57,79
Behnert	53,83	53,19	53,83	54,14
Graf	55,73	55,08	54,43	56,05

Sozialversicherung:
SV = 20,25 % · Bt

AN	Sozialversicherung (€)			
Namen	April	Mai	Juni	Juli
Walter	667,37	593,22	648,83	585,80
Kraft	662,23	624,39	650,88	597,90
Werner	678,57	703,02	668,26	648,94
Klein	718,79	726,69	679,30	710,89
Behnert	662,15	654,36	662,15	666,04
Graf	685,54	677,56	669,59	689,52

Nettolöhne:
Nt = Bt − LSt − KiSt − SV

AN	Nettolöhne (€)			
Namen	April	Mai	Juni	Juli
Walter	1954,45	1737,28	1900,16	1715,57
Kraft	1939,40	1828,57	1906,15	1751,00
Werner	2013,61	2058,86	1956,45	1900,49
Klein	2105,05	2128,18	1989,37	2081,90
Behnert	1939,16	1916,35	1939,16	1950,57
Graf	2007,64	1984,31	1960,97	2019,33

17.5 Gemeinkosten

245.1
(4′)

Gegeben: Fertigungslöhne: 245 000,– €
Jahresgemeinkosten: 482 000,– €

Gesucht: Gemeinkostensatz in %

Lösung: Gemeinkostensatz

$= \frac{\text{Jahresgemeinkosten} \cdot 100\,\%}{\text{Jahres-Fertigungslöhne}}$

$= \frac{482\,000{,}00\,€ \cdot 100\,\%}{245\,000{,}00\,€}$

= **197 %**

245.2
(7′)

Gegeben: Fertigungslohneinzelkosten: 12,78 €/h
Gemeinkostensatz: 185 %
⇒ Gemeinkostensatzfaktor: 1,85

Gesucht: Fertigungslohngemeinkosten in €/h
Fertigungskosten in €/h

Lösung: Fertigungslohngemeinkosten
= Lohnkosten
× Gemeinkostensatzfaktor
= 12,78 €/h · 1,85
= **23,64 €/h**
Fertigungskosten
= Fertigungslohneinzelkosten
\+ Fertigungslohngemeinkosten
= 12,78 €/h + 23,64 €/h
= **36,42 €/h**

245.3
(6′)

Gegeben: Jahresgemeinkosten:
88 000,– €
Jahresfertigungslöhne:
120 000,– € (≙ 100 %)
Einzellohn: 19,88 €/h

Gesucht: Stundensatz in €/h

Lösung: Gemeinkosten

$= \frac{\text{Gemeinkosten} \cdot 100\,\%}{\text{Jahresfertigungslöhne}}$

$= \frac{88\,000{,}00\,€ \cdot 100\,\%}{120\,000{,}00\,€}$

= 73,3 %

Lohngemeinkosten

$= \frac{\text{Stundenlohn} \cdot \text{Gemeinkostensatz}}{100\,\%}$

$= \frac{19{,}88\,€ \cdot 73{,}3\,\%}{100\,\%}$

= 14,57 €/h

Stundensatz
= Stundenlohn + Gemeinkosten
= 19,88 €/h + 14,57 €/h
= **34,45 €/h**

245.4
(4′)

Gegeben: Stundensatz: 36,50 €/h
Tariflohn: 12,88 €/h (≙ 100 %)

Gesucht: Gemeinkostensatz in %

Lösung: Gemeinkosten
= Stundensatz − Tariflohn
= 36,50 €/h − 12,88 €/h
= 23,62 €/h

Gemeinkostensatz

$= \frac{\text{Gemeinkosten} \cdot 100\,\%}{\text{Tariflohn}}$

$= \frac{23{,}62\,€/\text{h} \cdot 100\,\%}{12{,}88\,€/\text{h}}$

= **183 %**

245.5
(7′)

Gegeben: Stundensatz: 37,50 €/h
Tariflohn: 19,17 €/h (≙ 100 %)

Gesucht:
a) Argumente für die Höhe des zu verrechnenden Stundensatzes
b) Gemeinkostensatz in %

Lösung:
a) Außer dem Gesellen- oder Meisterlohn entstehen viele Aufwendungen im Betrieb, die verrechnet werden müssen.
Das geschieht durch einen Gemeinkostensatz.

b) Gemeinkosten
= Stundensatz − Tariflohn
= 37,50 €/h − 19,17 €/h
= 18,33 €/h

Gemeinkostensatz

$$= \frac{\text{Gemeinkosten} \cdot 100\,\%}{\text{Tariflohn}}$$

$$= \frac{18{,}33\,€/h \cdot 100\,\%}{19{,}17\,€/h}$$

= **96 %**

245.6 (4′)

Gegeben: Gemeinkostensatz: 210 %
100 % + 210 % = 310 %
⇒ Gemeinkostensatzfaktor: 3,1
Stundenlohn: 19,17 €/h

Gesucht: Stundensatz in €/h

Lösung: Stundensatz
= Stundenlohn
× Gemeinkostensatzfaktor
= 19,17 €/h · 3,1
= **59 €/h**

245.7 (8′)

Gegeben: Jahresgemeinkosten:
350 000,– €
Jahresfertigungslohneinzelkosten:
182 000,– €
Stundenlohn: 19,82 €/h

Gesucht: a) Gemeinkostensatz in %
b) Stundensatz in €/h

Lösung: a) Gemeinkostensatz

$$= \frac{\text{Jahresgemeinkosten} \cdot 100\,\%}{\text{Jahresfertigungseinzelkosten}}$$

$$= \frac{350\,000{,}00\,€ \cdot 100\,\%}{182\,000{,}00\,€}$$

= **192 %**

100 % + 192 % = 292 %

⇒ Gemeinkostensatzfaktor: 2,92

b) Stundensatz
= Stundenlohn
× Gemeinkostensatzfaktor
= 19,82 €/h · 2,92
= **57,87 €/h ≈ 58 €/h**

245.8 (6′)

Gegeben: Stundenlohn: 18,78 €/h
Bankraum:
Gemeinkostensatz: 120 %
100 % + 120 % = 220 %
⇒ Gemeinkostensatzfaktor: 2,2
Maschinenraum:
Gemeinkostensatz: 320 %
100 % + 320 % = 420 %
⇒ Gemeinkostensatzfaktor: 4,2

Gesucht: Stundensätze für Handarbeitstunde und Maschinenstunde in €/h

Lösung: Stundensatz Bankraum
= Stundenlohn
× Gemeinkostensatzfaktor
= 18,78 €/h · 2,2
= **41,31 €/h**
Stundensatz Maschinenraum
= Stundenlohn
× Gemeinkostensatzfaktor
= 18,78 €/h · 4,2
= **78,88 €/h**

245.9 (6′)

Gegeben: Bankraum:
Jahresfertigungslöhne:
180 000,– € (≙ 100 %)
Jahresgemeinkosten:
200 000,– €
Maschinenraum:
Jahresfertigungslöhne:
355 000,– € (≙ 100 %)
Jahresgemeinkosten:
724 000,– €

Gesucht: Gemeinkostensätze (Bank- und Maschinenraum) in %

Lösung: Bankraum:
Gemeinkostensatz

$$= \frac{\text{Jahresgemeinkosten} \cdot 100\,\%}{\text{Jahresfertigungslöhne}}$$

$$= \frac{200\,000{,}00\,€ \cdot 100\,\%}{180\,000{,}00\,€}$$

= **111 %**

Maschinenraum:
Gemeinkostensatz

$$= \frac{724\,000{,}00\,€ \cdot 100\,\%}{355\,000{,}00\,€}$$

= **204 %**

245.10

(8′)

Gegeben: Tabellenwerte:

	Bankraum	Masch.-raum	Montage
Jahres-fertigungs-löhne in €	480 000	220 000	340 000
Jahres-gemein-kosten in €	500 000	620 000	420 000

Gesucht: Gemeinkostensätze in %

Lösung: Gemeinkostensatz

$= \frac{\text{Jahresgemeinkosten} \cdot 100\ \%}{\text{Jahresfertigungslöhne}}$

Bankraum:
Gemeinkostensatz

$= \frac{500\,000{,}00\ € \cdot 100\ \%}{480\,000{,}00\ €}$

$=$ **104 %**

Maschinenraum:
Gemeinkostensatz

$= \frac{620\,000{,}00\ € \cdot 100\ \%}{220\,000{,}00\ €}$

$=$ **282 %**

Montage:
Gemeinkostensatz

$= \frac{420\,000{,}00\ € \cdot 100\ \%}{340\,000{,}00\ €}$

$=$ **124 %**

245.11

(14′)

Gegeben: Gemeinkostensatz alt: 280 %
100 % + 280 % = 380 %
⇒ Gemeinkostensatzfaktor alt: 3,8
Gemeinkosten alt: 220 000,– €
Gemeinkosten neu: 280 000,– €
Fertigungseinzellohn: 19,90 €

Gesucht: a) Gemeinkostensatz neu in %
b) Anstieg des Stundensatzes in €

Lösung: a) Gemeinkostensatz neu

$= \frac{\text{Gemeinkosten neu}}{\text{Gemeinkosten alt}}$
$\times$ Gemeinkostensatz alt

$= \frac{280\,000{,}00\ € \cdot 280\ \%}{220\,000\ €}$

$=$ **356 %**

100 % + 356 % = 456 %
⇒ Gemeinkostensatzfaktor neu: 4,56

b) Stundensatz alt
= Stundenlohn
× Gemeinkostensatzfaktor alt
= 19,90 €/h · 3,8
= 75,62 €/h

Stundensatz neu
= Stundenlohn
× Gemeinkostensatzfaktor neu
= 19,90 €/h · 4,56
= 90,74 €/h

Anstieg Stundensatz
= 90,74 €/h − 75,62 €/h
= **15,12 €/h**

245.12 (7′)

Gegeben: Bankraum:
Gemeinkostensatz: 135 %
100 % · 135 % = 235 %
⇒ Gemeinkostensatzfaktor: 2,35
Maschinenraum:
Gemeinkostensatz: 320 %
100 % · 320 % = 420 %
⇒ Gemeinkostensatzfaktor: 4,2
Montage:
Gemeinkostensatz: 170 %
100 % + 170 % = 270 %
⇒ Gemeinkostensatzfaktor: 2,7
Bruttolohn: 19,64 €/h

Gesucht: Stundensätze in €/h

Lösung: Stundensatz
= Stundenlohn
× Gemeinkostensatzfaktor
Stundensatz Bankraum
= 19,64 €/h · 2,35
= **46,15 €/h**
Stundensatz Maschinenraum
= 19,64 €/h · 4,2
= **82,49 €/h**
Stundensatz Montage
= 19,64 €/h · 2,7
= **53,03 €/h**

17.6 Betriebsabrechnungsbogen BAB

248.1 (9′)

Gegeben: Jahreskosten:
Plattenmaterial: 56000,– €
Vollholz: 45000,– €
Hobelware: 12000,– €
Beschläge: 25000,– €
Lacke: 15000,– €
Hilfswerkstoffe: 9000,– €
Gemeinkosten Materialstelle:
36500,– €

Gesucht: a) Summe Fertigungsmaterial in €
b) Gemeinkostensatz Fertigungsmaterial in %

Lösung: a) Fertigungsmaterial
= Summe Einzelposten
= **162000,00 €** (≙ 100 %)
b) Gemeinkostensatz FM

$$= \frac{\text{Gemeinkosten Mat.} \cdot 100\,\%}{\text{Fertigungsmaterial in €}}$$

$$= \frac{36\,500{,}00\,€ \cdot 100\,\%}{162\,000{,}00\,€}$$

= **22,5 %**

248.2 (4′)

Gegeben: Jahreskosten Plattenzuschnitt:
Gemeinkosten: 450 000,– €
Lohnkosten:
210 000,– € (≙ 100 %)

Gesucht: Gemeinkostensatz in %

Lösung: Gemeinkostensatz

$$= \frac{\text{Jahresgemeinkosten} \cdot 100\,\%}{\text{Jahreslohnkosten}}$$

$$= \frac{450\,000{,}00\,€ \cdot 100\,\%}{210\,000{,}00\,€}$$

= **214 %**

248.3

(9′)

Gegeben: Jahreskosten:
Fertigungsmaterial:
25 000 000,– €
Fertigungslöhne:
52 675 000,– €
Verwaltungsgemeinkosten:
9 768 000,– €

Gesucht: a) Herstellkosten in €
b) Verwaltungsgemeinkostensatz in %

Lösung: a) Herstellkosten
= Materialkosten + Fertigungskosten
= 25 000 000,00 € + 52 675 000,00 €
= **77 675 000,00 €**

b) Verwaltungsgemeinkostensatz

$$= \frac{\text{Gemeinkosten} \cdot 100\,\%}{\text{Herstellungskosten}}$$

$$= \frac{9\,768\,000{,}00\text{ €} \cdot 100\,\%}{77\,675\,000{,}00\text{ €}}$$

= **12,6 %**

248.4

(22′)

Gegeben: Jahresgemeinkosten: 78 076 300,– €
Kostenanteil:

Kostenstelle I:	15 %
Kostenstelle II:	35 %
Kostenstelle III:	32 %
Kostenstelle IV:	18 %
Σ:	100 %

Zahlungen:

Kostenstelle I:	5,6 Mio. €
Kostenstelle II:	12,2 Mio. €
Kostenstelle III:	8,5 Mio. €
Kostenstelle IV:	4,4 Mio. €

Gesucht: a) Gemeinkosten je Kostenstelle in €
b) Gemeinkostensätze der einzelnen Kostenstellen in %

Lösung:

a) I: 78 076 300,00 € · 15 % = 11 711 445,00 €
II: 78 076 300,00 € · 35 % = 27 326 705,00 €
III: 78 076 300,00 € · 32 % = 24 984 416,00 €
IV: 78 076 300,00 € · 18 % = 14 053 734,00 €

= **78 076 300,00 €**

b) Gemeinkostensätze der Kostenstellen

$$= \frac{\text{Gemeinkosten} \cdot 100\,\%}{\text{Lohnkosten}}$$

$$\overset{(I)}{=} \frac{11\,711\,445{,}00\text{ €} \cdot 100\,\%}{5\,600\,000{,}00\text{ €}}$$

= **209 %**

$$\overset{(II)}{=} \frac{27\,326\,705{,}00\text{ €} \cdot 100\,\%}{12\,200\,000{,}00\text{ €}}$$

= **224 %**

$$\overset{(III)}{=} \frac{24\,984\,416{,}00\text{ €} \cdot 100\,\%}{8\,500\,000{,}00\text{ €}}$$

= **294 %**

$$\overset{(IV)}{=} \frac{14\,053\,734{,}00\text{ €} \cdot 100\,\%}{4\,400\,000{,}00\text{ €}}$$

= **319 %**

248.5

(9′)

Gegeben: Herstellungskosten:
42 560 000,– € (≙ 100 %)
Verwaltungsgemeinkosten:
3 780 000,00,– €
Vertriebsgemeinkosten:
980 000,– €

Gesucht: a) Gemeinkostensatz Verwaltung in %
b) Vertriebsgemeinkostensatz in %

Lösung: a) Gemeinkostensatz

$$= \frac{\text{Gemeinkosten} \cdot 100\,\%}{\text{Herstellungskosten}}$$

Verwaltungsgemeinkostensatz

$$= \frac{3\,780\,000{,}00\text{ €} \cdot 100\,\%}{42\,560\,000{,}00\text{ €}}$$

= **8,9 %**

b) Vertriebsgemeinkostensatz

$$= \frac{\text{Vertriebsgemeink.} \cdot 100\,\%}{\text{Herstellungskosten}}$$

$$= \frac{980\,000{,}00\text{ €} \cdot 100\,\%}{42\,560\,000{,}00\text{ €}}$$

= **2,3 %**

17.6 Betriebsabrechnungsbogen BAB

248.6 (60')

Gegeben: Tabelle über Kostenstellen von Betrieb 1 und 2

Gesucht: Gemeinkostensätze in %

a) Materialstellen

b) für Kostenstellen I, II, III

c) Verwaltungsgemeinkostensatz

d) Vertriebsgemeinkostensatz

e) Vergleich der beiden Betriebe

Lösung: a) Gemeinkostensatz Material

$$= \frac{\text{Gemeinkosten} \cdot 100\,\%}{\text{Materialkosten}}$$

b) Gemeinkostensatz Kostenstelle

$$= \frac{\text{Gemeinkosten} \cdot 100\,\%}{\text{Fertigungslöhne}}$$

Betrieb 1:

Materialstelle:

$$= \frac{420\,000\text{ €} \cdot 100\,\%}{2\,000\,000\text{ €}} = \mathbf{21{,}0\,\%}$$

Kostenstelle I:

$$= \frac{95\,000\text{ €} \cdot 100\,\%}{875\,000\text{ €}} = \mathbf{10{,}9\,\%}$$

Kostenstelle II:

$$= \frac{8\,685\,000\text{ €} \cdot 100\,\%}{3\,045\,000\text{ €}} = \mathbf{285{,}2\,\%}$$

Kostenstelle III:

$$= \frac{2\,895\,000\text{ €} \cdot 100\,\%}{1\,208\,000\text{ €}} = \mathbf{239{,}7\,\%}$$

Betrieb 2:

Materialstelle:

$$= \frac{965\,000\text{ €} \cdot 100\,\%}{4\,568\,000\text{ €}} = \mathbf{21{,}1\,\%}$$

Kostenstelle I:

$$= \frac{2\,345\,000\text{ €} \cdot 100\,\%}{1\,978\,000\text{ €}} = \mathbf{118{,}6\,\%}$$

Kostenstelle II:

$$= \frac{7\,876\,000\text{ €} \cdot 100\,\%}{2\,568\,000\text{ €}} = \mathbf{306{,}7\,\%}$$

Kostenstelle III:

$$= \frac{9\,456\,000\text{ €} \cdot 100\,\%}{2\,592\,000\text{ €}} = \mathbf{364{,}8\,\%}$$

c) Herstellungskosten
= Materialkosten
+ Fertigungskosten

Betrieb 1:

Materialstelle:	
Fertigungsmaterial	2 000 000,–
Gemeinkosten	420 000,–
Kostenstelle I:	
Fertigungslöhne	875 000,–
Gemeinkosten	95 000,–
Kostenstelle II:	
Fertigungslöhne	3 045 000,–
Gemeinkosten	8 685 000,–
Kostenstelle III:	
Fertigungslöhne	1 208 000,–
Gemeinkosten	2 895 000,–
Herstellungskosten	19 223 000,–

Betrieb 2:

Materialstelle:	
Fertigungsmaterial	4 568 000,–
Gemeinkosten	965 000,–
Kostenstelle I:	
Fertigungslöhne	1 978 000,–
Gemeinkosten	2 345 000,–
Kostenstelle II:	
Fertigungslöhne	2 568 000,–
Gemeinkosten	7 876 000,–
Kostenstelle III:	
Fertigungslöhne	2 592 000,–
Gemeinkosten	9 456 000,–
Herstellungskosten	32 348 000,–

Verwaltungsgemeinkostensatz

$$= \frac{\text{Verwaltungsgemeinkosten}}{\text{Herstellungskosten}}$$

Betrieb 1:

$$= \frac{1\,328\,000\text{ €} \cdot 100\,\%}{19\,223\,000\text{ €}}$$

$= \mathbf{6{,}9\,\%}$

Betrieb 2:

$$= \frac{2\,982\,000\text{ €} \cdot 100\,\%}{32\,348\,000\text{ €}}$$

$= \mathbf{9{,}2\,\%}$

d) Vertriebsgemeinkostensatz

$$= \frac{\text{Vertriebsgemeinkosten}}{\text{Herstellungskosten}}$$

Betrieb 1:

$$= \frac{978\,000\text{ €} \cdot 100\,\%}{19\,223\,000\text{ €}}$$

$= \mathbf{5{,}1\,\%}$

Betrieb 2:

$$= \frac{1\,192\,000\text{ €} \cdot 100\,\%}{32\,348\,000\text{ €}}$$

$= \mathbf{3{,}7\,\%}$

e) Vergleich der Gemeinkostensätze:

	Betrieb 1	Betrieb 2
Kostenstelle I	21,0 %	21,1 %
Kostenstelle II	10,9 %	118,6 %
Kostenstelle III	285,2 %	306,7 %
Kostenstelle IV	239,7 %	364,8 %
Verwaltung	6,9 %	9,2 %
Vertrieb	5,1 %	3,7 %
Summe	**568,8 %**	**824,1 %**

17.7 Kosten der Maschinenarbeit

251.1

(5′)

Gegeben: Nutzungsdauer:

a) Oberfräse: $t_{NOf} = 5$ a

b) Furnierfügemaschine: $t_{NFfm} = 8$ a

c) elektr. Handhobel: $t_{NHh} = 4$ a

Gesucht: Abschreibungssätze

Lösung: AfA-Sätze:

$$f_{AfA} = \frac{100\,\%}{t_N}$$

a) $f_{AfA\,Of} = \frac{100\,\%}{t_{NOf}} = \frac{100\,\%}{5\text{ a}} = \mathbf{20\,\%}$ p. a.

b) $f_{AfA\,Ffm} = \frac{100\,\%}{t_{NFfm}} = \frac{100\,\%}{8\text{ a}} = \mathbf{12{,}5\,\%}$ p. a.

c) $f_{AfA\,Hh} = \frac{100\,\%}{t_{NHh}} = \frac{100\,\%}{4\text{ a}} = \mathbf{25\,\%}$ p. a.

251.2

(7′)

Gegeben: Anschaffungskosten $K_A = 24\,000$ €
Nutzungsdauer: $t_N = 8$ a
Verzinsung: $p\,\% = 8\,\%$ vom Mittelwert

Gesucht: a) Abschreibung/Jahr in €
b) Zinsverlust/Jahr in €

Lösung: a) $f_{AfA} = \frac{100\,\%}{t_N} = \frac{100\,\%}{8\text{ a}} = \mathbf{12{,}5\,\%}$ p. a.

Abschreibung:

AfA $= K_A \cdot f_{AfA} = 24\,000\text{ €} \cdot 12{,}5\,\%$ p. a. $= \mathbf{3\,000\text{ €}}$ p. a.

b) Verzinsung:

$$z = \frac{1}{2} K_A \cdot p\,\% = 12\,000\text{ €} \cdot 8\,\% = \mathbf{960\text{ €}}$$

251.3

(14′)

Gegeben: Anschaffungskosten: $K_A = 39\,600$ €
Nutzungsdauer: $t_N = 8$ a
Verzinsung: $p\,\% = 6\,\%$ vom Mittelwert
Raumkosten: $K_R = 650$ €/a
Maschineneinsatz: $t_E = 300$ h/a (1)
$t_E = 800$ h/a (2)
$t_E = 1\,000$ h/a (3)

Gesucht: a) fixe Kosten im Jahr
b) Anteil der fixen Kosten pro Maschinenstunden in €/h

Lösung: a) $f_{AfA} = \frac{100\,\%}{t_N} = \frac{100\,\%}{8\text{ a}} = 12{,}5\,\%$ p. a.

Abschreibung:	
12,5 % v. 39 600 €	4 950,00 €
Verzinsung:	
6 % v. 19 800 €	1 188,00 €
Raumkosten:	650,00 €
fixe Kosten p. a. K_f:	6 788,00 €

b) Anteil der fixen Kosten pro Maschinenstunde

$k_f = \frac{K_f}{t_E}$

$\stackrel{(1)}{=} \frac{6788{,}00\ €}{300\ h}$

$= \mathbf{22{,}63\ €/h}$

$\stackrel{(2)}{=} \frac{6788{,}00\ €}{800\ h}$

$= \mathbf{8{,}49\ €/h}$

$\stackrel{(3)}{=} \frac{6788{,}00\ €}{1000\ h}$

$= \mathbf{6{,}79\ €/h}$

251.4 (12′)

Gegeben: Betriebsmittel:
Strombedarf: 0,86 €/h
Wartungs-, Pflegekosten: 0,12 €/h
Maschinenarbeiter: 19,45 €/h
Allg. Gemeinkostensatz: 115 %
Werkzeugkosten: 4,20 €/h
Jahresarbeitsstunden: t_A = 960 h/a

Gesucht: a) variable Kosten k_v der Maschine in €/h

b) variable Kosten K_v der Maschine in € pro Jahr

Lösung: a)

Energiekosten	0,86 €/h
Wartungs-, Pflegekosten	0,12 €/h
Werkzeugkosten	4,20 €/h
Lohnkosten	19,45 €/h
Lohngemeinkosten: 19,45 €/h · 115 %	22,37 €/h
variable Kosten k_v	**47,00 €/h**

b) $K_v = k_v \cdot t_A$
$= 47{,}00\ €/h \cdot 960\ h$ p. a.
$= \mathbf{45\,120{,}00\ €}$ p. a.

251.5 (22′)

Gegeben: Breitbandschleifautomat:
Anschaffungskosten: 32000,– €
Nutzungsdauer: 6 Jahre
⇒ AfA-Satz: 17 % p. a.
Verzinsung: 8 % vom Mittelwert
Raumkosten:
60,– €/Monat = 720,– €/a
fixe Verwaltungskosten: 250,– €/a
Schleifbänder: 1360,– €/a
Energiekosten: 1500,– €/a
Wartung, Pflege: 185,– €/a
Reparaturkosten: 1350,– €/a
Jahresarbeitsstunden: t = 1000 h

Gesucht: a) fixe Kosten K_f der Maschine in €

b) variable Kosten K_v ohne Lohnkosten in €

c) Maschinenstundensatz k_M ohne Lohnkosten in €/h

Lösung:

a)

Abschreibung 17 % von 32000,00 €	5440,00 € p. a.
Verzinsung 8 % von 16000,00 €	1280,00 € p. a.
Raumkosten	720,00 € p. a.
fixe Verwaltungskosten	250,00 € p. a.
fixe Kosten K_f	= **7 690,00 €** p. a.

b)

Energiekosten	1500,00 € p. a.
Werkzeugkosten	1360,00 € p. a.
Wartungs-, Pflegekosten	185,00 € p. a.
Reparatur	1350,00 € p. a.
variable Kosten K_v	= **4395,00 €** p. a.

c) $k_M = \frac{K_f + K_v}{t}$

$= \frac{7690{,}00\ € + 4395{,}00\ €}{1\,000\ h}$

$= \mathbf{12{,}09\ €/h}$

17.7 Kosten der Maschinenarbeit

251.6

(28′)

Gegeben: Formatkreissäge:
Anschaffungskosten: 23000,– €
Nutzungsdauer: 6 Jahre
⇒ AfA-Satz: 17 % p. a.
Verzinsung: 8 % vom Mittelwert
Raumkosten: 480,– €/a
fixe Verwaltungskosten: 420,– €/a
Energiekosten: 0,80 €/h
Werkzeugkosten: 1,20 €/h
Wartung, Reparatur: 0,60 €/h
Lohnkosten 19,25 €/h
Lohngemeinkosten: 120 %
Auslastung: 200 h (1)
500 h (2)
1000 h (3)
2000 h (4)

Gesucht:
a) fixe Kosten pro Jahr in €
b) variable Kosten in €/h
c) Maschinenstundensätze in €/h
d) Vergleich bei Auslastung mit 200 h/Jahr bzw. 2000 h/Jahr

Lösung:

a)

Abschreibung 17 % von 23000,00 €	3910,00 € p. a.
Verzinsung 8 % von 11500,00 €	920,00 € p. a.
Raumkosten	480,00 € p. a.
fixe Verwaltungskosten	420,00 € p. a.
fixe Kosten K_f	= **5730,00 €** p. a.

b)

Energiekosten	0,80 €/h
Werkzeugkosten	1,20 €/h
Wartung, Reparaturkosten	0,60 €/h
Lohnkosten	19,25 €/h
Lohngemeinkosten 120 % von 19,25 €/h	23,10 €/h
variable Kosten k_v	= **44,95 €/h**

c)

Benutzungsdauer in h			
200	500	1000	2000
K_f in €/a			
5730,00	5730,00	5730,00	5730,00
$k_v \cdot t$ in €/a			
8990,00	22475,00	44950,00	89900,00
Maschinenkosten $K_f \cdot k_v \cdot t$ in €/a			
14720,00	28205,00	50680,00	95630,00
Maschinenstundensatz k_M in €/h			
73,60	56,41	50,68	47,82

d) Maschinenstundensatz bei 2000 h ist gegenüber dem von 200 h pro Jahr um ca. 26 €/h günstiger.

251.7

(21′)

Gegeben: Kantenanleimmaschine:
Anschaffungskosten: 28000,– €
Nutzungsdauer: 8 Jahre
⇒ AfA-Satz: 12,5 % p. a.
Verzinsung: 7 % vom Mittelwert
Raumkosten: 240,– €/m²
Platzbedarf: A_M = 12,5 m²
fixe Verwaltungskosten: 360,– €/a
Energiekosten: 1250,– €/a
Wartungs-, Pflegekosten:
250,– €/Mon = 3000,– €/a
Reparaturkosten: 1200,– €/a
Nutzungszeiten: t_N = 200 h p. a. (1)
t_N = 500 h p. a. (2)
t_N = 1000 h p. a. (3)

Gesucht:
a) fixe Kosten K_f und variable Kosten K_v in €
b) Maschinenstundensätze k_M ohne Lohnkosten in €/h

Lösung:

a) fixe Kosten pro Jahr:

Abschreibung 12,5 % von 28 000,00 €	3 500,00 € p. a.
Verzinsung 7 % von 14 000,00 €	980,00 € p. a.
Raumkosten 240,00 €/m² · 12,5 m²	3 000,00 € p. a.
fixe Verwaltungskosten	360,00 € p. a.
fixe Kosten K_f	= **7 840,00 €** p. a.
variable Kosten pro Jahr:	
Energiekosten	1 250,00 € p. a.
Wartungs-, Pflegekosten	3 000,00 € p. a.
Reparaturkosten	1 200,00 € p. a.
variable Kosten K_v	= **5 450,00 €** p. a.

jährl. Maschinenkosten:

$K_M = K_f + K_v$
$= 7840{,}00\,€ + 5450{,}00\,€$
$= 13290{,}00\,€$

b) Maschinenstundensatz (ohne Lohnkosten):

$$k_M = \frac{K_M}{t_N}$$

$$\stackrel{(1)}{=} \frac{13290{,}00\,€}{200\,h} = 66{,}50\,€/h$$

$$\stackrel{(2)}{=} \frac{13290{,}00\,€}{500\,h} = 26{,}58\,€/h$$

$$\stackrel{(3)}{=} \frac{13290{,}00\,€}{1000\,h} = 13{,}29\,€/h$$

17.8 Zuschlagskalkulation für Tischlerarbeiten

253.1 (1′)

Zusammensetzung des Nettopreises:
Siehe Aufgabenbuch, S. 252 bzw. S. 254.

252.3 (11′)

Gegeben: Fertigungskosten: 1 566,– €
Materialkosten: 827,– €
Entwicklungskosten: 320,– €
Wagnis und Gewinn: 15 %
Mehrwertsteuer: 16 %

Gesucht: Herstellkosten, Selbstkosten, Bruttopreis in €

Lösung:

Fertigungskosten	1 566,00 €
Materialkosten	827,00 €
Herstellkosten	2 393,00 €
Entwicklungskosten	320,00 €
Selbstkosten	2 713,00 €
Wagnis und Gewinn: 15 % von 2 713,00 €	406,95 €
Nettopreis	3 119,95 €
Mehrwertsteuer: 19 % von 3 119,95 €	592,79 €
Bruttopreis	**3 712,74 €**

253.3 (20′)

Gegeben: Materialkosten:
Holzwerkstoffe: 150,– €
Vollholz: 60,– €
Furniere: 125,– €
Oberflächenmaterial: 20,– €
Leime: 10,– €
Beschläge: 22,– €

Fertigungslöhne:
Bankraum: 283,84 €
Maschinenraum: 95,36 €

Gemeinkosten Fertigungslöhne:
Bankraum: 120 %
Maschinenraum: 250 %
Wagnis und Gewinn: 15 %
Mehrwertsteuer: 19 %
Angebotspreis: 1 500,– €

Gesucht: a) Bruttopreis in €
b) Differenz zum Angebotspreis in €

Lösung:

a) Materialkosten:

Holzwerkstoffe	150,00 €	
Vollholz	60,00 €	
Furniere	125,00 €	
Oberflächenmaterial	20,00 €	
Leime	10,00 €	
Beschläge	22,00 €	
gesamt		387,00 €
Fertigungslöhne:		
Bankraum	283,84 €	
Maschinenraum	95,36 €	
gesamt		379,20 €
Gemeinkosten Fertigungslöhne:		
Bankraum		
120 % von 283,84 €	340,61 €	
Maschinenraum		
250 % von 95,36 €	238,40 €	
gesamt		579,01 €
Herstell- und Selbstkosten		1 345,21 €
Wagnis und Gewinn		
15 % von 1 345,21 €		201,78 €
Nettopreis		1 546,99 €
Mehrwertsteuer		
19 % von 1 546,99 €		293,93 €
Bruttopreis		**1 840,92 €**

b) Differenz = Angebotspreis − Bruttopreis
= 1 500,00 € − 1 840,92 €
= **−340,92 €**

d. h. der Unternehmer hat sich grob verkalkuliert, der Verlust geht sogar über den Gewinn hinaus!

253.4 (16′)

Gegeben: Materialeinzelkosten
Fertigungslohnkosten
Gemeinkostensätze
Wagnis- und Gewinnzuschlag

Gesucht: Nettopreis in €

Lösung:

Materialeinzelkosten:		
Flachpressplatten	187,20 €	
Furniere	92,60 €	
Leim	14,20 €	
Hilfswerkstoffe	7,80 €	
Beschläge	18,20 €	
Oberflächenmaterial	38,40 €	
gesamt		358,40 €
Fertigungslohnkosten:		
Maschinenarbeit		
8,5 h zu 17,70 €/h	150,45 €	
Bankarbeit		
32,5 h zu 17,70 €/h	575,25 €	
gesamt		725,70 €
Gemeinkosten:		
Maschinenraum		
280 % von 150,45 €	421,26 €	
Bankraum		
140 % von 570,25 €	798,35 €	
gesamt		1 219,61 €
Selbstkosten		2 303,71 €
Wagnis und Gewinn		
15 % der Selbstkosten		345,56 €
Nettopreis		**2 649,27 €**

253.5 (15′)

Gegeben: Materialeinzelkosten
Fertigungslohnkosten
Gemeinkostenzuschläge
Wagnis und Gewinn

Gesucht: Nettopreis in €

Lösung:

Materialkosten:		
Holzwerkstoffe	485,26 €	
Beschläge	32,80 €	
Leim	15,00 €	
Schleifmittel	26,20 €	
Oberflächenmaterial	52,10 €	
gesamt		611,36 €

Fertigungslohnkosten:		
Bankraum		
62,5 h zu 19,28 €/h	1 205,00 €	
Maschinenraum		
25,5 h zu 19,28 €/h	491,64 €	
gesamt		1 696,64 €
Gemeinkosten:		
10 % auf		
Materialeinzelkosten	61,14 €	
140 % auf		
Bankraumlöhne	1 687,00 €	
270 % auf		
Maschinenraumlöhne	1 327,43 €	
gesamt		3 014,43 €
Selbstkosten		4 711,07 €
15 % Wagnis und Gewinn		706,66 €
Nettopreis		**5 417,73 €**

253.6

(19′)

Gegeben: Materialkosten
Arbeitszeiten und Löhne
Gemeinkostenzuschläge
Wagnis und Gewinn
Mehrwertsteuersätze

Gesucht: Bruttopreis in €

Lösung:

Materialkosten:		
Holzwerkstoffe	420,00 €	
Vollholz	85,00 €	
Furniere	235,60 €	
Oberflächenmaterial	280,00 €	
Hilfswerkstoffe	52,00 €	
Leime	64,00 €	
Beschläge	58,00 €	
Glasschiebetüren	122,50 €	
gesamt		1 317,10 €
Fertigungskosten:		
Bankraum		
32 h zu 17,80 €/h	569,60 €	
Maschinenraum		
15 h zu 18,20 €/h	273,00 €	
Montage		
6 h zu 17,10 €/h	102,60 €	
gesamt		945,20 €
Gemeinkosten:		
20 % für		
Materialeinzelkosten	263,42 €	
110 % für		
Bankraumlöhne	626,56 €	
280 % für		
Maschinenraumlöhne	764,40 €	
120 % für		
Montagelöhne	123,12 €	
gesamt		1 514,08 €
Selbstkosten		3 776,38 €
15 % Wagnis und Gewinn		566,46 €
Nettopreis		4 342,84 €
19 % Mehrwertsteuer		825,14 €
Angebotspreis		**5 167,98 €**

253.7

Die Lösungen sind durch die geschätzten Zeiten unterschiedlich. Deshalb wurde auf einen Lösungsvorschlag verzichtet.

17.9 Zuschlagskalkulation für Fenster

259.1

Die Kostenarten für die Ermittlung der Selbstkosten in einer Zuschlagskalkulation für Fenster sind:

Kosten für die Rahmenherstellung
Kosten des Beschlags und des Beschlageinbaus
Kosten der Verglasung
Kosten der Montage.

259.2

Nachkalkulationen sind erforderlich, um den beim Angebot abgegebenen Preis zu kontrollieren und um genauere Kalkulationsdaten für die nächsten Vorkalkulationen zu erhalten.

Bemerkung zu den folgenden Aufgaben 259.3 bis 259.5:

Grundlage für die Kalkulation sind Teilschnittzeichnungen der jeweiligen Fenster. Hier sollten fächerverbindend mit dem Technischen Zeichnen die Lösungen erarbeitet werden.

17.9 Zuschlagskalkulation für Fenster

259.3

Skizze

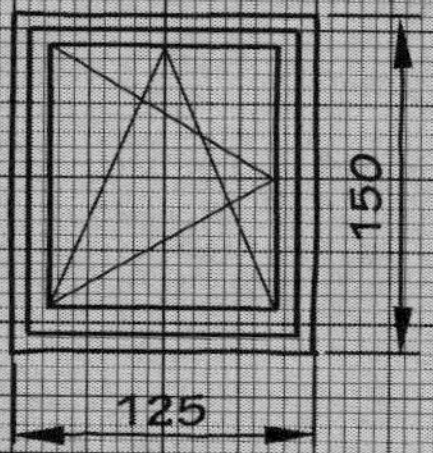

FENSTER IV 68
(Maße in cm)

Objekt 259.3A/B
Ang. Nr. ____ Datum ____
Position ____ Stück 8
Beschlag DREH-KIPP
WETTERSCHUTZSCHIENE,
ISOLIERGLAS

			Menge	Einzel	Ges. 1	Ges. 2
			STCK/m	€	€	€
1	**RAHMENHERSTELLUNG**					
	FENSTERPROFILE	m	5,50	23,10	127,05	
	FENSTERECKE	STCK	4	14,35	57,40	
	HOLZSCHUTZ	m	5,50	1,90	10,45	
	DICHTUNGSPROFIL	m	4,93	1,35	6,65	201,55
2	**BESCHLAG UND EINBAU**					
	DREH-KIPPBESCHLAG UND EINBAU	STCK	1		80,10	
	WETTERSCHUTZSCHIENE	m	1,10	4,55	5,00	85,10
3	**VERGLASUNG**					
	ISOLIERGLAS	STCK	1		160,15	
	EINSETZKOSTEN (2 x (1 221 + 948))	m	4,41	3,55	15,65	
	ZUSÄTZLICHE VERSIEGELUNG	m	4,31	2,60	11,20	187,00
4	**MONTAGE**					
	MONTAGE, LAUT TABELLE	m	1		27,50	
	DICHTUNGSMATERIAL, INNEN	m	5,50	1,30	7,15	
	HINTERFÜLLUNG	m	5,50	,80	26,40	
	DICHTUNGSMATERIAL, AUSSEN	m	5,50	2,05	11,17	72,22
5	**SELBSTKOSTEN**	€/STCK				545,87
6	**WAGNIS U. GEWINN**	15%				81,88
7	**NETTOPREIS**	€/STCK				627,75
8	**ANGEBOTSPREIS** FÜR 8 STÜCK	€				5022,00
	+ 19% MWST.	€				954,18
		€				**5976,18**

17.9 Zuschlagskalkulation für Fenster

259.4

Skizze

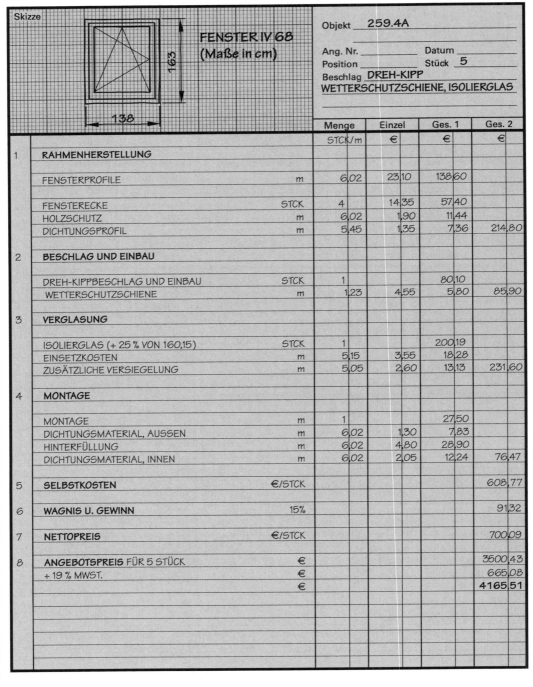

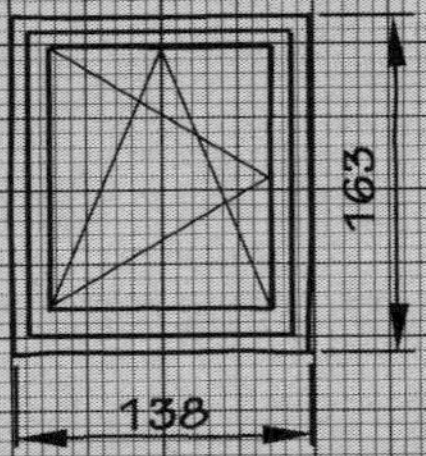

FENSTER IV 68
(Maße in cm)

Objekt 259.4A
Ang. Nr. ______ Datum ______
Position ______ Stück 5
Beschlag DREH-KIPP
WETTERSCHUTZSCHIENE, ISOLIERGLAS

			Menge	Einzel	Ges. 1	Ges. 2
			STCK/m	€	€	€
1	**RAHMENHERSTELLUNG**					
	FENSTERPROFILE	m	6,02	23,10	138,60	
	FENSTERECKE	STCK	4	14,35	57,40	
	HOLZSCHUTZ	m	6,02	1,90	11,44	
	DICHTUNGSPROFIL	m	5,45	1,35	7,36	214,80
2	**BESCHLAG UND EINBAU**					
	DREH-KIPPBESCHLAG UND EINBAU	STCK	1		80,10	
	WETTERSCHUTZSCHIENE	m	1,23	4,55	5,80	85,90
3	**VERGLASUNG**					
	ISOLIERGLAS (+ 25 % VON 160,15)	STCK	1		200,19	
	EINSETZKOSTEN	m	5,15	3,55	18,28	
	ZUSÄTZLICHE VERSIEGELUNG	m	5,05	2,60	13,13	231,60
4	**MONTAGE**					
	MONTAGE	m	1		27,50	
	DICHTUNGSMATERIAL, AUSSEN	m	6,02	1,30	7,83	
	HINTERFÜLLUNG	m	6,02	4,80	28,90	
	DICHTUNGSMATERIAL, INNEN	m	6,02	2,05	12,24	76,47
5	**SELBSTKOSTEN**	€/STCK				608,77
6	**WAGNIS U. GEWINN**	15%				91,32
7	**NETTOPREIS**	€/STCK				700,09
8	**ANGEBOTSPREIS** FÜR 5 STÜCK	€				3500,43
	+ 19 % MWST.	€				665,08
		€				**4165,51**

17.9 Zuschlagskalkulation für Fenster

Skizze

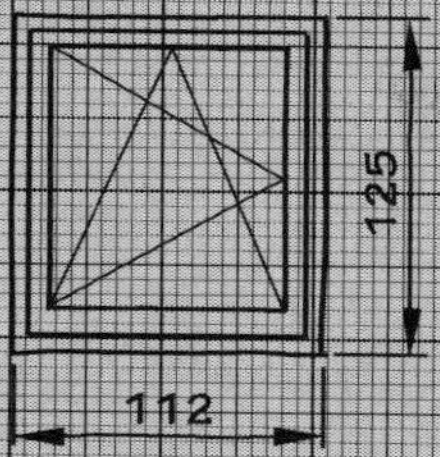

FENSTER IV 68
(Maße in cm)

Objekt 259.4B

Ang. Nr. ______ Datum ______

Position ______ Stück 7

Beschlag DREH-KIPP

WETTERSCHUTZSCHIENE, ISOLIERGLAS

			Menge	Einzel	Ges. 1	Ges. 2
			STCK/m	€	€	€
1	**RAHMENHERSTELLUNG**					
	FENSTERPROFILE	m	4,74	23,10	109,49	
	FENSTERECKE	STCK	4	14,35	57,40	
	HOLZSCHUTZ	m	4,74	1,90	9,00	
	DICHTUNGSPROFIL	m	4,17	1,35	5,63	181,52
2	**BESCHLAG UND EINBAU**					
	DREH-KIPPBESCHLAG UND EINBAU	STCK	1		80,10	
	WETTERSCHUTZSCHIENE	m	0,97	4,55	4,42	84,52
3	**VERGLASUNG**					
	ISOLIERGLAS (– 12 % VON 160,15)	STCK	1		140,93	
	EINSETZKOSTEN	m	3,87	3,55	13,74	
	ZUSÄTZLICHE VERSIEGELUNG	m	3,77	2,60	9,80	164,47
4	**MONTAGE**					
	MONTAGE	m	1		27,50	
	DICHTUNGSMATERIAL, AUSSEN	m	4,74	1,30	6,16	
	HINTERFÜLLUNG	m	4,74	4,80	22,75	
	DICHTUNGSMATERIAL, INNEN	m	4,74	2,05	9,72	66,13
5	**SELBSTKOSTEN**	€/STCK				496,64
6	**WAGNIS U. GEWINN**	15%				74,50
7	**NETTOPREIS**	€/STCK				571,14
8	**ANGEBOTSPREIS** FÜR 7 STÜCK	€				3997,95
	+ 19% MWST.	€				759,61
		€				**4757,56**

17.9 Zuschlagskalkulation für Fenster

259.5

Skizze

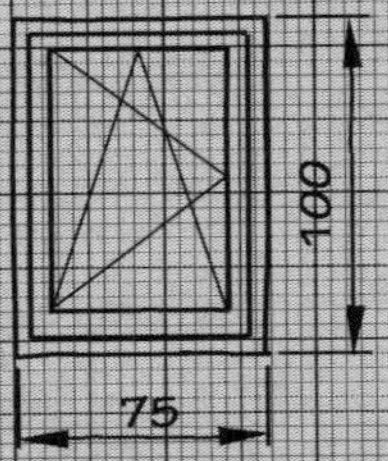

FENSTER IV 68
(Maße in cm)

Objekt 259.5
Ang. Nr. ____ Datum ____
Position ____ Stück 2
Beschlag DREH-KIPP
WETTERSCHUTZSCHIENE, ISOLIERGLAS

			Menge	Einzel	Ges. 1	Ges. 2
			STCK/m	€	€	€
1	**RAHMENHERSTELLUNG**					
	FENSTERPROFILE	m	3,50	23,10	80,85	
	FENSTERECKE	STCK	4	14,35	57,40	
	HOLZSCHUTZ	m	3,50	1,90	6,65	
	DICHTUNGSPROFIL	m	3,50	1,35	4,73	149,63
2	**BESCHLAG UND EINBAU**					
	DREH-KIPPBESCHLAG UND EINBAU	STCK	1		62,70	
	WETTERSCHUTZSCHIENE	m	0,60	4,55	2,73	65,43
3	**VERGLASUNG**					
	ISOLIERGLAS	STCK	1		140,25	
	EINSETZKOSTEN	m	3,03	3,55	10,75	
	ZUSÄTZLICHE VERSIEGELUNG	m	2,90	2,60	7,54	158,54
4	**MONTAGE**					
	MONTAGE	m	1		25,00	
	DICHTUNGSMATERIAL, AUSSEN	m	3,50	1,30	4,55	
	HINTERFÜLLUNG	m	3,50	4,80	16,80	
	DICHTUNGSMATERIAL, INNEN	m	3,50	2,05	7,17	53,52
5	**SELBSTKOSTEN**	€/STCK				427,12
6	**WAGNIS U. GEWINN**	15%				64,07
7	**NETTOPREIS**	€/STCK				491,19
8	**ANGEBOTSPREIS** FÜR 2 STÜCK	€				982,38
	+ 19% MWST.	€				186,65
		€				**1169,03**

18.1 Koordinatenmaße

262.1

Gegeben: Topfuntersetzer nach Zeichnung 262.1

Gesucht: Absolutmaße und Kettenmaße der Punkte P_1 bis $P_{8'}$

Lösung:

Punkt	Absolutmaße		Kettenmaße	
P_1	x 30	y 0	x 30	y 0
P_2	x 190	y 0	x 160	y 0
P_3	x 220	y 30	x 30	y 30
P_4	x 220	y 190	x 0	y 160
P_5	x 190	y 220	x −30	y 30
P_6	x 30	y 220	x −160	y 0
P_7	x 0	y 190	x −30	y −30
P_8	x 0	y 30	x 0	y −160
$P_{8'}$	x 30	y 0	x 30	y −30

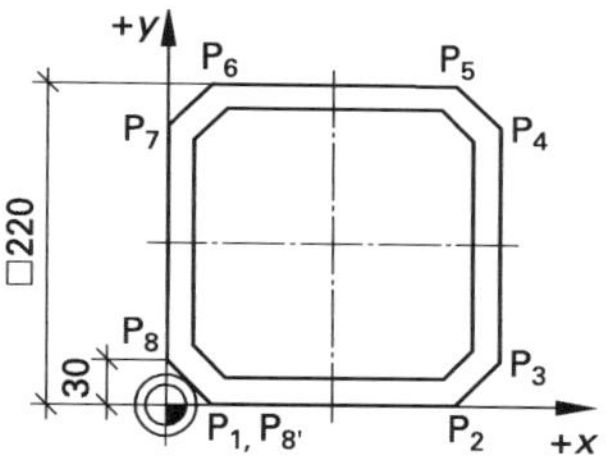

262.2

Gegeben: Frühstücksbrett nach Zeichnung 262.2

Gesucht: Absolutmaß der Punkte P_1 bis $P_{1'}$

Lösung:

Punkt	Absolutmaße	
P_1	x 0	y −50
P_2	x 20	y −70
P_3	x 200	y −70
P_4	x 220	y −50
P_5	x 220	y 50
P_6	x 200	y 70
P_7	x 20	y 70
P_8	x 0	y 50
$P_{1'}$	x 0	y −50

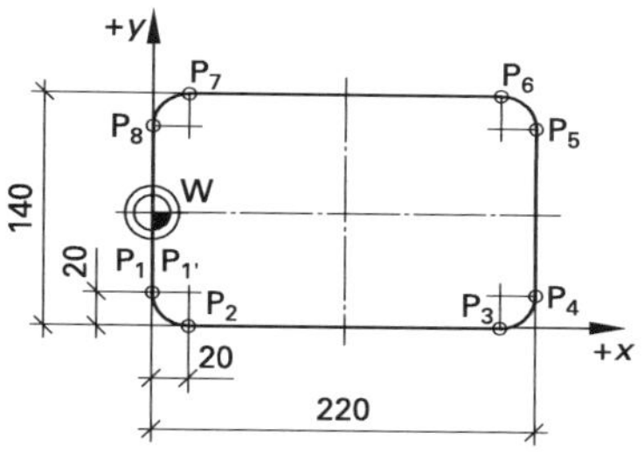

18.1 Koordinatenmaße

262.3

Gegeben: Frühstücksbrett mit Griff nach Zeichnung 262.3

Gesucht: Absolutmaße der Punkte P_1 bis P_n und Kettenmaße der Punkte P_1 bis P_n

Lösung: Bestimmung der Punkte in der Zeichnung

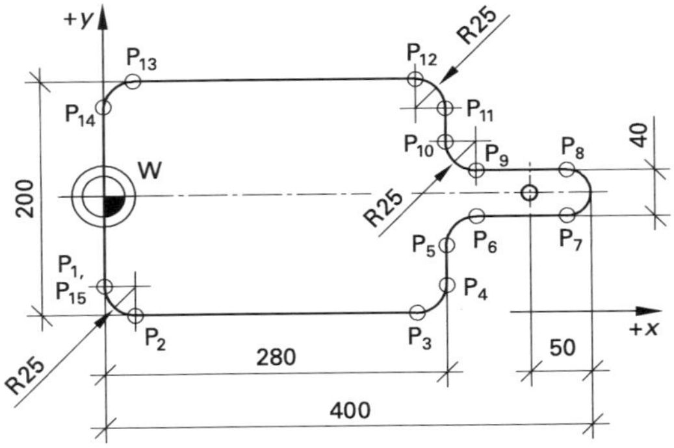

Punkt	Absolutmaße		Kettenmaße	
P_1	x 0	y −75	(x 0)	y −75
P_2	x 25	y −100	x 25	y −25
P_3	x 255	y −100	x 230	(y 0)
P_4	x 280	y −75	x 25	y 25
P_5	x 280	y −45	(x 0)	y 30
P_6	x 305	y −20	x 25	y 25
P_7	x 380	y −20	x 75	(y 0)
P_8	x 380	y 20	(x 0)	y 40
P_9	x 305	y 20	x −75	(y 0)
P_{10}	x 280	y 45	x −25	y 25
P_{11}	x 280	y 75	(x 0)	y 30
P_{12}	x 255	y 100	x −25	y 25
P_{13}	x 25	y 100	x −230	(y 0)
P_{14}	x 0	y 75	x −25	y −25
P_{15}	x 0	y −75	(x 0)	y −75

262.4

Gegeben: Steckspiel nach Zeichnung 262.4

Gesucht: Punkte für Konturfräsung P_1 bis P_9 in Absolutmaßen und Kettenmaßen

Lösung:

Punkt	Absolutmaße		Kettenmaße	
P_1	x 54	y 36	x 54	y 36
P_2	x 36	y 54	x −18	y 18
P_3	x −36	y 54	x −72	(y 0)
P_4	x −54	y 36	x −18	y −18
P_5	x −54	y −36	x 0	y −72
P_6	x −36	y −54	x 18	y −18
P_7	x 36	y −54	x 72	(y 0)
P_8	x 54	y −36	x 18	y 18
P_9	x 54	y 36	(x 0)	y 72

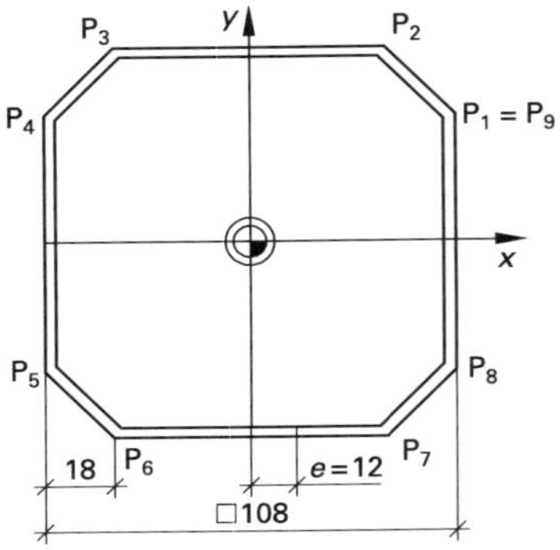

18.1 Koordinatenmaße

262.5

Gegeben: Steckspiel nach Zeichnung 262.4

Gesucht: Absolutmaße der Mittelpunkte für die Steckbohrungen P_1 bis P_{32}

Lösung:

Punkt	Absolutmaße		Punkt	Absolutmaße	
P_1	*x* 0	*y* 0	P_{17}	*x* −12	*y* 36
P_2	*x* 0	*y* −12	P_{18}	*x* −12	*y* 24
P_3	*x* 12	*y* −12	P_{19}	*x* −12	*y* 12
P_4	*x* 12	*y* 0	P_{20}	*x* −12	*y* 0
P_5	*x* 24	*y* 0	P_{21}	*x* −24	*y* 0
P_6	*x* 24	*y* −12	P_{22}	*x* −24	*y* 12
P_7	*x* 36	*y* −12	P_{23}	*x* −36	*y* 12
P_8	*x* 36	*y* 0	P_{24}	*x* −36	*y* 0
P_9	*x* 36	*y* 12	P_{25}	*x* −36	*y* −12
P_{10}	*x* 24	*y* 12	P_{26}	*x* −24	*y* −12
P_{11}	*x* 12	*y* 12	P_{27}	*x* −12	*y* −12
P_{12}	*x* 0	*y* 12	P_{28}	*x* −12	*y* −24
P_{13}	*x* 0	*y* 24	P_{29}	*x* 0	*y* −24
P_{14}	*x* 12	*y* 24	P_{30}	*x* 12	*y* −24
P_{15}	*x* 12	*y* 36	P_{31}	*x* 12	*y* −36
P_{16}	*x* 0	*y* 36	P_{32}	*x* 0	*y* −36
			P_{33}	*x* −12	*y* −36

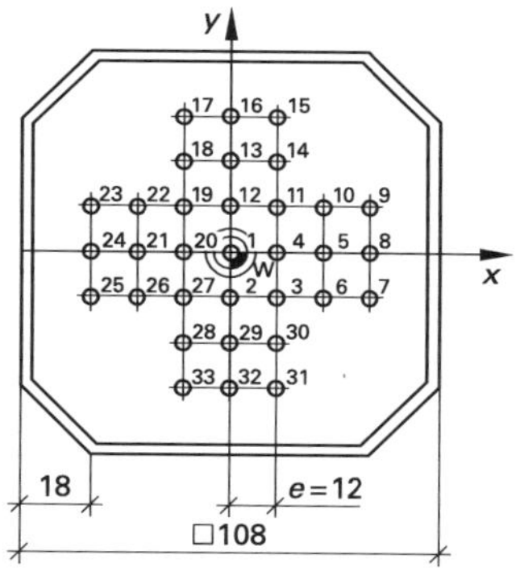

262.6

Gegeben: viertelkreisförmige Böden mit Bohrungen für Stäbe (sinngem. Bild 261.2)

Gesucht: Absolutmaße und Kettenmaße der Bohrungen

Lösung:

Punkt	Absolutmaße		Kettenmaße	
P_1	*x* 350	*y* 0	*x* 350	*y* 0
P_2	*R* 350	*A* 15°	*R* 350	*A* 15°
P_3	*R* 350	*A* 30°	*R* 350	*A* 15°
P_4	*R* 350	*A* 45°	*R* 350	*A* 15°
P_5	*R* 350	*A* 60°	*R* 350	*A* 15°
P_6	*R* 350	*A* 75°	*R* 350	*A* 15°
P_7	*R* 350	*A* 90°	*R* 350	*A* 15°

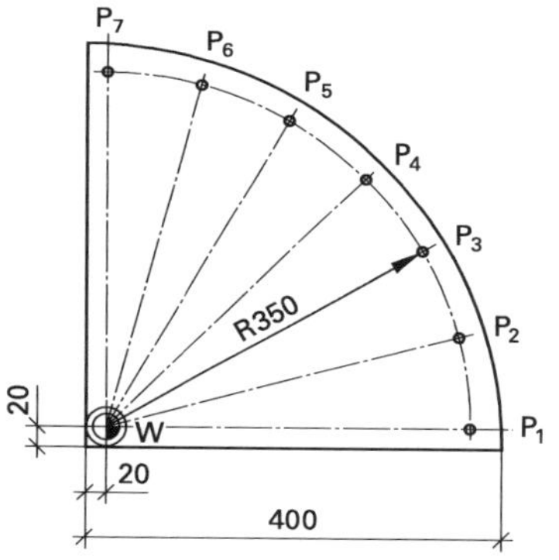

18.2 Programmieren von Werkstückkonturen

264.1

Gegeben: Segmentbogentür nach Zeichnung Bild 264.1

Gesucht: Programm für Fräserweg zur Bearbeitung der Außenkontur und Programm für Fräserweg zur Bearbeitung der Profilnut

Lösung: Nebenrechnung zur Ermittlung der Punkte $P_{1,3}$ ($P_{1,4}$) und $P_{2,3}$ ($P_{2,4}$):

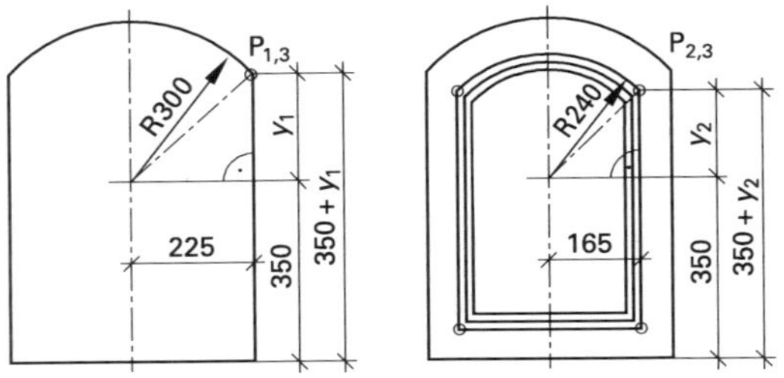

nach Pythagoras:

$y_1 = \sqrt{(300\ \text{mm}^2) - (225\ \text{mm}^2)}$
$= 198{,}4$ mm

$y_{1,3} = y_1 + 350$ mm
$= 198{,}4$ mm $+ 350$ mm
$=$ **548,4 mm**

$y_2 = \sqrt{(240\ \text{mm}^2) - (165\ \text{mm}^2)}$
$= 174{,}3$ mm

$y_{2,3} = y_2 + 350$ mm
$= 174{,}3$ mm $+ 350$ mm
$=$ **524,3 mm**

Fräserweg der Außenkontur (ohne Z-Achse):

N10	G01	X450	Y0	
N20	G01	X450	Y548,4	
N30	G03	X0	Y548,4	U300
N40	G01	X0	Y0	

Fräsernut der Profilnut (ohne Z-Achse):

N100	G00	X60	Y60	
N110	G01	X390	Y60	
N120	G01	X390	Y524,3	
N130	G03	X60	Y524,3	U240
N140	G01	X60	Y60	
N150	G00	X0	Y0	

264.2

Gegeben: Tür mit Ziernut nach Zeichnung Bild 264.2

Gesucht: Programm für Fräserweg zur Bearbeitung der Außenkontur und Programm für Fräserweg zur Bearbeitung der Ziernut

Lösung:

Fräserweg der Außenkontur (ohne Z-Achse):

N10	G01	X450	Y0	
N20	G01	X450	Y550	
N30	G01	X0	Y550	
N40	G01	X0	Y0	

Nebenrechnung zur Ermittlung der Punkte $P_{2,3}$; $P_{2,4}$; $P_{2,5}$; $P_{2,6}$:

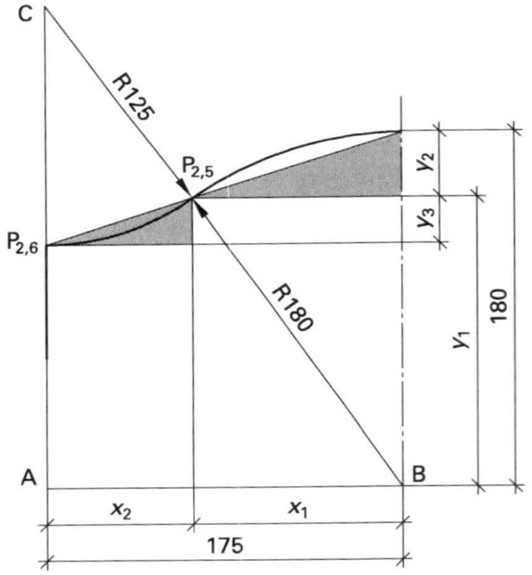

18.2 Programmieren von Werkstückkonturen

In △ABC verhalten sich:

$x_1 : 180 = 175 : (125 + 180)$

$x_1 = \frac{180 \cdot 175}{305}$

$= 103,3$

$x_2 = 175 - x_1$
$= 175 - 103,3$
$= \mathbf{71,7}$

nach Pythagoras:

$y_1 = \sqrt{180^2 - 103,3^2}$
$= 147,4$

$y_2 = 180 - y_1$
$= 180 - 147,4$
$= 32,6$

Es verhalten sich in den kleinen ähnlichen Dreiecken:

$x_1 : y_2 = x_2 : y_3$

$y_3 = \frac{y_2 \cdot x_2}{x_1}$

$= \frac{32,6 \cdot 71,7}{103,3}$

$= \mathbf{22,6}$

$P_{2,5} : x_{2,5} = 50 + x_2$
$= 50 + 71,7$
$= \mathbf{121,7}$

$y_{2,5} = 510 - y_2$
$= 510 - 32,6$
$= \mathbf{477,4}$

$P_{2,6} : x_{2,6} = \mathbf{50}$

$y_{2,6} = 510 - y_2 - y_3$
$= 510 - 32,6 - 22,6$
$= \mathbf{454,8}$

$P_{2,3} : x_{2,3} = 450 - 50$
$= \mathbf{400}$

$y_{2,3} = y_{2,6}$
$= \mathbf{454,8}$

$P_{2,4} : x_{2,4} = 450 - 50 - x_2$
$= \mathbf{328,3}$

$y_{2,4} = y_{2,5}$
$= \mathbf{477,4}$

Fräserweg der Ziernut (ohne Z-Achse):

N100	G00	X50	Y50	
N110	G01	X400	Y50	
N120	G01	X400	Y454,8	
N130	G02	X328,3	Y477,4	U125
N140	G03	X121,7	Y477,4	U180
N150	G02	X50	Y454,8	U125
N160	G01	X50	Y50	
N170	G00	X0	Y0	

(Letzte Zeile ist nicht erforderlich!)

264.3

Gegeben: rechteckige Tür mit Ziernuten nach Zeichnung Bild 264.3

Gesucht: Programm für Fräserweg zur Bearbeitung der Außenkontur und Programm für Fräserweg zur Bearbeitung der Ziernuten

Lösung:

Fräserweg der Außenkontur (ohne Z-Achse):

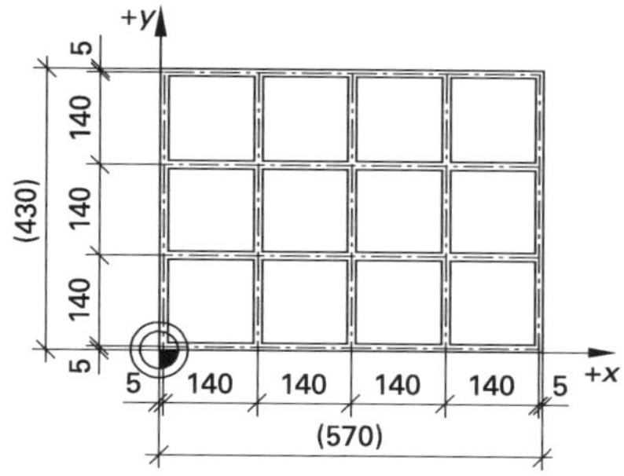

N10	G01	X570	Y0	
N20	G01	X570	Y430	
N30	G01	X0	Y430	
N40	G01	X0	Y0	

Fräserweg der Ziernuten (ohne Z-Achse)

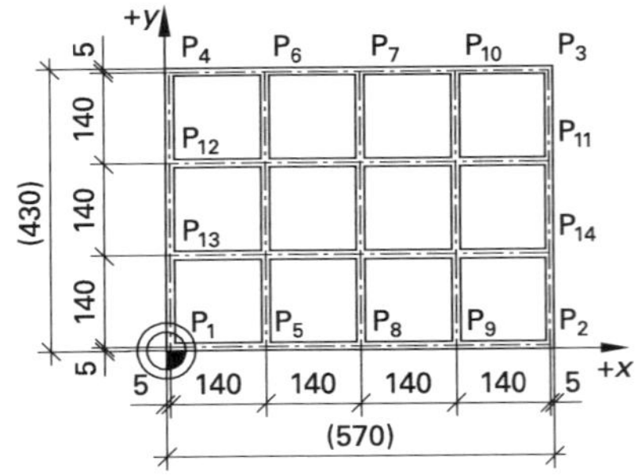

N100	G01	X565	Y5		1)
N110	G01	X5	Y5		
N120	G01	X5	Y425		
N130	G01	X565	Y425		
N140	G01	X565	Y5		
N150	G00	X0	Y0		
N200	G00	X145	Y5		2)
N210	G01	X145	Y425		
N220	G00	X285	Y425		
N230	G01	X285	Y5		
N240	G00	X425	Y5		
N250	G01	X425	Y425		
N310	G00	X565	Y285		3)
N320	G01	X5	Y285		
N330	G00	X5	Y145		
N340	G01	X565	Y145		

1) umlaufende Nut
2) Sprung zur Längsfräsung
3) Sprung zur Querfräsung
(Hier sind auch andere Fräserwege möglich.)

264.4

Gegeben: rechteckige Tür mit Ziernut nach Zeichnung Bild 264.4

Gesucht: Programm für Fräserweg der Außenkontur und Programm für Fräserweg der Ziernut

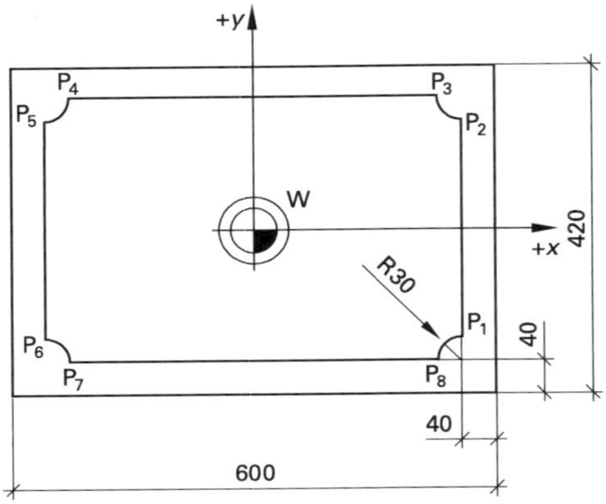

Lösung:

Fräserweg der Außenkontur (ohne Z-Achse):

N10	G00	X 300	Y −210	
N20	G01	X 300	Y 210	
N30	G01	X −300	Y 210	
N40	G01	X −300	Y −210	
N50	G01	X 300	Y −210	

Fräserweg der Ziernuten (ohne Z-Achse)

N100	G00	X 260	Y −140	
N110	G01	X 260	Y 140	
N120	G02	X 230	Y 170	U30
N130	G01	X −230	Y 170	
N140	G02	X −260	Y 140	U30
N150	G01	X −260	Y −140	
N160	G02	X −230	Y −170	U30
N170	G01	X 230	Y −170	
N180	G02	X 260	Y −140	U30

18.2 Programmieren von Werkstückkonturen

264.5

Gegeben: Frühstücksbrett nach Zeichnung Bild 262.2

Gesucht: Programm für Fräserweg zur Bearbeitung der Außenkontur

Lösung:

N10	G01	X0	Y − 50	
N20	G03	X20	Y − 70	U20
N30	G01	X200	Y − 70	
N40	G03	X220	Y − 50	U20
N50	G01	X220	Y 50	
N60	G03	X200	Y 70	U20
N70	G01	X20	Y 70	
N80	G03	X0	Y 50	U20
N90	G01	X0	Y 0	

264.6

Gegeben: Frühstücksbrett mit Griff nach Zeichnung Bild 262.3

Gesucht: Programm für Fräserweg zur Bearbeitung der Außenkontur und Programm für die Griffbohrung

Lösung:

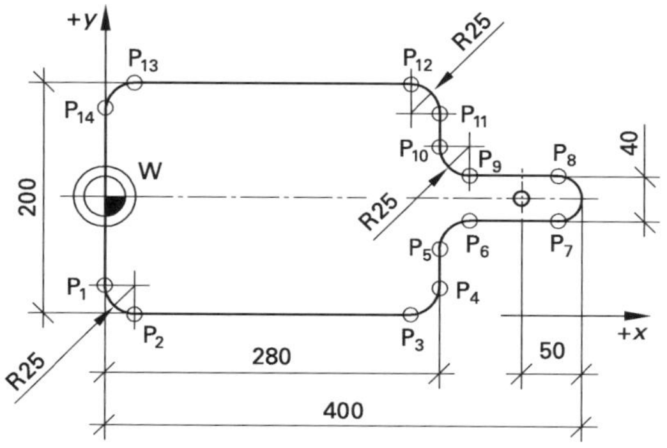

Fräserweg der Außenkontur (ohne Z-Achse):

N10	G01	X0	Y − 75	
N20	G03	X25	Y − 100	U25
N30	G01	X255	Y − 100	
N40	G03	X280	Y − 75	U25
N50	G01	X280	Y − 45	
N60	G02	X305	Y − 20	U25
N70	G01	X380	Y − 20	
N80	G03	X380	Y 20	U25
N90	G01	X305	Y 20	
N100	G02	X280	Y 45	U25
N110	G01	X280	Y 75	
N120	G03	X255	Y 100	U25
N130	G01	X25	Y 100	
N140	G03	X0	Y 75	U25
N150	G01	X0	Y 0	

Fräserweg für die Griffbohrung (ohne Z-Achse):

N200	G00	X350	Y0	

264.7

Gegeben: Steckspiel nach Zeichnung Bild 262.4

Gesucht: Programm für Fräserweg zur Bearbeitung der Außenkontur und Programm für die Positionen der Bohrungen

Lösung:

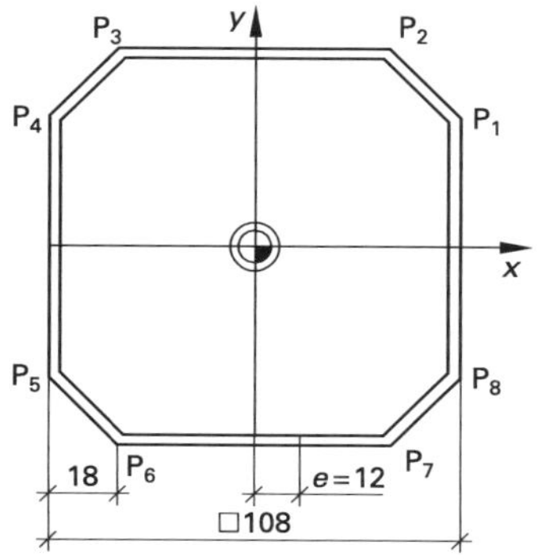

Fräserweg der Außenkontur (ohne Z-Achse):

N10	G00	X 54	Y 36	
N20	G01	X 36	Y 54	
N30	G01	X − 36	Y 54	
N40	G01	X − 54	Y 36	
N50	G01	X − 54	Y − 36	
N60	G01	X − 36	Y − 54	
N70	G01	X 36	Y − 54	
N80	G01	X 54	Y − 36	
N90	G01	X 54	Y 36	
N100	G00	X 0	Y 0	

(Letzte Zeile nicht erforderlich!)

Positionen der Bohrungen (ohne Z-Achse):

N200	G00	X 0	Y 0	
N210	G00	X 0	Y − 12	
N220	G00	X 12	Y − 12	
N230	G00	X 12	Y 0	
N240	G00	X 24	Y 0	
N250	G00	X 24	Y − 12	
N260	G00	X 36	Y − 12	
N270	G00	X 36	Y 0	
N280	G00	X 36	Y 12	
N290	G00	X 24	Y 12	
N300	G00	X 12	Y 12	P_{11}
N310	G00	X 0	Y 12	
N320	G00	X 0	Y 24	
N330	G00	X 12	Y 24	
N340	G00	X 12	Y 36	
N350	G00	X 0	Y 36	
N360	G00	X − 12	Y 36	P_{12}
N370	G00	X − 12	Y 24	
N380	G00	X − 12	Y 12	
N390	G00	X − 12	Y 0	
N400	G00	X − 24	Y 0	
N410	G00	X − 24	Y 12	
N420	G00	X − 36	Y 12	
N430	G00	X − 36	Y 0	
N440	G00	X − 36	Y − 12	P_{25}
N450	G00	X − 24	Y − 12	
N460	G00	X − 12	Y − 12	
N470	G00	X − 12	Y − 24	
N480	G00	X 0	Y − 24	
N490	G00	X 12	Y − 24	
N500	G00	X 12	Y − 36	
N510	G00	X 0	Y − 36	
N520	G00	X − 12	Y − 36	
N530	G00	X 0	Y 0	

(Letzte Zeile nicht unbedingt erforderlich!)

264.8

Gegeben: Segmenttür sinngemäß Bild 264.1, jedoch Außenmaße 420/850 mm; Rahmenbreite 55 mm
R = 280 mm

Gesucht: Fräserweg Außenkontur und Fräserweg Profilnut

Lösung:
Nebenrechnung zur Ermittlung der Punkte $P_{1,3}$ ($P_{1,4}$) und $P_{2,3}$ ($P_{2,4}$):

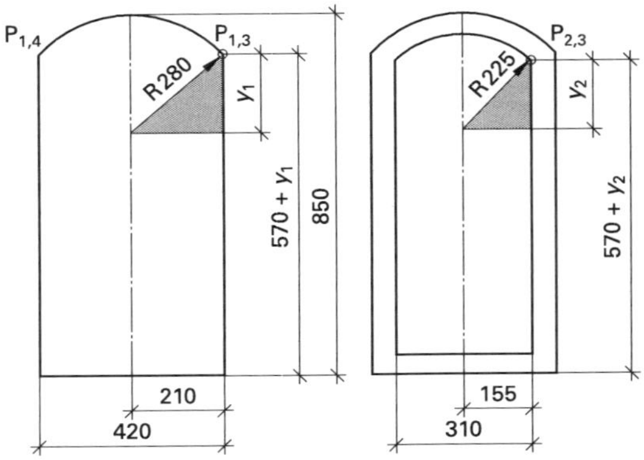

nach Pythagoras:

$y_1 = \sqrt{(280 \text{ mm}^2) - (210 \text{ mm}^2)}$
$= 185 \text{ mm}$

$y_2 = \sqrt{(225 \text{ mm}^2) - (155 \text{ mm}^2)}$
$= 163 \text{ mm}$

$y_{1,3} = y_1 + 570 \text{ mm}$
$= 185 \text{ mm} + 570 \text{ mm}$
$= 755 \text{ mm}$

$y_{2,3} = y_2 + 570 \text{ mm}$
$= 163 \text{ mm} + 570 \text{ mm}$
$= 733 \text{ mm}$

Fräserweg der Außenkontur (ohne Z-Achse):

N10	G01	X420	Y0	
N20	G01	X420	Y755	
N30	G03	X0	Y755	U280
N40	G01	X0	Y0	

Fräserweg der Profilnut (ohne Z-Achse):

N100	G00	X55	Y55	
N110	G01	X365	Y55	
N120	G01	X365	Y733	
N130	G03	X55	Y733	U225
N140	G01	X55	Y55	
N150	G00	X0	Y0	

(Letzte Zeile nicht erforderlich!)